Bernd Koch (Hrsg.)

Handbuch der Astrofotografie

Mit Beiträgen von
Stefan Binnewies, Werner E. Celnik,
Bernd Koch, Lutz Laepple,
Peter Riepe und Klaus-Peter Schröder

Mit 134 Abbildungen und 12 Farbtafeln

Springer-Verlag
Berlin Heidelberg New York
London Paris Tokyo
Hong Kong Barcelona Budapest

Stefan Binnewies
Sechs-Brüder-Str. 8
D-44793 Bochum

Dr. Werner E. Celnik
Graudenzer Weg 5
D-47495 Rheinberg

Dipl.-Phys. Bernd Koch
Bildagentur Astrofoto
Birkenstr. 4
D-42799 Leichlingen
E-mail: b.koch@ABBS.heide.de
(Internet)

Dipl.-Phys. Lutz Laepple
Gartenstr. 31
D-88255 Baindt

Dipl.-Phys. Peter Riepe
Alte Ümminger Str. 24
D-44892 Bochum

Dr. Klaus-Peter Schröder
44, Newton Road
GB - Cambridge CB2 2AL
England

Zum Titelbild: Der Pferdekopfnebel im Sternbild Orion. Die Aufnahme entstand mit einem Celestron 11, f/K6.9 f = 1920mm auf Atluxmontierung am Morgen des 1.9.1992 auf einer Farm in Namibia. Die Belichtungszeit betrug 120 min, als Film diente hypersensibilisierter Fujicolor SHG 400. Foto: Bernd Koch

ISBN 3-540-57075-6 Springer-Verlag Berlin Heidelberg New York

Die Deutsche Bibliothek-CIP-Einheitsaufnahme
Handbuch der Astrofotografie / Bernd Koch (Hrsg.) Mit Beitr. von Stefan Binnewies ...
Berlin ; Heidelberg ; New York ; London ; Paris ; Tokyo ; Hong Kong ; Barcelona ; Budapest : Springer, 1995
ISBN 3-540-57075-6 (Berlin ...)
ISBN 0-387-57075-6 (New York ...)
NE: Koch, Bernd [Hrsg.]; Binnewies, Stefan

Einbandentwurf: Struve & Partner, Heidelberg; Satzherstellung mit TEX: Lewis & Leins, Berlin;
Herstellung: Gaby Maas - PRODUServ Springer Produktions-Gesellschaft, Berlin
SPIN 10039417 55/3020-5 4 3 2 1 0 - Gedruckt auf säurefreiem Papier

Geleitwort

Astrofotografie ist ohne Zweifel das populärste Betätigungsfeld der Astronomie. Der relativ einfache Einstieg und die Möglichkeit, in Kürze erste Ergebnisse zu erzielen, wirken auf den Anfänger anziehend. Die Vielfalt der technischen Methoden und die schier grenzenlose Fülle der astronomischen Motive lassen den Fortgeschrittenen dann nicht mehr los. Und wenn die Erzeugnisse der Astrofotografie zunächst auch bloß der Anschauung dienen, so liefern sie doch die Grundlage und Motivation für jede weitere Erforschung des Himmels.

Die Autoren der vorliegenden Anleitung sind als Fach- oder als Amateurastronomen erfahrene Praktiker. Jahre- und Jahrzehntelang waren sie in der eigenen Forschung astrofotografisch engagiert, oder leiteten amateurastronomische Fachgruppen oder schulische Arbeitsgemeinschaften: Ihre vielfältigen Aktivitäten haben in unserer astronomischen Zeitschrift *Sterne und Weltraum* eine leuchtende Spur hinterlassen. Bei aller Begeisterung für die Technik blieb die Liebe zum astronomischen Motiv dabei stets die treibende Kraft – so werden auch in diesem Handbuch die beschriebenen Probleme und deren praktische Lösungen nach den astronomischen Motiven geordnet behandelt: Zunächst die Phänomene der Erdatmosphäre und des erdnahen Raumes, dann die Sonne, der Mond, die Planeten und die kleineren Körper unseres Sonnensystems, und schließlich die Sterne und Gasnebel unserer Milchstraße und die Galaxien und Quasare in den Tiefen des Alls. Im zweiten Teil des Handbuches werden die technischen Grundlagen der Fotografie im Hinblick auf diese astronomischen Anwendungen systematisch geschildert, von den optischen und mechanischen Eigenschaften der Teleskope und Kameras über die Aufnahmetechniken und Bildträger bis hin zu raffinierten Labormethoden wie Sandwich- und Kompositverfahren oder unscharfe Maskierung.

Damit liegt nun ein Werk vor, an dem kein praktizierender Astrofotograf so leicht wird vorbeikommen können: Dem Anfänger wird ein solider Einstieg geboten, der Fortgeschrittene wird eine Fülle von Varianten und Ratschlägen finden. Dem Handbuch läßt sich leicht ein langes Leben voraussagen; denn gewiß ist in der Astrofotografie noch manches im Fluß, aber auf dieser Grundlage wird man neue Entwicklungen leicht in den Fachzeitschriften verfolgen und in die eigene Praxis umsetzen können.

Der Rest ist Spaß an der Freud' – das eigentliche Ziel des Profis und der Stolz des Amateurs!

Heidelberg, im Sommer 1994 Jakob Staude

Vorwort

Seit Erfindung der Fotografie vor über 150 Jahren hat sich bis vor etwa 20 Jahren die grundlegende Aufnahmetechnik nur wenig verändert: Filmemulsionen wurden (und werden) feinkörniger und lichtempfindlicher, doch nach wie vor beruht das (klassische) fotografische Prinzip auf der Basis der Lichtempfindlichkeit von Silberhalogenidkörnern.

Wir erleben in der Astrofotografie zur Zeit einen technischen Umbruch. Mit einer gewissen Zeitverzögerung zu den professionellen Astronomen setzen seit Ende der achtziger Jahre auch immer mehr Amateurastronomen moderne CCD-Kameras ein. Der Abstand zur Profiwelt ist dennoch beträchtlich. Benutzen die Profis mittlerweile CCD-Chips, die an das Mittelformat konventioneller Kameras heranreichen, muß sich der Amateur aus Kostengründen mit Systemen begnügen, die eine lichtempfindliche Fläche von weniger als einem Quadratzentimeter aufweisen. Es werden noch einige Jahre ins Land gehen, bis die CCD-Technologie den Massenmarkt erobern und die Aufnahmetechnik auf Filmbasis verdrängen kann. Deshalb sollte man sich über eines im klaren sein: CCD-Technik und Fotografie auf Film sind zwei sehr unterschiedliche Aufnahmetechniken, die wunderbar nebeneinander und sich ergänzend genutzt werden können.

Und gerade weil die CCD-Technik eben ein eigener Fachbereich ist, konnte sie in diesem Buch nicht in aller Ausführlichkeit dargestellt werden. Bei der Auswahl der Bilder waren wir aber stets bemüht, in allen Bereichen die mit CCD-Kameras gewonnenen Ergebnisse zu integrieren, um dem Leser einen interessanten Vergleich zu ermöglichen. Deutliche Unterschiede findet man bei der Abbildung von Objekten geringer Winkelausdehnung, wie etwa Planeten, Doppelsterne und Planetarische Nebel: Hier ist die CCD-Technik dem Film bereits weit überlegen, selbst wenn die Chipfläche nur wenige Quadratmillimeter mißt. Die weitaus höhere Lichtempfindlichkeit eines CCD-Chips ermöglicht selbst bei sehr schlechten Öffnungsverhältnissen, wie man sie in der Okularprojektion vorfindet, Detailauflösungen auf Planetenoberflächen, die man im Amateurbereich nie für möglich gehalten hätte. Deshalb sind gerade im Kapitel Planeten viele hochauflösende CCD-Aufnahmen von Mars und Jupiter enthalten. Im Bereich Deep-Sky überwiegen aufgrund der vielen großflächigen Nebel die Aufnahmen mit Kleinbild- und Mittelformatkameras auf Filmmaterial. Deshalb findet man hier nur wenige CCD-Aufnahmen.

An dieser Stelle ist folgender Hinweis wichtig. Das Buch ist ein Mehrautorenwerk, in dem jeder Autor bei der Abfassung des Manuskriptes seine persönlichen Erfahrungen eingebracht hat. Das führt bei Überschneidung von Themenbereichen manchmal zu einer unterschiedlichen Bewertung von Sachverhalten, die aus dem jeweiligen Blickwinkel heraus gerechtfertigt erscheint. Im Sinne der Meinungsvielfalt empfinden wir dies als Bereicherung, sofern sachliche Fehler ausgeschlossen sind.

Ich möchte nun die Gelegenheit nutzen, den Werdegang des Handbuches der Astrofotografie kurz zu schildern.

Blättere ich in meiner Korrespondenz der letzten Jahre, so fällt mir der herzliche Brief von Herrn *Dr. Hans Jakob Staude* von der Redaktion *Sterne und Weltraum*, Heidelberg, von Anfang Dezember 1987 in die Hände. Seine Idee, eine Rubrik Astrofotografie in *SuW* einzurichten, führte im Gespräch mit Herrn *Dr. H.-U. Daniel* (damals in der Planung Physik des Springer-Verlags) letztlich dazu, dies mit einem Buchprojekt zu verbinden. Nachdem wir drei Mitte 1988 den Rahmen für ein umfangreiches Handbuch absteckten, merkte ich allerdings gegen Ende jenes Jahres, daß es im Alleingang als Freizeitbeschäftigung einfach nicht zu realisieren war. Bis Mitte des Jahres 1989 änderte ich die Konzeption in Richtung auf ein Mehrautorenbuch. Das Projekt von nun an wieder voranzubringen wurde auch durch die Regelung meiner beruflichen Belange (zunächst Teilzeitbeschäftigung, dann seit 1.10.1993 selbständig) unterstützt. Anfang 1990 war es dann soweit, die Koautoren sagten dankenswerterweise zu und nahmen Mitte 1990 ihre Arbeit auf. Der ursprünglich geplante Abgabetermin Mitte 1992 war wohl zu optimistisch angesetzt, so daß das Manuskript mit einiger zeitlicher Verzögerung im Sommer 1994 in TEX gesetzt vorlag. Erstellt wurde das Manuskript mit einer sehr empfehlenswerten TEX -Implementation für den ATARI ST, die *Stefan Lindner*, Fürth, als Shareware-Version vertreibt. Ihm gebührt mein herzlicher Dank. Die Zeichnungen wurden mit Corel Draw 4.0 erstellt.

Zu großem Dank bin ich allen Fotografen verpflichtet, die ihre eindrucksvollen Astrofotos zur Verfügung gestellt haben. Sie sind namentlich im Bildnachweis aufgeführt.

Ernst Pollmann, Leverkusen, las das Kapitel Spektrographie, *Manfred Pieper*, Gelsenkirchen, stellte freundlicherweise aktuelle Transmissionskurven einiger Lumicon-Nebelfilter zur Verfügung.

Im Namen aller Autoren möchte ich Herrn *Dr. Staude* und Herrn *Dr. Daniel* meinen besonderen Dank für die Initiierung des Projektes aussprechen, ebenso möchte ich Herrn *Prof. Dr. Beiglböck* vom Springer-Verlag für sein Vertrauen in das Projekt danken.

Leichlingen, im Sommer 1994 Bernd Koch

Inhaltsverzeichnis

1 Phänomene im erdnahen Raum

1.1 Atmosphärische Phänomene

1.1.1 Brechung von Licht in Eiskristallen

Die am häufigsten sichtbaren Erscheinungen sind Halos und Nebensonnen. Aus der unermeßlichen Vielfalt der Erscheinungen werden im folgenden die Halos, die Nebensonne, der Zirkumhorizontalkreis, der Zirkumzenitalkreis, die Lichtsäulen und die Untersonne beschrieben. Alle Phänomene beruhen auf Brechung, Reflexion und Interferenz von Licht in Zusammenhang mit weniger als 0,1 mm großen sechseckigen Eiskristallen (Plättchen und Säulen), die in 8–13 km hohen Cirruswolken bevorzugt kristallisieren. Welcher der o.g. Effekte in Erscheinung tritt, hängt von Art und Orientierung der Kristalle (Verwirbelung oder gleichmäßige Ausrichtung) zum einfallenden Licht ab.

1.1.1.1 Halos, Zirkumhorizontalkreis und -zenitalkreis

Die Haloerscheinungen um Sonne und Mond (22°- und 46°-Halo) sind primär auf Lichtbrechung in horizontal ausgerichteten Eiskristallplättchen und auch -säulen zurückzuführen, die regellos verwirbelt in Cirruswolken vorkommen. Der im Querschnitt hexagonal aufgebaute Eiskristall wirkt auf einfallendes Licht wie ein Prisma mit einer brechenden Kante von 60°. Mit einem Brechungsindex für Eis von $n = 1,31$ findet eine Lichtkonzentration nach symmetrischem Durchgang bei einer minimalen Lichtablenkung von $\alpha = 22^\circ$ statt. Wie auch bei einem normalen Glasprisma ist dieser minimale Ablenkungswinkel unempfindlich gegen eine leichte Verdrehung des Kristalls.

Beobachtet man den 22°-*Sonnen- oder Mondhalo* (s. Farbtafel 1a) genauer, so wird an seiner Innenkante ein rötlicher Farbsaum (Ablenkungswinkel 21,6°) sichtbar, der zur Mitte hin in ein gelbliches und dann in ein weißes Band übergeht, in dem sich alle Spektralfarben zu weißem Licht überlagern. Auch für die Entstehung des 46°-Halos sind regellos verwirbelte Säulenkristalle verantwortlich. Für das an einer Seitenfläche des vertikal orientierten Säulenkristalls einfallende Licht bildet die senkrecht dazu stehende Stirnfläche ein Prisma mit 90° brechender Kante. Der symmetrische Durchgang findet dann unter einer minimalen Ablenkung von 46° statt. Da nur Strahlen in einem engen Einfallswinkelbereich erfaßt werden und aufgrund des flachen Einfallswinkels mehr Licht durch Reflexion verlorengeht, ist der 46°-Halo wesentlich lichtschwächer und diffuser als der 22°-Halo und wird selten als voller Kreis sichtbar [1.1, 1.2]. Zirkumhorizontalkreis und Zirkumzenitalkreis entstehen auf sich ähnelnde Weise.

Der *Zirkumzenitalkreis*, ein in allen Spektralfarben schillernder Lichtkreis um den Zenit entsteht, wenn bei einer Sonnenhöhe von weniger 32° ein Lichtstrahl auf der oberen Seitenfläche des horizontal ausgerichteten, rotierenden Kristalls eintritt und nach Brechung an einer Stirnseite den Kristall wieder verläßt. Bei einer Rotation des Plättchens um seine vertikale Achse schließt der eintretende Lichtstrahl immer einen konstanten Winkel zur senkrechten Rotationsachse ein, was der Beobachter als Lichtkreis um den Zenit beobachtet. Der Ablenkungswinkel beträgt 45,0° für rotes und 47,2° für violettes Licht, so daß der Zirkumzenitalkreis zur Sonne hin rötlich gefärbt erscheint.

Der *Zirkumhorizontalkreis*, ein den Horizont umspannender, ebenfalls in den Spektralfarben schillernderer Lichtkreis entsteht, wenn bei einer Sonnenhöhe von mehr als 58° ein Lichtstrahl auf einer der Kantenflächen des horizontal ausgerichteten, rotierenden Kristalls eintritt und nach Brechung diesen an der unteren Seitenfläche wieder verläßt.

Hinweise zur Fotografie. Der 22°-Halokreis wird von einem 50 mm KB-Objektiv noch vollständig erfaßt, wohingegen der 46°-Halo schon ein 24-mm-Objektiv voraussetzt. Einen *Mondhalo* (s. Farbtafel 1a) belichtet man mit einem ISO 100/21°-Film ca. eine Minute bei Blende 2,8.

1.1.1.2 Nebensonnen, Lichtsäule und Untersonne

Unter vielen weiteren Erscheinungen sollen im folgenden einige ausgewählte Phänomene erläutert werden. Von diesen werden die *Nebensonnen* mit Sicherheit am häufigsten beobachtet. Dieser dem Regenbogen ähnliche, zur Sonne hin rötlich gefärbte Teilbogen entsteht, wenn man auf eine 22° von der Sonne entfernte Cirruswolkenschicht blickt, in der die Plättchen auf ±2° genau horizontal ausgerichtet sind. Wenn fallende Kristallplättchen horizontal ausgerichtet sind, kann das Licht der tiefstehenden Sonne die Normalebene des Plättchens durchqueren und Nebensonnen 22° beidseitig der Sonne erzeugen. Nebensonnen sind oberhalb von 61° Sonnenhöhe nicht mehr sichtbar, da mit steigender Sonne das Licht den Kristall nicht mehr an einer der Seitenflächen verlassen kann. Weitere Nebensonnen findet man 90° bzw. 120° von der Sonne entfernt.

Eine über und unter der tiefstehenden Sonne (oder dem Mond) sichtbare, relativ scharf begrenzte *Lichtsäule* entsteht durch Reflexion an den Außenseiten von nahezu horizontal ausgerichteten Eiskristallplättchen. Sind Säulenkristalle beteiligt, so ist die Erscheinung erheblich diffuser ausgeprägt. Im Idealfall exakter horizontaler Ausrichtung (±1°) schrumpft die Lichtsäule auf ein reflektiertes Sonnenbild zusammen, die *Untersonne*.

1.1.2 Brechung von Licht in Wassertröpfchen

1.1.2.1 Regenbögen

Regenbögen treten in vielfältigen Erscheinungsformen überall dort auf, wo Lichtbrechung an fein verteilten Regentröpfchen unter dem richtigen Winkel zur Sonne beobachtet werden kann. Aber Hand aufs Herz: Wer von uns hat sich wirklich einmal die Zeit dafür genommen, bewußt die Feinheiten wahrzunehmen (s. Farbtafel 1b)? Mit der Sonne im Rücken sieht man während oder nach einem Regenguß häufig einen prächtigen Farbbogen mit einem Winkelradius von rund 42° um den antisolaren Punkt. Letzterer liegt in der Verlängerung der Verbindungslinie von Sonne und Beobachter (Kamera) unter dem Horizont. Dieser helle Hauptbogen wird häufig von einem schwächeren 51°-Nebenbogen in umgekehrter Farbreihenfolge begleitet.

Doch warum sind die Bögen farbig? Der farbige Regenbogen entsteht durch Überlagerung eines Kontinuums von Bögen unterschiedlicher Größe und Farbe. Die Lichtbrechung ist wellenlängenabhängig, d.h. violettes Licht wird beim Übergang von Luft (Brechungsindex $n \approx 1$) in das dichtere Medium Wasser ($n = 1{,}33$) stärker abgelenkt als rotes Licht. Der rote Rand des Hauptbogens liegt nach einer Reflexion außen (Radius 42,3°), der violette Rand innen (40,6°). Infolge einer zusätzlichen Reflexion findet man beim Nebenbogen eine Umkehr der farblichen Reihenfolge. Der violette Rand (Radius 53,6°) liegt außen, und der rote Rand (50,7°) liegt innen. Je größer die Wassertröpfchen, desto intensiver sind die Farben von Regenbögen.

Wer genau hinschaut, wird innerhalb des Hauptbogens gelegentlich ein bis vier schwache, blau-violett gefärbte Bögen erkennen. Diese *Interferenzbögen* beruhen auf der Wellennatur des Lichtes. Je kleiner die Wassertropfen, desto weiter liegen die Interferenzbögen voneinander entfernt. Zudem ist nötig, daß alle Tropfen die gleiche Größe aufweisen, denn bei unterschiedlich großen Tropfen führt die Überlagerung der Farben zu weißem Licht.

Bei tiefstehender Sonne, wenn der Bogen sich hoch über dem Horizont aufspannt, sieht man häufig, daß der Bogenanfang intensiv leuchtet, während der Bogen im Scheitelpunkt schwächer erscheint. Der Grund ist, daß bisher nur rein sphärische, also kugelförmige Wassertropfen in Betracht gezogen wurden. Tropfen größer als 0,1 mm verformen sich im freien Fall derart, daß der Regenbogen im Scheitelpunkt über einen größeren Radius verschmiert ist.

Ein weiteres Merkmal ist die Verdunklung des Himmels außerhalb und die starke Aufhellung innerhalb des Hauptbogens sowie die geringere Aufhellung außerhalb des Nebenbogens. Zur Aufhellung innerhalb des Hauptbogens tragen Wassertropfen bei, die sich innerhalb des 42°-Lichtkegels befinden und dabei nicht zum 42°-Bogen beitragen, sondern das Sonnenlicht in Richtung Beobachter reflektieren. Ebenso reflektieren Wassertropfen, die nicht zum Nebenbogen beitragen, Licht in Bereiche außerhalb des Nebenbogens.

Der *Mondregenbogen* erscheint dem Betrachter farblos, da die Intensität für farbiges Sehen des Auges nicht ausreicht. Eine weitere interessante Erscheinung ist der weiße Regenbogen (*Dunstbogen, Wolkenbogen*), der von $10\,\mu$m großen Wassertropfen erzeugt wird. Wegen der geringen Größe der Wassertropfen spielt die Lichtbeugung eine Rolle, die eine starke Verbreiterung der einzelnen monochromatischen Regenbogenbilder bewirkt, die sich zu weißem Licht gegenseitig überlagern.

Hinweise zur Fotografie. Ein 18-mm- oder kürzerbrennweitiges bzw. Fischaugenobjektiv ist mit einem Bildwinkel ab 110° in der Lage, Haupt- und Nebenbogen vollständig zu erfassen. Lohnenswert sind Brennweiten bis zu 135 mm unter Verwendung eines Linearpolarisationsfilters. Der Regenbogen ist unterschiedlich linear polarisiert, so daß man mit dem Polfilter Teile davon verstärken bzw. auslöschen kann.

1.1.2.2 Korona und Aureole

Als *Korona* bezeichnet man die auf Beugung an feinverteilten, 30μm großen Wassertröpfchen in dünnen Wolken zurückzuführenden, farbigen Ringe um den Mond (s. Farbtafel 1c); das Pendant bei der Sonne ist die *Aureole*.

Allgemein ist die Korona eine Überlagerung der Beugungsfiguren in allen Wellenlängenbereichen. Da längerwelliges Licht stärker gebeugt wird als kurzwelliges, wird das erste Beugungsminimum des blauen Lichtanteils vom Beugungsmaximum des roten Lichtanteils überlagert: Der erste den farblosen, zentralen Lichtkreis umgebende Farbsaum (Radius 1°) erscheint deshalb rötlich. Darauf folgt ein blauer Ring (1,5°), gefolgt von einem gelblich-roten Ring (2°) usw.

1.1.2.3 Glorie

Im Zeitalter der Luftfahrt ist die *Glorie* ein häufig beobachtetes Phänomen. Blickt man (mit der Sonne im Rücken) aus einem Flugzeugfenster auf eine geschlossene Wolkendecke, so sieht man im antisolaren Punkt einen Lichtkreis, in dessen Zentrum der unterschiedlich gut sichtbare Flugzeugschatten liegt. Der Winkelradius der Glorie (typisch 1°–4°) hängt nur von der Größe der beugenden Wassertröpfchen ab, nicht von der Entfernung des Betrachters zur Wolkendecke. Die Winkelgröße des auf die Wolkendecke geworfenen Schattens des Flugzeugs hingegen verringert sich mit zunehmendem Abstand von der Wolkendecke und wird dabei wegen der 0,5° großen Sonne diffuser.

1.1.2.4 Brockenhexe

Blickt man bei tiefstehender Sonne im antisolaren Punkt auf eine Nebelwand, projiziert sich dort der perspektivisch verzerrte Schatten der beobachtenden Person. Diese gespenstische Erscheinung der *Brockenhexe* (s. Farbtafel 1d) wurde nach einer häufig auf dem Brocken im Harz beobachteten Naturerscheinung benannt. Der Kopf des Beobachters wird von einer Glorie aus mehreren farbigen Ringen umrahmt. Nach der Mie'schen Streutheorie erzeugt ein tangential am Rand des Wassertropfens eintretender Lichtstrahl eine starke Oberflächenwelle. Nach einer oder mehreren halbzahligen Umrundungen erzeugen die Oberflächenwellen ihrerseits sphärische Wellen, die interferieren und das Beugungsmuster der Glorie in Rückwärtsstreuung erzeugen [1.3].

1.1.3 Lichtbrechung und -absorption in der Erdatmosphäre

Ein in die Erdatmosphäre einfallendes Lichtbündel wird abgelenkt und wellenlängenabhängig in seine Spektralfarben zerlegt. Man spricht von *atmosphärischer Refraktion* und *Dispersion*).

1.1.3.1 Atmosphärische Refraktion

Ein Lichtbündel, das aus dem dünneren Medium (Vakuum des Weltraums) in das dichtere Medium (Erdatmosphäre) eintritt, wird zum Lot (der Senkrechten auf der Grenzfläche) hin gebrochen, wobei die Ablenkung bei flachem Eintritt am größten ist (Abb. 1.1).

Die Lichtbrechung hängt ferner von Temperatur und Luftdruck und somit vom Brechungsindex der geschichteten Erdatmosphäre ab. Die absolute Refraktion, die im Zenit gleich Null ist und am Horizont rund ein halbes Grad ausmacht, ist für einen Beobachter nicht so ohne weiteres wahrnehmbar. Dazu müßte er z.B. den beobachteten Zeitpunkt des Untergangs eines Sterns mit dem berechneten vergleichen und nach einigen Umrechungen die Refraktion bestimmen. Da die Refraktion mit wachsender Zenitdistanz zunimmt, können sehr viel leichter Brechungsunterschiede in verschiedenen Höhen wahrgenommen werden. Dieser Effekt, der besonders bei Auf- und Untergängen ausgedehnter Lichtquellen auffällt, wird als *differentielle Refraktion* bezeichnet. Je tiefer das Objekt am Horizont steht, desto stärker wirkt sich auch die differentielle Refraktion aus, d.h. der untere Rand des Objekts wird stärker angehoben als der obere. Die differentielle Refraktion macht sich auf Stellaraufnahmen bemerkbar, die den Horizont einbeziehen: Horizontnahe Sterne sind senkrecht zum Horizont länglich verzogen. Ein einfaches Modell, in dem angenommen wird, daß die Erdatmosphäre eine gleichmäßige Dichte (ohne Schichtung) bis zu einer endlichen Höhe aufweist, kann bis etwa 85° Zenitdistanz (5° Höhe) verwendet werden. Bedeuten Z die Zenitdistanz und R_0 der mittlere Refraktionswinkel unter Normalbedingungen (Temperatur 0 °C, Druck 1 013 hPa, Wellenlänge 500 nm, $n_0 - 1 = 2.78 \cdot 10^{-4}$), erhält man mit dem Snellius'schen Brechungsgesetz gemäß Abb. 1.1

$$\sin(Z + R_0) = n \sin Z, \qquad (1.1)$$

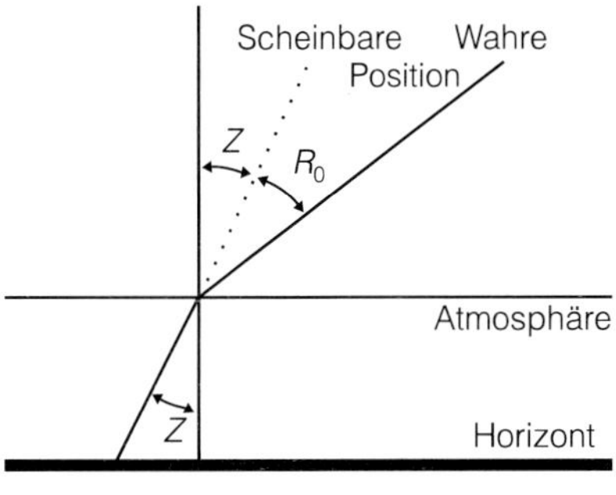

Abb. 1.1. Refraktion nach einem einfachen Modell einer gleichmäßig geschichteten Erdatmosphäre (Brechungsindex n = const.) mit dem Refraktionswinkel R_0 und der Zenitdistanz Z

$$\sin Z \cos R_0 + \cos Z \sin R_0 = n \sin Z. \tag{1.2}$$

Da die Refraktion am Horizont max. rund ein halbes Grad ausmacht, gilt näherungsweise $\cos R_0 \approx 1$, $\sin R_0 \approx R_0$ (im Bogenmaß!) und nach Division durch $\cos Z$ erhält man allgemein die Refraktionsformel

$$R_0 = (n_0 - 1) \tan Z. \tag{1.3}$$

Nach Umwandlung ins Winkelmaß erhält man

$$R_0 = 57,3'' \tan Z, \tag{1.4}$$

$$R_0['] \approx \tan Z, \tag{1.5}$$

mit der *Refraktionskonstanten* 57,3″.

Im Vergleich mit einem genaueren Refraktionsmodell (s. unten) schneidet dieser einfache Ansatz gut ab: Für Zenitdistanzen $< 80^\circ$ beträgt der Fehler nur maximal 13″. Bei von den Normalbedingungen abweichenden Werten von Luftdruck b und absoluter Temperatur T erhält man für die Refraktion

$$R = \frac{b}{1013\,\text{hPa}} \frac{1}{1 + T/273\,\text{K}} R_0. \tag{1.6}$$

Ein genaueres Refraktionsmodell, das sowohl in Horizontnähe als auch im Zenit gilt, hat W. Schlosser [1.4] entworfen: Die Dichte der Erdatmosphäre nimmt in diesem Modell exponentiell mit zunehmender Höhe ab. Die Berechnung der Refraktion erfolgt durch numerische Integration bis zu einer Höhe von ca. 50 km. Tabelle 1.1 enthält die Ergebnisse nach einem Programm von W. Schlosser.

1.1.3.2 Atmosphärische Dispersion

Ein weiterer Aspekt ist die Wellenlängenabhängigkeit der Refraktion, die zu einem sog. *atmosphärischen Spektrum*, dem *Refraktionsspektrum* führt. Dieser Effekt zeichnet sich dadurch aus, daß alle tiefstehenden Objekte in Richtung Zenit einen blauen Rand und zum Horizont hin einen roten Rand aufweisen. Schon in Höhen von weniger als 30° über dem Horizont und gerade an hellen Lichtquellen („Venusspektrum“) macht sich die atmosphärische Dispersion störend bemerkbar.

Vielfach hört man den frisch gebackenen Teleskopbesitzer über eine mangelnde Farbreinheit seines (achromatischen) Reflektors oder apochromatischen Refraktors klagen. Dabei kann der Beobachter leicht überprüfen, ob eine der in seinem Teleskop enthaltenen optischen Komponenten den Farbfehler verursacht: Man stellt dazu einen horizontnahen, hellen Stern oder Planeten ein. Zunächst dreht man das Okular in seiner Fassung und beobachtet, ob der farbige Saum mitwandert. Bei einwandfreiem Okular ist dessen Orientierung jedoch unverändert. Traut man seinem Teleskop nicht, schwenkt man es nun einmal um 180° um. Bei einwandfreier Optik wird sich zeigen, daß in bezug auf den Horizont der blaue Rand nach wie vor oben und der rote Rand unten ist. Außerdem

Tabelle 1.1. Werte der atmosphärischen Refraktion R_0 nach einem Modell von W. Schlosser [1.4], das eine mit zunehmender Höhe exponentiell abnehmende Dichte der Erdatmosphäre annimmt. $H = 90° - Z$, H: Scheinbare Höhe über dem Horizont

H	R_0	H	R_0
0° 00′	35,8′	1° 40′	20,0′
0° 01′	35,7′	1° 50′	19,1′
0° 02′	35,8′	2°	18,2′
0° 03′	35,3′	3°	14,2′
0° 04′	35,1′	4°	11,6′
0° 05′	34,9′	5°	9,7′
0° 06′	34,7′	6°	8,3′
0° 07′	34,4′	7°	7,3′
0° 08′	34,2′	8°	6,4′
0° 09′	34,0′	9°	5,8′
0° 10′	33,7′	10°	5,2′
0° 20′	31,5′	20°	2,6′
0° 30′	29,5′	30°	1,6′
0° 40′	27,7′	40°	1,1′
0° 50′	26,1′	50°	47,9″
1° 00′	24,6′	60°	33,0″
1° 10′	23,3′	70°	20,6″
1° 20′	22,1′	80°	10,1″
1° 30′	21,0′	90°	0,0″

sollte ein heller, zenitnaher Stern keine derartigen Farbränder aufweisen. Zur quantitativen Bestimmung des Refraktionsspektrums wird die Dispersionsformel für den Brechungsindex herangezogen [1.5]:

$$(n-1)10^{-7} = 643,28 + \frac{294\,981}{146-\sigma^2} + \frac{2\,554,0}{41-\sigma^2}, \tag{1.7}$$

mit $\sigma = k - 1$, der Vakuum-Wellenzahl in μm^{-1}.

Beispiel: $\lambda_1 = 600\,\text{nm} = 0,6\,\mu\text{m}$, $\lambda_2 = 400\,\text{nm} = 0,4\,\mu\text{m}$, $n_1 - 1 = 0,00027697$, $n_2 - 1 = 0,00028276$. Eingesetzt in Gl. (1.3) des vereinfachten Refraktionsmodells ergibt für Zenitdistanzen $Z < 80°$

$$\Delta R = R_{400\text{nm}} - R_{600\text{nm}} = (n_2 - n_1)\tan Z, \tag{1.8}$$

$$\Delta R = 1,2'' \tan Z. \tag{1.9}$$

Tabelle 1.2 entnimmt man, daß sich die atmosphärische Dispersion schon bei Zenitdistanzen von 60° sehr störend bemerkbar macht. Ein Stern oder Planet in einer Höhe von 10° über dem Horizont ist auf eine Strecke von ca. 7″ senkrecht zum Horizont strichförmig verschmiert: Das obere Ende erscheint bläulich, das untere rötlich (s. Farbtafel 1e).

Tabelle 1.2. Atmosphärische Dispersion als Funktion der Zenitdistanz

Z	ΔR
60°	2,1″
70°	3,3″
80°	6,8″

1.1.3.3 Der Grüne Blitz

Mit etwas Glück wird ein Sonnenuntergang an einem Abend mit sehr klarer Horizontsicht (z.B. nach Durchzug einer Kaltfront) zu einem faszinierenden Erlebnis. Wenn sich die Erdatmosphäre aus Schichten mit stark unterschiedlichen Brechungsindizes zusammensetzt, bilden sich bei einer Sonnenhöhe von weniger als 1° scheibenförmige „Abschnürungen“, welche sich am oberen Rand der untergehenden Sonne ablösen. Liegt der obere Sonnenrand genau auf der Horizontlinie, kann man mit etwas Glück die letzte Abschnürung (oder den Sonnenrand selbst) kurzzeitig als einen grün aufblitzenden Lichtstrahl sehen, den *Grünen Blitz* (engl. Green Flash) (s. Farbtafel 1f). Die grüne Färbung ist eine Folge der Refraktion (Dispersion) und Extinktion in der Erdatmosphäre. Der obere, blaue Sonnenrand geht später unter als der untere, rote Sonnenrand. Die auf Rayleigh- und Miestreuung beruhende Extinktion des Lichts an Luftmolekülen bzw. Aerosolen führt dazu, daß der kurzwellige, blaue Anteil des Lichts absorbiert bzw. gestreut wird. Nur der langwelligere, grüne bis rote Anteil ist noch sichtbar. Ob und wie lange der Grüne Blitz sichtbar ist, hängt von einer extrem klaren Horizontsicht und zudem davon ab, wie schnell die Sonne den Horizont passiert. Ist der Green Flash in mittleren geographischen Breiten als ein Sekundenbruchteile dauerndes Aufblitzen sichtbar, kann er schon am Polarkreis, wo die Sonne in den Sommermonaten sehr flach untergeht, im Verlauf einer Minute mehrmals sichtbar sein.

Hinweise zur Fotografie. Der Grüne Blitz ist nur kurzfristig sichtbar (Feldstecher!), seine Aufnahme also reine Glückssache. Da die Sonne bei klarem Horizont sehr hell untergeht, ist bei Beobachtung und Aufnahme Vorsicht geboten. Wird die interne Belichtungsautomatik benutzt, sollte man 1 bis 2 Blendenstufen unterbelichten.

1.1.4 Leuchtende Nachtwolken

Ab etwa 50° nördliche Breite sind in den Sommermonaten, mit einem ausgeprägten Maximum Anfang Juli, vermehrt helle Wolken am nächtlichen Himmel zwischen Ende von bürgerlicher und Anfang astronomischer Dämmerung sichtbar (s. Farbtafel 1g). Diese von der Sonne beschienenen *Leuchtenden Nachtwolken* (engl. Noctilucent Clouds) erscheinen als helle, zirrusartige, silbrigweiße Wolken und werden wissenschaftlich als Schleier, Bänder, Wellen und Wirbel klassifiziert. Die sich aus kleinen Eiskristallen zusammensetzende, nur 0,5–2 km dicke Wolkenschicht befindet sich in der kältesten Schicht der Erdatmosphäre, der Mesopause, in einer mittleren Höhe von 82 km [1.6, 1.7].

Hinweise zur Fotografie: 30–60 s bei Blende 3,5 und ISO 100/21°.

1.1.5 Polarlichter

Auf der nördlichen Erdhalbkugel tritt das *Polarlicht (Nordlicht, Aurora Borealis)* am häufigsten in einer ringförmigen, exzentrisch um den geomagnetischen Pol (78,5N/69° W, Nordwest-Grönland) gelegenen Zone auf; in Europa bei ca. 67° nördliche Breite. Bevorzugte europäische Beobachtungsorte sind Island [1.8], Norwegen (Lofoten), Schweden und Finnland. In Zeiten erhöhter Sonnenaktivität (Sonnenfleckenmaximum) sind Polarlichter (s. Farbtafel 1h) sogar bis in den süddeutschen Raum hinein sichtbar. Die faszinierenden Leuchterscheinungen in Form von Vorhängen, homogenen Bögen, Strahlenbögen, Strahlen, Strahlenbändern und -kronen [1.9] entstehen nach Stößen von Sekundärelektronen (erzeugt durch die schnellen, geladenen Teilchen des Sonnenwindes) mit Atomen und Molekülen der oberen Erdatmosphäre in 100–250 km Höhe. Die Anregung des atomaren und molekularen Sauerstoffs und molekularen Stickstoffs führt zur nachfolgenden Lichtemission mit den hellsten Erscheinungen im grünen und roten Spektralbereich. Es sind im einzelnen die verbotenen Sauerstoff-[OI]-Linien bei 557,7 nm (grün), 630,0 nm und 634,0 nm (rot) und bei hoher Teilchenenergie die in niedrigen Höhen stattfindende Stickstoffanregung N_2^+ bei 394,1 nm, 427,8 nm (blau) bzw. die N_2-Molekülbande bei 650 nm (rot). Letztere ist für den rötlichen Saum der Vorhänge verantwortlich.

Hinweise zur Fotografie. Die vielfältigen Polarlichterscheinungen sind raschen räumlichen Veränderungen unterworfen und über einen großen Helligkeitsbereich sichtbar. Lichtstarke Fischaugen-, Weitwinkel- bis Normalobjektive (Blende 1,2 bis 3,5), hohe Filmempfindlichkeit (ab ISO 400/27°) und Belichtungszeiten von nicht länger als 10 s sind angeraten, wenn die Bewegung „eingefroren" werden soll. Das ästhetischere Bild mit hoher Farbsättigung erhält man, wenn man den Fujichrome RD100 benutzt und bei Blende 2,8 ca. 40 s belichtet [1.8, 1.9].

1.1.6 Airglow

Unter dem Begriff *Airglow* (geprägt von O. Struve im Jahre 1950) oder auch Nightglow versteht man das von der Erdatmosphäre verursachte natürliche Nachthimmelsleuchten, das zu einer ständigen Aufhellung des Nachthimmels beiträgt. Vom Space Shuttle aus konnte erstmalig ein größerer Teil der in ca. 100 km Höhe befindlichen Lichthülle als leuchtender Ring um unseren Planeten beobachtet werden [1.10]. Die weiteren beitragenden, hier aber nicht näher beschriebenen Erscheinungen sind integriertes Sternenlicht, Zodiakallicht (s. Abschn. 2.6), Gegenschein (s. Abschn. 2.6), Polarlichter (s. Abschn. 1.1.5), diffuses galaktisches Licht, integriertes kosmisches Licht und nicht zuletzt überwiegend die urbane Lichtverschmutzung (s. Abschn. 6.4.3.2).

Der in der Ionosphäre stattfindende, photochemische Anregungsprozeß beruht auf Ionisation und Photodissoziation von Atomen und Molekülen, die unter Lichtaussendung noch lange nach Sonnenuntergang rekombinieren. Der jeweilige Beitrag einer jeden Komponente ist zeitlichen und räumlichen Variationen unterworfen (s. Farbtafel 1i).

Speziell die Intensität der OH-Banden (ab 600 nm bis ins Infrarote) kann sich im Laufe der Nacht innerhalb von wenigen Minuten unregelmäßig bis zu einem Faktor von 2 verändern. Besonders intensiv ist die Sauerstoff-[OI]-Linie bei 557,7 nm mit einem Beitrag von ca. 20^{m} pro Quadratbogensekunde [1.11]. Bei einem Sonnenstand von 6° bis 6,5° unter dem Horizont (Beginn der bürgerlichen Dämmerung) findet in 180 km Höhe die Anregung von Na-Atomen statt, die kurzzeitig zu einer Emission im Licht des Natrium-Dubletts bei 589,0 nm/589,6 nm als sog. *NaD-Flash* führt [1.11].

Für den Astrofotografen macht sich der Airglow als rötlich leuchtende Schicht am Horizont bemerkbar, die man zunächst mit einer Dunstschicht in Verbindung bringt. Visuell oder auf einer Aufnahme erkennt man jedoch, daß in dieser vermeintlichen Dunstschicht die Sterne sehr viel weniger abgeschwächt erscheinen als in einer normalen, auf Feuchtigkeit oder Staub beruhenden (s. Abschn. 6.1.4).

1.1.7 Der Erdschatten

Bei klarer Horizontsicht geht gleichzeitig mit der untergehenden Sonne im antisolaren Punkt der an den Himmel projizierte Schatten der Erdoberfläche auf. Dieser macht sich zunächst als eine graue, scharfbegrenzte Wand vor dem rötlichen Dämmerungshimmel bemerkbar. Der obere Rand wird mit sinkender Sonne zunehmend diffuser. Geht die Sonne zusätzlich hinter einem Berg unter, projiziert sie einen dreiecksförmigen Schatten an den Himmel.

1.2 Künstliche Erdsatelliten

1.2.1 Satellitenspuren

Astrofotografen stehen der stetig wachsenden Zahl von Satellitenstarts (mittlerweile ca. 120/Jahr) eher skeptisch gegenüber, machen sie doch häufig unliebsame Erfahrungen mit Satellitenspuren im Aufnahmefeld, die eine Langzeitaufnahme ruinieren können (Abb. 1.2).

Von der Sonne beschienene, helle Satelliten sind schon in der nautischen Dämmerung sichtbar, wenn sich der Beobachter noch oder bereits im Erdschatten befindet. Gerade in den Sommermonaten, wenn die Sonne in nördlichen geographischen Breiten nur wenige Grad unter den Nordhorizont sinkt, also viele tieferkreisende Satelliten erfaßt werden, muß man mit einer erhöhten Zahl von sichtbaren Satelliten rechnen und bei der Aufnahme verstärkt danach Ausschau halten. Besonders gefährdet sind Weitwinkelaufnahmen mit lichtstarken Objektiven ($f/1{,}8$) auf hochempfindlichen Filmen (ISO 1000/33°), die auch schnelle

Abb. 1.2. Spuren der Satelliten *Cosmos 106* und *Cosmos 103* in der Nähe von M51. Foto: H. Vehrenberg

und lichtschwächere Satelliten (bis 4^m oder 5^m) registrieren können. Die max. Winkelgeschwindigkeit der Satelliten beträgt ca. 2°/s. Eine genaue Vorhersage der scheinbaren Bahn am Himmel ist nur bei Kenntnis der aktuellen Bahnelemente möglich. Nach Auftauchen aus dem Erdschatten erscheinen die Satelliten zunächst als kontinuierlich heller werdende Lichtpunkte mit anschließend konstanter oder periodisch veränderlicher Helligkeit, bedingt durch einen Rotationslichtwechsel. Aufgrund der Rötung des Lichts beim Durchgang durch tiefere Schichten der Erdatmosphäre verändert sich die Farbe beim Auftauchen aus dem Erdschatten von Tiefrot nach Weiß.

1.2.2 Geosynchrone Satelliten

1.2.2.1 Berechnung der Position am Himmel

Mit größerer Höhe eines Satelliten wächst auch seine Umlaufzeit um die Erde. Benötigt ein 2 000 km über der Erdoberfläche kreisender Satellit nur rund 2 Stunden für einen Umlauf, so wird die Umlaufzeit von 24 Stunden in einer Höhe von 35 790 km (42 174 km vom Erdmittelpunkt entfernt) erreicht: Der Satellit scheint am Himmel still zu stehen, er ist geosynchron. Bekannte Beispiele sind die Kommunikations- und Wettersatelliten (Tabelle 1.3).

Die geosynchrone Bahn kann dennoch leicht exzentrisch und gegen die Äquatorebene der Erde geneigt sein, so daß er eine kleine, schleifenförmige Bahn in Form einer „8“ am Himmel beschreibt (Analemma), deren Nord-Süd-Ausdehnung dem Betrag der Bahnneigung entspricht. Satelliten auf exakt kreisförmiger Bahn in der Äquatorebene ($i = 0$) mit 1,002738 Umläufen in 24 Stunden (Praxis: $n = 0{,}9$–$1{,}1$) stehen theoretisch an einem festen Punkt am Himmel. Nach Kracht [1.14] führen Störungen dazu, daß Satelliten langsam von ihren Standorten wegdriften. Die Stabilisierung der Satellitenposition erfolgt mit Hilfe kleiner Steuertriebwerke, die sogar eine größere Positionsverlagerung erlauben. Zur genauen Identifizierung des Satelliten sind in jedem Fall aktuelle Daten erforderlich, die z.B. über die Mailbox *AstroMail* [1.14] abgerufen werden können.

Tabelle 1.3. Eine Auswahl teleskopisch erfaßbarer geosynchroner Satelliten. Die Tabelle enthält: Name, Bahnneigung i und westliche geographische Länge λ_s, über der der Satellit stationiert ist. Die Driftgeschwindigkeit liegt unter $\pm 0{,}02°$/Tag [1.15, 1.21]

Name	i [°]	λ_s [°]
Telekom 2A	0,0490	356,9
Tele-X	0,1233	355,0
ECS 4	0,0326	353,0
Eutelsat 2 F-2	0,0070	350,2
Eutelsat 2 F-3	0,0524	349,9
Astra 1A+1B	0,0448	340,8
Kopernikus 1	0,0390	336,5
Kopernikus 2	0,0193	331,5
Raduga 28	1,4321	325,9
Gorizont 22	0,2770	319,4
TDRS 4	0,0019	41,0
TVSAT-2	0,0664	19,2
Olympus 1	0,0446	19,0
TDF-2	0,0393	18,7
TDF-1	0,0272	18,7
Intelsat 5a F-1	0,0311	18,0
Gorizont 20	0,0706	13,5
Telekom 1C	0,0352	5,0

Die Position am Himmel wird durch die geographische Länge λ_s, über der der Satellit stationiert ist, bestimmt ($i = 0$ und $e = 0$). Zur Berechnung von Stundenwinkel t und Deklination δ stellt man sich ein rechtwinkliges Koordinatensystem mit Ursprung im Erdmittelpunkt und fest mit der Erde rotierend vor (Abb. 1.3). Die nach Norden gerichtete positive z-Achse fällt mit der Erdachse zusammen. Die x-Achse geht durch den Meridian des Beobachtungsortes und schneidet die Äquatorlinie. Die y-Achse steht senkrecht auf der ($x-$, $z-$)Ebene [1.15–1.17].

Ausgangsgrößen:

$r_0 = 6\,370$ km (Erdradius, Mittelwert)
$r_s = 42\,174$ km (Radius des geostationären Orbits)
λ: westliche geographische Länge des Beobachtungsortes
φ: geographische Breite des Beobachtungsortes
λ_s: westliche geographische Länge des Ortes, über dem der Satellit stationiert ist

Koordinaten des Beobachtungsortes bzgl. Erdmittelpunkt:

$x_0 = r_0 \cos\varphi$
$y_0 = 0$ (Erdoberfläche)
$z_0 = r_0 \sin\varphi$

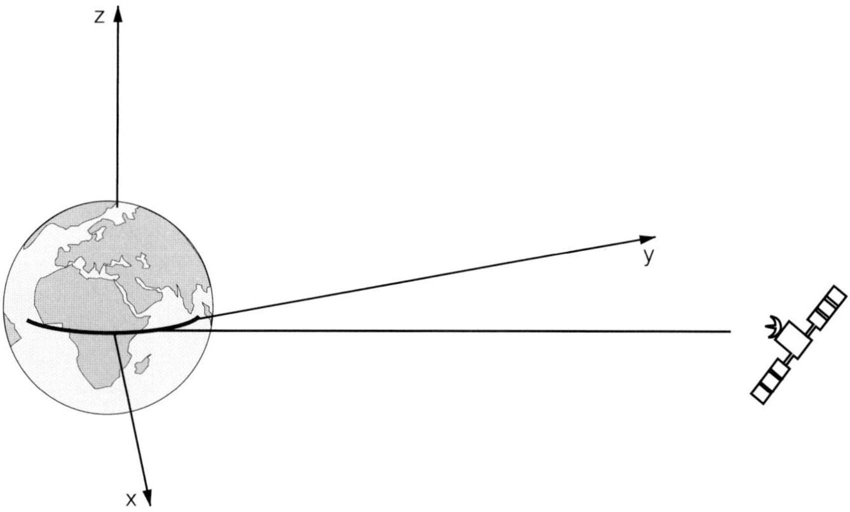

Abb. 1.3. Definition eines rechtwinkligen Koordinatensystems (x, y, z) mit der Erde im Ursprung

Koordinaten des Satelliten bzgl. Erdmittelpunkt:

$x_s = r_s \cos(\lambda - \lambda_s)$
$y_s = r_s \sin(\lambda - \lambda_s)$
$z_s = 0 \quad (i = 0 \text{ angesetzt})$

Koordinaten des Satelliten bzgl. Beobachter:

$x = r_s \cos(\lambda - \lambda_s) - r_0 \cos\varphi$
$y = r_s \sin(\lambda - \lambda_s)$
$z = -r_0 \sin\varphi$
$r = \sqrt{x^2 + y^2 + z^2}$: *Entfernung Beobachter-Satellit*

Stundenwinkel t und Deklination δ erhält man über:

$\tan t = -y/x$
$\sin\delta = z/r$

$t < 0$: Satellit östlich des Meridians
$\delta < 0$: für alle Beobachter auf der Nordhalbkugel der Erde

Mit den beiden Werten t und δ kann die Position des Satelliten direkt am Teilkreis eines ruhenden, äquatorial ausgerichteten Fernrohrs eingestellt werden. Im folgenden ein Beispiel:

Ausgangswerte:
Beobachtungsort Frankfurt: $\lambda = 351,3^\circ$, $\varphi = 50,1^\circ$
Satellit Astra 1A, Bahnneigung vernachlässigbar. $\lambda_s = 340,8^\circ$

Zwischenwerte:

$x_0 = +4\,086{,}03\,\text{km}$ $x_s = +41\,467{,}79\,\text{km}$ $x = +37\,381{,}76\,\text{km}$
$y_0 = 0$ $y_s = +\ 7\,685{,}60\,\text{km}$ $y = +\ 7\,685{,}60\,\text{km}$
$z_0 = +4\,886{,}84\,\text{km}$ $z_s = 0$ $z = -\ 4\,886{,}84\,\text{km}$

Ergebnis:
$r = 38\,475{,}26\,\text{km}$
$\delta = -7^\circ 18'$
$t = -11{,}37^\circ$ (46^m östlich des Meridians)

1.2.2.2 Beobachtung und Fotografie

Der Satellit ist am hellsten, wenn der Stundenwinkel Sonne–Satellit um 12^h differiert. Während zweier Perioden im Jahr, vom 27.2–12.4 und 31.8–16.10., tauchen die Satelliten in den Erdschatten ein. Der Radius des Erdschattens am Ort des Satelliten beträgt 8,7° für den Kernschatten und 9,2° für den Halbschatten. Die maximale Verdunklungsdauer beträgt $1^h 12^m$ am Frühlings- und Herbstpunkt [1.15].

Da die hellsten Satelliten nur 10^m bis 11^m hell sind, sollte das Beobachtungsfernrohr einen Durchmesser von 150 mm aufweisen (Vergrößerung ca. 80×, Gesichtsfeld mindestens 30′). Man kann einen geostationären Satelliten nach den beiden folgenden Methoden aufsuchen:

1. *Ruhendes Fernrohr:* Stundenwinkel t und Deklination δ werden direkt am geeichten Teilkreis der Fernrohrmontierung eingestellt. Dann wird das Gesichtsfeld nach einem Objekt abgesucht, das sich nicht bewegt.
2. *Nachgeführtes Fernrohr:* Nach Einstellung von t und δ sucht man das konstant im Gesichtsfeld verbleibende Sternfeld nach einem sich langsam bewegenden Lichtpunkt ab. Man achte darauf, daß nach einiger Zeit das Fernrohr zurückgestellt werden muß, da sich der Satellit mit 15′ pro Minute aus dem Gesichtsfeld bewegt. Hat man den Satelliten einmal identifiziert, so ist die Aufnahme vergleichsweise trivial, da man mit ruhender Kamera Aufnahmen machen kann.

Hinweise zur Fotografie. Brennweiten von 200–2 000 mm sind geeignet. Fotografiert man mit längerer Brennweite, läßt sich die Eigenbewegung eindrucksvoll demonstrieren (Abb. 1.4, 1.5). Die Satellitenspur beschreibt im Laufe eines Tages ein *Analemma* in Form einer „8“.

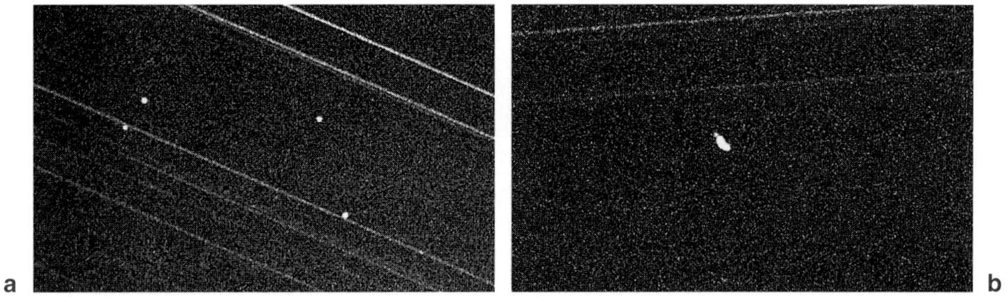

Abb. 1.4. a Satellitengruppe bei 19° westliche Länge: Olympus, TDF-1, TDF-2 und TVSAT-2 in einer 10 minütigen Belichtung am 25.4.1992 von 1^h45^m bis 1^h55^m UT auf T-MAX 400 bei 500 mm Brennweite, $f/3,64$. **b** Eigenbewegung des Fernsehsatelliten Astra 1A bei 19° östliche Länge am 24.4.1992, von 23^h03^m bis 23^h23^m UT. Aufnahme mit C8 bei 2 000mm Brennweite auf T-MAX 400.
Fotos: R. Kresken

Abb. 1.5. Spur eines Perseiden am 11.8.1988 um 21^h19^m UT, aufgenommen mit einem Weitwinkelobjektiv 35mm, Blende 4,5, auf Agfachrome 1000RS Professional. Foto: V. Wendel

1.3 Meteore

In dunkler, klarer Nacht, fernab „lichtverschmutzter" Städte, ist das plötzliche Auftauchen einer Sternschnuppe (Abb. 1.5) ein Naturschauspiel besonderer Art. Es ist ein Erlebnis, das der moderne Stadtmensch nur noch selten genießen kann. Im Mittel ist ein visuelles Meteor $2{,}5^{m}$ hell, bis zu einer Sekunde lang sichtbar, hinterläßt manchmal eine schwach leuchtende Spur (Abb. 1.6) und kann im Extremfall (sogar hörbar) zerplatzen. Das bloße Auge ist noch in der Lage, Meteore bis zur 5ten Größenklasse wahrzunehmen; sehr helle Leuchterscheinungen, wie die der Feuerbälle *(Boliden,* -4^{m}*)*, sind hingegen recht selten.

Abb. 1.6. Nachleuchtende Spur eines Boliden am 16.2.1988, die von Höhenwinden allmählich auseinandergetrieben wurde. Die Aufnahme erfolgte gegen $2^{h}02^{m}$ UT in einer 7 minütigen Belichtung mit einem Mittelformatobjektiv 4/180 mm. Foto: P. Keller und G. Schmidbauer

1.3.1 Meteorströme

Sporadische Meteore treten statistisch mit 6 bis 8 Ereignissen pro Stunde auf, deren Häufigkeit in den frühen Morgenstunden ihr Maximum erreicht, wenn sich der Beobachter auf der „Vorderseite" der Erde auf die Sternschnuppen zubewegt.

Die zu bestimmten Zeiten im Jahr auftretenden Häufungen von Sternschnuppen, die *Meteorschauer*, werden durch die regelmäßig wiederkehrenden *Meteorströme* hervorgerufen. Bekanntes Beispiel sind die *Perseiden* mit einer Häufung der Meteorereignisse um den 12. August. Dieser Meteorstrom ist nach dem Sternbild Perseus benannt, in dessen Gebiet sich der scheinbare Ausgangspunkt *(Radiant)* der Sternschnuppen am 12. August befindet. M. Nolle gibt in seinem Artikel [1.18] die genaue Position der Radianten der wichtigsten Meteorströme an.

Hinweise zur Fotografie. Der gezielte Versuch, Meteore auf den Film zu bannen, ist einfach und frustierend zugleich. Es genügt eine Kamera, deren Verschluß auf „B" oder „T" eingestellt werden kann, ein Objektiv von 35 bis 50 mm Brennweite mit einem Öffnungsverhältnis von 1,8 oder lichtstärker, ein hochempfindlicher Film von ISO 400/27° und ein stabiles Fotostativ, auf dem die Kamera sicher ruht. Abblenden verbessert zwar die Randabbildung und verringert die Vignettierung des Objektivs, führt aber auch zur Abnahme der Anzahl der registrierten Meteore.

Entsprechend ausgestattet sollte man eigentlich während einer dunklen, mondlosen Perseidennacht Hunderte Meteore fotografieren können... doch weit gefehlt, denn die Statistik sagt aus [1.19, 1.20], daß die Rate etwa bei 2 bis 4 Meteoren pro Kamera und Nacht liegt. Woran liegt das? Erstens ist der Ausschnitt, den ein Normalobjektiv aufnehmen kann, klein im Verhältnis zur Himmelsfläche, zweitens ist die Optik-/Film-Kombination nur in der Lage, Meteore größerer Helligkeit und nicht zu hoher Geschwindigkeit abzubilden.

Die beste Richtung am Himmel liegt 45° vom Radianten entfernt und 45° über dem Horizont. Direkt in Richtung Radiant fotografiert, erscheinen die Meteore, die in Richtung Beobachter fliegen, punktförmig auf der Aufnahme.

Aufnahmen mit einer vor dem Objektiv befindlichen, mit bekannter Umdrehungsrate rotierenden Sektorblende *(Shutter)* ermöglichen die Bestimmung der Winkelgeschwindigkeit eines Meteors (Abb. 1.7). Diese Sektorblende kann auch ein Propeller sein, der das Objektiv ganz abdecken kann, um den gewünschten An-Aus-An-Effekt zu erzielen. Die Shutterrate sollte 12–60 Unterbrechungen pro Sekunde betragen.

1.4 Kordylewskiwolken

Im Jahre 1772 entwickelte der französische Mathematiker J.L. Lagrange Lösungen des eingeschränkten Dreikörperproblems, in welchem eine der drei Massen sehr viel kleiner als die beiden anderen anzunehmen sei. Die Analyse eines derartigen Systems, wie Sonne–Planet oder Erde–Mond, zeigt, daß sich ein dritter, mit einer niedrigen Relativgeschwindigkeit annähernder kleiner Körper ständig

Abb. 1.7. Geshutterte Aufnahme eines -3^m hellen Geminiden vom 13.12.1990. Belichtungsintervall 23^h13^m - 23^h27^m UT. Meteorpassage: $23^h20^m25^s$ UT. Normalobjektiv 1,8/50 mm (abgeblendet auf 2,8), Tri X-Film (ISO 400/27°), 2 × 45°-Shutter mit 25 Unterbrechungen pro Sekunde.
Foto: C. ter Kuile, Dutch Meteor Society, aufgenommen in Lardiers (Provence)

in der Nähe der Lagrange-Punkte L_4 und L_5 *(Librationspunkte)* aufhalten wird (Abb. 1.8).

Schwierig dürfte die Fotografie der Librationswolken im System Erde-Mond sein. Die ersten visuellen Sichtungen stammen aus dem Jahre 1906. Im Jahre 1961 veröffentlichte der polnische Astronom Kazimierz Kordylewski (Observatorium Krakau) Berichte über die erfolgreiche visuelle und fotografische Sichtung der Librationswolken in den L_4- und L_5-Punkten. Suchte er ab 1951 zunächst nach festen Körpern, so änderte er seine Strategie und hielt nach diffusen Staubwolken, ähnlich dem Gegenschein oder Zodiakallicht Ausschau.

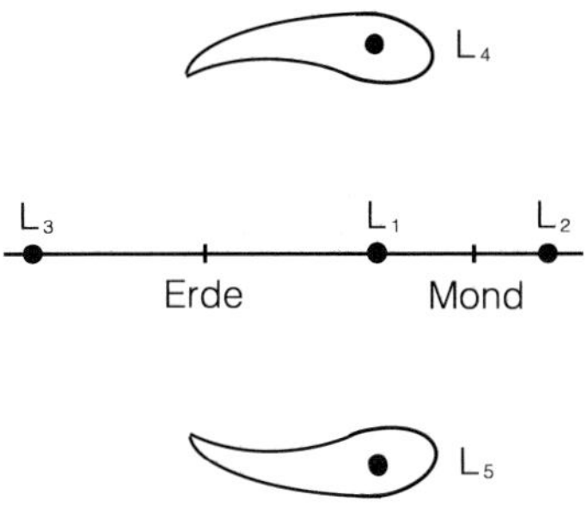

Abb. 1.8. Lagrangepunkte im System Erde–Mond. Die Kordylewskiwolken halten sich in der Nähe der Punkte L_4 und L_5 auf

Viele professionelle und Amateurastronomen, darunter von 1953 bis 1956 C. Tombaugh, mühten sich vergeblich, die Sichtungen zu bestätigen. Im November 1961 startete J.W. Simpson vom Locksley-Observatorium seine ersten Beobachtungskampagnen, die erste erfolgreiche Beobachtungen im Januar 1964 erbrachten. Er schätze die Gesamthelligkeit der Wolken (Ausdehnung 1° bis 4°) auf $5,5^{\mathrm{m}}$ bis $6,5^{\mathrm{m}}$, ähnlich dem Gegenschein (Ausdehnung ca. 15°, s. Abschn. 2.6).

Die ersten Fotos gelangen J.W. Simpson am 13.2.1966 auf Plus X Film, dessen Grundempfindlichkeit durch chemische Hypersensibilisierung von ISO 120/22° auf ISO 4000/37° gesteigert wurde. Die Wolken waren auf den Negativen kaum sichtbar, konnten durch mikrodensitometrische Messungen jedoch angeblich nachgewiesen werden.

Simpson [1.12] stellt zur erfolgreichen Beobachtung folgende Regeln auf:

1. Absolut dunkler Himmel erforderlich. Man versuche sich an diesen Wolken erst dann, wenn man das Zodiakallichtband bis zum Gegenschein und letzteren selbst eindeutig sehen (indirekte Beobachtung) und fotografisch nachweisen kann. Hochgebirgslagen sind bevorzugt.
2. Suchgebiet ±60° vom Mond entfernt, ±14° um die Ebene der Ekliptik.
3. Zeitpunkt 6 Tage vor oder nach Vollmond.
4. Sonne mindestens 18° unter dem Horizont (astronomische Dämmerung).
5. Mond ausreichend tief unter dem Horizont, der Betrag hängt von der Mondphase ab.
6. Zeitbereich größter Monddeklination wählen. Dies ist optimal für L_4 in den Monaten Oktober bis Dezember und für L_5 im Januar und Februar.
7. Wegen atmosphärischer Extinktion sollten die Wolken möglichst hoch am Himmel stehen.
8. Die Wolken sollten sich zum Beobachtungszeitpunkt weder in der Nähe eines hellen Objekts noch in der leuchtender Nachtwolken, der Milchstraße, des Zodiakallichts, des Gegenscheins (in der Reihenfolge der Helligkeit) befinden.
9. Maximale Helligkeit zur Opposition (Phasenwinkel 0).

Hinweise zur Fotografie. Da sich die Wolken mehrere Grad über oder unter der Ekliptik befinden können (z.B. $L_4 : b = +10°$ am 13.2.1966 [1.12]), sollte die Brennweite nicht mehr als 135 mm betragen. Aufgrund der Vignettierung lichtstarker Fotoobjektive bei voller Öffnung und einer damit verbundenen Aufhellung des Bildzentrums sollte das Objektiv ausreichend abgeblendet werden (Testreihen am Gegenschein!). Weiter sollte die vorausberechnete Position der Wolken nicht genau in der Bildmitte liegen, um Verwechselungen mit Vignettierung gänzlich auszuschließen. Mindestens zwei Aufnahmepaare, die die räumliche Veränderung der Wolken anzeigen, sind dabei unerläßlich.

An dieser Stelle kann allen Fotografen nur viel Glück bei der Jagd nach den Kordylewskiwolken gewünscht werden! Der Herausgeber würde sich freuen, in einer Neuauflage dieses Buches erfolgreiche Aufnahmen präsentieren zu können.

2 Das Sonnensystem

2.1 Sonne

2.1.1 Teleskope zur Sonnenbeobachtung und -fotografie

Bereits mit einem Teleskop ab etwa 60 mm Öffnung kann die Sonne sinnvoll beobachtet und fotografiert werden. Bildschärfe und Bildkontrast hängen außer vom Seeing entscheidend davon ab, wie der entsprechende Teleskoptyp eingesetzt wird. Nach Remmert [2.1] ist der Refraktor aufgrund seiner geschlossenen Bauweise im Vorteil (keine Turbulenzen im Tubus aufgrund von Erwärmung!), Hornung und Hückel [2.2] haben mit Aufnahmen bewiesen, daß ein Reflektor mit unbelegtem Hauptspiegel und kleinem Fangspiegel die gleiche Aufnahmequalität liefert.

Der handelsübliche Refraktor steht mit seinem hohen Bildkontrast an erster Stelle, zumal ggf. mit einem Gelb/Orange-Okularfilter bei Fraunhofer-Achromaten das sekundäre Spektrum reduziert werden kann. Aber auch „Chromate“, d.h. einlinsige Refraktorobjektive sind schon erfolgreich für die monochromatische Hα-Beobachtung eingesetzt worden [2.3]. Für höchste Ansprüche sollte der Reflektor mit einer außeraxialen Lochblende versehen sein, die den kontrastmindernden Fangspiegel ausblendet. Gute Erfahrungen liegen auch mit einer Streulichtblende (engl. Light Baffle) vor, die vor die Eintrittsöffnung des Reflektors gesetzt wird und aufgrund sorgfältig berechneter Blenden verhindert, daß Streulicht die innere Tubuswand der Reflektors aufhellt.

Reichmann [2.4] stellt die Berechnungsgrundlagen für einen 150 mm/2 250-mm-Schiefspiegler mit belegtem Zerodur-Hauptspiegel und Wärmerschutzglas (hier RG 610 mit Wärmeschutzschicht) vor der Eintrittsöffnung vor. Die Primärbrennweite des Teleskops sollte unter $f = 2\,500$ mm liegen, um das Sonnenbild im KB-Format unterzubringen. Für die Okularprojektion empfehlen sich multivergütete orthoskopische oder Plössl-Okulare mit guter Randabbildung und wenig okularinternen Reflektionen. Eine parallaktische Montierung mit Nachführung ist zwar nicht nötig, erleichtert jedoch die Fotografie und die Beobachtung bei höheren Vergrößerungen.

2.1.2 Vorsicht bei der Sonnenbeobachtung

Bevor das Teleskop auf die Sonne gerichtet wird, sollte sich der Beobachter über die Folgen eines unüberlegten Vorgehens im klaren sein. Nicht nur das Augenlicht des Beobachters bzw. der Verschlußvorhang der Kamera, sondern auch die Teleskopoptik ist in großer Gefahr, wenn das gebündelte Sonnenlicht in der

Brennebene des Teleskops konzentriert wird. Man sollte auf jeden Fall die nachfolgend aufgeführten Vorsichtsmaßregeln streng beachten und nicht leichtfertig darüber hinweggehen.

1. Niemals die Sonne durch das Sucherfernrohr anvisieren! Das Objektiv des Sucherfernrohrs wird mit einer Schutzkappe abgedeckt. Die Sonne wird dann anhand des Schattenwurfs des Teleskops eingestellt. Dazu hält man eine Pappe hinter das Teleskop und zentriert den Schatten desselben.
2. Niemals das auf die Sonne gerichtete Teleskop unbeaufsichtigt stehen lassen! Gerade Kinder sind gefährdet, da sie sich keiner Gefahr bewußt sind.
3. Niemals Okularprojektion mit Schmidt-Cassegrain-Teleskopen! Mit Teleskopen o.g. Typs darf die Sonne nicht (auch nicht kurzzeitig) projiziert werden. Der Grund hierfür ist die enorme Erwärmung des Fangspiegels im geschlossenen Tubus: Der Fangspiegel könnte springen.
4. Okularsonnenfilter nur nach Angaben des Herstellers verwenden! Vielen Teleskopen ist als preiswerte Alternative zu teuren Objektivsonnenfiltern ein Okularsonnenfilter beigelegt. Zur Reduzierung der Wärmebelastung im Brennpunkt muß die Teleskopöffnung auf 40 mm Durchmesser verkleinert werden. Dies wird durch eine Öffnung im Objektivdeckel realisiert. Selbst wenn die Sonne damit verhältnismäßig dunkel erscheint, sollte man es niemals riskieren, mit der vollen Öffnung zu beobachten. Der Autor hat am eigenen Auge erlebt, wie nach wenigen Minuten ein Okularsonnenfilter gesprungen ist, als die Sonne mit der vollen Objektivöffnung von 114 mm beobachtet wurde. Glücklicherweise hat dieser kurze Lichtblitz keine Schäden auf der Netzhaut hinterlassen. Übrigens: Unbelichtete Filmstücke sind zur Abschwächung des Sonnenlichts völlig ungeeignet! Selbst wenn das Sonnenlicht sichtbar abgeschwächt wird, so durchdringt die Infrarotstrahlung das Filmstück fast unabgeschwächt und führt zu bleibenden Netzhautschäden!
5. Die sicherste Methode ist die Beobachtung mit einem Objektivsonnenfilter. Die langwellige Infrarotstrahlung wird reflektiert und nur ein Bruchteil des sichtbaren Lichts hindurchgelassen.

2.1.3 Abschwächung des Sonnenlichts

Nachdem im vorigen Abschnitt erläutert wurde, was man bei der Sonnenbeobachtung alles beachten muß, werden nun die zur Abschwächung des Sonnenlichts gebräuchlichsten Methoden vorgestellt.

Die Lichtdämpfung kann nach folgenden Methoden erfolgen: objektivseitig mit einem Glasfilter oder Folienfilter (Rettungsfolie, Mylarfolie), okularseitig mit einem Okularglasfilter, Pentaprisma, Herschelkeil oder Sonnenzenitprisma, wobei diese jedoch nicht bei Schmidt-Cassegrain-Teleskopen eingesetzt werden dürfen. Der Fangspiegel würde aufgrund erhöhter Wärmebelastung Schaden nehmen. Weitere Möglichkeiten der Lichtdämpfung s. [2.5].

Die sicherste Lösung stellt das *Objektivsonnenfilter* dar (Abb. 2.1). Für den Anfänger, der nicht in teuere, planparallele Glasfilter oder Mylarfolien investieren möchte, bietet sich als Einstieg eine sog. *Rettungsfolie* an, die auf einen

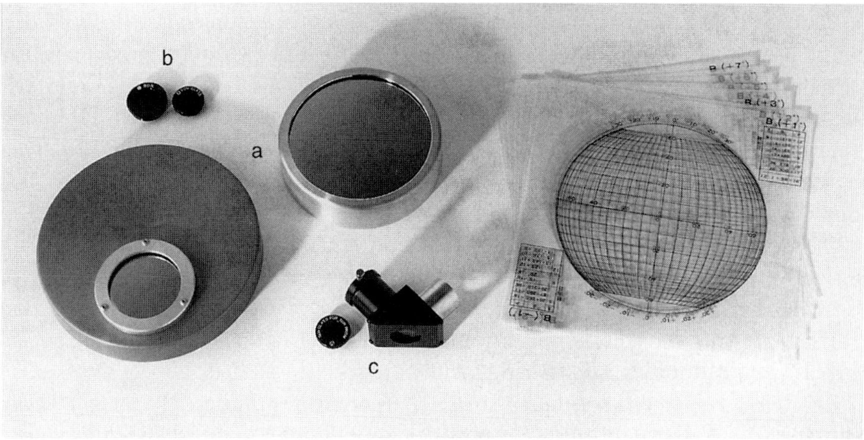

Abb. 2.1. Die sicherste Art der Sonnenbeobachtung stellt das Objektivsonnenfilter **a** dar, das als Glasfilter oder Mylarfolie erhältlich ist. Gefährlich ist die Beobachtung mit einem Okularsonnenfilter **b**, da sich die gesamte einfallende Wärmestrahlung nahe der Brennebene auf das Filter konzentriert. Das Sonnenzenitprisma **c** ermöglicht die gefahrlose Beobachtung in der Brennebene des Teleskops, da 96% des einfallenden Lichts ausgespiegelt werden. Foto: Vehrenberg KG

Papprahmen aufgespannt und vor dem Objektiv befestigt wird. Je größer das Filter und je besser dessen Qualität, desto höher der Preis. Es ist aber nicht unbedingt nötig, ein Objektivfilter für die gesamte Teleskopöffnung anzuschaffen, denn aufgrund der Luftunruhe wird am Tage selten eine Auflösung unter einer Bogensekunde erreicht (mit einem Filter von ca. 100 mm Durchmesser wird bereits ein Auflösungsvermögen um $1''$ erzielt). Die schlechsteste Variante (für den schmalen Geldbeutel) ist die schon zitierte Rettungsfolie aus dem KFZ-Zubehörhandel, die die Auflösung auf $2''$ und schlechter begrenzt [2.6]. Gute Ergebnisse werden mit den sog. *Mylarfolien* erzielt, die sowohl gefaßt als auch quadratmeterweise erhältlich sind [2.7]. Es handelt sich um 12 μm starke, aluminiumbedampfte Polyesterfolien, die in den gefaßten Filtern z.T. zweilagig eingeklebt sind [2.8]. Vorteil der Mylarfilter: im Verhältnis zu guten Glasfiltern preiswert, die Sonnenwärme dringt nicht in den Teleskoptubus ein. Nachteil: Unbedampfte Stellen auf der Folie (Löcher) führen zu erhöhtem Streulichtanteil. Evtl. vorhandene Löcher müssen mit Hilfe eines schwarzen Permanentstiftes „ausgefleckt" werden. Die optische Dichte der kommerziell erhältlichen gefaßten Mylarfilter ist mit $D \approx 5$ angenehm für die visuelle Beobachtung, führt bei der Fotografie aber zu längeren Belichtungszeiten von 1/60 s ($f/11$) und mehr. Dabei macht sich die Luftunruhe störend bemerkbar. Besonders nachteilig ist der Einfluß der Folientransmission auf die Farbbalance. Alle Folienfilter zeigen ein bläulich verfärbtes Bild, so daß „farbneutrale" Aufnahmen auf Farbdiafilm nicht möglich sind.

Planparallele ($\Delta\lambda/\lambda < 1/10$) aluminium- oder chrombedampfte *Glasfilter* der Dichte 3 (Transmission 0.1%) müssen visuell mit Okular-Graufiltern kombiniert werden. Fotografisch ohne zusätzliches Graufilter liegt die Belichtungszeit im Bereich 1/1000 s [2.9]. Vorteil: Wärmeschutz, optimale Auflösung. Nachteil: hoher Preis. Qualität hat ihren Preis: Vorsicht bei Billigangeboten großflächiger Glasfilter, da diese z.T. nicht über eine ausreichende Oberflächengenauigkeit von $\lambda/4$ oder besser verfügen.

Okularseitige Filter sind z.T. preiswerte Alternativen zu großflächigen Objektivfiltern. Die einfachste Lösung, ein dichtes *Okularsonnenfilter* (Abb. 2.1), ist zugleich die gefährlichste (s. Abschn. 2.1.2). Das Objektiv darf wegen der Wärmebelastung des Filters nur auf max. 40 mm geöffnet werden. Vorteil: preiswert. Nachteil: dunkles Bild, geringe Auflösung.

Bei dem *Sonnenzenitprisma* (Abb. 2.1), einer Abwandlung des Herschelkeils, reflektiert die Basisfläche eines Prismas das Sonnenlicht einen geringen Prozentsatz in das Okular. Im Gehäuse existiert eine Öffnung, damit das transmittierte Licht die Fassung an der Stirnfläche verläßt. Ein in das Okular eingeschraubtes Graufilter reduziert die Intensität auf ein für die Beobachtung erträgliches Maß.

Beobachter mit Spiegelteleskopen sollten die Alternative eines unverspiegelten Fangspiegels nicht in Betracht ziehen [2.2]. Die hohe Wärmeabsorption auf der geschwärzten Rückseite des Fangspiegels könnte das Zerplatzen zur Folge haben. Daß auch große Spiegelteleskope (insbesondere mit kleinen Fangspiegeln) hervorragende Sonnenfotos liefern, beweist Hückel [2.2]. Die Reflexion eines unbelegten Zerodur-Hauptspiegels, kombiniert mit einem Graufilter vor der Kamera oder dem Okular, läßt Belichtungszeiten im Bereich 1/1000 s zu.

2.1.4 Die Aufnahmetechnik

Mehr oder weniger jedes Teleskop ist für Sonnenfotos im Weißlicht und im monochromatischen Licht geeignet, aber längst nicht jedes Kameragehäuse!

Das optimale Gehäuse läßt das Auswechseln der Sucher- oder Einstellscheibe zu, sofern nicht schon eine geeignete „Mattscheibe" vorhanden ist; Schnittbild und Mikroprismen scheiden aus. Aber auch die feinmattierte Mattscheibe bereitet bei dunklem Sonnenbild (vornehmlich in Okularprojektion) bei der Fokussierung Probleme, so daß hier einer Einstellscheibe mit zentralem Klarfleck und eingeritztem Fadenkreuz der Vorzug zu geben ist [2.10].

Ein kameraspezifisches Problem ist der Schwingspiegel der Spiegelreflexkamera, der auch bei kurzen Verschlußzeiten zur Verwacklung der Aufnahme führen kann. Abhilfe schafft in diesem Fall entweder ein Gehäuse mit Spiegelvorauslösung (z.B. Olympus OM-1) oder ein *Zentralverschluß* im Strahlengang. In beiden Fällen kann der Zeitpunkt ruhigster Luft aber nicht abgewartet werden, da ja der Spiegel vor der Öffnung des Verschlußvorhangs bereits hochgeklappt ist. Hier hilft nur ein zweites, parallel montiertes Hilfsfernrohr als „Seeing-Monitor". Die bei der Planetenfotografie erfolgreich angewandte Hutmethode scheidet wegen der extrem kurzen Belichtungszeiten völlig aus. Um Einstellfehler zu vermeiden, sollte vor jeder Aufnahme in der Bildmitte neu fokussiert werden.

2.1.5 Weißlichtfotografie

Unter dem Begriff *Weißlichtfotografie* versteht man die Fotografie der photosphärischen Erscheinungen der Sonne im sog. weißen, ungefilterten Licht (Abb. 2.2, 2.3).

Das Sonnenlicht wird mit einem integral, d.h. alle Wellenlängen mehr oder weniger gleichmäßig abschwächenden Sonnenfilter aufgenommen. Dies kann mit einem Sonnenprojektionsschirm oder besser einem Objektivsonnenfilter geschehen.

Besonders reizvoll ist die Verfolgung einer sich zum F-Stadium entwickelnden Fleckengruppe sowie die Ausbildung des *Wilson-Effekts* zum Sonnenrand

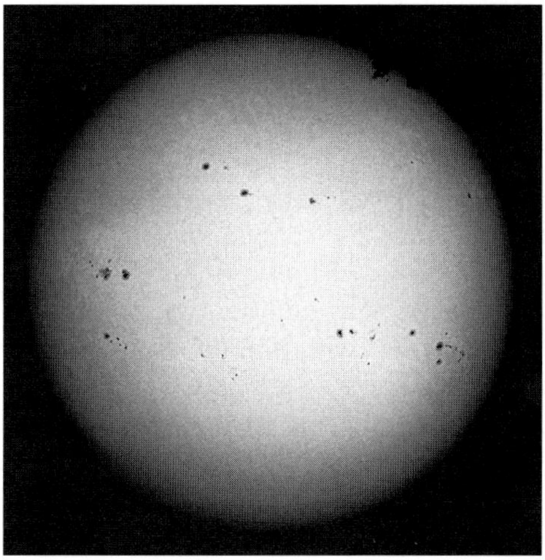

Abb. 2.2. Die Sonne im Weißlicht. Aufnahme mit einem Coudé-Refraktor 150 mm/3000 mm (Wachter). Objektivsonnenfilter $T = 0.1\%$. Belichtung 1/500 s am 25.9.1979 auf Kodak High Contrast Copy Film (ca. ISO/DIN 25/15°). Entwicklung in HC110, Verd. 1+15, 5 min bei 20 °C. Foto: K. Schiefer

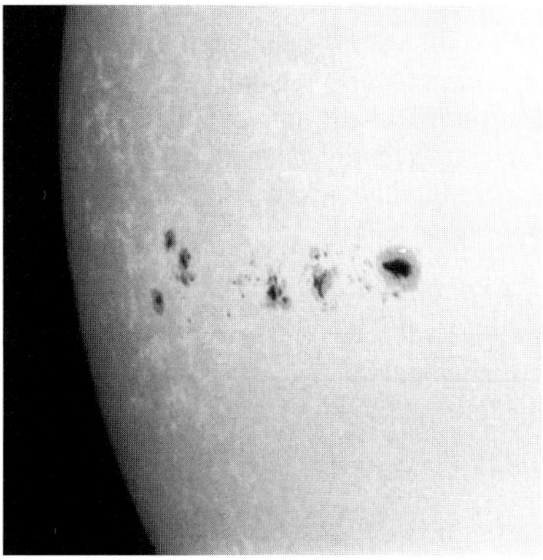

Abb. 2.3. Photosphärische Fackeln und Wilson-Effekt bei sonnenrandnahen Flek-ken. Aufnahme mit C8 in Okularprojektion auf Agfa Ortho 25, 1/1000 s belichtet. Foto: R. Sommer

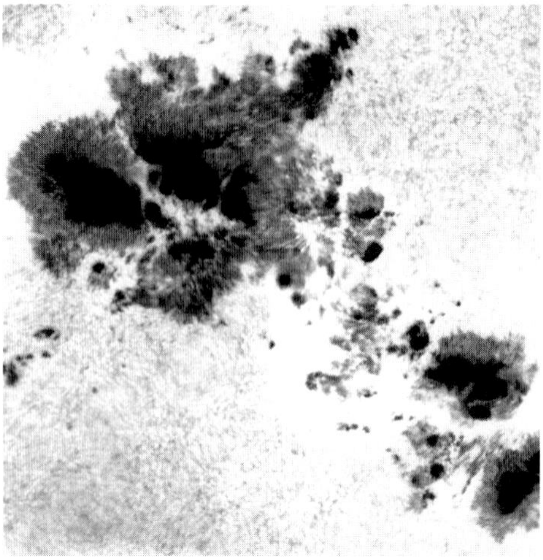

Abb. 2.4. Sonnenfleckengruppe mit mehreren Umbren, Penumbren und Lichtbrücken. Man beachte die reiskornartige Struktur der Granulation. Die Aufnahme erfolgte mit einem 178-mm-Refraktor (Chromat) am 13.6.1989 auf TP 2415. Foto: W. Lille

hin. Photosphärische Fackeln sind helle Gebiete höherer magnetischer Aktivität und oft Vorboten dort entstehender Sonnenflecken. Sie können im Weißlicht nur in der Nähe des Sonnenrandes beobachtet werden, da aufgrund der Randverdunklung der Kontrast dort größer ist als in der Sonnenmitte.

Wegen der häufig unruhigen Luft wird man bestrebt sein, möglichst kurz zu belichten. Die Dichte des Objektivsonnenfilters sollte so gewählt sein, daß man im Idealfall bei Fokalaufnahmen mit Belichtungszeiten unter 1/500 s auskommt. Übrigens: Bei Fokalaufnahmen unter $f = 2\,500$ mm wird die Sonnenscheibe noch vollständig im KB-Format abgebildet. Als Filme verwendet man hochauflösende Feinkornfilme vom Typ Agfa Ortho 25 oder TP 2415 (nicht hypersensibilisiert). Gerade der panchromatische TP 2415 kann aufgrund seiner ausgeprägten Rotempfindlichkeit mit einem kontraststeigernden Orange- bis Rotfilter eingesetzt werden. Gelb- oder Grünfilter unterdrücken den Restfarbfehler einer achromatischen Linsenoptik. Zur Fotografie kleinerer Strukturen, wie z.B. der Granulation ($1''$ bis $2''$, Abb. 2.4), wird in Okularprojektion bzw. mit längeren Primärbrennweiten als 2 500 mm und daraus resultierend ungünstigeren Öffnungsverhältnissen gearbeitet. Von dem zwangsläufig notwendigen Einsatz höherempfindlicher Filme ist aber wegen des geringeren Kontrasts abzuraten. Stattdessen sollte man mit einem Filter geringerer Dichte die Lichtdurchlässigkeit erhöhen, um niedrigempfindliche Feinkornfilme benutzen zu können.

Hinweise zur Fotografie. Eine automatische Belichtungsmessung ist problematisch, wenn das Sonnenbild nur einen kleinen Teil des Sucherbildes ausfüllt, da die Integralmessung evtl. überbelichtet. Manchmal führen Kameras mit Spotmessung zum Erfolg. Zur näherungsweisen Ermittlung der korrekten Belichtungszeit wird Gl. (2.1) herangezogen [2.11]:

$$t = \frac{DN^2}{CE} \tag{2.1}$$

Tabelle 2.1. Kombinationen von Filmen und Entwicklern in der Weißlichtfotografie der Sonnenoberfläche [2.2]. Kipprhythmus: 10 s, Temperatur: 20 °C

Film	Entwickler	Verdünnung	Entwicklungs-Dauer [min]
Agfa Ortho 25	KODAK HC-110	1 + 25[a]	10
	Neofin-Blau	1 + 10	12
	Rodinal	1 + 50	10
TP 2415	KODAK HC-110	1 + 25	8
	Neofin-Blau	1 + 10	8
	Rodinal	1 + 50	10
	Neofin-Blau	1 + 10	12[b]

[a] Verdünnung 1+25 bedeutet: 10 ml Entwickler auf 250 ml Wasser
[b] 30 s-Kipprhythmus

N: Blende, D: Dämpfungsfaktor, C: Belichtungskonstante (Sonne: $C = 70$ Millionen), E: Filmempfindlichkeit in ASA.

Beispiel: Refraktor 60 mm/900 mm und 2×-Konverter ($f = 1800$ mm, $N = 1800/60 = 30$), oberflächenreflektierendes Prisma ($D_{\text{Prisma}} = 20$), Rotfilter mit $D = 250$ (zusätzliche Dämpfung, da Wert bezogen auf blauempfindlichen Agfa Ortho ($E = 25$ ASA). Die gesamte Dämpfung ergibt sich zu $D = D_{\text{Prisma}} \cdot D_{\text{Filter}} = 5000$.

Damit ergibt sich für die Belichtung:

$$t = \frac{30^2 \cdot 5000}{70 \cdot 10^6 \cdot 25}\,\text{s} = 1/389\,\text{s} \approx 1/500\,\text{s}$$

Man wird also mindestens eine Aufnahme mit 1/250 s und eine mit 1/500 s belichten. Um beim ersten Mal ein Gefühl für die richtige Belichtung zu bekommen, wird man allerdings nicht um eine Testbelichtungsreihe zur Ermittlung der besten Belichtung herumkommen, da z.B. die Transparenz der Erdatmosphäre (Dunst!) Einfluß auf die Belichtungszeit hat.

Die Filme werden zur kontrastreichen Darstellung der Sonnenoberfläche hart entwickelt (Tabelle 2.1, [2.2]), weich arbeitende Entwickler wie Neofin-Doku und Technidol sind in der Weißlichtfotografie ungeeignet. Stattdessen eignen sich die harten Entwickler Dokumol (von Tetenal) und D19 (von Kodak) [2.10]. Farbdiafilme sind aufgrund des weicheren Kontrasts gegenüber oben beschriebenen Schwarzweißfilmen weniger geeignet. Außerdem geben sie im wesentlichen die Farbe der durch das Sonnenfilter eingefärbten Sonne wieder. Zu Zwecken der Präsentation eignen sich umkopierte Schwarzweißfilme besser.

2.1.6 Fotografie in engen Spektralbereichen

Die Fotografie in ausgewählten Spektralbereichen dient dazu, dem bloßen Auge verborgene Phänomene der Sonne zugänglich zu machen. Dies geschieht in der Regel mit schmalbandigen Interferenzfiltern, die zur Vermeidung thermisch bedingter Verschiebung der Zentralwellenlänge thermostatisiert betrieben werden müssen. Die Halbswertsbreite (HWB) ist kleiner als 1,5 nm. Zentrale Wellenlänge im roten Spektralbereich ist Hα bei 656,28 nm, im violetten sind es die Ca II-Linien H und K bei 393,3 nm und 396,8 nm zur Beobachtung chromosphärischer Fackeln.

2.1.6.1 Die Sonne im Hα-Licht

Die Beobachtung chromosphärischer Erscheinungen auf der Sonnenoberfläche setzt Spezialfilter mit einer Halbwertsbreite von 0,05–0,1 nm voraus. In dem Maße, wie ein schmalbandiges Filter die Detailerkennung auf der Oberfläche verbessert, verringert sich die Helligkeit der gleichzeitig am Sonnenrand sichtbaren Protuberanzen (Abb. 2.5).

Der fortgeschrittene Sonnenbeobachter wird daher neben einem Ansatz zum ausschließlichen Zweck der Beobachtung und Fotografie von *Protuberanzen* (HWB ca. 0,4–1 nm) auch ein schmalbandiges Filter (HWB ca. 0,05–0,1 nm) für die Beobachtung der Oberflächenstrukturen einsetzen. Die in früheren Jahren nur für wenige Amateure erschwinglichen schmalbandigen Hα-Filter werden heutzutage in einem Preisbereich von DM 2000,- bis über DM 6000,- angeboten. Die einfache Handhabung dieser thermostatisierten Filter erlaubt auch dem technisch nicht versierten Beobachter einen problemlosen Einstieg in das faszinierendste Gebiet der Sonnenbeobachtung und -fotografie.

Mit breitbandigen Filtern um 1 nm HWB ist es mit Hilfe eines Protuberanzenteleskops [2.12, 2.13] oder -ansatzes möglich [2.14], die vielfältigen Erscheinungen der Protuberanzen am chromosphärischen Sonnenrand zu verfolgen (Abb. 2.6). Ein relativ breitbandiges Hα-Filter von etwa 1 nm HWB für die Protuberanzenbeobachtung setzt voraus, daß die Sonnenoberfläche mit einer Kegelblende passender Größe vollständig ausgeblendet wird. Schmalbandigere Filter bis zu 0,05 nm HWB erlauben hingegen, auch die chromosphärischen Erscheinungen auf der Sonnenoberfläche zu erfassen [2.15].

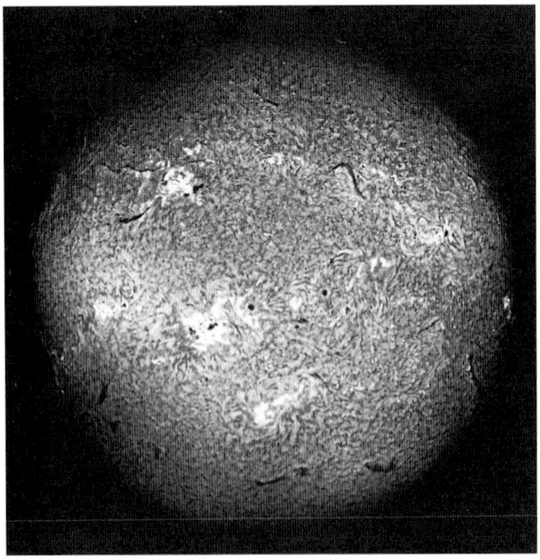

Abb. 2.5. Sonne im Licht der Hα-Linie, aufgenommen auf TP 2415 am 14.2.1990 mit einem DayStar-Filter (Bandbreite 0,07 nm) an einem 125-mm-Refraktor, der mit einem Energieschutzfilter auf 75mm Öffnung abgeblendet wurde. Brennweite ca. 2 000 mm, Belichtungszeit 1/60 s. Foto: F. Kufer

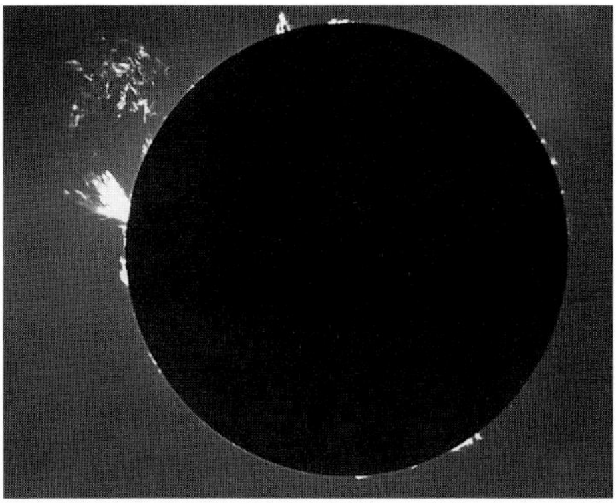

Abb. 2.6. Mit einer Kegelblende geeigneten Durchmessers wird die Sonnenscheibe vollständig ausgeblendet. Aufnahme mit einem Protuberanzenfernohr 90 mm/ 1300 mm auf TP2415- Film am 26.3.1989. Foto: G. Klaus

Beeindruckend für den Beobachter ist, wie sich eruptive Protuberanzen in Gestalt und Größe innerhalb von wenigen Minuten verändern! Im Gegensatz zur Weißlichtbeobachtung hat der Hα-Beobachter das Gefühl, die Aktivität unserer Sonne live mitzuverfolgen [2.16]!

Hinweise zur Hα-Fotografie. Alle schmalbandigen Interferenzfilter weisen eine recht geringe Transmission auf, so daß das monochromatische Sonnenbild relativ lichtschwach ist. Das Scharfstellen der Kamera sollte unter einem schwarzen, lichtundurchlässigen „Fotografentuch" erfolgen, welches das grelle Sonnenlicht vom Auge des Beobachters abschirmt. Bei einem extrem lichtschwachen Sonnenbild ist die Fokussierung auf einer Einstellscheibe mit Klarfleck und Fadenkreuz zu empfehlen. Bei einem helleren Sucherbild genügt eine Feinmattscheibe. Zum bequemeren Einlick ist ein Winkelsucher zweckmäßig. Der optimale Film für die Sonnenfotografie im Hα-Licht ist der TP 2415 aufgrund seiner hohen Rotempfindlichkeit. Gerade im deutschen Sprachraum ist die Kombination Refraktor 80 mm/910 mm und Protuberanzenansatz sehr populär, so daß einige Erfahrungswerte für die Belichtung hier weitergegeben werden können (Tabelle 2.2).

Im allgemeinen wird der Film mit Protuberanzenfotos nicht zu hart entwickelt, da sich die Protuberanzen bei hoher atmosphärischer Transparenz sehr kontrastreich vom Himmelshintergrund abheben. Eine Testreihe mit variieren-

Tabelle 2.2. Entwicklungsdaten für Protuberanzenaufnahmen mit einem Refraktor 80 mm/910 mm (Fraunhofer-Achromat, Protuberanzenansatz nach Lille [2.17, 2.18]). Nach Zwischenabbildung beträgt die Brennweite $f \approx 1500$ mm. Größe des Sonnenbildes in der Brennebene ca. 15 mm, Öffnungsverhältnis $f/18,8$. Der Irisblendendurchmesser wird auf optimalen Kontrast eingestellt, die Belichtungszeiten liegen im Bereich 1/500 s – 1/60 s auf TP 2415-Film. Kipprhythmus bei der Entwicklung 30 s

Entwickler	Verdünnung	Dauer [°C]	Temperatur [min]	Quelle
Neofin Blau	1 + 100	20	10 – 15	[2.18]
Neofin Doku	1 + 16	20	15	Autor

den Belichtungszeiten und unterschiedlicher Entwicklung ist empfehlenswert. Als Anhaltspunkt belichtet man mit dem Protuberanzenansatz (nach Lille) auf TP 2415 ca. 1/60 s - 1/125 s (Entwicklung in Neofin-Doku, s. Tabelle 2.2). Anders liegen die Verhältnisse bei der Fotografie mit schmalbandigen Lyot-Filtern mit Bandbreiten unter 0,1 nm, die objektivseitig mit einer RG 610/KG 3 Wärmeschutzglas-Kombination versehen sind. Bei einem Öffnungsverhältnis von $f/30$ liegen die Belichtungszeiten im Bereich 1/8 s bis 1/60 s für die Oberfläche und 1/4 s bis 1 s für Protuberanzen [2.10, 2.19].

Wer auf farbige Protuberanzenfotos nicht verzichten möchte, sollte dennoch nicht unbedingt zum Farbfilm greifen. Mit einem kleinen Trick stellt man eine kontrastreiche, hochauflösende „Farbaufnahme" mit schönen, rot leuchtenden Protuberanzen her. Zunächst wird, wie beschrieben, auf TP 2415 ein Schwarzweißnegativ belichtet. Dieses wird nach der Entwicklung auf TP 2415 umkopiert. Das Resultat ist ein Schwarzweißpositiv mit abgedunkelter Sonnenscheibe und weißen Protuberanzen. Das Positiv wird in einem Glasdia gerahmt, wobei eine Rotfilterfolie (z.B. W29) unterlegt wird. Fertig ist die „Farbaufnahme" einer Protuberanz. Wenn man sich einen Spaß daraus machen will, sollte man seinen Fachkollegen einmal eine Aufnahme mit unterlegtem Grünfilter präsentieren ...

2.1.6.2 Die Sonne im Licht der CaII-Linien H und K

Ein schwieriges Gebiet, auf das sich nur wenige erfahrene Amateure mit Erfolg vorwagen. Die „Kalzium-Fotografie" bei 393,3 nm und 396,8 nm erlaubt die Aufnahme der photosphärischen und chromosphärischen Fackelgebiete auf der ganzen Sonnenscheibe. Aufgrund der breitbandigen spektralen Reflexion auch im nahen UV und seiner farbunabhängigen Fokallage ist ein Spiegelteleskop mit unbelegtem, rückwärtig poliertem und geschwärztem Hauptspiegel am geeignetsten. Linsenteleskope sind es weniger, da die herkömmlichen Glassorten im UV zu stark absorbieren und die Restchromasie eines Refraktors bei größerer Bandbreite des Filters stört. Visuelles Scharfstellen im UV scheidet praktisch vollständig aus, da das Auge im nahen UV unempfindlich ist. Das bedeutet, daß Schärfetestreihen nach genäherter Fokussierung mit einem Blaufilter gleicher Dicke nötig sind.

Üblicherweise wird ein schmalbandiges Lyotfilter zur Fotografie chromosphärischer Fackeln im Lichte des CaII-Linien H und K eingesetzt. Lille [2.20] hat gezeigt, daß sogar eine Kombination der Schott-Glasfilter UG 1 und BG 38 mit einem orthochromatischen Film (z.B. Agfa Ortho 25) zumindest die *photosphärischen Fackeln* auch näher an der Sonnenmitte sichtbar macht (Abb. 2.7).

2.1.7 Sonnenfinsternisse

Die Fotografie der Phasen einer *Sonnenfinsternis* konkurriert stark mit dem Wunsch, die kurze Dauer der totalen Phase in Ruhe auf sich einwirken zu lassen. Gerade das „Ganzheitserlebnis", die Wahrnehmung des herannahenden Kernschattens, die Abdunklung des Tageshimmels, das Verstummen des Vogelgesangs,

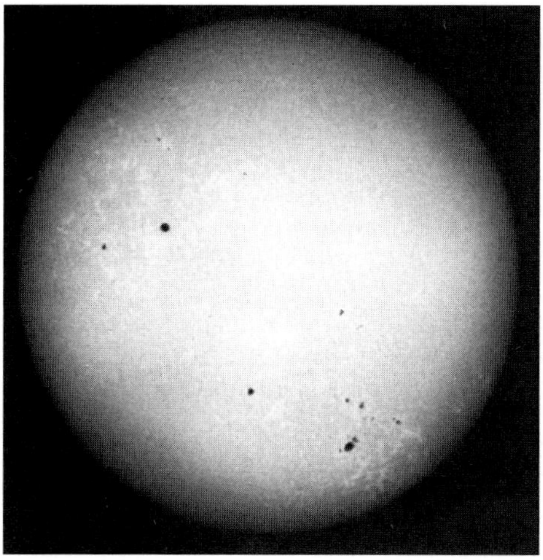

Abb. 2.7. Die Sonnenoberfläche im UV-Licht, am 2.5.1981 aufgenommen auf Agfa-Ortho-Film mit einem C8 bei einer Brennweite von 2000 mm. Foto: C. Albrecht

die sinkende Temperatur, das Hervortreten hellerer Sterne/Planeten/Kometen und die „fliegenden Schatten" lassen eine totale Sonnenfinsternis zu einem eindrucksvollen Erlebnis werden. Die „fliegenden Schatten" sind durch die als Spalt wirkende schmale Sonnensichel erzeugte schmale dunkle Streifen, die mit mäßiger Geschwindigkeit über den Erdboden eilen [2.21]. Nicht zu unterschätzen ist die eigene Aufregung und Ergriffenheit. Man sollte sich daher von vorneherein im klaren sein, daß es nur bei sorgfältig durchdachter, sekundengenauer Planung (Zeitplan auf Band sprechen und ablaufen lassen) der anzufertigenden Aufnahmen möglich ist, beides zu erleben: gute Fotos mitzunehmen und nicht den Eindruck zu haben, die Finsternis nur im Kamerasucher verfolgt zu haben. Kurzum: Man sollte sich nicht zuviel vornehmen! Im folgenden werden die einzelnen Teilaspekte einer totalen Sonnenfinsternis aus fotografischer Sicht behandelt (Abb. 2.8, 2.9).

Während der partiellen Phase einer totalen Sonnenfinsternis bzw. einer partiellen Sonnenfinsternis ist der Verschlußvorhang des Kameragehäuses sehr gefährdet. Man sollte daher unbedingt mit einem Objektivsonnenfilter arbeiten und darf erst kurz vor dem 2. Kontakt das Filter entfernen. In der ringförmigen oder totalen Phase nahe dem 2. und 3. Kontakt bewirkt das von der exakten Kugelgestalt abweichende Mondrandprofil das sog. *Perlschnurphänomen* (engl. Bailey's Beads) (s. Farbtafel 2b). Zitat: „Wenn ... die Gebirge am Mondrand bereits über die Sonnenscheibe hinausragen, löst sich die schmale Sonnensichel in einzelne Lichtpunkte auf. Das ganze erscheint wie ein *Diamantring*; der Ring ist die nun schon deutlich hervortretende Korona, und die Diamanten sind das durch die Mondtäler fallende Photosphärenlicht" [2.21].

Abhängig vom Zyklus der Sonnenaktivität fällt die während der totalen Phase sichtbar werdende *Korona* unterschiedlich aus (s. Farbtafel 2a). Sie kann zwischen der sog. Minimumskorona längs des Sonnenäquators und der allseitig in den Raum strahlenden Maximumskorona variieren. Aufgrund des hohen Polari-

Abb. 2.8. Totale Sonnenfinsternis am 31.7. 1981 in Bratsk (Russland), belichtet 1/2 s auf TP 2415 mit Teleobjektiv 4/300 mm, abgeblendet auf Blende 11. Foto: H. Lüthen

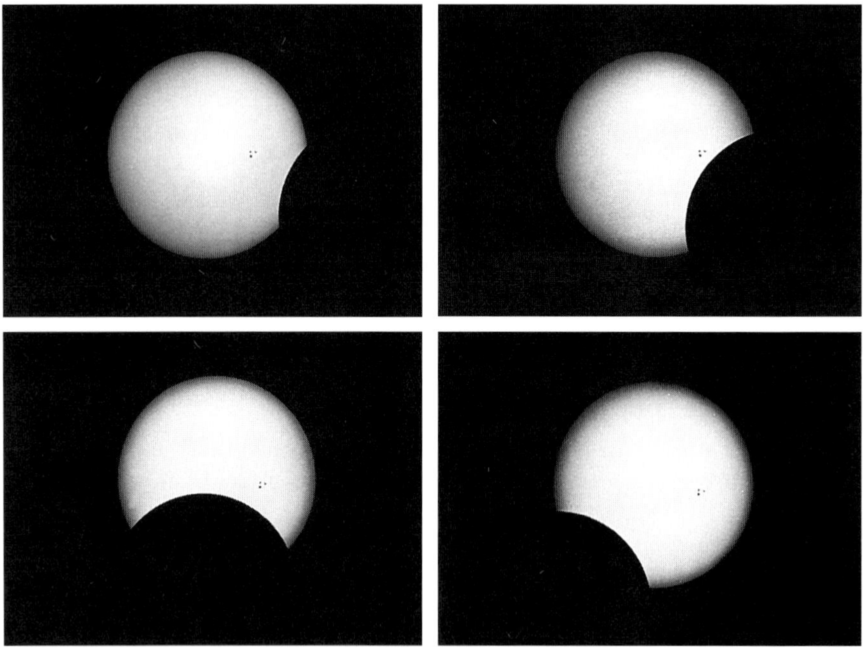

Abb. 2.9. Aufnahmeserie der partiellen Sonnenfinsternis vom 29.4.1976, aufgenommen mit einem 100-mm-Refraktor 15/1500 mm. Abschwächung des Sonnenlichts wurden ein oberflächenreflektierendes Prisma (4% Reflexionsvermögen) und ein Schweißer-Glas (1:700) eingesetzt. Belichtung jeweils 1/500 s auf Agfa Ortho 25, Entwicklung in Neofin-Blau. Aufnahmezeitpunkte (UT): 10^h25^m, 10^h45^m, 11^h45^m und 12^h25^m. Fotos: M. Stölken und K.-P. Schröder

Tabelle 2.3. Anhaltswerte für die Belichtung von Sonnenfinsternisaufnahmen [2.22, 2.62]. Filmempfindlichkeit ISO 64/19°, Blende 8. Umrechnung auf andere Filmempfindlichkeit und Blende s. Gl. 2.1

Phase	Filter	Belichtungszeit/s
Partielle Phasen	ND 5,0	1/125–1/500
Perlschnurphänomen	ND 3,0–5,0[a]	1/60–1/500
Diamantring	ND 3,0[b]	1/60–1/500
Protuberanzen	–	1/125–1/500
Innere Korona	–	1/32–1/500
Äußere Korona	–	1/32–3

a Bei ringförmiger Finsternis ND 5,0 wählen (höhere Dichte wegen des restlichen Rings), bei totaler Finsternis ist ND 3,0 besser, da die Sonnenscheibe durch den Mond besser abgedeckt ist und nur „Löcher" aufgrund des Mondrandprofils übrig bleiben

b Der letzte Sonnenstrahl und die innere Korona können ohne Filter mit 1/500 s aufgenommen werden

sationsgrades [2.21] lohnen sich Koronaaufnahmen mit einem Polarisationsfilter in unterschiedlicher Orientierung. Wegen der radial von der Sonne stark abnehmenden Intensität der Korona würde sich ein Radialverlaufsfilter eignen, das das Bildzentrum stärker abschwächt als den Bildrand [2.22]. Ein derartiges Filter ist aber kommerziell nicht erhältlich und muß selbst angefertigt werden. Desweiteren muß das Radialverlaufsfilter exakt auf die Sonnenmitte zentriert werden können. Das ist problematisch, da es sich ja direkt vor der Filmebene befinden muß und somit im Sucher der Kamera nicht sichtbar ist. Das Filter wird die Belichtungszeit verlängern, so daß die Nachführung eingeschaltet werden muß.

Die Korona ist im Mittel 3 bis 5 Sonnenradien ausgedehnt, so daß für Übersichtsaufnahmen eine Brennweite von 400 mm bei Kleinbildformat nicht überschritten werden sollte. Die Chromosphäre, 500 bis 1000 mal lichtstärker als die Korona, ist wegen ihrer geringen Dicke nur partiell um den 2. und 3. Kontakt herum sichtbar. Deren Linienspektrum kann als sog. *Flashspektrum* (mit der schmalen Sonnensichel als Spalt) aufgenommen werden (s. Farbtafel 2c).

Studiert man die Literatur in bezug auf Hinweise zur Belichtung der einzelnen Phasen einer Finsternis, so stößt man auf eine Vielfalt unterschiedlicher Angaben. Jede Finsternis verläuft anders, so daß die in Tabelle 2.3 angeführten Belichtungswerte nur als grobe Anhaltspunkte für eigene Belichtungsreihen dienen können.

Nach erfolgreicher Aufnahme stellt sich das Problem, eine ordentliche Vergrößerung oder Kopie seines Farbdias bzw. -negativs zu erhalten. Langbelichtete Koronaaufnahmen zeigen in der Regel strahlenartige Strukturen (engl. *Streamer*), die in einer zu harten Kopie oder Vergrößerung untergehen. Es ist recht kompliziert, die Strukturen der hellen inneren und lichtschwachen äußeren Korona gleichzeitig darzustellen. Es kann dazu ein Radialverlaufsfilter, das in seinem Dichteverlauf auf ein bestimmtes Negativ oder Dia zugeschnitten ist, nachträglich angefertigt und mit dem Originalbild zusammmen kopiert oder vergrößert werden (s. Abschn. 10.5).

2.2 Mond

2.2.1 Anhaltswerte für die Belichtung

Aufgrund des enormen Intensitätsunterschieds zwischen der hauchdünnen Mondsichel und dem blendend hellen Vollmond von bis zu 1:1000 ist es schwierig, die korrekte Belichtungszeit zu ermitteln. Hinzu kommt, daß der Schattenverlauf in der Terminatorregion zumeist eine längere Belichtungszeit erforderlich macht als die übrigen, helleren Mondpartien.

Die Belichtungsautomatiken der modernen Spiegelreflexkameras haben Probleme, den Mond richtig auszumessen. Ist der Mond deutlich kleiner als das Meßfeld im Sucher, führt die Integralmessung häufig zu überbelichteten Aufnahmen. Wird in Okularprojektion bei Öffnungsverhältnissen von $f/15$ und schlechter gearbeitet, liegen die Belichtungszeiten im Bereich einiger Sekunden, außerhalb des Meßbereichs vieler Kameras. Die Spotmessung hilft insofern weiter, als daß man für das Mondfoto einen Anhaltswert erhält. Dennoch ist man darauf angewiesen, Belichtungsreihen anzufertigen und sich die korrekten Werte zu notieren.

K. u. U. Schiefer [2.27] haben sich der Problematik der korrekten Belichtung von Sonne, Mond und Planeten angenommen und eine Meßapparatur, bestehend aus einem Satz hochempfindlicher Fotodioden, einem Verstärker und einem Voltmeter gebaut, womit auch der Einfluß von Dunst ermittelbar ist. Steht keine Meßapparatur zur Verfügung, so erhält man einen Anhaltspunkt für die korrekte Belichtung unter Anwendung von Gleichung (2.1), deren Werte für C in Tabelle 2.4 aufgeführt sind. Bei dunstigem Himmel verlängern sich die Belichtungszeiten ein wenig.

Beispiel 1: Öffnungsverhältnis 1:10 ($f/10$, Blende 10), also $N = 10$. Filmempfindlichkeit ISO 100/21°, also $E = 100$ ASA. Halbmond, Terminatorregion, also

Tabelle 2.4. Werte für die Konstanten C_1 (ganze Mondoberfläche) und C_2 (Terminatorregion) [2.31]

Phasenwinkel °	Mondphase	Mondalter d	C_1	C_2
0	Vollmond	14	120	120
12		13 oder 15	86	86
24		12 oder 16	67	67
37		11 oder 17	52	50
49		10 oder 18	41	38
61		9 oder 19	34	29
73		8 oder 20	29	23
85	Halbmond	7 oder 21	24	17
98		6 oder 22	19	13
110		5 oder 23	16	9
122		4 oder 24	14	7
134		3 oder 25	11	4

$C_2 = 17$. Damit folgt: $t = 100/(100 \cdot 17) = 1/17$ s. Man probiert dann eine Belichtungsreihe mit 1/30 s, 1/15 s und 1/8 s Belichtungszeit.

Beispiel 2: Der Fotograf hat ein (weit verbreitetes) 114-mm-Spiegelteleskop mit 900 mm Brennweite, eine Montierung ohne Nachführmotor und ein KB-Gehäuse [2.11]. Es sei Halbmond angenommen ($C_1 \approx 20$), die Monddeklination betrage $+20°$. Im Brennpunkt ist das Mondbild nur ca. 9 mm groß. Das wäre für Nachvergrößerungen recht wenig. Nach Einsatz eines Okulars mit $f_{\text{ok}} = 20$ mm Brennweite und einem Abstand des Okulars von der Filmebene von $d = 70$ mm ergibt sich eine Brennweite von $f_{\text{eff}} = 900\,\text{mm} \cdot (70\,\text{mm}/20\,\text{mm} - 1) = 2250\,\text{mm}$. Aus dem Teleskop mit ursprünglich 900 mm Brennweite ist nun effektiv eines mit der 2,5fachen Brennweite geworden. Das Mondbild im Fokus ist also nun immerhin ca. 22 mm groß, paßt also genau in das Kleinbildformat. Die Blende beträgt nun $N = 2250\,\text{mm}/114\,\text{mm} = 19{,}7$. Welche maximale Belichtungszeit muß nun bei ruhendem, nicht nachgeführtem Teleskop gewählt werden, damit die Aufnahme keine Bewegungsunschärfe aufweist? Nach Gleichung (2.2) folgt $t_{\max} = 150/(2250 \cdot \cos 20°)$ s, d.h. $t_{\max} = 0,07\,\text{s} = 1/14$ s. Nun stellt sich die Frage, welche Filmempfindlichkeit zur korrekten Belichtung einer Mondaufnahme mit einer effektiven Brennweite von 2 250 mm (ruhendes Teleskop), d.h. Blende 19,7, bei einer maximal zulässigen Belichtungszeit von 1/14 s gewählt werden muß. Gleichung 2.1, nach der Filmempfindlichkeit E aufgelöst, gibt Aufschluß: $E = 19{,}7^2/(0{,}07 \cdot 20) = 277$ ASA. Bei Verwendung eines ISO 400/27°-Films beträgt die Belichtungszeit also $t = 19{,}7^2/(20 \cdot 400) \approx 1/21$ s. Da keine Kamera die Belichtung von 1/21 s Sekunde zuläßt, belichtet man 1/15 s und 1/30 s.

Fazit: Je höher die Filmempfindlichkeit und je kürzer die Belichtung, desto geringer der Einfluß der Luftunruhe, desto geringer die Verwacklungsgefahr, aber desto gröber das Filmkorn!

2.2.2 Aufnahmemethoden

Die Wahl der „richtigen" Aufnahmemethode, die Fokalfotografie oder die Okularprojektion, hängt von vielen Parametern ab. Steht eine parallaktische Montierung mit motorischer Nachführung zur Verfügung oder nur ein Fotostativ? Welche Brennweite hat das Objektiv oder Fernrohr und wie groß wird der Mond abgebildet? Welcher Film ist der beste? Diese und ähnliche Fragen gilt es im folgenden zu beantworten.

Zur Bestimmung des Monddurchmessers (aber auch des scheinbaren Sonnendurchmessers) auf dem Film arbeitet man mit einer Faustformel, die eine erste Abschätzung erlaubt:

Größe des Vollmondes auf dem Film = Objektivbrennweite : 100.

Daraus folgt, daß ein Teleobjektiv mit 400 mm Brennweite den Mond ca. 4 mm groß abbildet, was zur Erkennung kleiner Krater und Rillen nicht ausreicht.

Der Mond bewegt sich während einer Sekunde rund 15 Bogensekunden am Himmel, so daß bei einem mittleren Teleobjektiv von etwa 400 mm Brennweite das Auflösungsvermögen eines ISO 100/21°-Diafilms die Bildschärfe bestimmt. Bei Verwendung feinkörnigerer Emulsionen (Schwarzweiß: T-MAX 100, Farbnegativ: Ektar 100) muß wegen der Bewegungsunschärfe kürzer als etwa 1/4 s belichtet werden. Bei längeren Belichtungszeiten wird das aschgraue Licht deutlich sichtbar, der beleuchtete Mondteil ist jedoch hoffnungslos überbelichtet.

Das Vorschalten eines 1,4×- oder 2×-Telekonverters vergrößert den Abbildungsmaßstab, verkürzt aber auch die aufgrund der Bewegungsunschärfe zulässige Belichtungszeit. Daher im folgenden ein Hinweis zur längstmöglichen Belichtung einer Mondaufnahme ohne sichtbare Unschärfen, wenn das Teleskop nicht nachgeführt wird: Verwendet man einen Film mittlerer Körnigkeit (ISO 100/21°, Auflösung ca. 100 Linien/mm), beträgt die maximal zulässige Belichtungszeit, bei der ein Stern noch punktförmig oder der Mond noch scharf erscheint

$$t_{\mathrm{max}}[\mathrm{s}] = \frac{150\,\mathrm{mm}}{f\cos\delta}, \tag{2.2}$$

wobei δ die Deklination des Mondes ist und f die Aufnahmebrennweite. Man erkennt, daß man mit einem 400-mm-Objektiv am Himmelsäquator ($\delta = 0°$, $\cos\delta = 1$) noch knapp 1/2 s belichten darf. Mit Hilfe von Gleichung (2.1) und Tabelle 2.4 läßt sich nun die richtige Belichtungszeit abschätzen.

Beispiel: Das 400-mm-Teleobjektiv habe eine größte Blende von $N = 6{,}3$. Bei einem $E = 100$ ASA-Film liegen die Belichtungswerte für alle Mondphasen im Bereich von 1/8 s bis 1/250 s, also deutlich unterhalb der zulässigen Belichtungszeit von 1/2 s. Wird eine Optik mit 2 000 mm Brennweite eingesetzt, muß die Belichtungszeit unter 1/15 s liegen, um Bewegungsunschärfen zu vermeiden. Bei 2 000 mm Brennweite und Blende 10 kann der Mond im Alter zwischen 6 und 22 Tagen bei Belichtungszeiten kürzer als ca. 1/15 s belichtet werden.

Eine wesentliche Hilfe ist die motorische Nachführung einer auf den Himmelspol ausgerichteten parallaktischen Montierung. Manche handelsüblichen Steuergeräte sind auf die Geschwindigkeit des Mondes einstellbar, die sich von der siderischen Geschwindigkeit um $0{,}5''$/s unterscheidet. Aufgrund seiner Bahnlage befindet sich der Mond bis zu $28{,}5°$ über oder unter dem Himmelsäquator. Diese Eigenbewegung in Deklination beträgt maximal $0{,}26''$/s. Gutes Seeing vorausgesetzt, beträgt die zulässige Belichtungszeit einer langbrennweitigen, hochaufgelösten Aufnahme selbst bei einer Montierung, die in Rektaszension mit Mondgeschwindigkeit läuft (ohne Korrektur in Deklination), maximal etwa 5 s.

2.2.2.1 Fokalfotografie kontra Okularprojektion

Das Problem reduziert sich auf die folgende Fragestellung: Soll man bei einem gegebenen Objektiv lieber die kürzere Originalbrennweite (z.B. $f/5$, $f = 500$ mm) und einen feinkörnigen Film verwenden oder mit einem Konverter (z.B. auf $f/10$, $f = 1\,000$ mm bzw. in Okularprojektion) auf mehrere Meter Äquivalentbrennweite erhöhen unter Verwendung eines hochempfindlichen, grobkörnigen Films? Die Frage läßt sich nur mit „sowohl als auch" beantworten, hängt die Entscheidung doch von vielen, im folgenden beschriebenen Faktoren ab.

Generell führt die Okularprojektion, bei der sich die effektiv wirksame Brennweite auf bis zu 30 m oder mehr erhöht und sich dementsprechend das Öffnungsverhältnis dramatisch verschlechtert, zu einer deutlich verlängerten Belichtungszeit. Das Seeing begrenzt in diesem Fall die zulässige Belichtungszeit, so daß man bei extrem gutem Seeing durchaus Okularprojektionsaufnahmen bis zu einigen Sekunden Dauer anfertigen kann, bei schlechtem Seeing aber mit Fokalaufnahmen in wesentlich kürzerer Belichtungszeit schärfere Aufnahmen erhält und danach Details der Mondoberfläche herausvergrößert.

Fokalfotografie. Unter Fokalfotografie versteht man Aufnahmen im primären Brennpunkt des Teleskops oder Teleobjektivs. Das Kameragehäuse einer Spiegelreflexkamera wird mittels eines T2-Rings und eines speziellen Kameraadapters (herstellerabhängig) am Okularauszug des Teleskops (ohne Okular!) befestigt. Der Durchmesser des Mondbildes D_{M} auf dem Film errechnet sich zu

$$D_{\mathrm{M}} = 2\, f_{\mathrm{obj}}\, \tan(\phi/2), \qquad (2.3)$$

wobei ϕ der Winkeldurchmesser des Mondes zum Aufnahmezeitpunkt ist.

Beispiel: $\phi = 30'25''$ und $f_{\mathrm{obj}} = 1000\,\mathrm{mm}$ ergeben $D_{\mathrm{M}} = 8{,}8\,\mathrm{mm}$, was in etwa der Faustformel entspricht. Gleichung (2.3) entnimmt man andererseits, daß die Brennweite des Teleskops in diesem Beispiel kleiner als 2 500 mm (exakt: maximaler Monddurchmesser $33'31''$, d.h. $f \leq 2\,462\,\mathrm{mm}$) sein muß, um den Mond formatfüllend im KB-Format ($24 \times 36\,\mathrm{mm}$) unterzubringen (Abb. 2.10).

Abb. 2.10. Fokalaufnahme des Vollmondes am 21.11.1991 mit einem $3{,}5''$-Questar-Teleskop und Telekonverter $1{,}4\times$ ($f \approx 2000\,\mathrm{mm}$) auf Agfa Ortho 25, Belichtung 1/4 s. Foto: K.-P. Schröder

Vor- und Nachteile der Fokalfotografie

+ hohes Öffnungsverhältnis von $f/5$ bis $f/15$
+ kurze Belichtungszeiten auf feinkörnigem Film möglich
+ Mond vollständig im KB-Bildfeld, sofern $f_{\text{obj}} \leq 2462\,\text{mm}$
+ bessere Abbildungsqualität
– einzelne Mondpartien müssen herausvergrößert werden
– Scharfstellen nur mit Sucherlupe

Okularprojektion. Bei der Okularprojektion wird ein Okular in den Okularauszug des Teleskops eingesetzt, eine Abstandshülse befestigt und danach das Kameragehäuse (ohne Objektiv!) angesetzt [2.25].

Das Okular projiziert ein vergrößertes Mondbild auf die Filmebene (Abb. 2.11 bis 2.13). Schaut man durch den Kamerasucher, so gewinnt man den Eindruck, durch ein sehr viel längerbrennweitiges Teleskop zu fotografieren. Daher gibt man für die gegenüber der Fokalfotografie veränderte Kombination von Teleskop, Okular, Abstandshülse und Kameragehäuse eine effektive, sog. *Äquivalentbrennweite* f_{eff} an, die ihrerseits von der Primärbrennweite f_{obj}, der Okularbrennweite f_{ok} und der Entfernung d von der bildseitigen Hauptebene des Okulars zur Filmebene abhängt (s. Abschn. 4.1.2)

$$f_{\text{eff}} = f_{\text{obj}} \left(\frac{d}{f_{\text{ok}}} - 1 \right) . \tag{2.4}$$

Vor- und Nachteile der Okularprojektion

+ stark vergrößerter Ausschnitt der Mondoberfläche ohne nachträgliche Herausvergrößerung
+ einfache Scharfeinstellung im Sucher der Kamera (auch ohne Sucherlupe)
– dunkleres Bild, d.h. längere Belichtung oder höherempfindlicher Film erforderlich

Abb. 2.11. Krater und Rima Triesnecker, Rima Hyginus. Aufnahme mit 300-mm-Schiefspiegler bei 14,3 m Äquivalentbrennweite auf TP 2415, Belichtungsautomatik, Filmempfindlichkeit ISO 125/22°, entwickelt in Rodinal. Foto: B. Flach-Wilken

Abb. 2.12. Die Kopernikusregion in Okularprojektion, aufgenommen am 20.8.1984 mit einem 300-mm-Schiefspiegler bei 15,6 m Äquivalentbrennweite, Belichtung ca. 2 s auf TP 2415,10 min entwickelt in Rodinal 1+25. Foto: B. Flach-Wilken

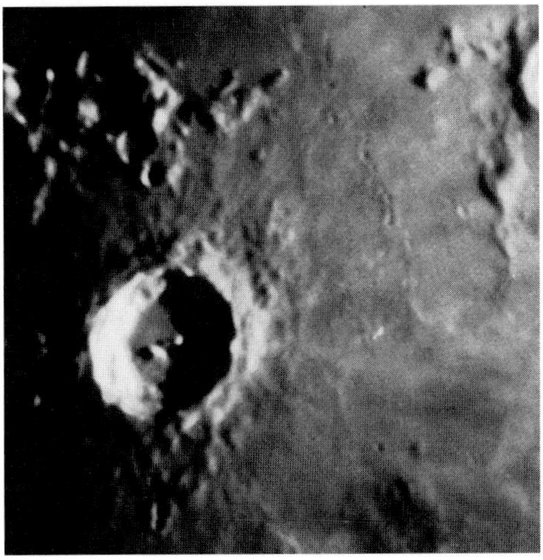

Abb. 2.13. Die Kopernikusregion in Okularprojektion, aufgenommen am 7.3.1987 mit einem 80-mm-Fluorit-Refraktor, 7,5 m Äquivalentbrennweite, ca. 2 s belichtet auf TP 2415. Foto: W. Lille

– Bildqualität leidet am Bildrand bedingt durch Abbildungsfehler des Okulars. Daher sollte bei kurzen Okularbrennweiten $d > 3f_{\text{ok}}$ betragen
– mögliche zusätzliche Reflexe oder Vignettierungen, verursacht durch das Okular
– Kleineres abgebildetes Feld. Die Größe des Mondbildes kann durch Verlängern der Abstandshülse oder Wahl eines kürzerbrennweitigen Okulars erhöht werden.

Afokale Fotografie. Ist für ein gegebenes Teleskop kein Kameraadapter erhältlich oder verfügt man nur über eine Sucherkamera, deren Objektiv nicht abnehmbar ist, so kommt nur die afokale Fotografie in Frage; sie ist ein Sonderfall der Okularprojektion. Gleichung (2.5) gilt aber nur für die Okularprojektion ohne

Kameraobjektiv, d.h. mit dem bloßen, an das Teleskop angesetzten Kameragehäuse (s. Abschn. 4.1.2.2). Bei der afokalen Fotografie wird genau wie bei der Okularprojektion ein Okular in das Teleskop eingesetzt und visuell (bei Fehlsichtigkeit mit Brille!) auf den Mond scharfgestellt. Neu ist, daß die Kamera mit einem Objektiv (z.B. $f = 50\,\mathrm{mm}$) benutzt wird, Entfernungseinstellung unendlich. Um die Aufnahme nicht zu verwackeln, wird die Kamera auf ein Fotostativ montiert. Da Kamera und Teleskop keine feste Einheit bilden, muß die Position der Kamera von Zeit zu Zeit nachgestellt werden. Die Äquivalentbrennweite errechnet sich unter Berücksichtigung der Brennweite des Kameraobjektives f_{kam} zu

$$f_{\mathrm{eff}} = \frac{f_{\mathrm{obj}}}{f_{\mathrm{ok}}} f_{\mathrm{kam}} = V f_{\mathrm{kam}}, \qquad (2.5)$$

wobei V die Fernrohrvergrößerung mit dem verwendeten Okular ist.

2.2.2.2 Die Anfertigung der Aufnahme

Das für die Mondfotografie geeignete Kameragehäuse darf verhältnismäßig spartanisch ausgestattet sein: mechanisch auszulösender Verschluß, kein Belichtungsmesser, jedoch helle und feinkörnige Einstellscheibe oder Klarscheibe mit Fadenkreuz (s. Abschn. 4.2.1). Verfügt das Kameragehäuse über die Möglichkeit, den Spiegel vorauszulösen, ist die größte Erschütterungsquelle ausgeschaltet. Andernfalls empfiehlt sich die *Hutmethode* . Ein leichter Deckel liegt auf dem Objektiv, die Kamera („B"-Stellung) wird mit einem Drahtauslöser ausgelöst, nach einigen Sekunden wird der Deckel abgenommen, aber bis zum Abklingen der Vibrationen noch vor das Objektiv gehalten und erst dann für eine abzählbare Zeit (bis zu einigen Sekunden) weggenommen.

Professionell wird die Mondfotografie unter Hinzunahme eines *Seeing-Monitors* und eines erschütterungsfrei ablaufenden Zentralverschlusses [2.26]. Der Seeing-Monitor kann ein zweites Teleskop oder ein Strahlteilerwürfel sein, der einen Teil des auf den Film fallenden Lichts um 90° herauslenkt. Mit einer vorausgelösten Kamera ist so auf den Zeitpunkt ruhiger Luft am schnellsten zu reagieren. Übrigens: Vor jeder Aufnahme sollte man neu scharfstellen. Unter 2000 mm Brennweite empfiehlt sich die Verwendung einer mindestens 2× nachvergrößernden Sucherlupe am Kameraeinblick.

Zur Vermeidung von Reflexen sollten eingesetzte Zwischenringe innen mit einem Antireflexgewinde versehen und schwarz eloxiert sein oder mit schwarzem Samt ausgekleidet werden.

2.2.2.3 Geeignete Filme und Entwickler

War es noch vor 20 Jahren klug, dem Anfänger primär zur Verwendung und Selbstverarbeitung von Schwarzweißfilmen zu raten, hat sich die Situation zugunsten des Farbfilms (Dia oder Negativ) verlagert, und das aus gutem Grund. Es gibt heutzutage eine große Auswahl an feinkörnigen und niedrigempfindlichen bis hin zu grobkörnigen, höchstempfindlichen „schnellen" Diafilmen, die

Tabelle 2.5. Geeignete Schwarzweißfilme und deren Entwickler für die Mond- und Planetenfotografie, Kipprhythmus 10 s [2.28]

Film	Entwickler	Konzentration	Entwicklungszeit (min) bei 20 °C
Agfapan 25	Kodak HC110	1+42	8
Ilford Pan F	Kodak HC110	1+42	8
TP 2415	Kodak HC110	1+50	6
Agfapan 25	Neofin-Blau	1+10	7
Ilford Pan F	Neofin-Blau	1+10	8
TP 2415	Neofin-Blau	1+10	6

Konzentration 1+9 bedeutet: 1 Teil Entwickler auf 9 Teile Wasser.
Beispiel: 250 ml Lösung setzt sich aus $250\,\text{ml}/(1+9) = 25\,\text{ml}$ Entwickler und $250 - 25\,\text{ml} = 225\,\text{ml}$ Wasser zusammen.

in praktisch allen Labors schnell und gut entwickelt sowie preiswert vergrößert werden. Der Anfänger wird so zunächst nicht mit den Techniken der Filmentwicklung und Vergrößerung belastet. Im Gegensatz zum Farbnegativ gibt das Dia sofort Aufschluß über die korrekte Belichtungszeit. Der Vorteil eines Farbnegativfilms liegt hingegen eindeutig im großen Belichtungsspielraum, der die Gefahr einer Über- bzw. Unterbelichtung verringert, sowie im feineren Korn bei gleicher Empfindlichkeit. Es ist nahezu unmöglich, zu einem bestimmten Fabrikat zu raten, da die Hersteller die Zusammensetzung ihrer Emulsionen häufig ändern, was meist zu einer Veränderung der Farbwiedergabe und des Schwarzschildverhaltens führt. Hat man sich auf einen bestimmten Farbdiafilm „eingeschossen", kann es sein, daß der vormals in seiner Farbwiedergabe neutrale Film nach Änderung der Emulsion zu einem Farbstich neigt. Nachdem sich der angehende Astrofotograf zunächst mit den grundlegenden Techniken der Fotografie vertraut gemacht hat, d.h. in der Lage ist, scharfe und gutbelichtete Aufnahmen auf feinkörnigen Dia- oder Negativfilmemulsionen anzufertigen, sollte er die ersten Schritte in der Schwarzweißfotografie wagen. Der Vorteil ist, daß man zum einen die feinkörnigen Schwarzweißemulsionen ausnutzen und andererseits den Kontrast des Abzugs selbst steuern kann.

Grundsätzlich ist bei der Mondfotografie an die eingangs erwähnten drastischen Intensitätsunterschiede zu denken, besonders bei der Verwendung hart arbeitender Feinkornemulsionen wie dem TP 2415 oder Agfa Ortho 25. Im Gegensatz zur Deep-Sky-Astrofotografie kommt es bei der Fotografie außerhalb der Vollmondzeit darauf an, den hohen Kontrastumfang etwas abzuschwächen. Das erreicht man durch die Wahl eines weich arbeitenden Entwicklers. Hornung und Hückel [2.2] geben in einem sehr informativen Artikel praktische Hinweise zur Verwendung geeigneter Schwarzweißfilme und -entwickler (Tabelle 2.5). Auch wenn sich letztgenannte im Laufe der Zeit ändern, bzw. nicht mehr erhältlich sind: Die Technik bleibt dieselbe. Gute Erfahrungen gibt es mit dem TP 2415 im Zusammenhang mit dem relativ weichen, für die bildmäßige Fotografie entwickelten Tetenal-Entwickler Neofin-Doku. Der Film wird mit ISO

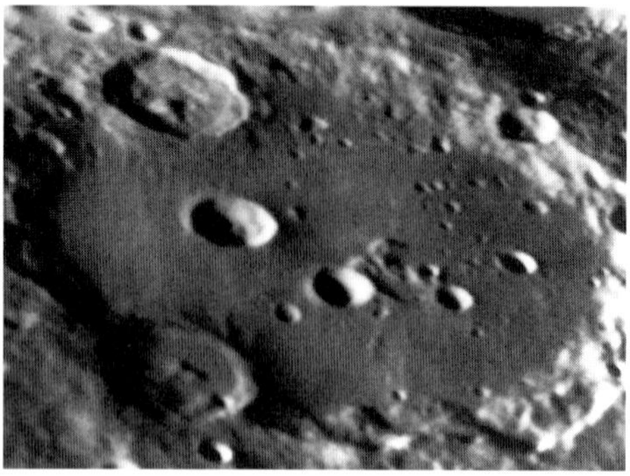

Abb. 2.14. Mondkrater Clavius. Aufnahme am 17.1.1990 mit 318-mm-Schiefspiegler bei $f/40$ und Starlight CCD-Kamera, 256 × 512 Pixel. Foto: T. Platt

100/21° belichtet und nach Anweisung (s. Packungsbeilage) entwickelt. Die Kodak Schwarzweißfilme T-MAX 100 bzw. 400 sind aufgrund ihrer T-Kristall-Technologie verhältnismäßig feinkörnig und für Mondaufnahmen ideal geeignet. Die Filmentwicklung sollte in dem speziell auf diese Filme abgestimmten T-MAX-Entwickler erfolgen (Verdünnung 1+4, 6 bis 10 Minuten bei 20 °C, 30 s Kipprhythmus) [2.28].

2.2.2.4 Mondfotografie mit CCD-Kameras

Die Pixelgröße kann in erster Näherung als ein Maß für das Auflösungsvermögen eines CCD-Chips angesehen werden. Komplette CCDs mit Pixelgrößen von $9\,\mu m \times 9\,\mu m$ auf einer Empfängerfläche von 1024 × 1024 Pixeln (Fläche ca. $1\,cm^2$) liegen z.Zt. noch über 10 000,– DM, sind also nur für wenige Amateurfotografen erschwinglich [2.29]. Bleibt man bei obigem Beispiel, so wird bei einer Pixelgröße von $9\,\mu m$ ein Auflösungsvermögen von 1″ bei einer Brennweite von 1900 mm erreicht. Dies ist ein Wert, der mit normalen Amateurteleskopen und mäßigem Seeing viel Erfolg verspricht. Nachteilig wirkt sich alleine die kleine Empfängerfläche aus, die bei Systemen zwischen DM 2 000,– und 10 000,– in der Regel nur $2,64\,mm \times 2,64\,mm$ (192 × 165 Pixel, Modell ST-4) bzw. $8,63\,mm \times 6,53\,mm$ (375 × 242 Pixel, Modell ST-6) groß ist. Der entscheidende Vorteil eines CCD-Chips gegenüber einem herkömmlichen Film ist seine hohe Empfindlichkeit, die sehr kurze Belichtungszeiten ermöglicht. Damit wird das Seeing sozusagen „eingefroren". Abbildung 2.14 demonstriert, daß heutige Amateur-CCD-Systeme in der Lage sind, mit hochauflösenden Technical Pan-Aufnahmen (Abb. 2.15) zu konkurrieren, sofern die Aufnahmebrennweite hoch genug ist und die Kamera speziell für den Kurzzeitbelichtungsbereich über einen elektronischen Verschluß verfügt. [2.30].

2.2.3 Die schmale Mondsichel

In den USA ist die Jagd auf die schmale Mondsichel (Abb. 2.16) des sehr jungen bzw. sehr alten Mondes populär.

Im Jahre 1988 wurde in der Juliausgabe der amerikanischen Zeitschrift Sky & Telescope ein Aufruf zur „Moonwatch"-Beobachtungskampagne veröffentlicht

Abb. 2.15. Mare Imbrium, Alpental. Aufnahme mit APQ 100/1000mm (Zeiss) in Okularprojektion, Äquivalentbrennweite 8 m, TP 2415, Belichtung 1 s. Foto: D. und G. Theis

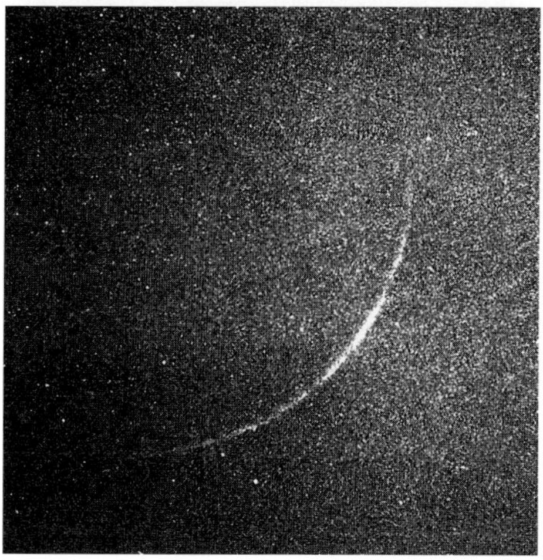

Abb. 2.16. Schmale Mondsichel, $23^{h}40^{m}$ nach Neumond am 9.8.1983 am Calar Alto in Spanien. Aufnahme mit C8 bei 2000 mm Brennweite auf Ektachrome 400, 2 s belichtet. Foto: B. Brinkmann und S. Binnewies

[2.33], deren Ergebnisse neun Monate später [2.34] vorgestellt wurden. Berechnungen über den Verlauf der Sichtbarkeitsgrenzlinie des 28 Stunden alten Mondes quer durch den amerikanischen Kontinent sollten anhand von Sichtungen überprüft werden.

R. C. Victor gelang die früheste Sichtung mit einem 11 × 80-Feldstecher. Das Mondalter betrug $13^{h}28^{m}$. Eine der frühesten Aufnahmen gelang 14,5 Stunden nach Neumond mit einem 4″-Schmidt-Cassegrain-Teleskop auf Ektar 1000, Belichtungszeit 1/2 s [2.35]. Die Beobachtung, daß der Öffnungswinkel von Sichelspitze zu Sichelspitze weniger als 180° beträgt, ist auf Krater und Gebirge am Mondrand sowie auf die Streueigenschaften des Lichts an der Mondoberfläche selbst zurückzuführen. Die Bedingungen für eine erfolgreiche Sichtung lassen sich wie folgt zusammenfassen [2.32–2.36]:

- Ausnutzung der steilen Ekliptik, am besten in Breiten von 20 bis 30° (z.B. Kanarische Inseln): Am Frühlingsanfang für die zunehmende Mondsichel, am Herbstanfang für die abnehmende Sichel
- Mond in Erdnähe
- Mond mindestens 7° von der Sonne entfernt
- Hohe Transparenz der Atmosphäre (Gebirge)

2.2.4 Stern- und Planetenbedeckungen durch den Mond

Sternbedeckungen sind fotografisch als reizvolle Konstellationen des Mondes mit hellen Einzelsternen und Planeten oder Sternhaufen (z.B. Plejaden) festzuhalten [2.24].

Die Aufnahme einer *Planetenbedeckung* erfolgt wegen des geringen Durchmessers des Planetenscheibchens in der Regel in Okularprojektion. Die Belichtungszeit muß auf die Helligkeit des Planeten abgestimmt werden, auch wenn der Mondrand dadurch über- oder unterbelichtet ist. Sie wird aber durch die nicht zu vernachlässigende Eigenbewegung des Mondes begrenzt. Die Kombination von Filmempfindlichkeit und Äquivalentbrennweite wird also eine Belichtung von wenigen Sekunden nicht überschreiten. Sie sollte im Gegenteil so kurz wie möglich sein, um eine Aufnahmeserie des Ein- oder Austritts anfertigen zu können. Aufgrund seines Winkeldurchmessers dauert der Eintritt einer Planetenscheibe, wie z.B. der des Planeten Saturn, bis zu 10 s (Abb. 2.17).

2.2.5 Mondfinsternisse

Im Gegensatz zu einer totalen Sonnenfinsternis kann eine partielle oder totale *Mondfinsternis* (s. Farbtafel 2d) von jedem Teil der Erdoberfläche aus gesehen werden, wenn zum entsprechenden Zeitpunkt der Mond über dem Horizont steht und es dunkel genug ist.

Die Finsternis beginnt mit dem Eintritt des Mondes in den Halbschatten. Da der Mond hier (Tabelle 2.6: $C = 60$) noch halb so hell ist wie vor dem Eintritt ($C = 120$), ist der Unterschied kaum merklich und fotografisch nicht reizvoll. Erst mit Eintritt in den Kernschatten beginnt der Mond, sich rötlich zu verfinstern. Rayleigh-Streuung und Extinktion aufgrund von Staub in der irdischen Lufthülle beeinflussen Färbung und Helligkeit des verfinsterten Mondes. Nach Ausbruch des Vulkans Pinatubo auf den Philippinen im Juni 1991 war bei den darauffolgenden Finsternissen der Mond in der totalen Phase nur schwach gräulich sichtbar.

Bei manchen Finsternissen wird von einer schmalen, grünlichen Zone am Kernschattenrand berichtet [2.37, 2.38], die auch fotografisch eindeutig feststellbar ist. Diese wird durch Ozonabsorption der Erdatmosphäre in 20–25 km Höhe verursacht.

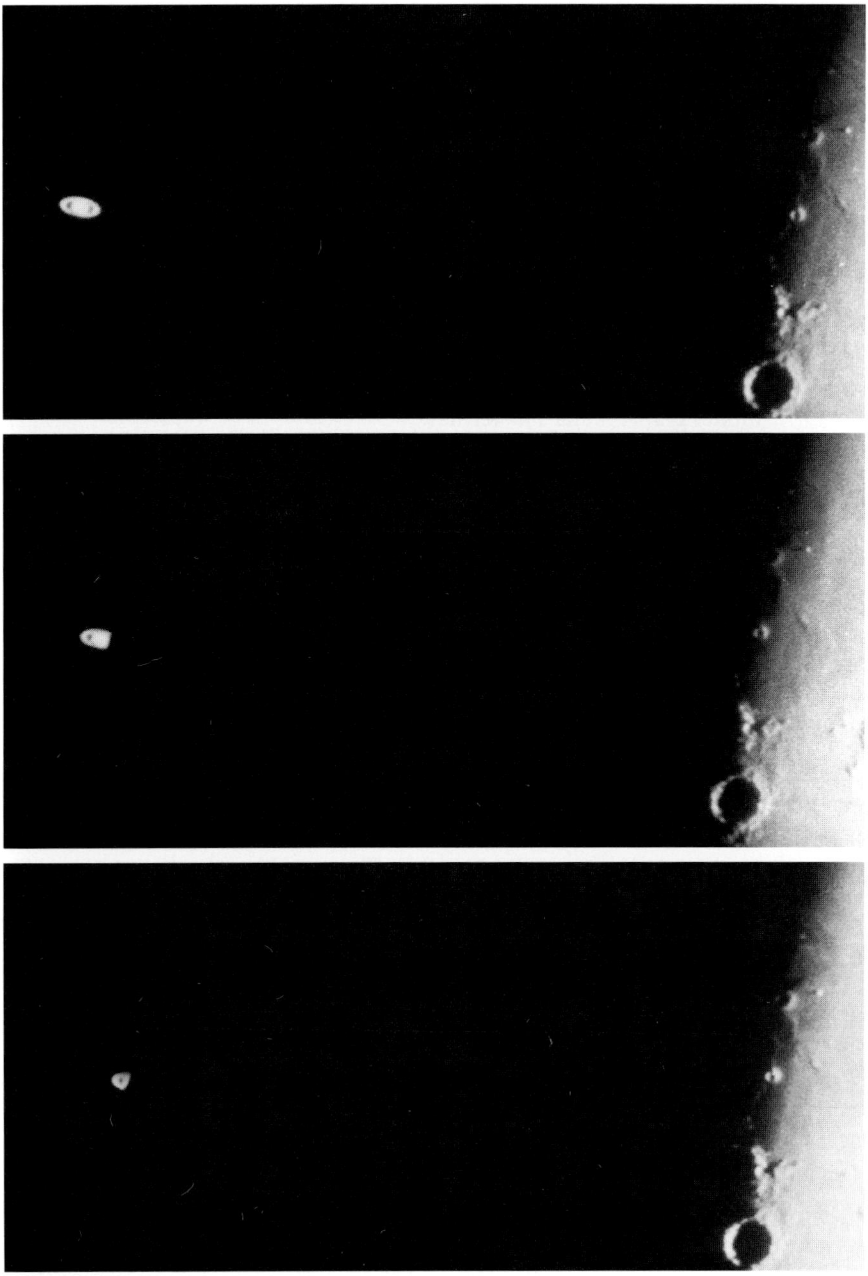

Abb. 2.17. Saturnbedeckung durch den Mond am 3.3.1974, aufgenommen mit 63-mm-Refraktor in Okularprojektion auf Orwo NP27 (ISO 400/27°), Belichtung jeweils 3 s. Fotos: A. Langmach

Tabelle 2.6. Belichtungskonstante C zur Belichtung einer Mondfinsternis

Vollmond	120
Mond im Halbschatten	60
Mond halb im Kernschatten, Belichtung korrekt für den Mondteil im Halbschatten	3
Mond halb im Kernschatten, Belichtung korrekt für den Mondteil im Kernschatten	0,10
Totalität, Beginn und Ende	0,06
Totalität, Mitte der Finsternis, zentral	0,02

Danjon-Skala zur Belichtung einer Mondfinsternis

$L = 0$: Sehr dunkle Finsternis, Mond in der Totalität unsichtbar
$L = 1$: Dunkle, grau-braune Finsternis
$L = 2$: Mond dunkelrot bis rostbraun gefärbt. Sehr dunkler Teil nahe dem Zentrum des Kernschattens
$L = 3$: Ziegelrote Finsternis. Hellgelbe Färbung am Kernschattenrand
$L = 4$: Kupferrote bis orangefarbige Finsternis mit hellem, bläulichem Rand

Beispiel: Mondfinsternis am 9.2.1990, $L \approx 2$ (Finsternis knapp total), $C \approx 0,05$, $E = 100$ (ASA), $N = 10$, das ergibt einen Wert von $t = 20$ s. Eine Belichtungsreihe des Autors von 20 bis 40 s hat eine optimale Belichtungszeit zwischen 20 und 30 s ergeben (s. Farbtafel 2d).

Mit einer stationären Kamera lassen sich sehr schöne Reihenaufnahmen anfertigen (s. Farbtafel 3a). Zunächst entnimmt man einem astronomischen Jahrbuch die Zeitspanne Δt zwischen vollständigem Ein- und Austritt aus dem Kernschatten. Bei ruhender Kamera legt der Mond in dieser Zeitspanne Δt genähert die Strecke von $\Delta s = 15{,}04°/\mathrm{h} \cos\delta \; \Delta t - EB$ zurück. Die Eigenbewegung EB in Grad in der Zeitspanne Δt berechnet sich nach Gl. (2.6), wobei $\bar{\delta}$ die mittlere Deklination des Aufnahmefeldes ist.

$$EB = \sqrt{(\Delta\alpha \cos\bar{\delta})^2 + (\Delta\delta)^2} \tag{2.6}$$

Beispiel: $\Delta t = 4^{\mathrm{h}}$. Koordinaten am 9.2.90: $\alpha = 8^{\mathrm{h}}51,6^{\mathrm{m}}$, $\delta = 18°14'$, am 10.2.90: $\alpha = 9^{\mathrm{h}}42,4^{\mathrm{m}}$, $\delta = 13°05'$. $EB = 13{,}35°/\mathrm{Tag} = 0{,}56°/\mathrm{Stunde}$. $\bar{\delta} \approx 15°$. $\Delta s = 4\mathrm{h}(15{,}04°/\mathrm{h} \cdot \cos(15°) - 0{,}56°) = 55{,}9°$.

Der Mond legt während 4 Stunden eine Winkelstrecke von rund 56° zurück. Die Frage stellt sich, welche längste Objektivbrennweite gewählt werden kann, um den ganzen Verlauf ins Bildfeld zu bekommen: Das KB-Normalobjektiv mit einer Diagonale von rund 50° reicht nicht mehr aus. Man wählt entweder ein 35-mm (ca. 63°)- oder ein 28-mm (ca. 75°)- Weitwinkelobjektiv.

Nachdem man das richtige Objektiv gewählt hat, schätzt man die vom Mond eingeschlagene Richtung ab (abhängig von Erddrehung, Eigenbewegung und geographischer Breite) und stellt den Mond kurz vor Eintritt in den Kernschatten in einer Ecke des Kamerasuchers ein. Das Objektiv wird mit einem lichtundurchlässigen, leichten, aber dennoch stabilen Deckel zugedeckt. Nun wird die Kamera mit Hilfe eines Drahtauslösers auf „B“ oder „T“ ausgelöst und alle 5 Minuten durch Ab- und Aufdecken des Deckels belichtet.

2.2.6 Libration

Unter Ausnutzung der Libration des Mondes [2.31, 2.32] lassen sich sehr schön Aufnahmepaare für einen Stereobetrachter anfertigen.

2.3 Die großen Planeten

2.3.1 Das Planetenteleskop

Häufig stellt sich die Frage nach dem „richtigen“ Teleskop für die Beobachtung und Fotografie der Planeten. Es gibt keinen Typ, der für jeden Einsatzzweck optimal geeignet wäre, sondern die Vor- und Nachteile aller Gerätearten sind sorgfältig gegeneinander abzuwägen.

Ein mit geringer Restchromasie behafteter $f/15$-Fraunhofer-Achromat oder besser noch ein nahezu farbreiner Apochromat in der Größenordnung von 100 mm Objektivdurchmesser bietet im unteren visuellen Vergrößerungsbereich (bis ca. $200\times$) unbestritten ein kontrastreicheres Bild als ein Reflektor gleicher Größe, der mit einem (großen) Fangspiegel und hohem Öffnungsverhältnis für die Deep-Sky-Astrofotografie ausgestattet ist. Aber schon ein entsprechend für die Planetenfotografie umgerüsteter Reflektor mit kleinem Fangspiegel liefert im Vergleich mit einem gleich großen Refraktor gleichwertige Aufnahmen. Hornung und Hückel [2.2] setzten mit Erfolg einen 250-mm-Newton mit nur 25 mm großem Fangspiegel (normal 55–60 mm) ein, dem eine $3\times$-Barlowlinse vorgeschaltet war. Da dieser sehr leichte Fangspiegel an nur einer Strebe befestigt zu werden brauchte, war der Einfluß der Beugung sehr gering. Gerade bei der Planetenfotografie, bei der es auf eine lange Brennweite zur Erzielung ausreichend großer Planetenbilder bei seeingbedingt kurzen Belichtungszeiten um 1 Sekunde ankommt, ist ein entsprechend ausgestatteter größerer Spiegel ab 200 mm Durchmesser jedem kleineren Refraktor überlegen.

2.3.2 Hinweise zur Belichtung

Gleichung (2.1) gibt einen ersten Anhaltswert für die Belichtungszeit. Besonders wegen der sehr unterschiedlichen atmosphärischen Transparenz ist man dennoch auf Testbelichtungsreihen um diesen Wert herum angewiesen. Tabelle 2.7 enthält die Werte der Belichtungskonstanten C.

2.3.3 Merkur

Obwohl der scheinbare Durchmesser der Merkurscheibe zwischen 4,8″ (Vollmerkur) in der oberen und 13,3″ (Neumerkur) in der unteren Konjunktion variiert,

Tabelle 2.7. Werte der Belichtungskonstanten C

Planet	C
Venus (Viertel)	250
Venus (Halb)	500
Venus (Voll)	1000
Mars	110
Jupiter	20–40
Saturn	6–10

sollen schon in Teleskopen von 100 mm Durchmesser Oberflächenschattierungen sichtbar sein [2.39, 2.40]. Wichtigste Voraussetzung ist natürlich eine extrem ruhige Luft. Desweiteren muß zur Vermeidung von Streulicht die Teleskopoptik sauber und gegen einfallendes Sonnenlicht durch eine Blende geschützt werden. Zur Beobachtung ist ein Orange- oder Rotfilter empfehlenswert. Die Region um den unregelmäßigen Terminator erscheint dann dunkler als andere Bereiche [2.26]. Auf Fotos erscheint Merkur als strukturloses Scheibchen unterschiedlichen Durchmessers mit variierender Phasengestalt. Interessant hingegen sind Konstellationen von Merkur mit Mond, Venus oder hellen Sternen, die leicht mit einer einfachen Kamera auf einem Fotostativ aufgenommen werden können.

2.3.3.1 Merkurdurchgänge vor der Sonne

Besondere Leckerbissen sind die raren Durchgänge vor der Sonnenscheibe (Abb. 2.18). Der nächste am 15.11.1999 ist aber in Deutschland nicht sichtbar. Die Fotografie eines Merkurdurchgangs gestaltet sich nach den Regeln für die Fotografie der Sonnenflecken, da Merkur als rund $10''$ großes, schwarzes

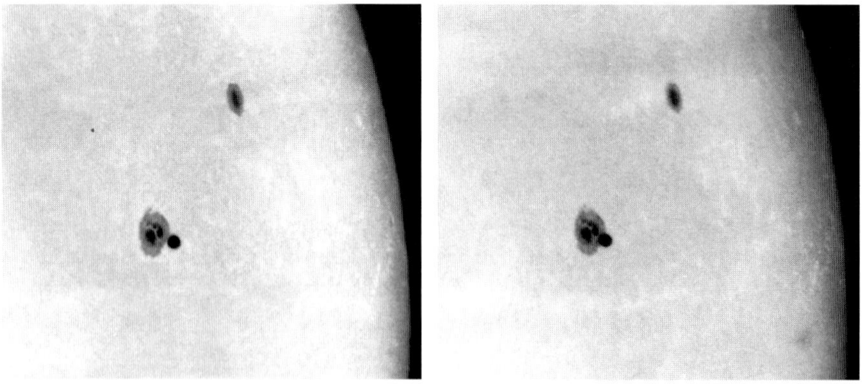

a b

Abb. 2.18. Der Merkurdurchgang vom 9.5.1970. Die beiden Fotos (**b** $12^h 10^m$ MEZ, **a** $12^h 12^m$ MEZ) wurden mit einem Refraktor 125 mm/1 300 mm und Herschelkeil auf Copex Pan Rapid aufgenommen. Fotos: L. Dahlmark

Scheibchen wie ein sehr dunkler Sonnenfleck aussieht. Nähert sich Merkur dem Sonnenrand, scheint sich das Planetenscheibchen zu deformieren. Dieser Effekt wird als *Tropfenphänomen* bezeichnet und erschwert die Bestimmung der Kontaktzeiten bei Ein- und Austritt am Sonnenrand.

2.3.4 Venus

Die Venus zeigt als zweitinnerster Planet ein abwechslungsreiches Spiel unterschiedlicher Phasengestalten. Ausgehend von der oberen Konjunktion, bei der der Durchmesser der zunächst kreisrunden Venusscheibe nahe der Sonne rund $10''$ beträgt, steigert sich der Durchmesser auf ca. $25''$ bei der größten östlichen Elongation und erreicht mit ca. $60''$ zur unteren Konjunktion den größten Durchmesser.

Schon in kleinen Teleskopen ab 50 mm Durchmesser kann die Phasengestalt gut erkannt werden. Man sollte am Tage beobachten, da der Planet dann höher am Himmel steht [2.42–2.45]. Visuell bietet die Wolkenhülle der Venus nur schemenhaft angedeutete Strukturen, die erst der erfahrene Beobachter zu unterscheiden weiß. Unter Einsatz von Blaufiltern sieht man den Terminator kreuzende Bänder und Streifen sowie eine Marmorierung der Venusscheibe. Benutzer von Teleskopen unter 150 mm Durchmesser sollten das hellere Blaufilter W38A nehmen, bei größeren Geräten ist das Dunkelblaufilter W47 zu empfehlen [2.26].

Hinweise zur Fotografie. Aufgrund der wechselnden Phasengestalt setzt man für die Vollvenus einen Wert von $C = 1000$, für die Halbvenus $C = 500$ und für die zu einem Viertel beleuchtete Venus $C = 250$ an. Wenn der Planet tief am Horizont steht, muß die Belichtung wegen der Lichtabsorption z. T. erheblich verlängert werden.

Mit Annäherung an die untere Konjunktion wird die Venussichel schmaler und größer, und die Sichtbarkeitschance für das aschgraue Licht der Venus steigt. Aufgrund der Lichtstreuung in der Venusatmosphäre können sich die *übergreifenden Hörnerspitzen* sogar zu einem vollen Lichtkreis um die Planetenscheibe schließen. Eine Aufnahme der 2,15° vom Sonnenrand entfernten „3/4-Venus" gelang B. Flach-Wilken zur unteren Konjunktion am 14.6.1988 (Abb. 2.19 [2.44, 2.46]).

Flach-Wilken beschreibt sehr ausführlich seine Techniken zur Venusfotografie, die hier zusammengefaßt dargestellt werden. Das A und O der Fotografie der Venus nahe bei der Sonne ist das Ausblenden derselben. Das erreicht man durch eine (sehr unhandliche) meterlange Taukappe oder besser mit einer runden Blende aus Fotopappe, die mit einer langen, am Teleskop befestigten Stange in größerem Abstand vor dem Objektiv angebracht wird. Wie eingangs erwähnt, ist man mittels der UV-Fotografie am ehesten in der Lage, Details in der Wolkenhülle zu registrieren (Abb. 2.20).

Aufgrund der hohen Absorption im nahen UV bei 350 nm sind Refraktoren gegenüber reinen Reflektoren im Nachteil. Bedenkt man noch, daß die standardmäßig in fast allen Okularen und Barlowlinsen bzw. Konvertern enthaltenen

Abb. 2.19. Der „Venusrücken", aufgenommen am 14.6.1988 um 8^h20^m UT. Die Venus befand sich zu diesem Zeitpunkt nur rund 2° vom Sonnenrand entfernt! Aufnahme mit einem 120-mm-Refraktor, Äquivalentbrennweite 7,8 m, auf TP 2415 und Hellrotfilter RG 610. Foto: B. Flach-Wilken

Abb. 2.20. Wolkenstrukturen im UV-Licht am 6.5.1988, 17^h20^m UT. Aufnahme mit 300-mm-Schiefspiegler, Äquivalentbrennweite 44 m, 8 s belichtet auf TP 2415 durch die Filter UG 1 und BG 38. Foto: B. Flach-Wilken

Kron- und Flintgläser zusätzlich im UV stark absorbieren, wundert es nicht, daß in der Kombination UV-Filter UG 1/TP 2415 rund 10× länger belichtet werden muß als mit der Kombination RG 610/TP 2415, obwohl der TP im UV sein Empfindlichkeitsmaximum hat.

Problematisch gestaltet sich das Fokussieren mit einem für das Auge „schwarzen" UV-Filter. Ersatzweise fokussiert man mit einem Blaufilter (z.B. BG 25) gleicher Dicke, den man zur Aufnahme gegen das UV-Filter (UG 1) austauscht. Genauer kann die Fokusdifferenz zwischen UG 1 und BG 25 nur mittels Testaufnahmen ermittelt werden. Dies setzt jedoch einen Nonius am Okularauszug voraus, wobei zusätzlich der Temperaturgang des Teleskops berücksichtigt werden muß.

Abbildung 2.21 zeigt die Venus in zwei Aufnahmen mit unterschiedlicher Aufnahmetechnik: Hier steht die CCD-Fotografie in Konkurrenz zur konventionellen Fotografie mit Filmen. Weitere Bildbeispiele s. [2.44].

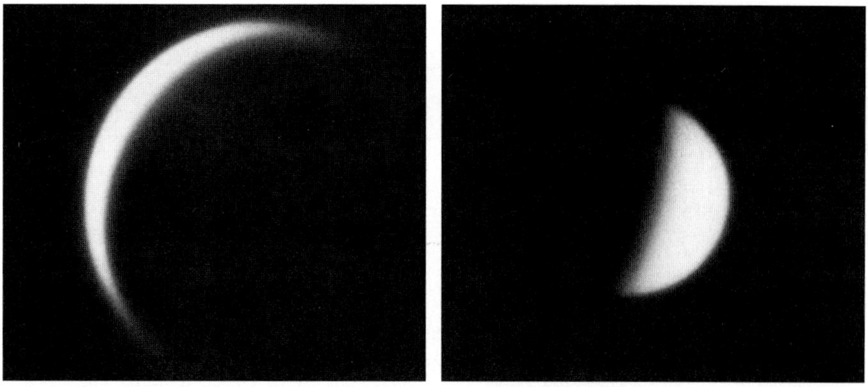

a b

Abb. 2.21. Aufnahmen der Venus mit unterschiedlichen Aufnahmetechniken. **a** 16.1.1990, 17^h21^m UT, Newton 250 mm/1 500 mm in Okularprojektion, $f_{eff} = 40$ m, belichtet ca. 11 s auf TP 2415, hart entwickelt in Dokumol 1+9. Foto: W. Baumann. **b** 14.4.1988, 19^h04^m UT, 318-mm-Tri-Schiefspiegler in Okularprojektion, $f_{eff} = 6$ m, ca. 2 s belichtet. Starlight CCD-Kamera mit 512×256 Pixeln (Sony ICX027BL). Foto: T. Platt

2.3.5 Mars

Mars vollendet als äußerer Planet einen synodischen Umlauf um die Sonne in 779,94 Tagen, so daß er alle 2 Jahre und 2 Monate in Opposition zur Sonne steht. Wegen der elliptischen Umlaufbahn um die Sonne kann der scheinbare Durchmesser bei einer Perihelopposition bis zu 25,66″ betragen, während einer ungünstigen Aphelopposition mit 14,41″ Durchmesser aber auch recht mager ausfallen.

Der Erfolg bei der Planetenfotografie steht und fällt mit dem Seeing. Selten ist die Luft so ruhig, daß länger als 1 s belichtet werden kann. Die bei der Okularprojektion gewählte Brennweite sowie Filmempfindlichkeit und Filterfaktoren müssen dem Rechnung tragen. Schon mit Teleskopen um 200 mm bis 300 mm Öffnung gelingen hervorragende Marsfotos (Abb. 2.22 und Farbtafel 3b).

Gerade bei der Marsbeobachtung und -fotografie ist der Einsatz von Farbfiltern zur kontrastreichen Darstellung der Oberflächendetails und Unterscheidung von atmosphärischen Strukturen entscheidend. Generell ist ein Orange- oder Rotfilter geeignet, den Dunst der Marsatmosphäre zu durchdringen (Abb. 2.23) und Oberflächenstrukturen kontrastreich hervorzuheben, wohingegen ein Blaufilter die Sichtbarkeit der atmosphärischen Details, wie die Polhaube, Wolken und Nebel verstärkt. Besitzer von Teleskopen unter 200 mm Öffnung müssen hellere Orange- und Blaufilter verwenden. Um welchen Faktor das jeweilige Filter die Belichtung verlängert, hängt von der Transmissionscharakteristik des Filters und der spektralen Empfindlichkeit der Filmemulsion ab. Tabelle 2.8 nennt geeignete Filter.

Mars besitzt eine sehr dünne Atmosphäre, in der gelegentlich Wolkenformationen (mit Blaufiltern) sichtbar sind. Nebel über ausgedehnten Wüstengebieten

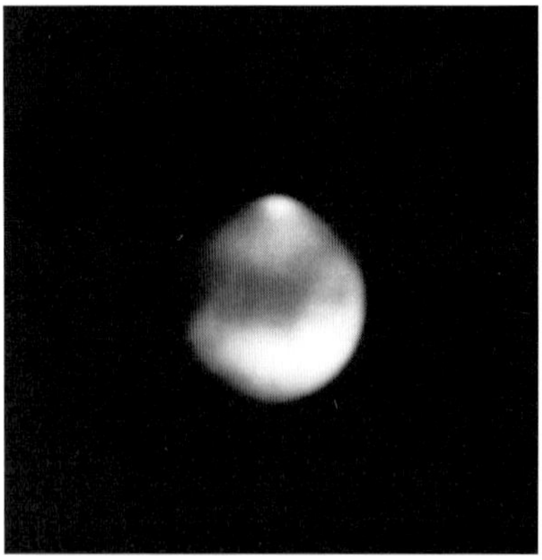

Abb. 2.22. Mars am 10.9.1988, aufgenommen mit einem 102-mm-Fluorit-Refraktor (Vixen) in Okularprojektion auf TP 2415-Film. Foto: W. Lille

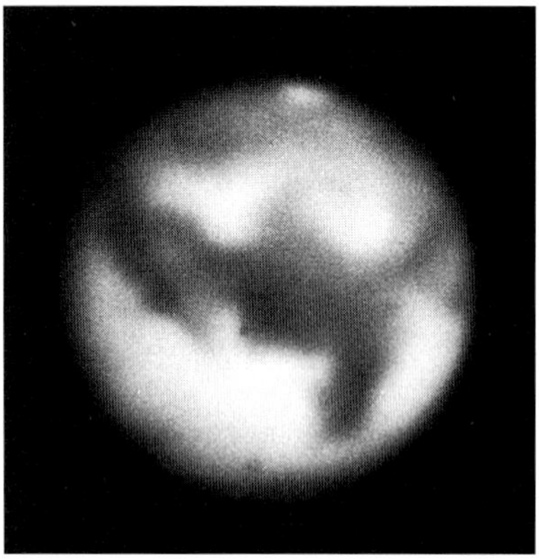

Abb. 2.23. Mars, 21.9.1988, 22^h50^m UT. Scheinbarer Durchmesser 23,8″, Zentralmeridian 264°. Aufnahme mit 300-mm-Schiefspiegler, Äquivalentbrennweite 51 m, 2 s belichtet auf TP 2415 durch das Hellrotfilter RG 610 und entwickelt in Rodinal. Foto: B. Flach-Wilken

Tabelle 2.8. Marsfilter zur kontrastreicheren Unterscheidung von Oberflächenstrukturen von atmosphärischen Details. Setzt man die gleiche Äquivalentbrennweite an, so sind Teleskope kleinerer Öffnung auf die Verwendung heller Filter angewiesen. Filterbezeichnungen: W bedeutet Kodak Wrattenfilter, alle anderen sind Schottfilter

Teleskopdurchmesser	Rot	Orange	Gelb	Grün	Blau
$\leq$ 200mm	W25 OG590	W21	OG550	W58	W80A
$\geq$ 200mm	W29 RG630	W23A OG590	OG550	W58	W47 BG28

erkennt man an der größeren Helligkeit im Grünen als im Blauen oder Gelben. Gelbe Staubwolken, gut sichtbar mit Gelb- oder Orangefiltern, können über lange Zeiträume hinweg größere Oberflächenbereiche unseren Blicken entziehen. Der letzte große Staubsturm auf Mars endete im Jahre 1971. Die Dunkelgebiete der Marsoberfläche bieten den größten Kontrast mit Orange- oder Rotfiltern. Markante Gebiete sind Syrtis Maior, Sinus Meridiani, Solis Lacus (das „Marsauge") und natürlich die saisonal in Größe und Form variierenden Polkappen. Meint der Beobachter eine zweite Polkappe zu sehen, handelt es sich dabei um eine *Polhaube* (engl. Polar Hood), eine aus CO_2- und Eiskristallen bestehende Wolkenschicht, die mit Blaufiltern gut zu sehen ist. Stunden oder Tage kann die Marsatmosphäre „aufklaren", so daß sowohl mit Rot- als auch mit Blaufiltern Details der Oberfläche zu erkennen sind. Dieses Phänomen ist unter dem Begriff *Blue* oder *Violet Clearing* bekannt. Reifbildung am Marsterminator in den Morgenstunden läßt den Rand weiß erscheinen.

Welche der in Tabelle 2.8 aufgeführten Filter fotografisch verwendet werden können, hängt im wesentlichen von der zu erwartenden Belichtungszeit ab, die durch die Äquivalentbrennweite des Teleskops, die spektrale Filmempfindlichkeit und nicht zuletzt durch die Transparenz der Erdatmosphäre und das Seeing begrenzt wird.

Wer mehr über die Marsbeobachtung lesen möchte, dem sei der sehr informative Abschnitt von C. Schambeck in [2.47] empfohlen. Capen et al. [2.26] beschäftigen sich ausführlich mit der Marsbeobachtung und vor allem der Marsfotografie.

Hinweise zur Fotografie. Mars erreicht im Jahr 2003 eine maximale Größe von $25''$. Je 1 m Brennweite des Teleskops ist das Marsbildchen dann in der Fokalebene des Teleskops dennoch nur ganze 0,12 mm groß. Selbst ein hochauflösender Film wie der TP 2415 ist erst ab einer Brennweite von etwa 10 m in der Lage, die markanten Oberflächendetails aufzulösen. Das eingesetzte Okular sollte daher zweckmäßigerweise eine Brennweite von mehr als 25 m erzeugen; vorausgesetzt, die richtige Belichtungszeit liegt dabei nicht über der durch das Seeing begrenzten Zeitdauer.

Beschränkt man sich auf den Oppositionszeitraum ($\pm$ 2 Monate), so können hier schon Helligkeitsunterschiede von 2 Größenklassen, entsprechend einem Intensitätsunterschied und Belichtungsfaktor von $2,5^2 = 6,25\times$ die Belichtungszeit erheblich beeinflussen. Als Anhaltspunkt mag das Ergebnis einer Belichtungsreihe des Autors dienen (Tabelle 2.9), die mit folgenden Parametern am 30.11.1990 durchgeführt wurde: Teleskopöffnung $14''$ (356 mm), Okularprojektion mit 15-mm-Okular, Äquivalentbrennweite 26,5 m, Öffnungsverhältnis $N = 74,4$, belichtet auf Diafilm Agfachrome 100. Die optimale Belichtungszeit betrug 1/2 s. Löst man Gl. (2.1) nach der Belichtungskonstanten C auf ($D = 1$), erhält man $C = 110$. Dieser Wert sollte als Ausgangswert für eigene Testreihen dienen.

Der Technical Pan Film bietet sich wegen seiner erhöhten Rotempfindlichkeit geradezu an. Schon ein Orangefilter OG 590 führt zu einem spürbaren Kontrastgewinn bei allerdings verdoppelter Belichtungszeit. Ob ein hypersensibilisierter Film eingesetzt wird, hängt entscheidend davon ab, wie stark der angehobene Grundschleier den Kontrast verringert. Hier kann nur eine Testreihe Aufschluß geben.

Tabelle 2.9. Aufnahmedaten verschiedener, korrekt belichteter Marsaufnahmen unterschiedlicher Bildautoren. Aufnahmedaten aus früheren Oppositionen wurden wegen des erheblich gewandelten Angebots an hochauflösenden Filmen nicht berücksichtigt. Daten einiger Bildautoren nach [2.48]. Bl.: Blende; Bel.: Belichtungszeit; ED200: Ektachrome 200; RD100: Fujichrome RD100

Datum		ϕ ″	Hel. mag	f_{eff} m	Bl.	Film	Filter	Entwickler	Bel. s	Größe mm
1986 Jul	12	23,0	−2,4	63	198	TP2415	-	Rodinal	5	7.0[a]
1986 Jul	12	23,0	−2,4	63	198	ED200	W47	E6	2,5	7.0[a]
1986 Jul	15	23,0	−2,4	55	52	TP2415	W22	unbek.	0,3	6,1[b]
1988 Aug	12	19,0	−1,7	28	79	TP2415	-	unbek.	3	2,6[c]
1988 Sep	10	23,1	−2,3	51	170	TP2415	RG610	Rodinal	3	5,7[d]
1988 Sep	21	23,8	−2,5	51	170	TP2415	RG610	Rodinal	2	5,9[d]
1988 Sep	22	23,8	−2,5	12	96	TP2415	RG610	unbek.	1	1,4[e]
1988 Sep	24	23,7	−2,5	36	130	RD100	-	E6	1	4,2[f]
1988 Okt	18	21,3	−2,1	19	76	TP2415	-	unbek.	1,5	2,0[g]
1988 Okt	21	20,2	−2,0	51	170	TP2415	RG610	Rodinal	4	5,0[d]
1990 Nov	6	17,5	−1,5	?	?	CCD	-	entfällt	?	[h]
1988 Nov	11	17,3	−1,8	27	74	TP2415	OG590	Neo.-Doku	0,5	2,3[i]

[a] 250-mm-Newton (D.C. Parker, Florida), [2.26]
[b] 1.06-m-Teleskop auf Pic du Midi (J. Dragesco)
[c] 356-mm-Schmidt-Cassegrain (G. Reus)
[d] 300-mm-Schiefspiegler (B. Flach-Wilken)
[e] 125-mm-Refraktor, TP 2415 hyp. (D. Gutermuth)
[f] 280-mm-Schmidt-Cassegrain (R. Sommer, s. Farbtafel 3b)
[g] 250-mm-Newton (M. Stangl)
[h] 318-mm-Tri-Schiefspiegler und 512 × 256-Pixel CCD-Kamera, (T. Platt)
[i] 356-mm Schmidt-Cassegrain (B. Koch)

Abbildungen 2.24 und 2.25 demonstrieren, daß die CCD-Technologie der herkömmlichen Fotografie zunehmend den Rang abläuft. Die sehr kurzen Belichtungszeiten „frieren" das Seeing ein, so daß eine höhere Auflösung erzielt wird. Addition mehrerer Bilder, Kontrastanhebung sowie unscharfe Maskierung sind hier die wichtigsten Instrumente der elektronischen Bildverarbeitung, die der fotochemischen Bearbeitung überlegen sind.

2.3.5.1 Die Marsmonde

Die Marsmonde Phobos und Deimos sind sehr schwierig zu beobachten und noch schwieriger zu fotografieren. Obwohl Phobos mit $11{,}5^{\mathrm{m}}$ und Deimos mit $12{,}5^{\mathrm{m}}$ in einem 100-mm-Fernrohr in Bezug auf die Helligkeit leichte Objekte wären, bereitet das Streulicht des nahen, mehr als 14 Größenklassen helleren Mutterplaneten Probleme. Phobos ist in seiner größten Elongation maximal einen Marsscheibchendurchmesser, Deimos maximal drei vom Marsscheibchenrand entfernt. In der Perihelopposition von 1988 war ein 150-mm-Refraktor das kleinste Teleskop, mit dem beide Marsmonde gesichtet werden konnten. In einschlägigen astronomischen Jahrbüchern und Zeitschriften (Astronomical

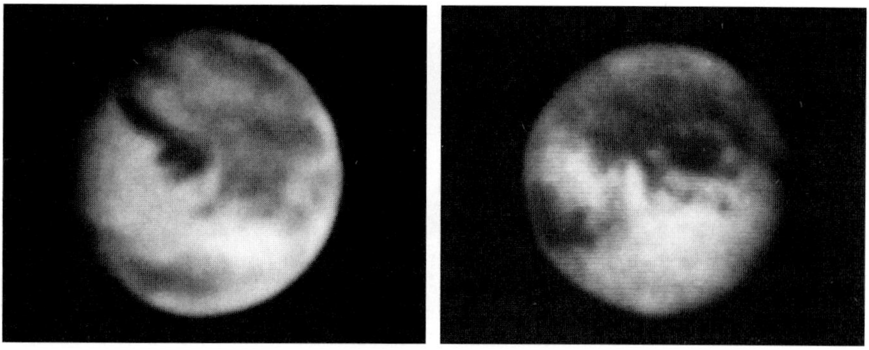

a b

Abb. 2.24. Mars am 6.11.1990 **a** und 5.12.1990 **b** mit 318-mm-Tri-Schiefspiegler und Starlight CCD-Kamera mit 512 × 256-Pixeln (Sony ICX027BL). Belichtung ca. 2 s. Fotos: T. Platt

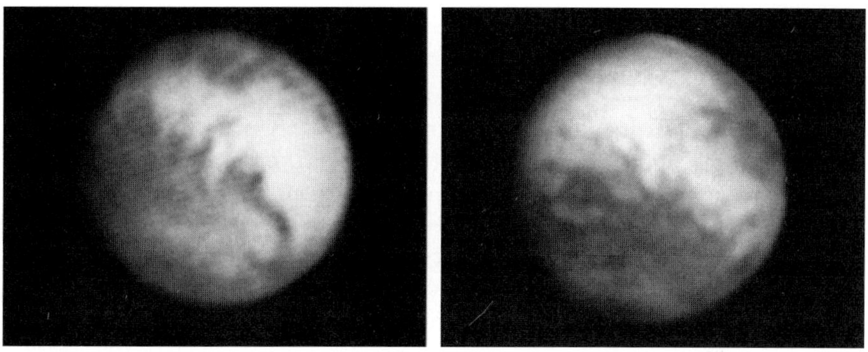

a b

Abb. 2.25. Mars mit 404-mm-Newton, $f_{\text{eff}} = 45\,\text{m}$ und selbstgebauter CCD-Kamera (TH 7863). Belichtung 1/2 s. **a** 30.11.1990, $23^{\text{h}}36^{\text{m}}$ UT. **b** 6.12.1990, $19^{\text{h}}05^{\text{m}}$ UT. Fotos: W. Bickel

Almanac, Sky & Telescope [2.49]) findet man Grafiken und Tabellen, anhand derer man die Zeitpunkte und Örter der Monde bzgl. des Mutterplaneten ermitteln kann. Man muß schon genau wissen, wo man zu suchen hat und sollte sich anhand der Relativbewegung zu Mars auch vergewissern, daß man einen Marsmond nicht irrtümlich mit einem schwachen Stern verwechselt.

Zur Beobachtung kommen zwei Techniken in Frage. Entweder wird Mars knapp außerhalb der Gesichtsfeldblende positioniert oder man fertigt sich ein Spezialokular an, in dessen Fokalebene ein 1–2 mm breiter, lichtundurchlässiger Streifen eingeklebt ist, der den Planeten verdeckt. Dieses Okular eignet sich dann auch für Aufnahmen in Okularprojektion (Abb. 2.26). Bei Reflektoren mit Fangspiegelstreben muß darauf geachtet werden, daß beugungsbedingt verursachte

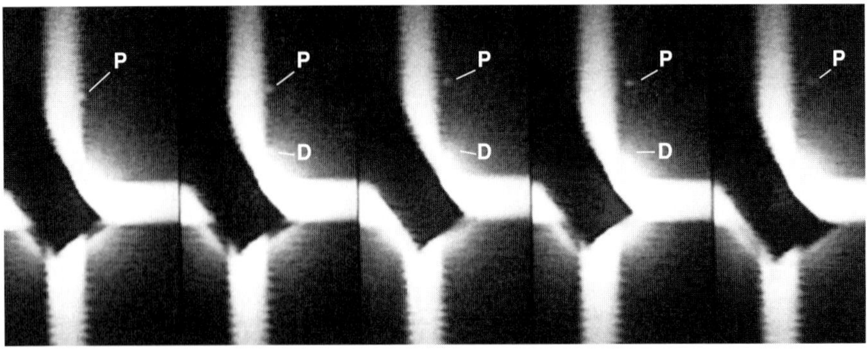

Abb. 2.26. Die Marsmonde Phobos *(P)* und Deimos *(D)* in einer Fotoserie am 1.10.1988. Die helle Planetenscheibe wurde mit einem Blechstreifen in der Fokalebene des 404-mm-Newtons (f_{eff} = 4,3 m) ausgeblendet. Aufnahmen mit selbstgebauter CCD-Kamera. Fotos: W. Bickel

Spikes die Monde nicht verdecken. Ein um seine optische Achse drehbarer Tubus ist von Vorteil.

2.3.6 Jupiter

Jupiter, der Riesenplanet im Sonnensystem, ist in jedem Jahr das Paradeobjekt der Planetenfotografen. Alle 399 Tage, d.h. etwas mehr als einen Monat verspätet im folgenden Jahr, steht Jupiter in Opposition zur Sonne. Im Gegensatz zu Mars variiert Jupiter seinen scheinbaren Äquatordurchmesser nur wenig zwischen maximal 44,4″ bei einer Aphelopposition bis 50,0″ bei einer Perihelopposition. Entscheidend ist weniger der maximal erreichbare Durchmesser in jeder Opposition als vielmehr die Tatsache, daß Jupiter erst ab 1999 wieder nördlich des Himmelsäquators steht. Die höchste Deklination erreicht Jupiter am 12.3.2002 mit $+23°27'$.

Auffällig ist die ovale Form der Planetenscheibe, die auf eine starke Abplattung des Planeten von 1:15,4 beruht. Der Poldurchmesser beträgt somit 93,5% des Äquatordurchmessers.

Helle Zonen und dunkle Bänder (Abb. 2.27) sowie der prominente *Große Rote Fleck* (GRF) können praktisch immer beobachtet werden, wobei der GRF temporär stärkeren Farbschwankungen unterworfen ist. Doch keine Regel ohne Ausnahme: Seit Jupiters Konjunktion mit der Sonne im Juli 1989 fehlte überraschenderweise zeitweise sein südliches Äquatorialband [2.50, 2.51].

Hinweise zur Fotografie. Die Beobachtung und Fotografie der Jupiteroberfläche profitiert vom Einsatz diverser Farbfilter. Sie dienen zum einen der Kontraststeigerung bestimmter sichtbarer Strukturen, zum anderen aber auch zur Abschwächung der enormen Helligkeit des Planeten bei visuellen Beobachtungen mit größeren Teleskopen. Fotografisch sind folgende Filter sinnnvoll einzusetzen: Ein hellblaues Filter (W80A, W82A) erhöht den Kontrast zwischen Bändern und Zonen. Polnahe bläuliche Girlanden und Brücken zwischen den Bändern

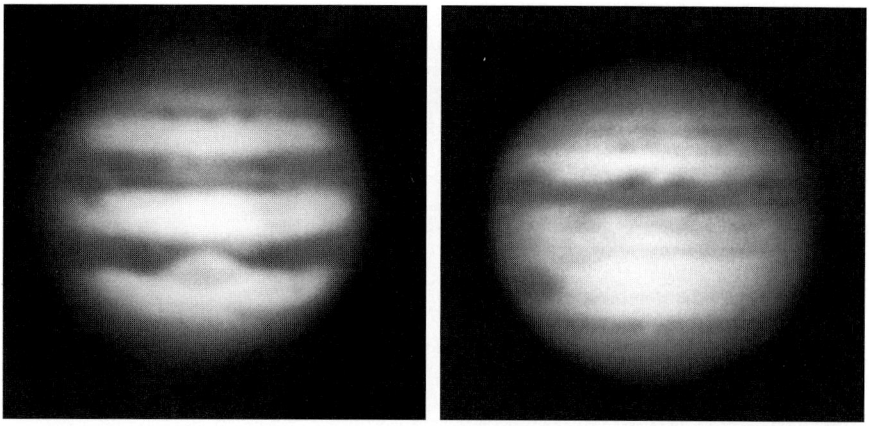

a b

Abb. 2.27. Strukturen in der Wolkenhülle Jupiters. **a** Jupiter am 2.1.1989, aufgenommen mit 250-mm-Newton Okularprojektion, ca. 11 s(!) belichtet auf TP 2415. Foto: W. Baumann. **b** Jupiter am 1.12.1989, aufgenommen mit 300-mm-Cassegrain in Okularprojektion bei 27 m Brennweite, 1 s belichtet auf TP 2415. Foto: F. Kufer

dunkelt ein Gelb- oder Orangefilter (W12, W21) merklich ab. Die Farbe des GRF kann von Dunkelrot über Orange, Pink, Hellgelb bis zum grünlich angehauchten Weiß variieren [2.26]. Mit einem hellblauen Filter (s.o.) oder einem Grünfilter W58 wird der GRF (in seiner roten Phase) am wirkungsvollsten abgedunkelt, sein Kontrast gegenüber der Umgebung am stärksten angehoben.

Der große Intensitätsunterschied zwischen Mitte und Rand der Planetenscheibe macht sich auch auf den Aufnahmen bemerkbar. Ein kontrastreicher Film hebt die kontrastarmen Oberflächendetails hervor — auf Kosten einer extremen Abdunklung des Planetenrands.

Selbst bei einem maximalen Winkeldurchmesser von rund 50″ ist das Jupiterscheibchen auf dem Film je Meter Brennweite nur 0,24 mm groß. Daher sind Aufnahmen der Oberfläche erst ab Äquivalentbrennweiten von 10 m sinnvoll. Die Belichtungskonstante *C* liegt zwischen 20 und 40. Legt man einen ISO 100/21°-Film zugrunde, beträgt die Belichtungszeit bei einem Öffnungsverhältnis von $f/60$ 1–2 s. Zur Unterdrückung des Filmkorns kann auch bei Jupiter die Technik der Kompositfotografie eingesetzt werden (s. Abschn. 10.4.2).

Abbildungen 2.28 und 2.29 demonstrieren auch hier die Überlegenheit der CCD-Technologie über die herkömmlichen Filme (Abb. 2.27).

2.3.6.1 Die Galileischen Monde

Da die Monde rund 7 Größenklassen lichtschwächer sind als Jupiter (Abb. 2.29, 2.30), werden sie bei der knappen Belichtung der Jupiteroberfläche nicht registriert. Man kann sich damit behelfen, mit einer Belichtungszeit von ein bis zwei Minuten (abhängig von Blende, Brennweite, Film etc.) die Monde korrekt zu belichten und ein kürzer belichtetes Bild der Jupiteroberfläche einzukopieren. Zur

Abb. 2.28. Jupiter am 6.12.1990. 404-mm-Newton, Okularprojektion, $f_{\text{eff}} = 32\,\text{m}$, selbstgebaute CCD-Kamera, Filter RG 630. Belichtung 1,5 s. Foto: W. Bickel

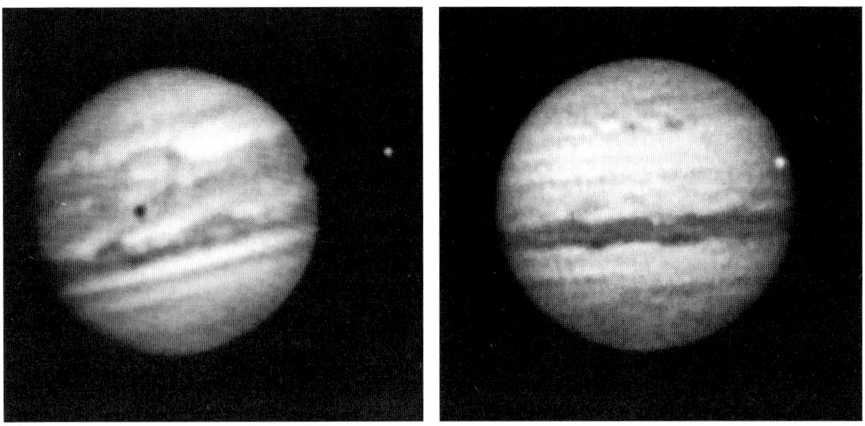

a b

Abb. 2.29. Die Schattenspiele der Jupitermonde. **a** Jupiter mit Mond und zwei Mondschatten auf der Oberfläche. Aufnahme am 1.1.1991, $1^{\text{h}}43^{\text{m}}$ UT. **b** 1.5.1990, $0^{\text{h}}15^{\text{m}}$ UT, Jupiter mit Mond und Mondschatten vor der Oberfläche. Aufnahmen mit Starlight CCD-Kamera (512×256 Pixel). Fotos: T. Platt

Reduzierung der Überstrahlung der Jupiterscheibe bei der längeren Belichtung empfiehlt sich ein Graufilterstreifen (Transmission 10%) in der Brennebene des Projektionsokulars.

Kommt es einem nur auf die Aufnahme der Jupitermonde an, bzw. ihre relative Position zueinander, so muß man während der erheblich länger notwendigen Belichtung auf einen korrekten Lauf der Nachführung achten.

Schon in einem 100-mm-Teleskop können die Jupitermonde I bis IV als Scheibchen unterschiedlichen Durchmessers erkannt werden. Doch erst bei her-

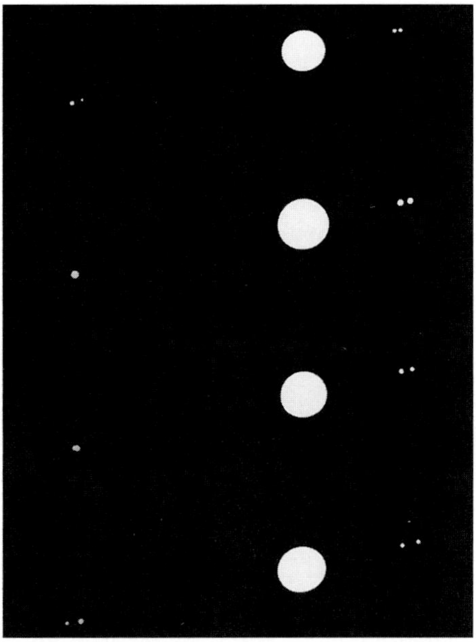

Abb. 2.30. Mond IV bedeckt III. Serienaufnahme am 30.8.1985, ca. 21^h16^m UT, Agfa Ortho 25, belichtet jeweils 3 Minuten mit einem C14 bei 4 m Brennweite.
Fotos: G. Reus

vorragendem Seeing ist es möglich, mit größeren Teleskopen (ab 250 mm Durchmesser) großflächige Einzelheiten zumindest auf dem größten Jupitermond, Ganymed (max. Durchmesser 1,5″), zu erkennen [2.52, 2.53]. Fotografisch liegen Oberflächendetails zur Zeit noch außerhalb der Reichweite von Amateurteleskopen.

2.3.6.2 Lichtschwache Jupitermonde

Die Fotografie der äußeren Jupitermonde ab JV entspricht den Methoden der Deep-Sky-Fotografie. Einige dieser Monde liegen im Bereich größerer Amateurteleskope. Die jährlichen Ephemeriden der Monde JV bis JX sind im Astronomical Almanac verzeichnet [2.54].

Da eine relativ lange Belichtungszeit nötig ist, muß die Eigenbewegung Jupiters (zum Oppositionszeitpunkt ca. 20″/h) und die des lichtschwachen Mondes berücksichtigt werden. Man führt direkt auf Jupiter oder indirekt mit der Eigenbewegung des entsprechenden Mondes während der Belichtung nach.

Die Nähe des Zentralplaneten Jupiter führt, besonders bei kurzen Brennweiten, zur Überstrahlung und zu Reflexen im Bild. Man sollte daher mit langer Brennweite (ab etwa 2 000 mm) fotografieren.

Erfolgreiche Amateuraufnahmen von lichtschwachen Monden im Sonnensystem sind selten veröffentlicht worden. So gelang es S. Wheatcraft [2.55, 2.56], Mond JVI mit einem C8 bei 2 000 mm Brennweite auf 103a-F bei einstündiger Belichtung abzubilden. Anhand der Ephemeriden zeichnete Wheatcraft die Position von Mond JVI in eine Sternkarte ein und führte mit einem Off-Axis-System auf einen helleren Stern nach. Dementsprechend bildete sich Mond JVI als kleine Strichspur ab.

2.3.7 Saturn

Den ästhetischsten Anblick im Teleskop bietet der Ringplanet Saturn. Mit einer synodischen Umlaufzeit von 378 Tagen durchläuft Saturn jährlich eine relativ enge Oppositionsschleife am Himmel, die deutlich kleiner als die von Mars und Jupiter ausfällt. Zwischen Perihel und Aphel der Saturnbahn fällt der Unterschied in der maximalen scheinbaren Größe der Saturnscheibe gering aus. Der jährlich erreichbare maximale Oppositionsdurchmesser schwankt zwischen $20{,}8''$ in der Perihelopposition und $18{,}4''$ in der Aphelopposition.

Saturn, mit einer Abplattung von 1/9,3 Rekordhalter im Sonnensystem und nach Jupiter der zweitgrößte Planet, ist wie dieser von einer dichten, undurchdringlichen Atmosphäre umgeben. Auch er weist ein System aus Zonen und Bändern auf (Abb. 2.31, 2.32 und Farbtafel 3c). In größeren Zeitabständen wird von einem *Großen Weißen Fleck* (Great White Spot) berichtet, wie zuletzt im September 1990 und Mitte 1994 [2.57, 2.58].

Aufgrund des geringen Kontrasts der atmosphärischen Details empfiehlt sich der Einsatz von Filtern. Ein hellblaues Filter (W80A, W82) erhöht den Kontrast zwischen den dunklen Bändern und hellen Zonen, ein Orange- bis Hellrotfilter (W21, W23A) verdunkelt die bläuliche Polarregion, ein Hellgrün- oder Gelbgrünfilter (W57, W11) dunkelt die rötlich gefärbten Bänder ab [2.26].

2.3.7.1 Das Ringsystem

Dem erdgebundenen Beobachter sind nur die „klassischen" Ringe A bis G mit den Hauptteilungen zugänglich. Die hellweißen Ringe A und B, die durchaus

a b

Abb. 2.31. Saturn mit voller Ringöffnung und Cassini-Teilung. **a** 14.3.1989, Apochromat 7,4/560 mm, Okularprojektion bei 9 m Brennweite, Belichtung 12 s auf TP 2415. Foto: S. Binnewies (La Silla). **b** 3.3.1976, 150-mm-Refraktor, Okularprojektion bei 6,5 m Brennweite, Belichtung 6 s, 10 Minuten entwickelt in Neofin-Blau. Foto: K.-P. Schröder

Abb. 2.32. Saturn 27.7.1989. CCD-Foto (TH7863) mit 404-mm-Newton in Okularprojektion bei 32 m Brennweite, Belichtung 8 s mit IR-Filter RG 760. Foto: W. Bickel

Intensitätsvariationen aufweisen können [2.26], sind schon in kleinsten Teleskopen sichtbar, wohingegen der innere C-Ring sehr dunkel und schwer erkennbar ist. Dessen visueller Eindruck wird durch seinen auf Saturn fallenden Schatten verstärkt, den man von der Erde aus teilweise durch den C-Ring hindurch sehen kann. Vor der Opposition befindet sich der auf den Ring projizierte Schatten des Planeten auf der westlichen Ringseite und danach auf der östlichen. Bei gutem Seeing ist die bekannte Cassinische Ringteilung zwischen den Ringen A und B schon in Teleskopen von 80 bis 100 mm gut sichtbar. Wegen der Kantenstellung zwischen dem 22.5. und 11.8.1995 ist der Ring selbst in größten erdgebundenen Teleskopen unsichtbar.

Weniger die Oberfläche als vielmehr die wechselnde Ansicht des Ringsystems und dessen Struktur ist bei Saturn interessant. Im Zeitraum der größten Ringöffnung sollte man versuchen, die Cassinische Ringteilung aufzunehmen (s. Farbtafel 3c). Mit größeren Teleskopen ab 300 mm Durchmesser und ruhigster Luft ist auch die Encke-Teilung erreichbar.

Hinweise zur Fotografie. Bei einem maximalen Winkeldurchmesser von 20,8″ ist die Planetenscheibe etwa halb so groß wie die Jupiters und der Durchmesser des A-Rings beträgt maximal 47″. Saturn mit Ring ist daher nur 0,23 mm pro Meter Brennweite groß. Daher sind Aufnahmen erst ab Äquivalentbrennweiten von etwa 10 m sinnvoll. Die Belichtungskonstante C liegt zwischen 6 und 10. Wie auch bei Jupiter bewährt sich die Technik der Kompositfotografie (s. Abschn. 10.4.2).

2.3.7.2 Monde im Saturnsystem

Die Fotografie der Saturnmonde gestaltet sich im wesentlichen nach den Regeln der Deep-Sky-Fotografie. Die jährlichen Ephemeriden der Monde SI bis SIX, die alle im Bereich mittlerer Amateurteleskope liegen, sind im Astronomical Almanac verzeichnet [2.54].

Theoretisch sollten auch die Monde SXI ($15{,}1^m$ - $15{,}5^m$), SXV ($15{,}2^m$) und SVI ($16{,}1^m$), 2,50 bzw. 2,35 Saturnradien von der Planetenmitte entfernt erreich-

Abb. 2.33. Saturn am 27.2.1977 mit den Monden Titan ($8{,}3^m$), Rhea ($9{,}7^m$), Tethys ($10{,}2^m$) und Dione ($10{,}4^m$), aufgenommen mit einem 150-mm-Refraktor bei 2250 mm Brennweite auf 103a-E-Film. Foto: K.-P. Schröder

bar sein. Nur sind für diese Monde keine Ephemeriden zugänglich, zum anderen liegen sie innerhalb der Mimasbahn sehr dicht beim Planeten und werden wahrscheinlich von diesem überstrahlt. Chancen hat man deshalb am ehesten bei Kantenstellung des Rings (Abb. 2.33).

2.3.8 Uranus, Neptun und Pluto

Die drei äußersten Mitglieder der Planetenfamilie sind in Amateurteleskopen undankbare Beobachtungsobjekte, denn die maximalen scheinbaren Durchmesser betragen bei Uranus ($6{,}0^m$) 3,6″, Neptun ($7{,}7^m$) 2,5″ und Pluto ($14{,}0^m$) 0,1″.

Pluto ist fotografisch wie ein stellares Objekt 14ter Größenklasse zu behandeln; er ist schon mit kleineren Teleskopen ab 100 mm Durchmesser erreichbar (Abb. 2.34). Man sollte sich zur Identifizierung aber nicht alleine auf die Umgebungskarte verlassen, sondern vielmehr Aufnahmen vergleichen, die in

a

b

Abb. 2.34. Planet Pluto am 9.2.1975 **a** und 16.2.1975. **b** Aufnahmen mit 300-mm-Newton, $f/5{,}6$, $f = 1\,988$ mm auf Fujichrome 100, 20 min belichtet. Ort: Benzenberg-Sternwarte Düsseldorf. Fotos: B. Koch

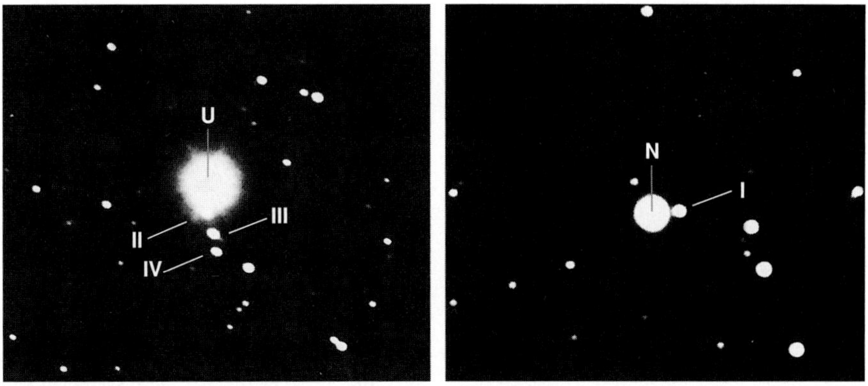

a b

Abb. 2.35. **a** Uranus mit Monden UII (Umbriel, $14{,}8^{\mathrm{m}}$), III (Titania, $13{,}7^{\mathrm{m}}$) und IV (Oberon, $13{,}9^{\mathrm{m}}$) am 29.8.1992. Mond I (Ariel) liegt innerhalb des überbelichteten Uranusscheibchens. **b** Neptun mit Mond NI (Triton, $13{,}5^{\mathrm{m}}$), $16{,}5''$ von der Mitte des Neptunscheibchens entfernt, Positionswinkel 276°. Mond NII (Nereid) ist mit einer Helligkeit von $18{,}5^{\mathrm{m}}$ nicht registriert. Beide Aufnahmen mit C11 bei 1920 mm Brennweite ($f/6{,}9$) auf TP 2415, Belichtungszeit 45 Minuten. Ort: Namibia. Fotos: B. Koch

Abständen von ein paar Tagen angefertigt wurden. Zur visuellen Beobachtung ist ein Teleskop ab 200 mm Öffnung, eine Umgebungskarte und etwas Beobachtungserfahrung erforderlich.

2.3.8.1 Die Monde von Uranus und Neptun

In den amateurastronomischen Zeitschriften wird sehr selten von erfolgreichen Aufnahmen der Monde von Uranus und Neptun berichtet. Dies ist um so erstaunlicher, als daß viele dieser Monde durchaus im Bereich größerer Amateurteleskope ab 250 mm Öffnung liegen (Abb. 2.35) [2.56, 2.59].

2.4 Planetoiden

Der Einstieg in die Planetoidenbeobachtung- und Fotografie wird in der Regel zunächst an den helleren Planetoiden wie z.B. (4) Vesta und (1) Ceres erfolgen, die in Opposition eine Helligkeit von $5{,}3^{\mathrm{m}}$ bzw. $6{,}7^{\mathrm{m}}$ erreichen. Die mittlere tägliche Eigenbewegung dieser Hauptgürtelplanetoiden beträgt $16'$ bzw. $13'$, so daß die Identifizierung eines nicht in einem Sternatlas verzeichneten Lichtpünktchens als das eines Kleinplaneten anhand der Positionsveränderung schon in der nächsten Nacht bewiesen werden kann. Mit einem astronomischen Jahrbuch, das auch eine Umgebungskarte des Planetoiden enthält, ist es leicht möglich, diesen zu finden. Abhängig von Brennweite, Öffnungsverhältnis und Film können sich Fortgeschrittene an lichtschwächeren Planetoiden versuchen. Welche Grenzgröße

Abb. 2.36. (4769) Castalia. 22.8.1989, 22^h02^m UT. Die Eigenbewegung von Castalia (1989 PB, 11^m) betrug 0,3″ pro Sekunde. Aufnahme mit 200-mm-Newton, *f*/5, bei 1000 mm Brennweite auf TP 2415, 5 min belichtet [2.67]. Foto: B. Koch

dabei erreicht wird, hängt außer von der Helligkeit des Planetoiden auch von seiner Eigenbewegung ab [2.60].

Die als *Erdkreuzer* (engl. Earth Crosser) bezeichneten Planetoiden im Teleskop zu beobachten, ist ein besonders faszinierendes Erlebnis, da die Eigenbewegung u.U. direkt wahrgenommen werden kann. Der Autor weiß von solch einer „Begegnung" mit dem von E. Helin auf Mount Palomar am 9.8.1989 entdeckten Erdkreuzer (4769) Castalia (1989 PB) zu berichten [2.67] (Abb. 2.36). Die aktuelle Information über die Entdeckung konnte aus den IAU-Circularen entnommen werden, die entweder in schriftlicher Form (bis zu 14 Tagen Laufzeit) oder, wie in diesem Fall, rechtzeitig wenige Stunden nach der Entdeckung, der Computer-Mailbox ABBS AstroMail [2.68] entnommen werden konnte. Der Erdkreuzer näherte sich der Erde am 25. August 1989 bis auf 4 Millionen km und wurde 11^m hell. Seine Bewegung war im Teleskop bei 360×-Vergrößerung direkt zu sehen: ein faszinierendes Erlebnis.

2.4.1 Vorbereitung und Durchführung einer Aufnahme

Je lichtschwächer der Planetoid, desto gründlicher muß die Aufnahme vorbereitet werden. Bis zu einer Helligkeit von 8^m reicht zum Einstellen und Identifizieren der Sternatlas Uranometria 2000 [2.69] aus. Ist der Planetoid nur 13^m bis 15^m hell, muß auf jeden Fall eine Vergleichsaufnahme oder eine längerbelichtete Aufnahme, die den Planetoiden als Strichspur abbildet, zur Identifizierung herangezogen werden. Sternatlanten bis 13^m oder 15^m, wie der Falkauer Atlas bzw. der Atlas Stellarum [2.70], eignen sich hervorragend zum Einstellen der Sternumgebung des Planetoiden, reichen jedoch zur sicheren Identifikation alleine nicht aus.

An das Filmmaterial werden keine besonderen Anforderungen gestellt. Steht der TP 2415 nicht in hypersensibilisierter Form zur Verfügung, sollte man auf die feinkörnigen Filme der Kodak T-MAX-Reihe zurückgreifen. Je nach Öffnungs-

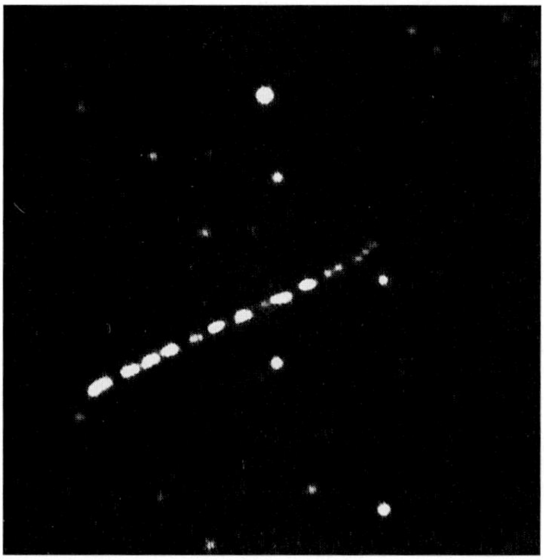

Abb. 2.37. (4179) Toutatis. 26.12.1992 von 2^h25^m bis 4^h20^m UT. Das Teleskop wurde mehrfach mit einem schwarzen Tuch abgedeckt. Die lange Belichtung betrug 5 min, die lange Pause 6 min, die kurze Belichtung 1 min und die kurze Pause 3 min. Aufnahme mit 250-mm-Newton $f/6$ auf TP 2415 und einem Orangefilter.
Foto: B. Schatzmann

verhältnis und gewünschter Belichtungszeit verwendet man den T-MAX 100, 400 oder 3200.

2.4.2 Die indirekte Nachführung

Ist der Betrag der Eigenbewegung eines Planetoiden während der Aufnahme größer als das Auflösungsvermögen der gewählten Kombination von Brennweite und Film, wird sich der Planetoid strichförmig abbilden. Lichtschwache Planetoiden mit einer Helligkeit im Bereich der erfaßbaren Grenzgröße des Teleskops sind schwierig abzubilden, da sich die Helligkeit auf die Länge der Planetoidenspur verteilt. Demzufolge ist die Helligkeit pro Quadratbogensekunde geringer als bei punktförmiger Abbildung. Dies kann dazu führen, daß der Planetoid nicht abgebildet wird, obwohl seine Helligkeit nominell über der Grenzgröße des Teleskops liegt.

Die Planetoidenspur ist also als flächenhaftes Objekt anzusehen (s. Abschn. 8.3). Im Gegensatz zu Gasnebeln, Galaxien und Kometen, bei denen die Helligkeit über die Fläche des Objekts verteilt ist, bildet die Planetoidenspur jedoch einen Sonderfall, da sie hauptsächlich in Richtung der Eigenbewegung ausgedehnt ist. Gelänge es, den Planetoiden während der Belichtung punktförmig abzubilden, würde sich die Intensität des abgebildeten Objekts auf dem Film erhöhen und lichtschwächere Planetoiden wären somit erreichbar. Verfügt die Montierung über eine präzise Computersteuerung [2.71], evtl. sogar über ein aktiv korrigierendes System mit Hilfe eines CCD-Sensors [2.72], kann die Eigenbewegung des Planetoiden in Rektaszension und Deklination bei der Nachführung gleich berücksichtigt werden. Aber auch ohne elektronische Kontrolle kann die Eigenbewegung eines Planetoiden während der Aufnahme kompensiert werden. Im seltenen Fall eines hellen, sich rasch bewegenden Planetoiden kann sogar direkt auf ihn nachgeführt werden.

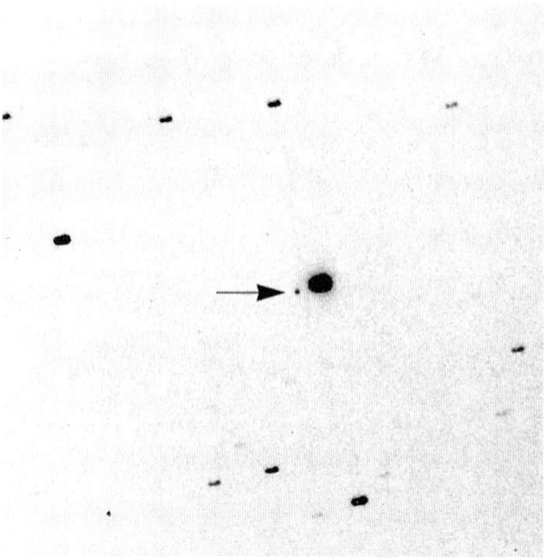

Abb. 2.38. Trojaner (884) Priamus (16^m) in der Jupiterbahn, aufgenommen am 28.11. 1989 um 20^h48^m UT mit einem C14, $f/7,2$ bei 2548 mm Brennweite, Belichtungszeit 45 Minuten. Es wurde indirekt auf den Planetoiden nachgeführt. Foto: B. Koch

Bei lichtschwachen Planetoiden wird auf die Methode der *indirekten Nachführung* zurückgegriffen, die im Abschn. 6.3 ausführlich erläutert wird. Bei dieser Methode läßt man ersatzweise einen Stern auf einer Strichmarkierung eines Skalenokulars mit einer bestimmten Geschwindigkeit entlangwandern, in Gegenrichtung und mit dem Betrag der Eigenbewegung des zu fotografierenden Planetoiden (Abb. 2.38).

2.4.3 Planetoidenentdeckungen durch Amateure

Verfolgt man die in den Minor Planet Circulars (MPC) und IAU-Zirkularen veröffentlichten Entdeckungsmeldungen und analysiert die Umstände, die zur Entdeckung führten, kommt man zu der Schlußfolgerung, daß auch entsprechend ausgerüstete Amateurastronomen noch gute Chancen haben. Führend auf diesem Gebiet sind japanische Amateure, die 160 Planetoiden zwischen 1978 und 1987 entdeckt haben, gefolgt von den Italienern mit 37 Entdeckungen [2.75]. Bis Mitte 1990 ist es dem britischen Amateur Brian Manning gelungen, 10 Planetoiden von England aus zu entdecken, 80 Jahre nach der letzten Entdeckung auf der britischen Insel [2.76]. Manning fotografiert mit einem 260-mm-Newton ($f/7,3$) mit 1900 mm Brennweite auf Kleinbildfilm TP 2415 oder Planfilm TP 4415.

Grundsätzlich sollte man folgendes beachten, wenn man selbst auf Entdeckungsjagd gehen möchte:

1. Die Brennweite des Teleskops sollte zwischen 1000 und 2000 mm liegen. Je größer das Gesichtsfeld, desto höher ist die Entdeckungswahrscheinlichkeit. Die Brennweite sollte die 1000 mm nicht wesentlich unterschreiten, da gerade die Erkennung der Eigenbewegung eines Planetoiden die Auffindung wesentlich erleichtert. Zeichnet das Teleskop 6×6 cm oder mehr nahezu abbildungsfehlerfrei aus (wichtig für die nachfolgende astrometrische Vermes-

sung), sollte dieses auch ausgenutzt werden. Gegenüber dem KB-Format ist die Aufnahmefläche viermal größer.

2. Alle Faktoren müssen so gewählt werden, daß innerhalb von wenigen Minuten Belichtungszeit die 17. Größenklase erreicht werden kann. Die meisten Entdeckungen erfolgen an 16^m und schwächeren Planetoiden. Ist die dazu notwendige Belichtungszeit aufgrund eines ungünstigen Öffnungsverhältnisses zu lang, z.B. eine halbe Stunde, könnte ein lichtschwacher Planetoid aufgrund seiner Eigenbewegung nicht abgebildet werden.
3. Die Entdeckungswahrscheinlichkeit steigt mit der Nähe des Aufnahmefeldes zur Ekliptik. Möchte man bewußt eine Entdeckung machen, sollte man sich einen Planetoiden nahe der Ekliptik aussuchen, dessen Bahn noch ungesichert ist, für den die Weiterleitung astrometrischer Positionen also auch wichtig wäre. Informationen hierzu findet man in den St. Petersburger Kleinplanetenephemeriden [2.61] und in der AstroMail [2.68]. Man kann die erreichbare Grenzgröße für einen zu entdeckenden Planetoiden erhöhen, indem das Teleskop 10 bis 20° östlich des Oppositionspunktes mit der mittleren täglichen Bewegung eines Hauptgürtelplanetoiden nachgeführt wird (geringstmögliche Eigenbewegung).
4. Mindestens zwei Aufnahmen des Himmelsfeldes müssen angefertigt werden, um einerseits auszuschließen, daß es sich um einen Filmfehler, eine schwache Galaxie o.ä. handelt. Andererseits erhält man nach der Entwicklung des Films Aufschluß über Richtung und Größe der Eigenbewegung des entdeckten Objekts.
5. Man muß sich nun vergewissern, daß es sich bei dem „neuentdeckten" Objekt nicht um einen bereits bekannten, mit Nummer und Namen versehenen Planetoiden handelt. Dazu ist eine eigene Ephemeridenrechung unbedingt nötig. Die erforderlichen Bahnelemente und Ephemeriden sind in [2.61] verzeichnet.
6. Bevor der Fotograf daran denkt, seine „Entdeckungsmeldung" weiterzuleiten, muß die Existenz des neuen Objekts erst verifiziert werden. Mindestens an einem weiteren Abend muß ein weiteres Aufnahmepaar dieses Objekts angefertigt werden. Nach Bestimmung der Position und Ausschluß der Identifizierung mit anderen bekannten Objekten, können die gemessenen Positionen an das Minor Planet Center, USA [2.74], weitergeleitet werden.

2.5 Kometen

2.5.1 Die Grundtechnik der Kometenfotografie

Das Ziel ist, den Kometen in Ausdehnung und Detail bestmöglich abzubilden. Welche Technik ist erforderlich? Auch eine perfekte Nachführung der Kamera auf den Sternhimmel ist nicht in allen Fällen ausreichend. Ein Komet entwickelt in der Nähe seines Perihels zuweilen recht ansehnliche Geschwindigkeiten. Befindet er sich dazu noch in Erdnähe, kann er mit einer Winkelgeschwindigkeit von einigen Grad pro Tag vor dem Hintergrund der Sterne wandern. Bei einigen

Kometen sind auch schon Geschwindigkeiten von mehreren Grad pro Stunde (!) beobachtet worden. Längere Belichtungszeiten bei einer Nachführung auf einen Leitstern können also zu einem in die Länge gezogenen, verwaschenen Abbild des Kometen führen, zu einer Strichspur. Nur durch die Nachführung auf die Koma des Kometen selbst ist dann eine optimale, scharfe und schwache Partien zeigende Abbildung zu erreichen (Abb. 2.39 und Farbtafel 4).

Lediglich beim Einsatz extrem lichtstarker Optiken (z.B. Normalobjektive, Schmidt-Kameras) mit Öffnungsverhältnissen um $f/1,5$ sind die Belichtungszeiten (einige Minuten ohne Filterung) kurz genug, um es mit stellarer Nachführung zu versuchen (Abb. 2.40). Stehen keinerlei Informationen über den Kometen zur Verfügung, bleibt entweder nur diese Möglichkeit oder aber die Nachführung auf den hellsten Teil der Koma im Fadenkreuzokular eines Leitfernrohres. Die Technik der indirekten Nachführung (s. Abschn. 6.3.2) kommt dann zum Einsatz, wenn die Koma keine stellare Kondensation aufweist, auf die man direkt mit einem Fadenkreuzokular nachführen könnte.

Da Kometen meist in Horizontnähe zu beobachten sind, ist der Einfluß der differentiellen atmosphärischen Refraktion sehr stark (s. Abschn. 1.1.3). Die Wirkung ist derart, daß in Horizontnähe die Objekte durch die Lichtbrechung in der Erdatmosphäre angehoben werden, sie also nicht am vorausberechneten Ort stehen, sondern leicht versetzt davon. Die Versetzung kann viele Bogenminuten betragen, liegt also im Auflösungsbereich selbst von normalen Kameraobjektiven. Deshalb bleibt auch bei rechnergesteuerten Nachführungen der Kontrollblick durchs Fadenkreuzokular nicht erspart. Führt man ohnehin per Fadenkreuz visuell nach, wird die Refraktion automatisch berücksichtigt.

2.5.2 Spezielle Film-Filtertechniken

Helle Kometen sind selbst mit einfachsten Mitteln (Kamera auf Stativ) fotografisch erfaßbar. Doch gehen interessante Details verloren, wenn man ohne Nachführung arbeitet, oder auf ungeeignetem Filmmaterial (z. B. mit weich arbeitenden Emulsionen) die ohnehin kontrastarmen Schweifstrukturen aufzunehmen versucht, noch dazu meist in der hellen Dämmerung. Ist ein sehr heller Komet also nicht gerade um Mitternacht zu sehen, ist man auf spezielle, auf die Fotografie von Kometen abgestimmte Techniken zur Optimierung seiner Kometenaufnahmen angewiesen. Eine relativ einfache und doch sehr wirkungsvolle Methode sind die Kontraststeigerung und die fotografische Trennung der Schweife durch die Verwendung optischer Filter bei der Belichtung der fotografischen Originalaufnahme.

2.5.2.1 Allgemeines zu Film-Filterkombinationen

Der Einsatz von optischen Filtern bei der Aufnahme erfordert einige Vorüberlegungen darüber, was dabei eigentlich mit dem von diesem speziellen Objekt einfallenden Licht geschieht. Das Ziel in der Filterfotografie ist, nur ganz bestimmte, ausgewählte Bereiche des Spektrums durchzulassen. Ein Filter für die Sonne oder für rote Gasnebel muß z.B. zwangsläufig andere Eigenschaften besit-

a

b

Abb. 2.39. Komet Halley (1982 i) am 7.4.1986, aufgenommen mit unterschiedlicher Nachführtechnik. **a** Auf die Kometenkoma nachgeführte Aufnahme um 23^h32^m UT, 20 min belichtet. **b** Auf einen Stern nachgeführte Aufnahme um 23^h58^m UT, 15 min belichtet. Beide Aufnahmen mit Flat-Field-Camera 3,5/500 mm auf TP 2415 (hypersens.) in Namibia. Fotos: B. Flach-Wilken, O. Guthier

a

b

Abb. 2.40. a Komet Austin (1989 c_1) mit der Galaxie M31 in der Morgendämmerung des 22.4.1990, 3^h55^m UT, 10 min belichtet auf TP 2415 (hypersens.) mit Objektiv 2,8/50 mm, Ort: Span. Sierra Nevada. Foto: W.E. Celnik, D. Möller, J. Neye. **b** Komet Machholz, 11^m hell am 26.6.1986. Aufnahme: Schmidtkamera 200/200/300 mm. Foto: M. Jäger zen als ein Filter zur Beobachtung spezieller Sterne oder Kometen. Entscheidend ist hier die Transmissionskurve des Filters (s. Abschn. 6.4).

Neben den Eigenschaften des optischen Filters müssen jedoch auch die Transmission der verwendeten fotografischen Optik und die Empfindlichkeitskurve des verwendeten Films berücksichtigt werden. Letztlich entscheidend ist also die Kombination von Film, Filter und Optik. Die Anwendung der Filtertechnik bietet im wesentlichen zwei Vorteile: Bei Auswahl eines relativ hellen Teils des Kometenspektrums (z.B. eine oder mehrere benachbarte Emissionslinien) wird zum einen eine Komponente des Kometen herausgestellt, die sonst nicht so gut beobachtet und untersucht werden könnte, zum anderen wird auch ein großer Teil des Streulichtes im Himmelshintergrund (z.B. die Dämmerung) ausgefiltert. Der Himmel erscheint dem Film dann dunkler: es sind längere Belichtungszeiten möglich, der Helligkeitskontrast des Kometen relativ zum Himmel steigt. Zu beachten ist, daß bei der Verwendung von Farbfiltern der Fokus des Instruments in Verbindung mit dem eingesetzten Filter zu überprüfen ist, insbesondere bei Linsenoptiken (s. Abschn. 6.2.3).

2.5.2.2 Staubschweif

Die kometaren Staubteilchen reflektieren im wesentlichen das einfallende Licht der Sonne, und ihr Spektrum ähnelt infolgedessen sehr dem der Sonne. Das Spektrum der Sonne gleicht dem eines G2-Hauptreihensterns mit einer Effektivtemperatur von 5780 K. Die spektrale Energieverteilung erreicht ihr Maximum bei einer Wellenlänge von ca. 530 nm, erscheint also im gelben Licht [2.23]. Diese Farbe zeigen auch die Staubschweife von Kometen (s. Farbtafel 4a). Die einfachste Methode, den Staubschweif gut herauszuarbeiten, ist also: mit einem Kantenfilter (s. Abschn. 6.4.1) den kurzwelligen Teil des Spektrums (Wellenlänge $\lambda < 480$ nm) wegfiltern und einen Film wählen, der bei $\lambda > 580$ nm nicht mehr empfindlich ist. So fotografiert man den Kometen in einem Wellenlängenbereich von 480 nm bis 580 nm, in dem der Staubschweif am hellsten ist. Eine Einschränkung gibt es allerdings: Wenn im ausgewählten Bereich des Spektrums helle Emissionslinien des Plasmaschweifes oder der Koma liegen, werden auch diese Komponenten abgebildet und stören das Erscheinungsbild des Staubschweifs. Das Spektrum von Kometen (Abb. 2.43) zeigt allerdings sehr helle Linienbanden u.a. bei 516 nm (C_2). Jenseits von 580 nm sind dagegen nur noch schwache Linien zu finden. Es bietet sich hier also an, die Kante des Filters auf 530 nm zu legen und mehr im roten Licht zu fotografieren, also einen rotempfindlichen Film zu wählen, der erst bei Wellenlängen über 660 nm an Empfindlichkeit verliert. Ein weiterer Vorteil liegt darin, daß im Roten auch der Himmelshintergrund merklich schwächer ist als im gelbgrünen Bereich. Als Filter kommt hier z.B. das Schott-Glas OG 530 in Frage, während als Film gewählt werden kann zwischen allen zur Astrofotografie geeigneten Schwarzweißfilmen: vom TP 2415 (in hypersensibilisierter Form) bis zum Kodak T-MAX 100/400 u.a.

Die Belichtungszeiten hängen stark vom Öffnungsverhältnis der verwendeten Optik und der Himmelshelligkeit ab. Sie sollten zuvor getestet werden, liegen

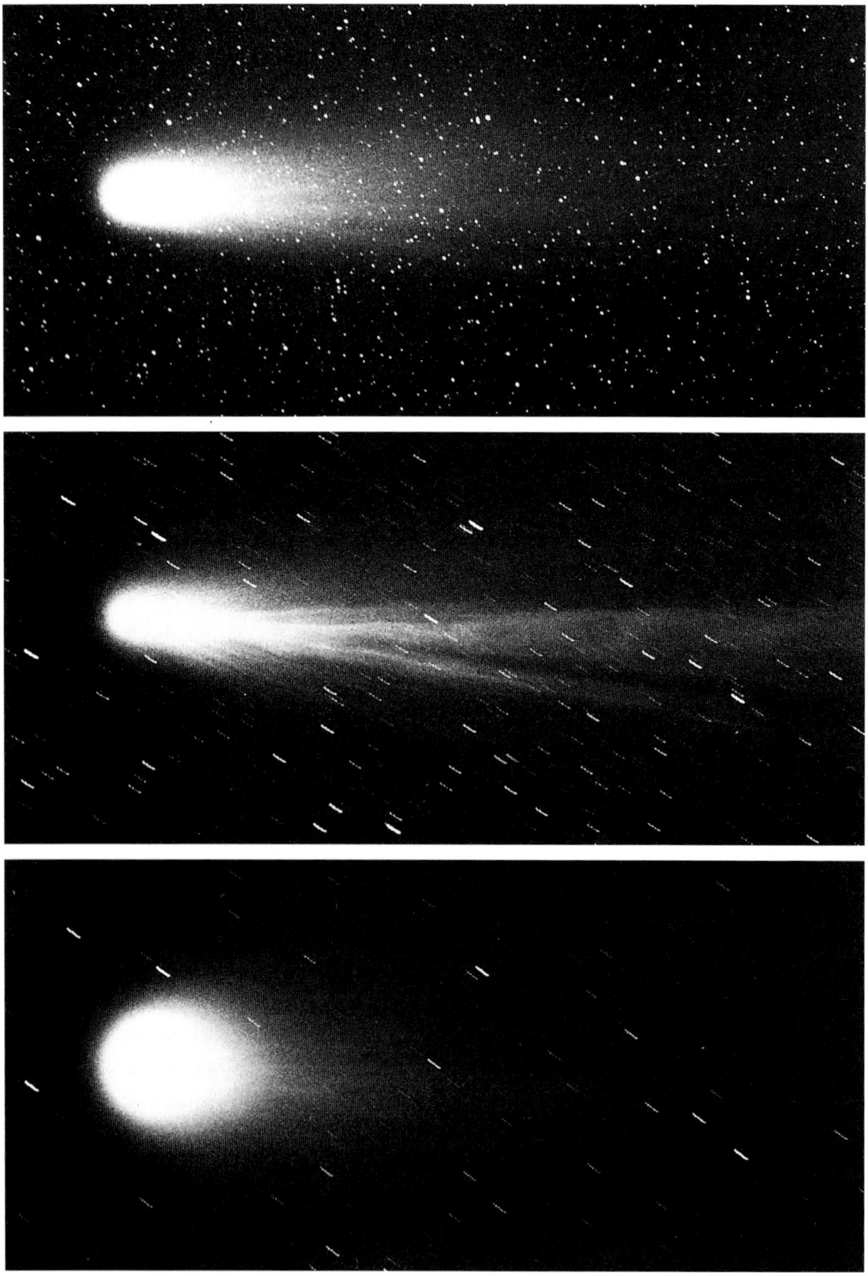

a

b

c

Abb. 2.41. Komet Halley (1982 i) am 16.3.1986 in drei Farbbereichen, aufgenommen auf Kodak 103a-F (gebacken) mit Flat-Field-Camera 4/760 mm. **a** Staubschweif, 6^h55^m UT, Filter OG 530, 15 min **b** Plasmaschweif in CO^+, 7^h26^m UT, Interferenzfilter $\lambda = 426$ nm, $\Delta\lambda = 10$ nm, 60 min **c** Koma mit schwachem Gasschweif in CN, 8^h45^m UT, Interferenzfilter $\lambda = 388$ nm, $\Delta\lambda = 5$ nm, 60 min Ort: ESO (La Silla, Chile). Fotos: W.E. Celnik, P. Koczet, W. Schlosser, R. Schulz, P. Svejda, K. Weißbauer aber im Bereich von einigen bis 15 min (Abb. 2.41). Die „International Halley Watch" hat für die Beobachtung des Staubes von Kometen zwei Spektralbereiche empfohlen: die linienfreien Bereiche um 365 nm und 485 nm. Will man diese Bereiche nutzen, muß man zu Interferenzfiltern mit Bandbreiten kleiner als 10 nm greifen (s. Abschn. 6.4.4). Bei der Fotografie bei Wellenlängen unter 380 nm sollte man wegen der UV-Absorption von normalem Glas zu reinen Spiegeloptiken oder zu teuren Spezialgläsern greifen.

2.5.2.3 Koma

Bei der Fotografie des Staubschweifs wird versucht, die hellen Emissionslinien auszuschließen. Nun ist es gerade umgekehrt. Die zur Fotografie der Koma geeignetsten und hellsten Linien im Spektrum sind die CN-Bande bei 388 nm (violettes Licht) und die C_2-Bande bei 516 nm (Grün). Je enger man die Bandbreite des spektralen Bereichs wählt, um so dunkler werden der Himmel und die anderen Komponenten des Kometen, um so länger kann belichtet werden. Ein spektakuläres Beispiel: Komet Halley 1986 mit Öffnungsverhältnis $f/2$, sensibilisierter III a-F Platte und einem Interferenzfilter mit 5 nm Bandbreite und 50% Transmission konnte mehr als 3 Stunden belichtet werden. Parallel dazu lag die Grenzbelichtung im breitbandigen roten Licht bei 20 Minuten, unter Verwendung der gleichen Optik und Emulsion. Ähnliches wie bei CN gilt für einen C_2-Interferenzfilter. Die Wahl des Films spielt für das Ergebnis hier eine untergeordnete Rolle (Abb. 2.41). Die im visuellen Bereich des Spektrums sichtbaren Moleküllinienbanden des Kohlenstoffs nennt man auch *Swan-Banden*. Zur Isolierung dieser Linien gibt es den speziellen Swan-Band-Filter von der Firma Lumicon, der ähnlich aufgebaut ist wie die sogenannten Deep-Sky-Filter (s. Abschn. 6.4.4). Seine Durchlaßkurve ist in Abb. 2.42 und 6.19 zu finden.

Ähnliche Ergebnisse, wenn auch nicht so extrem kontrastreiche Bilder, liefert die Kombination eines orthochromatischen Films mit einem geeigneten Filter. Für CN geeignet ist z.B. das Filter UG 1 und die O-Emulsionen von Kodak (103a-O, IIa-O), die die schwache Rottransmission des Filters abschneiden. Diese Transmission ist mit ca. 1% jedoch relativ gering, so daß zur Not auch ein panchromatischer Film verwendet werden kann. Dies allerdings nicht, wenn ein Kantenfilter WG 9 für CN verwendet wird. Ähnliche Ergebnisse werden die Filter BG 25 (ca. 92% Transmission bei 390 nm), BG 37 und BG 12 liefern. Das Filter BG 12 erfordert aber etwa um einen Faktor 2 längere Belichtungszeiten, was den Himmelshintergrund wieder heller werden läßt. Außerdem lassen diese Filter auch noch die CO^+-Linien bei 426 nm voll durch. Für die Fotografie im Licht von C_2 kann ein Kantenfilter GG 495 in Verbindung mit einem orthochromatischen Film eingesetzt werden.

Die Verwendung eines Interferenzfilters ist hier zweifellos die wesentlich teurere, wenn auch beste Methode, besonders bei der Aufnahme sehr schwacher Kometen, die ohnehin keinen nennenswerten Schweif entwickeln. Der Preisunterschied gegenüber einem Kantenfilter kann je nach Durchmesser und Bandbreite der Filter bis zu einem Faktor 10(!) und mehr betragen.

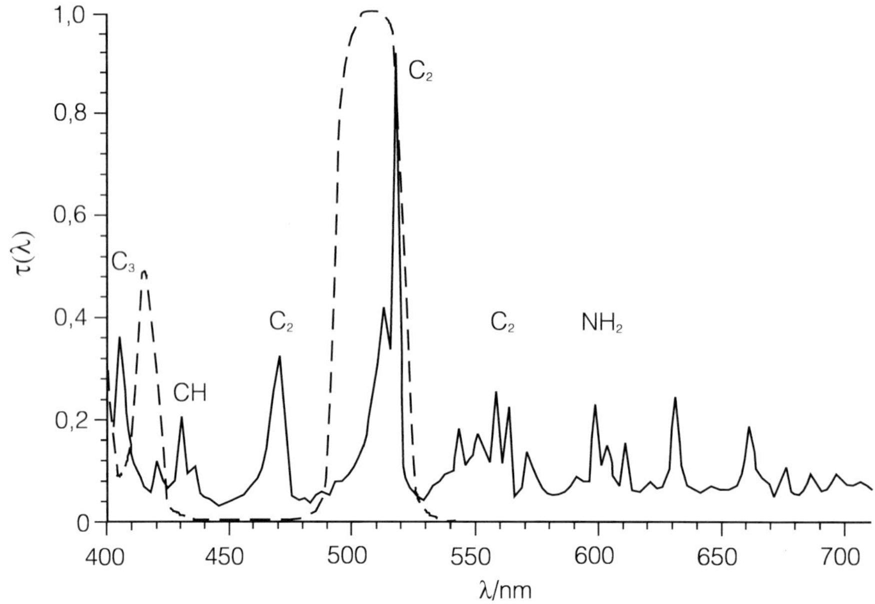

Abb. 2.42. Transmissionskurve des Lumicon Swan-Band-Filters und das optische Spektrum des Kometen Halley (1982 i) im März 1986

2.5.2.4 Plasma- oder Gasschweif

Wie in Abb. 2.43 zu sehen, ist die Ausstrahlung einiger Linien auf den Bereich der Koma beschränkt (CN, C_2, ...), während in anderen Linien die Struktur des Plasmaschweifs erkennbar ist. Besonders gut beobachtbar ist der Plasmaschweif im Licht von ${CO_2}^+$ (368 nm), ${N_2}^+$ (391 nm) und CO^+ (426 nm). Die H_2O^+-Linien bei 659 nm und 705 nm sind relativ schwach. Die Fotografie in den ${N_2}^+$-Linien ist wegen der Nähe der starken CN-Linien bei 388 nm sehr problematisch, ebenso die ${CO_2}^+$-Linien wegen der geringen Transmission von Linsenoptiken im UV. Es bieten sich also vor allem die CO^+-Linien bei 426 nm an.

Nun gibt es wieder zwei Möglichkeiten: a) Ein orthochromatischer Film in Kombination mit einem Kantenfilter GG 410 würde die überhelle CN-Koma abschneiden (bis auf ca. 0,1%) und von den CO^+-Linien 90% durchlassen. Leider zählt dieses Filter nicht zum Standardangebot. Alternativ kann man aber einen Filter GG 400 oder GG 420 verwenden. Man kann nun einen GG 410 extra herstellen lassen, was es teuer macht, oder aber mit der Serienstreuung bei der Fertigung rechnen und sich einen GG 400 oder GG 420 heraussuchen lassen, das mit seiner Kante möglichst nahe bei 410 nm liegt. Um einen direkten Kontakt mit den Firmen kommt man dann nicht herum. Leider liegt die C_2-Bande bei 473 nm mitten im fotografierten Spektralbereich, denn ein orthochromatischer Film ist bis zu ca. 500 nm empfindlich. Dagegen läßt sich nun nichts machen, es

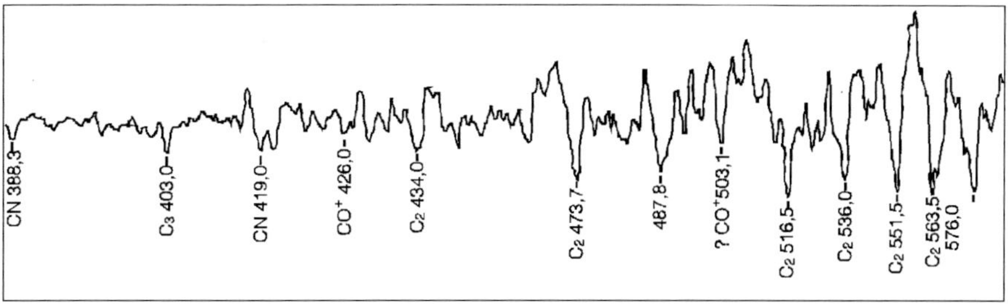

Abb. 2.43. Registrierter Helligkeitsverlauf im optischen Spektrum der Koma des Kometen Halley (1982 i), nach fotografischen Beobachtungen mit einem Selbstbau-Spaltspektrographen auf Kodak Tri-X (hypersens.) am 30. und 31.12.1985 von E. Pollmann. Dargestellter Wellenlängenbereich 375–580 nm. Die herausragendsten Linien sind gekennzeichnet (Wellenlänge in Nanometer)

sei denn, man greift zur zweiten Möglichkeit: b) einem Interferenzfilter, dessen Transmissionskurve auf etwa 426 nm zentriert und dessen Durchlaßbreite nicht größer als 10–15 nm sein sollte. Dies ist zwar wieder die wesentlich teurere, aber auch wirkungsvollere Methode. Hier spielt wieder der Film fast keine Rolle hinsichtlich der Kontrastausbeute. Man kann zu empfindlichen und feinkörnigen Sorten greifen.

2.5.3 Innere Komastrukturen

Aussagekräftig sind nicht einzelne gute Aufnahmen, sondern möglichst lange Aufnahmeserien über mehrere Tage oder sogar Wochen, um die zeitliche Entwicklung der hüllenartigen oder bogenförmigen Strukturen zu verfolgen. Sie ändern ihre Helligkeit über Minuten oder Stunden, dehnen sich mit der Zeit aus und sind z.T. über eine Woche lang beobachtbar. Auch die sogenannten *Jets* zählen dazu: dünne oder fächerförmige „Lichtstrahlen", die von der innersten, nicht auflösbaren Koma ausgehen (Abb. 2.44). Es handelt sich hier um die Materieströme, die mit hoher Geschwindigkeit aus dem Kometenkern austreten und dem bloßen Auge gelblich-orange erscheinen, weil der in ihnen enthaltene Kometenstaub das Sonnenlicht reflektiert. Diese Jets können bis zu einer Bogenminute lang werden, sind meist jedoch wesentlich kleiner.

Die Fotografie dieser kleinsten Strukturen in Kometen erfordert ein größeres Instrument, das mindestens eine Brennweite von 1,5 m und ein möglichst großes Öffnungsverhältnis ($f/4$ bis $f/5$) haben sollte. Für die Trennung der einzelnen Komponenten, die gerade hier sehr wichtig wird, gelten die in den vorangegangenen Abschnitten angestellten Überlegungen. Für die Aufnahme einer längeren Zeitserie (die natürlich bei allem persönlichen Einsatz vom Wetter abhängt) ist die Konstanz der Beobachtungsbedingungen wichtig: also die Kombination von Instrument, fotografischer Emulsion und Filter möglichst nicht ändern. Wegen des beschränkten Kontrastumfangs fotografischer Emulsionen sollte nicht nur mit der jeweils auszutestenden Grenzbelichtungszeit (dann ist die Koma heller

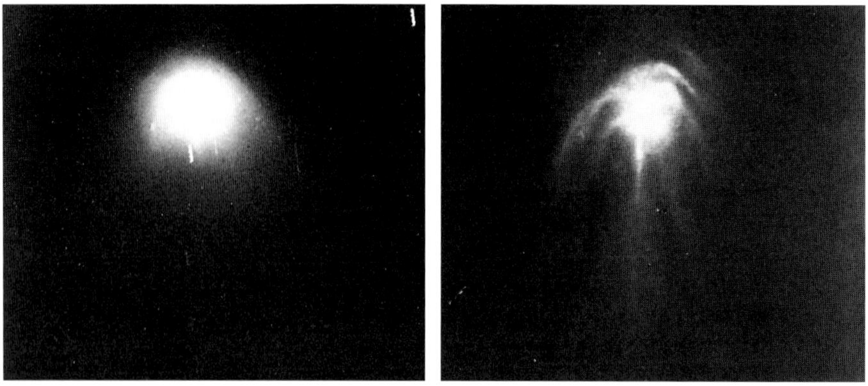

a b

Abb. 2.44. Feinstruktur in der Koma des Kometen Halley (1910 II) am 25.5.1910 mit dem 75-cm-Reflektor der Khedive-Sternwarte, Helwan/Ägypten. **a** 5 min belichtet, **b** Zeichnung nach dem Originalnegativ der Aufnahme [2.41]

Kometen bereits völlig überbelichtet!) gearbeitet, sondern es sollten auch kurze Belichtungszeiten bis hinunter in den Sekundenbereich gewählt werden, um auch die sehr helle innerste Koma noch in Strukturen auflösen zu können.

2.6 Zodiakallicht, Lichtbrücke und Gegenschein

Das Vorhandensein interplanetaren Staubes zeigt sich am deutlichsten in der Pyramide des *Zodiakallichts*, die von Mitteleuropa aus Anfang März am Abendhimmel und Ende September am Morgenhimmel am besten zu beobachten ist. Die Helligkeit dieses Lichtkegels nimmt mit zunehmendem Winkelabstand von der Sonne ab. Entlang der Ekliptik erstreckt sich im weiteren das schwache Band der *Lichtbrücke*, welches gegenüber der Sonne eine geringe Aufhellung, den sogenannten *Gegenschein* (Abb. 2.45), von etwa 15° im Durchmesser zeigt [2.66, 2.73].

Obwohl die hellsten Partien der Zodiakallichtpyramide die Milchstraßenwolken im Sternbild Schütze an Intensität übertreffen, sind Farbaufnahmen dieses Phänomens erst seit Anfang der 80iger Jahre bekannt. Dies mag belegen, daß auf diesem Gebiet astrofotografisch durchaus noch Pionierarbeit geleistet werden kann. Dabei dürfte allerdings die Fotografie der Lichtbrücke und des Gegenscheins von besonderem Interesse sein.

Die Zodiakallichtpyramide besitzt eine Basis von über 50° Winkelausdehnung und reicht mit ihren hellsten Partien mehr als 70° über den Horizont. Zur Abbildung so großer und kontrastarmer Phänomene eignen sich besonders Weitwinkeloptiken. Auf dem Kleinbildsektor ist ein 35-mm-Objektiv die obere Grenze, besser noch sind Brennweiten von 28–15 mm geeignet. Insbesondere *Fisheye-Objektive* und *All-Sky-Kameras* [2.63 – 2.66] finden hier eine sinnvolle

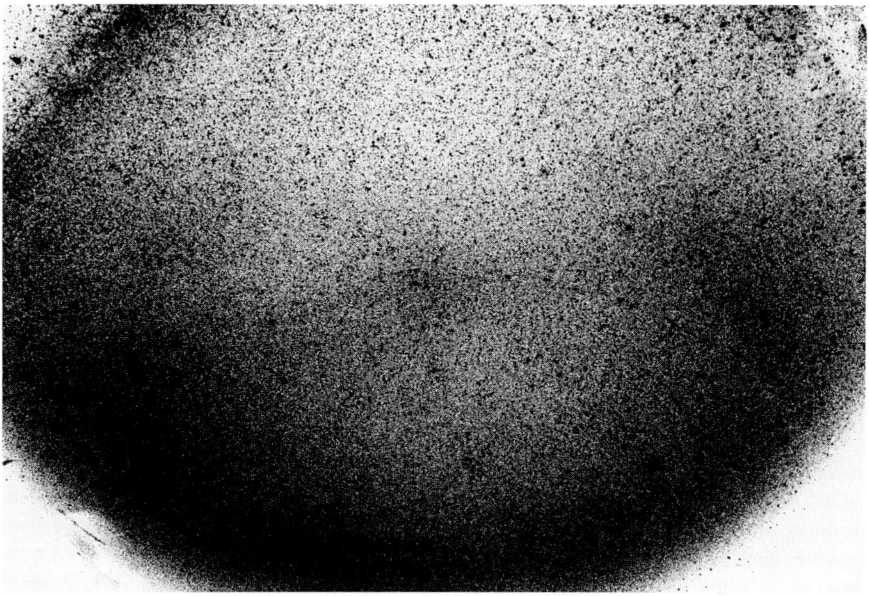

Abb. 2.45. Kontrastverstärkte Aufnahme von Lichtbrücke und Gegenschein. Airglow erzeugt die enorme Aufhellung in Horizontnähe. Aufnahme am 24.3.1989, 6^h03^m UT mit Objektiv 4,0/16 mm auf T-MAX 400, 60 min belichtet. Ort: ESO (La Silla). Foto: S. Binnewies

Verwendung (s. Farbtafel 5a). Vor der Belichtung sollten die meisten Objektive um eine, besser um zwei Blendenstufen abgeblendet werden. Ansonsten deformiert die gerade bei Weitwinkeloptiken ausgeprägte Vignettierung die Zodiakallichtpyramide, oder die zentrale Aufhellung täuscht den Gegenschein nur vor. Bei der Bildfeldausleuchtung ist ein Helligkeitsabfall bis in die Bildecken von weniger als 50% bezüglich des Maximalwertes in der Bildmitte anzustreben. Auch sollte die Lichtbrücke bei der Aufnahme nicht parallel zur Filmperforation orientiert werden. Eine leichte Neigung dagegen erscheint sinnvoll, damit diese kontrastarme Erscheinung nicht mit entwicklungsbedingten Gradienten, die in Filmlaufrichtung auftreten, verwechselt werden kann.

Empfehlenswert ist die Verwendung hochempfindlichen Filmmaterials. Bei ruhender Kamera sollten die Sternstrichspuren bis zur Erreichung der Ausbelichtung noch nicht so lang sein, daß sie das eigentliche Aufnahmeobjekt überdecken. Fünfzehn Minuten sind hier etwa das Belichtungsmaximum. Bei nachgeführten Aufnahmen sollte der störende Horizontbereich möglichst wenig während der Belichtung in das Bildfeld wandern. Somit wird man auch hier auf hochempfindliches Filmmaterial zurückgreifen, sollte allerdings dabei auf eine gute Kontrastwiedergabe achten. Der T-MAX 3200 von Kodak eignet sich beispielsweise wegen seines geringen Kontrasts kaum mehr zur Wiedergabe der Lichtbrücke und des Gegenscheins. Hier ist eher hypersensibilisierter TP 2415 oder auch forciert entwickelter T-MAX 400 empfehlenswert. Da es sich beim Zodiakallicht um gestreutes Sonnenlicht handelt, also um eine Integrallichterscheinung, ist die Filterfotografie nicht hilfreich. Allein zur Unterdrückung des Airglows und hier vor allem des Leuchtens der atmosphärischen Sauerstofflinie bei 557,7 nm, ist der Filtereinsatz sinnvoll. Auf Farbmaterial erscheint nur die auffälligere Zodiakallichtpyramide eindrucksvoll; insbesondere ergibt sich ein reizvolles Motiv, wenn zusätzlich helle Planeten im Bildfeld stehen und die Lage der Ekliptik markieren.

Während von unseren Breiten nur die Frühlings- und Herbstmonate 1,5 Stunden nach Sonnenuntergang bzw. vor Sonnenaufgang zur Fotografie des Zodiakallichtes genutzt werden können, ist es von den gemäßigteren Breiten des Mittelmeerraums und mehr noch weiter südlich davon nahezu das ganze Jahr über möglich, dieses Phänomen zu beobachten. Anders verhält es sich mit dem Gegenschein. Er ist nur in hohen galaktischen Breiten günstig zu fotografieren, also in Bereichen der Ekliptik, die weit ab von der Milchstraße stehen. Dann ist auch die Lichtbrücke langstreckig ungestört zu verfolgen. Dies ist jeweils in den Monaten März/April und September/Oktober der Fall. Ganz entscheidend ist es aber bei der Fotografie dieser lichtschwachen Objekte, einen dunklen Standort aufzusuchen. Streulichtgradienten erschweren sonst jegliche weitere Auswertung der Aufnahmen. In Mitteleuropa werden wahrscheinlich nur noch einige Plätze in den Alpen strengen Kriterien gerecht. Besser schneiden Gebirgslagen auf dem Balkan, Südwesteuropa und einige Mittelmeerinseln ab. Besonders günstige Bedingungen werden auch noch in über 2000 m Höhe auf den Kanarischen Inseln vorgefunden. Zeiten vermehrter Sonnenaktivität, verbunden mit einer Zunahme des Airglows, sollten allerdings zur Fotografie der Zodiakallichterscheinungen gemieden werden.

Sich der Fotografie des Gegenscheins und der Lichtbrücke zu widmen, hat nicht nur den Reiz, etwas aufgenommen zu haben, was besonders schwierig und nur unter den besten Bedingungen zu beobachten ist. Es dient durchaus wissenschaftlichem Interesse. Noch ist nicht eindeutig geklärt, inwieweit die Lichtbrücke von der Ekliptik abweicht und ob der Gegenschein wirklich exakt im antisolaren Punkt steht. Auch gibt es unterschiedliche Meinungen bezüglich der zeitlichen Konstanz des gesamten Phänomens [2.64, 2.73, 2.77]. Möglicherweise lassen sich zyklische Veränderungen nachweisen. Weitere Aufnahmen auf diesem Gebiet wären deshalb wünschenswert.

3 Deep-Sky-Fotografie

Der Begriff „Deep-Sky“ gehört heute zum gängigen Sprachgebrauch der Astronomen, die aber bei genauer Nachfrage häufig in Erklärungsnotstand geraten: Für „Deep-Sky“, wörtlich „tiefer Himmel“, gibt es in der deutschen Sprache eben keinen entsprechenden Begriff.

Zu den Deep-Sky-Objekten gehören alle Objekte außerhalb des Sonnensystems, die sozusagen „in der Tiefe des Weltraums“ stehen. Der Bogen spannt sich von Sternen und Sternhaufen über Gas- und Reflexionsnebel bis hin zu Galaxien und Galaxienhaufen. Aber auch die lichtschwachen Erscheinungen und Objekte im Sonnensystem wie Zodiakallicht, Gegenschein, lichtschwache Planetenmonde, Planetoiden, Kometen und Meteore, kann man dazuzählen, denn zur Aufnahme dieser Objekte werden die gleichen fotografischen Techniken herangezogen.

3.1 Aufnahmen ohne Nachführung

3.1.1 Grundlagen und Theorie der Strichspuraufnahmen

Die Erdrotation bewirkt, daß die Gestirne in 24 Stunden scheinbar einmal die Erde umkreisen. Die in Gedanken über sich hinaus verlängerte Erdachse ist dabei die Achse dieser Kreisbewegung. Die siderische Umlaufzeit eines Fixsterns beträgt $23^h56^m04^s$, er legt also in diesen 86164 s eine komplette „Runde“ von 360° zurück. Infolgedessen zeigt sich aus der Sicht des irdischen Beobachters für die Sterne am Himmelsäquator eine Bewegung von $15{,}04''$/s. Sterne höherer Deklination haben eine geringere Poldistanz, beschreiben also Kreise mit kleineren Radien um die verlängerte Erdachse. Mit anderen Worten: Der irdische Beobachter stellt fest, daß ein Stern hoher Deklination in gleicher Zeit ein kleineres Bogenstück zurücklegt als ein Stern nahe am Himmelsäquator. Bei Sternen hoher Deklination wird also eine kleinere Umfangsgeschwindigkeit festgestellt als bei Sternen geringer Deklination.

Auf dem Film einer feststehenden Kamera beschreiben die Sterne während der Belichtung eine Strichspur. Fotografiert man mit der gleichen Belichtungszeit einmal den Orion, danach die Cassiopeia, so fällt auf, daß die Sterne des Oriongürtels (sie stehen am Himmelsäquator) eine gerade Spur zurücklegen. Die Strichspuren der Cassiopeiasterne sind wegen der größeren Deklination ($\delta \approx 60^\circ$) gekrümmt und nur halb so lang wie die Strichspuren der Orionsterne. Außer von der Deklination δ ist die Strichspurlänge l noch von der Objektivbrennweite f und von der Belichtungszeit t abhängig. Im Verlauf der Belichtung entsteht dann eine *Sternstrichspur* der Länge:

$$l = f \ t[\mathrm{s}] \ \tan 15{,}04'' \ \cos\delta \tag{3.1}$$

Beispiel: Wie lang sind die Spuren der Sterne des Großen Wagens ($\delta \approx 55^\circ$) nach 15 Minuten (= 900 s) Belichtung mit einem 28-mm-Objektiv? Mit $15{,}04'' = 0{,}0041778^\circ$ folgt:

$$l = 28\,\mathrm{mm} \cdot 900 \ \cdot \tan 0{,}0041778^\circ \cdot \cos 55^\circ$$

$$l = 28\,\mathrm{mm} \cdot 900 \cdot 0{,}000072916 \cdot 0{,}5735764 = 1{,}05\,\mathrm{mm}$$

Gleichung (3.1) ergibt nur für kurze Belichtungszeiten (bis etwa 20 min) hinreichend genaue Ergebnisse, da die Sterne sich auf dem Film zwar in einer Ebene, am Himmel jedoch auf einer Kugeloberfläche bewegen. Zudem werden die Sternspuren mit anwachsender Deklination und Belichtungszeit immer stärker gekrümmt.

Wie lange läßt sich nun mit einer feststehenden Kamera belichten, ohne daß die Sterne Strichspuren ziehen? Die allgemeine Antwort lautet: ein Stern bleibt trotz seiner Bewegung am Himmel immer dann ein Punkt auf dem Film, wenn die zurückgelegte Spur kleiner geblieben ist als das (kombinierte) lineare Auflösungsvermögen A von Optik plus Film. Sollen die Sterne also noch punktförmig abgebildet werden, so darf eine gewisse Maximalbelichtung t_{max} nicht überschritten werden. Ersetzt man in Gl. (3.1) die maximal erlaubte Strichspurlänge l durch das Auflösungsvermögen A, so ergibt die Umstellung der Gleichung nach t die in Sekunden gemessene *Maximalbelichtungszeit*:

$$t_{\mathrm{max}} = \frac{A}{\tan 15{,}04'' \ f \ \cos\delta}[\mathrm{s}] \tag{3.2}$$

Setzt man den Zahlenwert für $1/\tan 15{,}04'' = 1/0{,}000072916 = 13714{,}4$ in Gl. (3.2) ein, so folgt ein einfacherer Ausdruck:

$$t_{\mathrm{max}} = 13714{,}4 \,\frac{A}{f \ \cos\delta}\,[\mathrm{s}] \tag{3.3}$$

Für ein gewöhnliches 50-mm-Objektiv etwa läßt sich in Verbindung mit einem Film mittlerer Körnigkeit (z.B. ISO 400/27°) ein Auflösungsvermögen $A = 0{,}025$ mm ansetzen, so daß man für äquatornahe Sterne eine Maximalbelichtungszeit von 7 s errechnen kann. Feinstkörnige Emulsionen besitzen in Verbindung mit qualitativ hochwertigen Optiken sogar noch bessere Auflösungswerte ($A = 0{,}015$ mm oder gar darunter), so daß die Maximalbelichtung entsprechend abnimmt. Je höher aber die Deklination des Sterns, desto größer wird die Maximalbelichtung. Das ist einleuchtend, denn die Umfangsgeschwindigkeit der Sterne auf ihrer scheinbaren Kreisbahn um die verlängerte Erdachse nimmt ja mit höherer Deklination ab.

3.1.2 Angewandte Strichspurfotografie

Strichspuraufnahmen haben durchaus ihren Reiz. In der Astrofotografie können sie dazu dienen, ein Sternbild unter gestalterischen Gesichtspunkten aufzunehmen, beispielsweise mit interessanten Vordergrundsilhouetten: Bäume im Licht des Mondes, Sternwartenkuppeln gegen den farbigen Dämmerungshimmel u.ä [3.1] (s. Farbtafel 5b,c). Dabei darf die Belichtung aber nicht zu lang dauern, sollen die Konturen der Sternbilder erkennbar bleiben. Mit einem lichtstarken Normalobjektiv sollten äquatornahe Sternbilder daher höchstens 10 min belichtet werden. Verwendet man dazu einen hochempfindlichen Film, dann erreicht man bereits schwächere Sterne, als das bloße Auge wahrzunehmen vermag.

Für die feststehende Astrokamera sind auch *Konstellationsaufnahmen* von Interesse. Nicht selten ereignen sich besonders schöne Nahestellungen von Mondsichel und Planeten in der Morgen- oder Abenddämmerung. Ein Farbdia, auf dem ein solches Ereignis in der rötlichen Farbe der Dämmerung festgehalten wurde, vielleicht sogar noch über einer Gebirgslandschaft oder über dunklen Baumsilhouetten, übt auf jeden Naturliebhaber einen nachhaltigen Eindruck aus (s. Farbtafel 6a).

Strichspuraufnahmen auf Farbfilm bringen sehr schön die Sternfarben zur Geltung. So lassen sich die ungefähren Spektraltypen ermitteln und – daraus folgend – Näherungswerte für die Oberflächentemperatur der Sterne. Ein schönes Strichspurmotiv ist das Sternbild Orion. Beteigeuze zieht eine orangerote Strichspur, Rigel kommt weiß heraus, während die drei Gürtelsterne blauweiße Spuren hinterlassen. Der bekannte Orionnebel ist auffallend rot. Die Sternfarben lassen sich auch sehr schön dokumentieren, wenn das Fotoobjektiv während einer Kurzbelichtung von wenigen Sekunden leicht defokussiert wird. Dann nämlich bilden die Sterne farbige Kreisflächen, die bei weiterer Belichtung elliptisch werden und schließlich in eine breite Farbspur übergehen.

Es gibt zahlreiche relativ helle Erscheinungen, bei deren Fotografie die Kamera nicht unbedingt der Sternenbewegung nachgeführt werden muß. Dies gilt insbesondere für großflächige Objekte, die sich sowieso gegenüber dem Sternenhimmel bewegen. Polarlichter (s. Abschn. 1.1.5), leuchtende Nachtwolken (s. Abschn. 1.1.4) und auch Airglowerscheinungen (s. Abschn. 1.1.6) erstrecken sich oftmals über derart große Himmelsabschnitte, daß auch sie vom Stativ aus weitwinkelig fotografiert werden können, ohne daß die Bewegung der Sterne zwischenzeitlich störend wirkt. Während der maximal 15-minütigen Belichtungszeit zeigen die orange oder grünlich leuchtenden Airglowschichten noch keine wesentlichen Form- und Strukturänderungen. Höchstempfindliches Farbmaterial ist auch hier angeraten. Nicht vergessen werden soll die Fotografie von Meteorspuren. Auch geostationäre Erdsatelliten (s. Abschn. 1.2.2) sind schöne Ziele.

Eine besonders schöne Variante der Strichspurfotografie ist die *Polfotografie*, bei der das Objektiv in Richtung Polarstern zeigt. Während der Belichtung bleibt dieser nahezu ortsfest an einer Stelle stehen, die Feldsterne beschreiben jedoch Kreisbögen um ihn herum, deren Länge von der Belichtungszeit abhängt. Bei Verwendung hochempfindlicher Filme von etwa ISO 400/27°–ISO 1000/31° läßt sich an Orten mit bester Himmelsqualität bei Blende 8 bis zu 6 Stunden belichten - eine Zeit, in der die Sterne schon einen Viertelkreis um den Pol beschreiben (s. Farbtafel 5b). Polsternaufnahmen lassen sich gut verwenden zur Festlegung der Nordrichtung, wenn markante Details am Horizont als Bezugspunkte mit erfaßt werden. Bei der Aufstellung eines festen Instrumentes kann dies hilfreich sein.

Wenn man einen Standplatz für die mobile Astrofotografie gefunden hat, kann die Strichspurfotografie gute Dienste bei der qualitativen Beurteilung dieses Platzes bieten. Eine Serie verschieden belichteter Rundumaufnahmen in die wichtigsten Himmelsrichtungen zeigt, welche Maximalbelichtungen bis zur Deckung des Films möglich sind, wie dunkel der Nachthimmel an diesem Platz ist und wo auffällige Lichterglocken größerer Orte liegen. Hat man die Strichspur eines hellen Sterns bis zum Untergang aufgenommen, erkennt man an ihrer Helligkeitsabnahme zum Horizont hin auch deutlich den Verlauf der Extinktion und gewinnt damit eine Aussage über die Transparenz der Atmosphäre in Horizontnähe.

Strichspurfotografien horizontnaher Sterne sind von besonderem Reiz, wenn man herausbekommen möchte, welche Deklination diejenigen Sterne haben, die bei Kulmination gerade noch über den Südhorizont gelangen. Zunächst scheint es klar zu sein: An einem Ort von beispielsweise 50° geographischer Breite liegt der Himmelsäquator $90^\circ - 50^\circ = 40^\circ$ über dem Südhorizont. So kommen theoretisch Objekte bis -40° Deklination über den Horizont, falls die Transparenz dort überhaupt eine Beobachtung zuläßt. In der Praxis zeigt sich aber, daß Refraktion und Kimmtiefe bei optimaler Durchsicht einen „noch tieferen Blick hinter den Horizont" erlauben. Dies hängt sehr stark davon ab, wie hoch der Beobachtungsplatz über dem Meeresspiegel liegt. Unter Berücksichtigung der Refraktion (s. Abschn. 1.1.3) läßt sich die Kimmtiefe k in Bogensekunden berechnen, wenn die Höhe h in Metern eingesetzt wird [3.5]:

$$k = 106'' \sqrt{h\,[\mathrm{m}]} \tag{3.4}$$

Beispiel: Von der Kanarischen Insel Teneriffa ($28^\circ 19'$ n.Br.) könnte man ohne Berücksichtigung von Refraktion und Kimmtiefe nur bis zur Deklination $\delta = -(90^\circ - 28^\circ 19') = -61^\circ 41'$ hinabsehen. Im Jahre 1989 jedoch haben die Autoren den Stern α im Kreuz des Südens bei besten Sichtverhältnissen gerade über dem Südhorizont kulminieren sehen (s. Farbtafel 11d), obwohl er in jenem Jahr eine Deklination von $\delta = -63^\circ 02'$ hatte und damit rein rechnerisch $1^\circ 21'$ unter dem Horizont stand. Des Rätsels Lösung: Der 2500 m hoch gelegene Beobachtungsplatz mit seiner Kimmtiefe von $k = 106'' \cdot \sqrt{2500} = 5300'' = 1^\circ 28'$ machte es möglich, bis zur Deklination von $\delta = -61^\circ 41' - 1^\circ 28' = -63^\circ 09'$ zu schauen. Daher stand α Crucis $7'$ über dem Horizont. Ab dem Jahre 2010 etwa wird dies unbeobachtbar, weil der Stern dann aufgrund der präzessionsbedingten Deklinationsänderung von $-20''$ pro Jahr am Himmel um $7'$ „tiefergerutscht" sein wird. Vom 3717 m hohen Pico del Teide aus - so kann der Leser nachrechnen - wird α Crucis noch ca. 60 Jahre länger beobachtbar sein, weil die Kimmtiefe dort $k = 1^\circ 48'$ beträgt.

3.2 Nachgeführte Aufnahmen

3.2.1 Geeignetes Filmmaterial

Da es alle folgenden Abschnitte betrifft, werden zunächst grundsätzliche Überlegungen zum geeigneten Filmmaterial angestellt. Welche Filme bieten sich nun in der Deep-Sky-Fotografie an? Eine Antwort findet sich, wenn man die Begrenzung der Bildschärfe durch das Seeing abschätzt. Beispiel: Das Seeing sei mäßig, so daß das Teleskop Sterne von 3″ Scheibchendurchmesser zeigt. Bei einer Aufnahmebrennweite von ca. 2 m sollten die Sternscheibchen eines gut aufgelösten Astro-Negativs 25 μm nicht übersteigen. Eine Optik dieser Brennweite bildet 3″ aber schon auf 29 μm ab. Mit anderen Worten: Ab etwa 2 m Brennweite macht sich das Seeing schon so stark bemerkbar, daß die Sternscheibchengröße das lineare Auflösungsvermögen grobkörnigerer Filme bereits übersteigt. Bei einem Seeing von 3″ wäre ein Film der Auflösung 50 Linien/mm (d.h. 20 μm Linienabstand) schon ausreichend.

Das hat folgende Konsequenz: Bei Einsatz kurzer und mittlerer Brennweiten sollte Aufnahmematerial feinster Körnigkeit verwendet werden, um das Auflösungsvermögen der Optiken auszuschöpfen. In der Schwarzweißfotografie erzielt man mit dem hypersensibilisierten Kodak Technical Pan Film beste Resultate. Aber auch herkömmlicher Agfapan 400 sowie die T-Kristall-Filme Kodak T-MAX 100 oder 400, Fuji Neopan 400 sowie Ilford 400 Delta können empfohlen werden. Man sollte sich aber darüber klar sein, daß die T-Kristall-Filme so gut wie keine Empfindlichkeit für das Hα-Licht der HII-Regionen aufweisen. Blaue Reflexionsnebel, Sternhaufen und Galaxien dagegen werden sehr schön wiedergegeben [3.29], selbst wenn der Kontrast nicht ganz so hoch ist wie in der Deep-Sky-Fotografie erwünscht. Eine nahezu „ausgestorbene" Spezies von Filmen für die Deep-Sky-Fotografie sind die schnellen spektroskopischen Filme der Serie Kodak 103a. Sie sind sehr teuer und inzwischen auch schon nicht mehr im Handel. Außerdem ist die Körnigkeit bereits so stark, daß spektroskopische Filme sinnvoll nur noch in Kombination mit langbrennweitigen Optiken eingesetzt werden sollten.

Für die Farbfotografie mit kleinen und mittleren Brennweiten gilt die gleiche Devise: feinkörniges Material, das aber hinreichend empfindlich ist, um nicht zu lange belichtet werden zu müssen. Hier kommen hochempfindliche Farbdiafilme der Kategorie ISO 400/27° in Frage, z.B. Fujichrome 400 [3.30], ScotchChrome 400 [3.28] oder Kodak Ektachrome 400. Höherempfindliches Material von ISO 1600/33° und mehr ermöglicht zwar sehr kurze Belichtungszeiten, läßt aber den näher an der Leinwand sitzenden Betrachter von Kleinbilddias schaudern, weil die Körnigkeit doch schon erschreckend grob ist. Hypersensibilisierte Farbdiafilme von ISO 100/21° sind prinzipiell auch gut, manchmal ist aber deren Farbbalance problematisch [3.32]. Unter den Farbnegativfilmen sind die mittel- bis niedrigempfindlichen von ISO 400/27° oder darunter zu empfehlen, wenn sie sich hypersensibilisieren lassen. Gute Erfahrungen liegen mit dem Kodak Ektar 100 vor, der jedoch wenig rotempfindlich ist und von daher besser für stellare Motive verwendet werden sollte. Hervorragend geeignet für die Gasnebelfotografie, in Prinzip aber nur für lichtstarke Optiken, ist hypersensibilisierter Ektar 25. Bei ihm ist im Gegensatz zu seinem „Bruder“ eine starke Rotempfindlichkeit festzustellen. Da die späteren Abzüge im Fotolabor sowieso gefiltert werden müssen, ist eine nach der Hypersensibilisierung häufig auftretende Farbverschiebung nicht mehr von Bedeutung. Zwar grobkörniger, aber bei Öffnungsverhältnissen schlechter als $f/6$ hervorragend einsetzbar, ist der sehr viel empfindlichere hypersensibilisierte Fujicolor SHG 400 bzw. sein Nachfolger Super G 400 sowie der Kodak Gold 400.

Bei der langbrennweitigen Astrofotografie lassen sich auch grobkörnigere Materialien verwenden. Das kommt der Tatsache, daß längere Brennweiten meist mit kleineren Öffnungsverhältnissen einhergehen, sehr entgegen: grobkörnige Filme haben relativ höhere Empfindlichkeiten, so daß die Belichtungszeiten mit langbrennweitigen Optiken einigermaßen überschaubar bleiben.

Als Schwarzweißfilm bietet sich für den Ästheten (wegen der Feinkörnigkeit) wieder der hypersensibilisierte Technical Pan Film an, als Typ 2415 für das Kleinbildformat, als Typ 6415 für das Mittelformat und als Typ 4415 für Planfilmkameras. Natürlich muß mit längerbrennweitigen Instrumenten, die in der Regel kleinere Öffnungsverhältnisse aufweisen, auch schon merklich länger belichtet werden. Von daher sind die T-Kristall-Filme von ISO 400/27° eine echte Alternative, wenn sie forciert entwickelt werden und damit um bis zu 3 Blendenstufen gewinnen. Kodak und Fuji stellen auch höherempfindliche T-Kristall-Filme her, den T-MAX 3200 bzw. den Neopan 1600. Diese grobkörnigen Filme müssen aber nicht unbedingt verwendet werden, zumal die Negative nur wenig vergrößerungsfähig sind. Außerdem sind die gepushten 400er-Versionen nach eigenen Tests bei ähnlich hoher Empfindlichkeitsausnutzung feinkörniger und auch steiler in der Gradation, also kontrastreicher.

Als Farbmaterialien kommen für die längeren Brennweiten höherempfindliche Farbdiafilme wie Agfachrome 1000 RS oder ScotchChrome 400 in Frage. Daneben sind auch die Farbnegativfilme der Reihe Kodak Ektapress 400 und 1600 sowie Ektar 1000 [3.33, 3.34] von Interesse. Auch der Fujicolor HG 1600 fällt in diese Kategorie, nicht zu vergessen die Konicafilme SR 400 und SR 3200 [3.35]. Für letzteren (übrigens sehr rotempfindlich, jedoch wenig grün- und blauempfindlich) gilt Ähnliches wie bereits bei der Schwarzweißfotografie gesagt: So hochempfindliche Filme sind schon sehr grobkörnig, bieten dem Amateur aber die Möglichkeit, Deep-Sky-Fotos in relativ kurzen Zeiten ohne Hypersensibilisierung auszubelichteten.

Tabelle 3.1 gibt einen Überblick über die Belichtungszeiten, die in der Deep-Sky-Fotografie für einige der vorgenannten Filme gelten.

3.2.2 Fotografie mit Brennweiten bis 500 mm

Wer mit den nachgeführten Aufnahmen beginnt, sollte seine ersten Schritte in der kurzbrennweitigen Astrofotografie tun (Abb. 3.1–3.5). Gute Ergebnisse werden sich hier bei genügender Sorgfalt bald einstellen. So lassen sich erfolgreich

Tabelle 3.1. Maximalbelichtungszeiten gängiger Filme für ausgewählte Orte. Die Zeiten gelten für eine Blende von 2,8 und sind nur unter jeweils optimalen Bedingungen im Zenitbereich zu erreichen. Starke Schwankungen aufgrund von örtlichen Streulichtquellen und atmosphärischer Transparenz sind möglich. Hinweis: Nur der ScotchChrome 400 ist nicht als Rollfilm erhältlich.

Ort	Agfachrome 1000 RS	ScotchChrome 400	Technical Pan 2415 hyp.
Deutsche			
Mittelgebirge	7 min	6 min	8 min
Alpen	12 min	9 min	15 min
Südspanien			
Kanarische Inseln	15 min	12 min	30 min
Namibia, Südamerika			
Zentralaustralien	30 min	22 min	40 min

Tabelle 3.2. Nachführtoleranzen T verschiedener Aufnahmebrennweiten f bei Verwendung feinstkörnigen Filmmaterials. Die angegebenen Werte gelten für Fotoobjektive und Sternscheibchen von 15 μm Durchmesser. Bei Verwendung von Schmidtkameras sind die Werte zu halbieren

f/mm	T''	f/mm	T''
16	200	135	25
28	115	200	15
50	60	300	10
85	38	500	6

Meteore [3.2], das Zodiakallicht, ausgedehnte Kometen, veränderliche Sterne, die Milchstraße und ihre Dunkelwolken sowie große HII-Regionen fotografieren [3.7–3.11] (s. Farbtafel 6b,c).

Wichtige Erfahrungen im Umgang mit Filtern und Filmen, beim Einstellen der Objekte im Kamerasucher, in der Beurteilung der atmosphärischen Bedingungen und letztendlich auch der erzielten Ergebnisse lassen sich hier gewinnen und später auf andere Gebiete der Astrofotografie übertragen.

Zusätzlich sind es ein paar ganz handfeste Gründe, die für die kurzbrennweitige Astrofotografie sprechen. Im Brennweitenbereich vom Fisheye-Objektiv bis 500 mm ist die *Nachführtoleranz* (Tabelle 3.2) so groß, daß auch kleinere, noch transportable Montierungen eingesetzt werden können.

Das *Aufnahmefeld* auf Kleinbildfilm (Tabelle 3.3) berechnet man nach

$$\alpha = 2 \arctan \frac{24\,\text{mm bzw. } 36\,\text{mm}}{2f}. \tag{3.5}$$

Empfehlenswert ist es, für den verwendeten Himmelsatlas die Aufnahmefelder der benutzten Optiken mit Permanentstift auf Klarsichtfolie zu übertragen. Anhand der so angefertigten Schablonen kann der aufzunehmende Himmelsab-

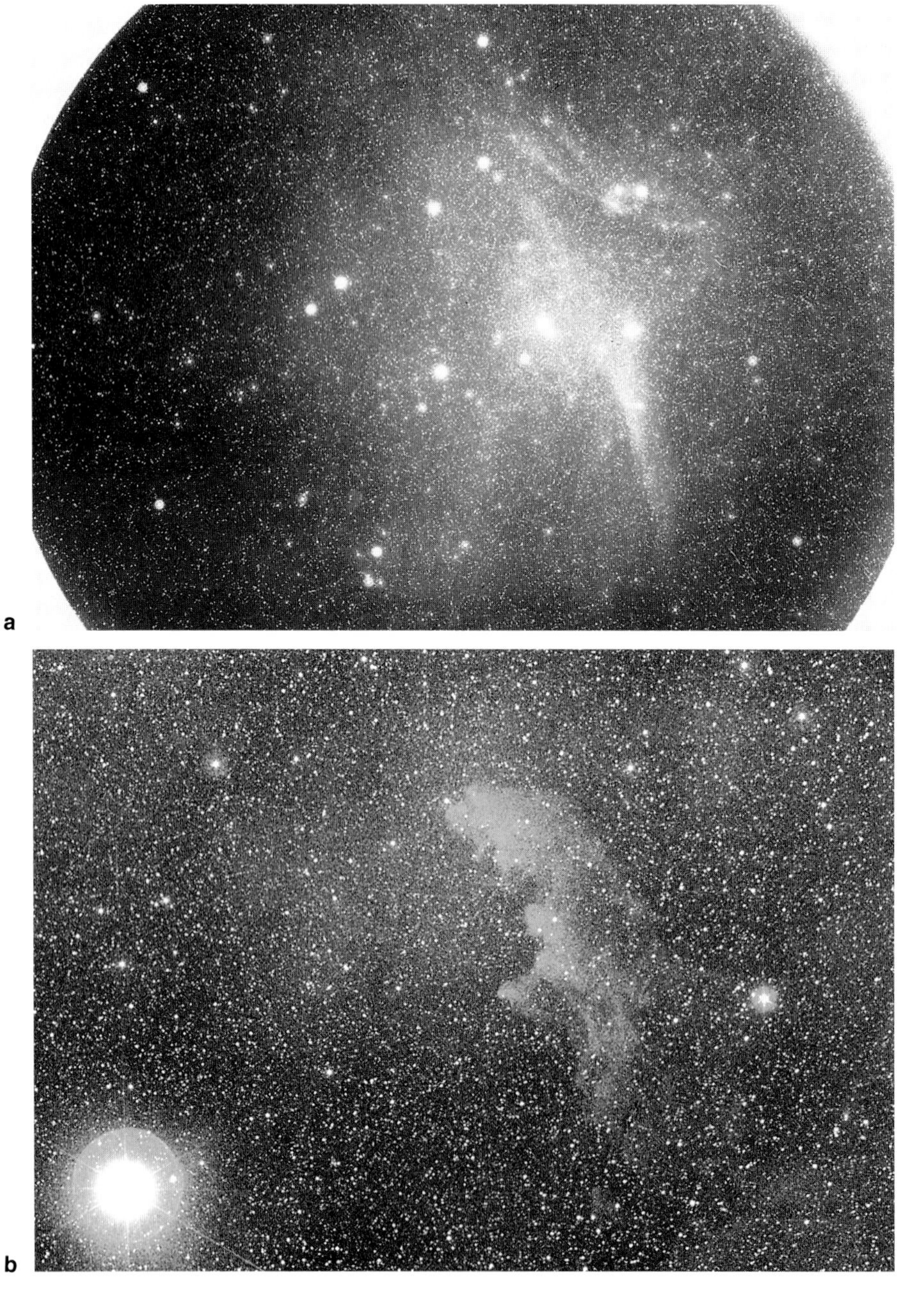

Abb. 3.1. a HII-Region um 10 Lac. Aufnahme am 13.8.1991, MPT 200, 2,2/400 mm, TP 6415 hyp. mit Rotfilter RG 645, 70 min belichtet. Ort: Hoher List. Foto: Interessengemeinschaft Astrofotografie Bochum (IAB). **b** Hexenkopfnebel IC 2118. Aufnahme am 2.1.1992, Schmidtkamera 140/140/ 225 mm, TP 2415 hyp., 12 min belichtet. Ort: La Palma (2400 m). Foto: H. Tomsik, S. Binnewies

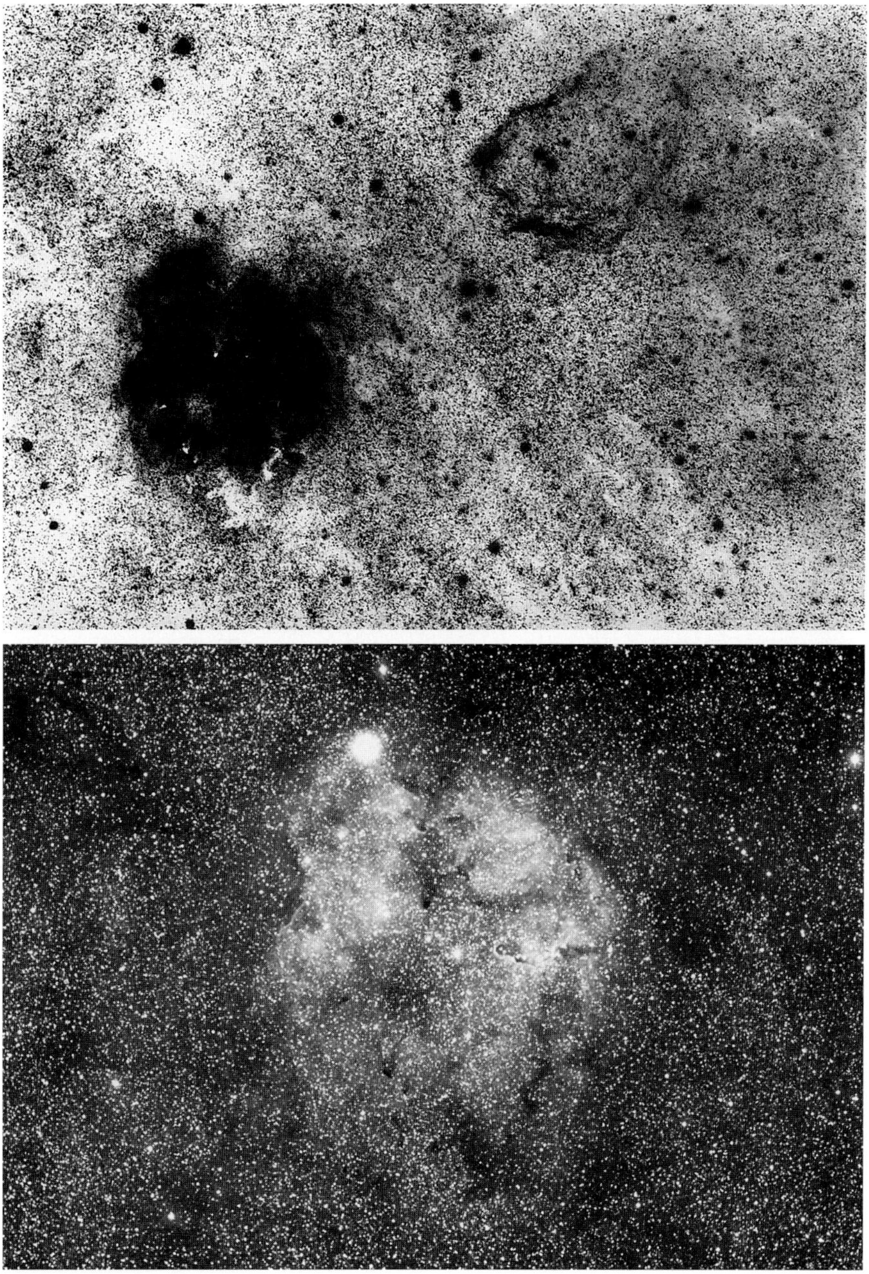

Abb. 3.2. HII-Region IC 1396. **a** Kontrastverstärkte Aufnahme am 22.10.1990, Mittelformat 4/300mm, TP 6415 hyp. mit Rotfilter RG 645, 110 min belichtet. Ort: Eifel. Foto: E. Clef. **b** Aufnahme am 7.7.1992, Schmidtkamera 171/200/257 mm, TP 2415 hyp. mit Rotfilter W92, 40 min belichtet. Ort: Stössing/NÖ. Foto: G. Rhemann

Abb. 3.3. Ausgedehnte HII-Regionen in Scorpius und um ζ Oph. Aufnahme am 4.3.1984, Normalobjektiv 1,7/50 mm (abgeblendet auf 2,4), 103a-E mit Rotfilter RG 645, 120 min belichtet. Ort: La Silla/Chile. Foto: W.E. Celnik

a
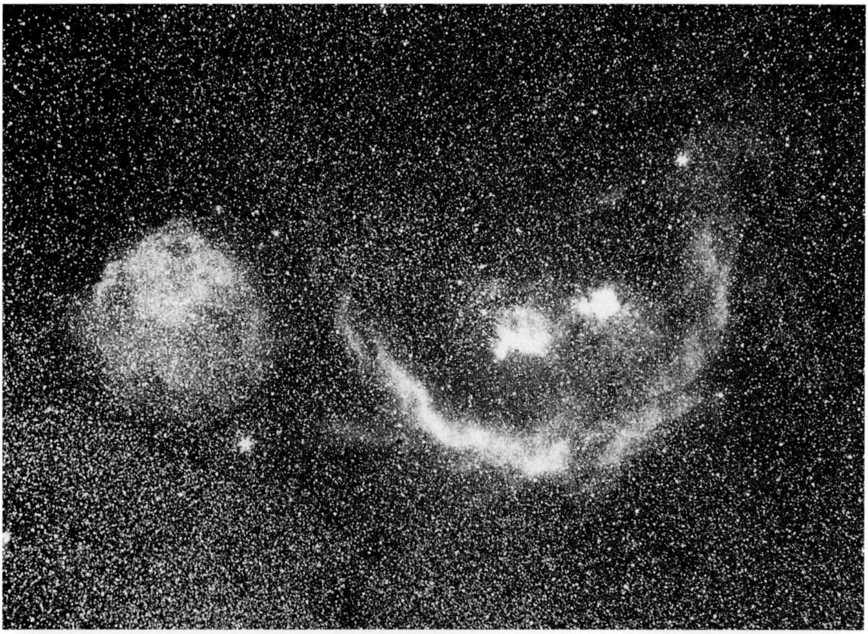

b

Abb. 3.4. Sternbild Orion mit Barnards Loop und HII-Region um λ Ori. **a** Aufnahme am 6.1.1989, Normalobjektiv 1,7/50 mm (abgeblendet auf 2,8), 103a-E mit Rotfilter RG 645, 135 min belichtet. Ort: Teneriffa (2300 m). Foto: P. Riepe, H.G. Weber. **b** Aufnahme am 19.11.1993, Normalobjektiv 1,5/58 mm, Spectra Source CCD-Kamera HPC-1, Hα-Interferenzfilter, 2 nm HWB, $T = 70\%$, Integrationszeit 45 min. Ort: Dennach. Foto: T. Reddmann, F. Hase, H. Deininger

a

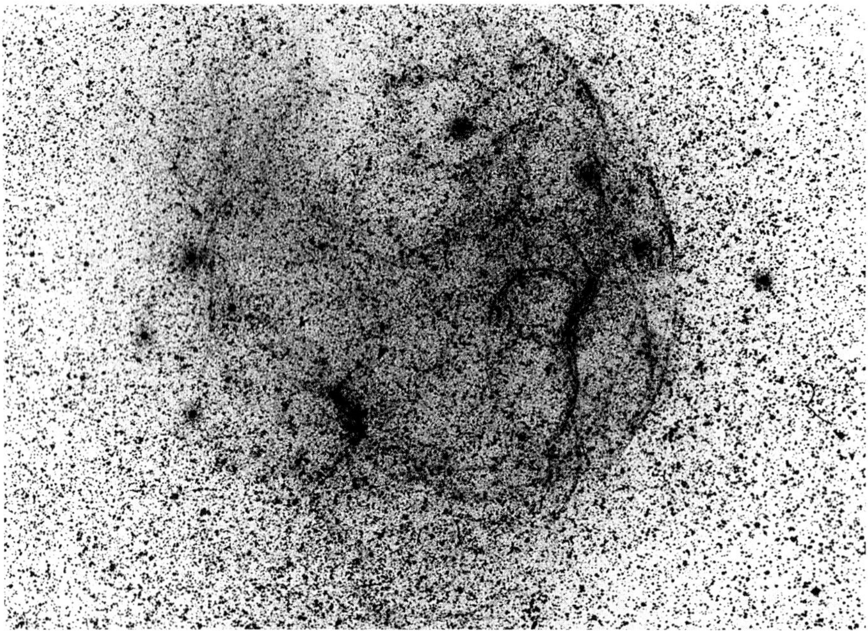

b

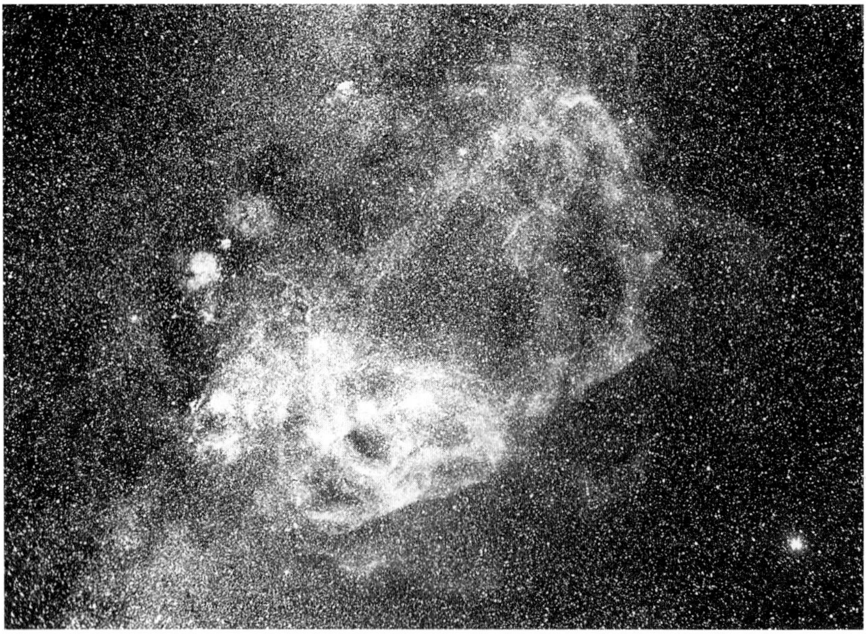

Abb. 3.5. a Supernovarest Simeis 147 (Norden links). Aufnahme am 2.1.1992, Schmidtkamera 140/140/225 mm, TP 2415 hyp. mit Rotfilter W92, 70 min belichtet. Ort: La Palma (2400 m). Foto: S. Binnewies, H. Tomsik. **b** Der Gumnebel. Aufnahme am 12.1.1984, Normalobjektiv 1,7/50 mm (abgeblendet auf 2,4), 103a-E mit Rotfilter RG 645, 90 min belichtet. Ort: La Silla/Chile. Foto: W.E. Celnik

Tabelle 3.3. Aufnahmefelder auf Kleinbildfilm (24 mm × 36 mm) in Abhängigkeit von der Brennweite f (s. auch Tabelle 4.3)

f/mm	α °	f/mm	α °
24	53 × 74	135	10 × 15
28	46 × 65	200	6,9 × 10,3
35	38 × 54	300	4,6 × 6,9
50	27 × 40	400	3,4 × 5,2
85	16 × 24	500	2,8 × 4,1

schnitt sowie der möglichst zentral stehende Nachführstern ohne Schwierigkeiten bestimmt werden.

Zwar lohnt es sich, mit jeder Aufnahmeoptik klimatisch günstigere Erdteile sowie Gebiete mit weniger Lichtverschmutzung aufzusuchen, als sie gerade bei uns in Mitteleuropa vorherrschen, doch sind dem wegen des immer nur beschränkt möglichen Reisegepäcks rasch Grenzen gesetzt. Größere und damit langbrennweitigere Teleskope und schwere Montierungen werden also zu Hause bleiben müssen, während eine leichte Montierung und einige Teleobjektive bzw. eine kleinere Schmidtkamera selbst noch mit ins Fluggepäck passen. Somit besteht die Möglichkeit, kurzbrennweitig auch an Orten mit bester Transparenz und weitgehend ohne Lichtverschmutzung zu arbeiten.

Ein weiterer ganz erheblicher Vorteil sind die relativ günstigen Öffnungsverhältnisse bei den kurzbrennweitigen Aufnahmeoptiken. Hier besteht die Möglichkeit, in sinnvoller Zeit, also maximal 120 bis 180 min, selbst in Verbindung mit Farbfiltern (s. Abschn. 6.4) auszubelichten und somit auch schwächste Objekte auf den Film zu bannen [3.10, 3.11, 3.42]. Als besondere Arbeitsgebiete eignen sich Aufnahmen des Zodiakallichts (s. Abschn. 2.6), heller Kometen, wobei unter Umständen Bilddiagonalen $\geq 20°$ zur Verfolgung des Kometenschweifs und seiner Strukturen sinnvoll sind (s. Abschn. 2.5), veränderliche Sterne zur fotografischen Photometrie, wobei darauf zu achten ist, daß ausreichend Referenzsterne mit aufgenommen werden, und der Milchstraße mit ihren Dunkelwolken (s. Farbtafel 6c). Mit einem 35-mm-Objektiv auf Kleinbildfilm ist es möglich, ein ganzes *Milchstraßenpanorama* in 16 Aufnahmen zu erstellen. Der galaktische Äquator wird dazu parallel zur kürzeren Bildseite orientiert. Tabelle 3.4 enthält die als Bildmittelpunkte und zum Nachführen geeigneten Sterne bzw. Sternhaufen, eine ausreichende Überlappung von Bild zu Bild eingeplant.

Kürzere Brennweiten bis maximal 200 mm sind nötig, um die in Tabelle 3.5 aufgelisteten schwachen Nebel aufzunehmen. In Verbindung mit einem strengen Rotfilter wie z.B. Schott RG 645 oder Kodak Wratten 92 gelingt es dabei, die im Licht der Hα-Linie emittierenden Gasnebel kontrastreich gegenüber dem Himmelshintergrund darzustellen. Allerdings wird dies mit erheblich längeren Belichtungszeiten erkauft. Weniger als 90 min pro Aufnahme bei Blende 2,8 und den oben angegebenen Filtern ist auf hypersensibilisiertem Technical Pan Film kaum sinnvoll.

Tabelle 3.4. Nachführsterne bzw. Sternhaufen und gleichzeitig Bildmittelpunkte zur Erstellung eines Milchstraßenpanoramas. λ: galaktische Länge

Objekt	λ°	Objekt	λ°
λ Sgr	7	15 Mon	203
9 Sct	28	NGC 2353	225
9 Vul	56	NGC 2489	247
56 Cyg	84	c Vel	268
δ Cep	105	η Car	288
ϵ Cas	130	β Cen	312
λ Per	152	γ Nor	333
χ Aur	176	λ Sco	352

Tabelle 3.5. Lichtschwache HII-Regionen für Brennweiten bis 200 mm. ϕ: Ausdehung in Grad (s. Abb. 3.1 und 3.3) [3.6]

Bezeichnung	$\alpha_{2000.0}$ h m	$\delta_{2000.0}$ °	ϕ°
ζ Oph	16 37	−11	8 × 12
δ und π Sco	16 01	−23	4 × 4
10 Lac	22 39	+39	4 × 4
α Cam	04 54	+66	5 × 3
AO Cas	00 18	+51	3 × 3

Viele den Astrofotografen herausfordernde Objekte sind in [3.7–3.9] zu finden. Besonders die schwachen HII-Regionen lassen sich nur in Verbindung mit strengen Rotfiltern sinnvoll fotografieren. Die bereits oben angesprochenen Filter RG 645 und Wratten 92 finden hier ihre Verwendung [3.10–3.13]. Bei den Fotoobjektiven werden sie meist als Objektivfilter vor die Optik oder bei den Schmidtkameras direkt vor die Filmkassette gebracht. Die sich daraus ergebenden Fokusverschiebungen müssen allerdings berücksichtigt werden (s. Abschn. 6.2.3). Bei Schmidtkameras geschieht dies durch eine vom Hersteller speziell angebotene Filmkassette. Bei den Objektiven wird der optimale Schärfepunkt durch Testaufnahmen bei offener Blende ermittelt. Auf den Fokusring aufgeklebtes Millimeterpapier erlaubt so, reproduzierbar in verschiedenen Einstellungen, gleichbelichtete Sternfeldaufnahmen von wenigstens einigen Sekunden Dauer durch das Filter anzufertigen. Später wird die schärfste Aufnahme herausgesucht und der so gefundene Fokuspunkt jeweils neu am Objektiv eingestellt, sobald das ausgetestete Filter wieder Verwendung findet.

Die modernen hochwertigen Kleinbildoptiken, aber auch Mittelformatobjektive, erlauben nach Abblenden um ein bis zwei Blendenstufen nahezu perfekte Abbildungen. Dem Amateur sind auf diesem Sektor Arbeitsmittel in die Hand gegeben, wie sie besser auch dem Profiastronomen nicht zur Verfügung stehen. Nahezu seeingunabhängig lassen sich kurzbrennweitig Negative und Dias von höchster Informationsdichte herstellen, ohne daß erst teuere Teleskope angeschafft werden müßten. Bei großflächigen HII-Regionen lassen sich mit der Kombination aus Technical Pan Film und Filter RG 645 Grenzflächenhelligkeiten bis 25^{m} pro Quadratbogensekunde erzielen (Messungen des Autors). Das entspricht in etwa der Grenze des *Palomar Observatory Sky Survey* (POSS). Mit einem guten Kleinbildobjektiv steht also der Weg zum gelungenen Astrofoto offen. Bezüglich technischer Details von Kameragehäusen und Objektiven sei auf Kap. 4 verwiesen.

Neben so viel Positivem gibt es aber auch einige Punkte, die für unliebsame Überraschungen sorgen können. Ganz besonders ist die häufig zu schwache Verbindung zwischen Kamera und Leitrohr zu nennen (siehe Abschn. 6.3). Ein schweres Teleobjektiv mit Kameragehäuse auf einen Kugelkopf gesetzt und so 60 min bei exakter Nachführung belichtet, gibt keine Garantie für eine gelungene Aufnahme. In den allermeisten Fällen wird anschließend von einer punktförmigen Sternabbildung keine Rede sein können, da die Kamera während der Belichtung verrutscht ist. So sollten Teleobjektive und Aufnahmesysteme von 135 mm Brennweite und mehr keinem noch so stabilen Kugelkopf anvertraut werden. Besser ist es, die Kamera und/oder das Objektiv direkt durch Schraubverbindungen mit der Montierung oder dem Leitrohr zu verbinden.

Ein anderes Problem stellt die *Filmplanlage* dar (s. Abschn. 6.2.4). Die großen Öffnungsverhältnisse in der kurzbrennweitigen Astrofotografie gehen leider mit einer geringen Schärfentiefe einher, und der gerade so empfehlenswerte Kodak Technical Pan Film neigt mit seinem nur 0,1 mm starken Schichtträger zu Verbiegungen während der Belichtung. Abhilfe schafft hier das Ansaugen des Filmmaterials, eine Methode, um die der fortgeschrittene Astrofotograf insbesondere bei langen Belichtungszeiten nicht herumkommt, wenn erstklassige Aufnahmen entstehen sollen.

Leider zeigen kurzbrennweitige Optiken aufgrund ihrer Fähigkeit, größere Felder abzubilden, bestehende Streulichtgradienten am Himmel besonders deutlich. Das gilt aber nicht nur für die uns in Mitteleuropa zunehmend störende Lichtverschmutzung, sondern ebenso für Dunstbänke und das Airglow, insbesondere in Horizontnähe, überall auf der Welt [3.14]. Ist das *Seeing* bei dem oben angesprochenen Brennweitenbereich häufig zu vernachlässigen, so fallen die anderen atmosphärischen Störungen oft gravierender als bei den längeren Brennweiten auf.

3.2.3 Fotografie mit Brennweiten von 500 bis 1500 mm

Legt man einmal das 24×36 mm-Kleinbildformat zugrunde, ist dieser Brennweitenbereich prädestiniert für die Fotografie der „Paradeobjekte" mit scheinbaren Durchmessern von etwa $0{,}5^\circ$ bis 3° (Andromedagalaxie, Orionnebel, Plejaden usw. s. Abb. 3.6–3.9 und Farbtafeln). Eine Optik von 500 mm Brennweite bildet einen Himmelsabschnitt von $2{,}8^\circ \times 4{,}1^\circ$ ab, ein Instrument von 1500 mm Brennweite hat ein Aufnahmefeld von $0{,}9^\circ \times 1{,}4^\circ$. Bei Einsatz von Astrokameras mit größerem Filmformat, wie z.B. größeren Flat-Field- und Schmidtkameras, nimmt das Aufnahmefeld entsprechend zu.

a

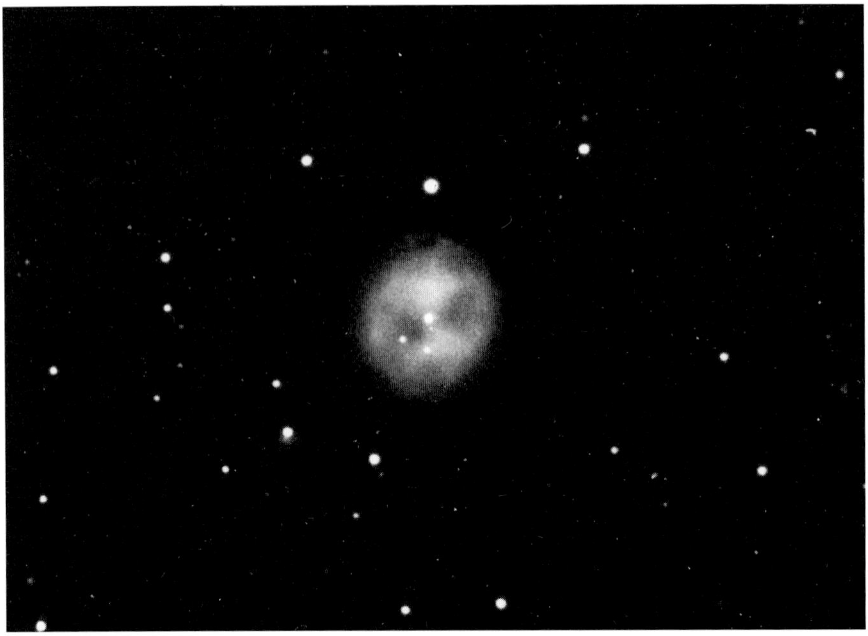

b

Abb. 3.6. **a** Eulennebel M97. Aufnahme am 16.1.1993, C8 mit Focal Reducer/ Corrector 6,3/1280 mm, TP 2415 hyp., 90 min belichtet. Ort: Rauris. Foto: B. Mattern. **b** Helixnebel NGC 7293. Aufnahme am 12.8.1988, C8 mit Lumicon Easy Guider 6,2/1250 mm, TP 2415 hyp., 75 min belichtet. Ort: Sierra Nevada (1600 m). Foto: R. Sieger

Abb. 3.7. Pferdekopfnebel, eingebettet in IC 434. Aufnahme am 11.1.1988, FFC 3,2/940 mm, TP 6415 hyp., 100 min belichtet. Ort: Wirges. Foto: B. Flach-Wilken

a b c

Abb. 3.8. **a** Galaxie NGC 891. Aufnahme am 1.12.1989, C8 mit Focal Reducer/ Corrector 6,3/1280 mm, TP 2415 hyp., 90 min belichtet. Ort: Radevormwald. Foto: B. Bleiziffer. **b** Zwerggalaxie Leo I, nördlich von α Leo. Aufnahme am 22.2.1985, C5 mit Shapleylinse 6,6/820 mm, 103a-G, 30 min belichtet. Ort: Peterberg/Eifel. Foto: N. Sommer. **c** Plejaden M45. Aufnahme am 10.9.1991, FFC 4,0/760 mm, TP 2415 hyp., 60 min belichtet. Foto: F. Klauser/Kloster Hochstraß (NÖ)

a

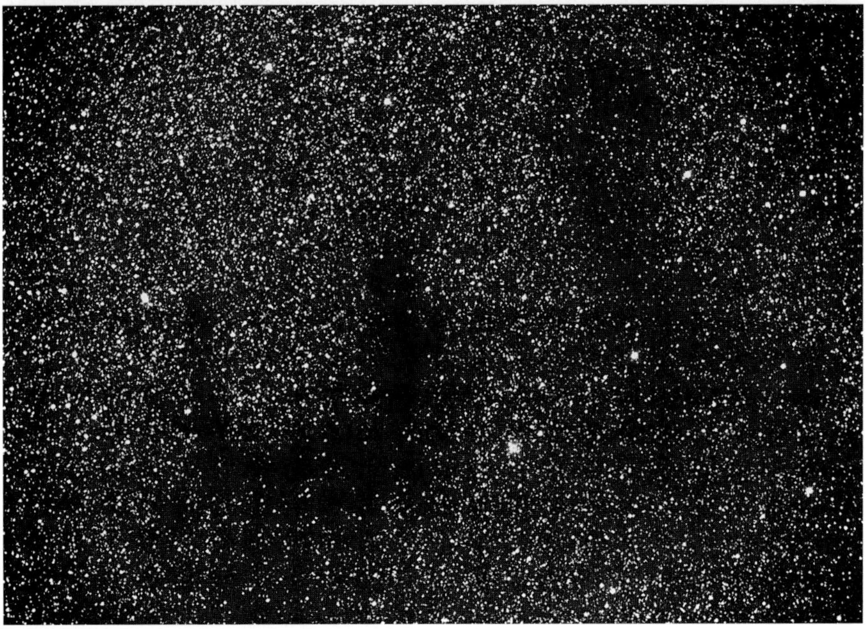

b

Abb. 3.9. **a** Andromedanebel M31. Aufnahme am 4.11.1988, FFC 3,2/940 mm, TP 6415 hyp. mit Gelbfilter GG 385, 30 min belichtet. Ort: Wirges. Foto: B. Flach-Wilken. **b** Dreiteilige Dunkelwolke nahe γ Aql. Aufnahme am 24.7.1990, 250-mm-Newton, 4,8/1200 mm mit Komakorrektor, TP 2415 hyp., 25 min belichtet. Ort: Odenwald, Foto: B. Schatzmann (Beide Aufnahmen: Norden links)

Wie groß werden die fotografierten Objekte auf dem Film abgebildet? Sei ϕ der scheinbare Durchmesser bzw. die scheinbare Länge des Objektes am Himmel und f die Instrumentenbrennweite, so ergibt sich der *lineare Objektdurchmesser* d bzw. die Objektlänge auf dem Film zu

$$d = 2\,f\,\tan\frac{\phi}{2}. \tag{3.6}$$

Beispiel: Der scheinbare Durchmesser eines ovalen Gasnebels betrage $96' \times 66' = 1{,}6^\circ \times 1{,}1^\circ$. Das Objekt soll mit einem Teleskop von 200 mm Durchmesser, $f/6$, aufgenommen werden, also mit $f = 1200$ mm Brennweite. Dabei kommt eine Kleinbildkamera mit 24 mm × 36 mm-Format zum Einsatz.

Länge: $d_1 = 2 \cdot 1200\,\text{mm} \cdot \tan 0{,}8^\circ = 2400\,\text{mm} \cdot 0{,}01396 \approx 33{,}5\,\text{mm}$
Breite: $d_2 = 2 \cdot 1200\,\text{mm} \cdot \tan 0{,}55^\circ = 2400\,\text{mm} \cdot 0{,}00960 \approx 23{,}0\,\text{mm}$

Die Bildgröße des Objektes wäre mit 33,5 mm × 23 mm zwar gerade noch passend für das verwendete Filmformat, jedoch scheint ein Instrument von ca. 800 mm Brennweite geeigneter. Bei der Frage nach der Aufnahmebrennweite sollte nämlich auf alle Fälle berücksichtigt werden, daß das spätere Foto mehr Bildwirkung erzielt, wenn das Deep-Sky-Objekt noch von einem genügend großen Sternfeld umgeben ist.

Als Instrumente für mittlere Brennweiten kommen in Frage: Teleobjektive, Schmidtkameras, Flat-Field-Cameras, lichtstarke Refraktoren kurzer Brennweite, mittelbrennweitige Maksutovsysteme und die bewährten Newtonreflektoren. Für die lichtstarken Newtonspiegel (etwa $f/4$ bis $f/5$) sind seit einigen Jahren *Komakorrektoren* erhältlich [3.15]. Das sind optische Einbausysteme, die die typischen Bildfehler eines Parabolspiegels weitgehend aufheben und nahezu punktförmige Sternabbildungen bis in die Bildecken garantieren. oft ruft ein Komakorrektor aber deutliche Vignettierungen hervor, gerade dann, wenn sein Durchmesser für den Strahlengang zu klein ist.

Im Vergleich zu den kurzbrennweitigen Optiken müssen die Instrumente mittlerer Brennweiten schon wesentlich genauer nachgeführt werden. Die Flat-Field-Kamera 3,5/500 mm beispielsweise hat bereits ein effektives Auflösungsvermögen von etwa $6''$ und muß bei Verwendung von feinkörnigstem Aufnahmematerial entsprechend genau „auf dem Punkt gehalten werden". Ein 250-mm-Newtonreflektor von 1500 mm Brennweite muß schon auf $2''$ nachgeführt werden. Hier tritt ein zusätzliches Problem auf: die Sternpünktchen können auf dem Film trotz bester Fokussierung zu verbreiterten Scheibchen werden. Das geschieht immer dann, wenn unruhige Luftverhältnisse vorliegen und der Stern bei Beobachtung im Fernrohr merklich um eine Durchschnittsposition hin und her „tänzelt". Dabei ändert er ständig seine Gestalt, oft auch die Helligkeit. Man bezeichnet diese Verhältnisse als „schlechtes Seeing" (s. Abschn. 6.1). Das durch die Luftunruhe verbreiterte Sternscheibchen im Fokus des Teleskops wird dementsprechend *Seeingscheibchen* genannt. An Orten mit starker Luftturbulenz können nach eigenen Erfahrungen ohne weiteres Seeingscheibchen von $10''$ und mehr Durchmesser auftreten.

Es folgt eine Zusammenstellung der interessantesten Objekte, die mit mittelbrennweitigen Optiken fotografiert werden können.

Offene Sternhaufen. Diese Objekte der Milchstraße kommen am Himmel mit scheinbaren Durchmessern von 1° bis 2° bis hinunter zu wenigen Bogenminuten vor, entsprechend ihrer Größe und Entfernung (s. Farbtafel 7b).

In Tabelle 3.6 werden einige typische offene Einzelhaufen mit relativ großem scheinbaren Durchmesser vorgestellt.

Kugelsternhaufen. Kugelsternhaufen (Tabelle 3.7) besitzen bis zu hunderttausend Einzelsterne, die sich auf kleinstem Raum drängeln und sich innerhalb großer Zeiträume auf komplizierten Bahnen um das Zentrum bewegen. Die Sterndichte

Tabelle 3.6. Offene Sternhaufen mit relativ großem scheinbaren Durchmesser. Neben den Koordinaten α und δ sind der Durchmesser ϕ in Bogenminuten, die scheinbare visuelle Helligkeit in Größenklassen (mag), die Anzahl der enthaltenen Sterne (**) und das Sternbild (STB) aufgeführt, in dem sich der Sternhaufen befindet [3.16]

Offener Sternhaufen	$\alpha_{2000.0}$ h m	$\delta_{2000.0}$ ° ′	ϕ'	mag	**	STB
NGC 752	01 57,8	+37 41	50	5,7	60	And
Plejaden M 45	03 47,0	+24 07	110	1,2	100	Tau
NGC 1647	04 46,0	+19 04	45	6,4	200	Tau
NGC 1746	05 03,6	+23 49	42	6,1	20	Tau
NGC 2451	07 45,4	−37 58	45	2,8	40	Pup
M 48	08 13,8	−05 48	54	5,8	80	Hya
Praesepe M 44	08 40,1	+19 59	95	3,1	50	Cnc
IC 2391	08 40,2	−53 04	50	2,5	30	Vel
IC 2602	10 43,2	−64 24	50	1,9	60	Car
NGC 3532	11 06,4	−58 40	55	3,0	150	Car
IC 4665	17 46,3	+05 43	41	4,2	30	Oph
M 7	17 53,9	−34 49	80	3,3	80	Sco
IC 4756	18 39,0	+05 27	52	5,4	80	Ser

Tabelle 3.7. Elf relativ große Kugelsternhaufen. Neben den Koordinaten α und δ sind der Durchmesser ϕ in Bogenminuten, die scheinbare visuelle Helligkeit in Größenklassen (mag) und das Sternbild STB aufgeführt, in dem der Kugelsternhaufen steht [3.16]

Kugel-Sternhaufen	$\alpha_{2000.0}$ h m	$\delta_{2000.0}$ ° ′	ϕ'	mag	STB
47 Tuc	00 24,1	−72 05	31	4,0	Tuc
NGC 3201	10 17,6	−46 25	18	6,8	Vel
NGC 4372	12 25,8	−72 40	19	7,8	Mus
ω Cen	13 26,8	−47 29	36	3,7	Cen
M 5	15 18,6	+02 05	17	5,8	Ser
M 4	16 23,6	−26 32	26	5,9	Sco
M 13	16 41,7	+36 28	17	5,9	Her
NGC 6397	17 40,7	−53 40	26	5,7	Ara
M 22	18 36,4	−23 54	24	5,1	Sgr
NGC 6752	19 10,9	−59 59	20	5,4	Pav
M 55	19 40,0	−30 58	19	7,0	Sgr

nimmt von außen nach innen stetig zu. Für die Fotografie mit mittleren Brennweiten kommen nur Objekte mit großen scheinbaren Durchmessern in Frage. Es ist nämlich klar, daß nur bei den relativ nahen und daher großen Exemplaren die Außenpartien in Einzelsterne aufgelöst werden können. Eine Flat-Field-Kamera 3,5/500 mm löst den Kugelsternhaufen ω Centauri sehr schön bis weit in den Zentralbereich in Einzelsterne auf (s. Farbtafel 7d). Besser ist es allerdings, Kugelsternhaufen von vornherein mit langen Brennweiten zu fotografieren. Selbst bei den längsten der hier besprochenen Brennweiten wird der Durchmesser von M 13 beispielsweise auf dem Film nur etwa 4 mm betragen. Im anschließenden Abschnitt über die Fotografie mit langbrennweitigen Optiken werden einige kleine, sehr weit entfernte Kugelsternhaufen vorgestellt.

Galaktische Nebel. Die interessantesten Deep-Sky-Objekte sind aber zweifellos die galaktischen Nebel (Tabelle 3.8). Hier kann der Astrofotograf sehr auffallende Farben registrieren. Gasnebel leuchten nicht thermisch bedingt wie die Fixsterne,

Tabelle 3.8. Einige hellere HII-Regionen. Neben den Koordinaten α und δ ist die Ausdehnung ϕ in Bogenminuten, der Eigenname (falls vorhanden) und das Sternbild (STB) aufgeführt, in dem die HII-Region sich befindet [3.8,3.16] (s. Farbtafeln 7a,c, 8a,d, 10a, 12)

HII-Region	$\alpha_{2000.0}$ h m	$\delta_{2000.0}$ ° ′	ϕ'	Eigenname	STB
NGC 7822	00 03,6	+68 37	60 × 30		Cep
Ced 214	00 04,7	+67 10	50 × 40		Cep
NGC 281	00 52,8	+56 36	35 × 30		Cas
IC 1805	02 33,4	+61 26	60 × 60		Cas
IC 1848	02 51,3	+60 25	60 × 30		Cas
NGC 1499	04 00,7	+36 37	145 × 40	Californianebel	Per
IC 405	05 16,2	+34 16	30 × 19		Aur
IC 410	05 22,6	+33 31	40 × 30		Aur
M 42/43	05 35,4	−05 27	66 × 60	Orionnebel	Ori
NGC 2070	05 38,7	−69 06	40 × 25	Tarantelnebel	Dor
NGC 2024	05 40,7	−02 27	30 × 30		Ori
IC 434	05 41,0	−02 24	60 × 10		Ori
NGC 2174-5	06 09,7	+20 30	40 × 30		Ori
NGC 2237-9	06 32,3	+05 03	80 × 60	Rosettennebel	Mon
IC 2177	07 05,1	−10 42	120 × 40		Mon
NGC 3372	10 43,8	−59 52	120 × 120	η Carinae-Nebel	Car
IC 2944	11 38,3	−63 22	75 × 50	λ Centauri-Nebel	Cen
IC 4628	16 57,0	−40 20	90 × 60		Sco
NGC 6334	17 20,5	−35 43	40 × 30		Sco
NGC 6357	17 24,6	−34 10	50 × 40		Sco
M 20	18 02,6	−23 02	29 × 27	Trifidnebel	Sgr
M 8	18 03,8	−24 23	90 × 40	Lagunennebel	Sgr
M 16	18 18,8	−13 47	35 × 28	Adlernebel	Ser
M 17	18 20,8	−16 11	46 × 37	Omeganebel	Sgr
NGC 6820	19 43,1	+23 17	40 × 30		Vul
IC 5070	20 50,8	+44 21	80 × 70	Pelikannebel	Cyg
NGC 7000	20 58,8	+44 20	120 × 100	Nordamerikanebel	Cyg
IC 1396	21 39,1	+57 30	170 × 140	Cepheusnebel	Cep

sie senden also kein kontinuierliches Spektrum aus. Häufig damit verbunden sind auch die Reflexionsnebel (Tabelle 3.9).

Planetarische Nebel. Eine besondere Erscheinung unter den leuchtenden Nebeln sind die Planetarischen Nebel, deren Namensgebung auf W. Herschel zurückgeht. Tabelle 3.10 enthält eine Auswahl interessanter, manchmal zu unrecht wenig beachteter Planetarischer Nebel.

Planetarische Nebel sind überwiegend Objekte für den langbrennweitig arbeitenden Astrofotografen. Dennoch gibt es einige wenige Exemplare, die für die längsten der hier besprochenen mittleren Brennweiten interessant sind. Dabei kann die Verwendung von Farbfilmen interessant sein, weil die Planetarischen Nebel auffallende Farben aufweisen. Bei vielen PN läßt sich außerhalb des kleinen Zentralteils auch eine teilweise ausgedehnte, sehr schwache Halostruktur wahrnehmen, die durch Materieausstoß entstanden ist. Typische Beispiele sind NGC 3242 im Sternbild Hydra mit einem Halo von 21′ um den Zentralteil von 16″. Bekannter ist der Helixnebel im Wassermann (Abb. 3.6) oder auch PK 158 +17,1 im Luchs, bei dem ein Halo von 20′ Durchmesser um den zentralen Teil von 20″ nachgewiesen worden ist [3.16].

Tabelle 3.9. Ausgewählte Reflexionsnebel. Neben den Koordinaten α und δ ist die Ausdehnung ϕ in Bogenminuten und das Sternbild (STB) aufgeführt, in dem sich das Objekt befindet [3.8,3.16]

Reflexions-nebel	$\alpha_{2000.0}$ h m	$\delta_{2000.0}$ ° ′	ϕ'	STB
IC 2118	05 06,9	−07 13	180 × 60	Eri
M 78	05 46,7	+00 03	8 × 6	Ori
IC 2169	06 31,2	+09 54	25 × 20	Mon
IC 4592	16 12,0	−19 28	150 × 60	Sco
IC 4603	16 25,6	−24 28	20 × 10	Oph
IC 4604	16 25,6	−23 26	60 × 25	Oph
IC 4605	16 30,2	−25 06	30 × 30	Sco
IC 1287	18 31,3	−10 50	44 × 34	Sct
NGC 7023	21 01,8	+68 12	18 × 18	Cep

Tabelle 3.10. Ausgewählte Planetarische Nebel. Neben den Koordinaten α und δ ist die Ausdehnung ϕ in Bogenminuten, die fotografische (Blau-) Helligkeit (mag) und das Sternbild (STB) aufgeführt, in dem sich das Objekt befindet [3.16]. Weitere Daten siehe Abschn. 3.2.4

Planetarischer Nebel	$\alpha_{2000.0}$ h m	$\delta_{2000.0}$ ° ′	ϕ'	mag	STB
PK 215 − 30.1	05 03,2	−15 36	12,8	13,2	Lep
PK 204 + 4.1	06 52,6	+09 58	6,9	13,2	Lep
PK 244 + 12.1	08 40,2	−20 54	6,5	14,3	Pyx
PK 219 + 31.1	08 54,2	+08 55	>16	12,2	Cnc
PK 275 + 72.1	12 18,3	+11 02	11,5	–	Vir
PK 303 + 40.1	12 53,6	−22 52	11,8	12	Hya
NGC 6853	19 59,6	+22 43	5,8	7,6	Vul
PK 72 − 17.1	21 16,8	+24 10	13,9	>12	Vul
NGC 7293	22 29,6	−20 48	13	6,5	Aqr

Supernovaüberreste. Eine besonders interessante Gruppe von Emissionsnebeln für die mittleren Aufnahmebrennweiten ist die der Supernovaüberreste (SNR). Nach Supernovaexplosionen bilden sich aus den Materieresten oftmals recht zarte, hüllenartige Gebilde, die noch heute eine Expansion zeigen [3.23]. So weisen Simeis 147 (Abb. 3.5) im Sternbild Stier, IC 443 in den Zwillingen oder der Cirrusnebel im Sternbild Schwan typisch sphärische Formen mit schalenartigen Strukturierungen auf [3.24].

Wie bei den Planetarischen Nebeln, so sind auch im Spektrum der SNR die Linien der schwereren Elemente häufiger als in HII-Regionen vertreten. Neben den Balmerlinien des Wasserstoffs (im wesentlichen Hα und Hβ) können noch die verbotenen Sauerstofflinien bei 495,9 nm und 500,7 nm und die des Schwefels bei 671,7 nm und 673,1 nm beobachtet werden. Für den Astrofotografen bedeutet das, daß er mit einem erweitert panchromatischen Film am besten beraten ist, etwa mit dem Technical Pan Film. Außer seiner bis über 680 nm reichenden spektralen Empfindlichkeit hat dieser Film eine bekanntermaßen exzellente Feinkörnigkeit, verbunden mit hohem Kontrast. So lassen sich mit auflösungsstarken Optiken feinste Details, z.B. Filamente und Knoten, in den SNR nachweisen. Tabelle 3.11 enthält eine Auswahl von SNR mit relativ großem scheinbaren Durchmesser.

Einige Supernovaüberreste sind dermaßen lichtschwach, daß ihre Gestalt erst mit Hilfe ausgefeilter fotografischer Techniken sichtbar gemacht werden kann. Dies gilt zum Beispiel für den Monoceros-SNR. Er liegt mit 3,5° scheinbarem Durchmesser bei $\alpha = 6^h37^m$, $\delta = +6°35'$ und grenzt an den hellen Rosettennebel direkt an dessen nordöstlicher Seite an. Noch schwieriger vom Hintergrund zu trennen ist der Ara-SNR. Er hat 4,5° scheinbaren Durchmesser und befindet sich auf der Grenze der Sternbilder Skorpion und Ara bei $\alpha = 17^h27^m$, $\delta = -45°$ (Abb. 10.4).

Sollen dermaßen schwache SNR fotografiert werden, dann ist die Verwendung von Rotfiltern anzuraten, welche das Hα-Licht und das der roten Schwefellinien durchlassen (z.B. Schott RG 645 oder Kodak Wratten 92, s. a. Abschn. 6.4). Empfehlenswert ist auch das nachherige Umkopieren auf hart arbeitenden Reprofilm, um die lichtschwachen Nebelschleier so kontrastreich wie möglich her-

Tabelle 3.11. Wenig bekannte Supernovareste mit relativ großem scheinbaren Durchmesser. Neben den Koordinaten α und δ ist die Ausdehnung ϕ in Bogenminuten, der Name und das Sternbild (STB) aufgeführt, in dem sich das Objekt befindet [3.8, 3.9, 3.16]

Supernova-rest	$\alpha_{2000.0}$ h m	$\delta_{2000.0}$ ° ′	ϕ'	Name	STB
Sh2-223	05 17,2	+42 12	70 × 10		Aur
Sh2-224	05 27,3	+42 59	20 × 3		Aur
Sh2-240	05 39,1	+28 00	200 × 180	Simeis 147	Tau
IC 443	06 16,9	+22 47	50 × 40		Gem
Gum 12	08 35,0	−45 00	360	Vela-SNR	Vel
RCW 103	16 17,4	−51 03	9.5		Nor
Sh2-91	19 35,6	+29 37	120 × 2		Cyg

auskommen zu lassen. Schwierig ist auch der Nachweis extrem schwacher SNR, die hauptsächlich im Lichte der grünen Sauerstofflinien leuchten. Die meisten Schwarzweißfilme haben im grünen Spektralbereich ein Empfindlichkeitsminimum („Grünlücke").

Dunkelwolken. Wenn sich interstellare Materie nicht in unmittelbarer Nähe eines heißen Sterns befindet, dann erscheint sie als dunkle, das Sternenlicht absorbierende Wolke. Derartige Dunkelwolken wurden beispielsweise vom Astronomen E.E. Barnard schon 1927 fotografiert und katalogisiert [3.25]. Insbesondere in der galaktischen Ebene gibt es Dunkelwolkenkomplexe, die bereits bei visueller Beobachtung auffallen, so z.B. den berühmten *Kohlensack* von ca. 6° Ausdehnung (s. Farbtafel 6b). Er befindet sich inmitten der südlichen Milchstraße an der Südostseite des Sternbildes Kreuz des Südens. Im Sternbild Schlangenträger, etwa zwischen dem Schützen und dem Skorpion, liegt eine weitere bekannte, mit dem Auge auszumachende Dunkelwolke, die in ihrer Form an ein $5^\circ \times 9^\circ$ großes „E" erinnert, mit langen Ausläufern in Richtung Antares. In diesem Komplex, etwa 1,5° nördlich des Sterns ϑ Ophiuchi, befindet sich die *S-förmige Dunkelwolke* Barnard 72. Mit 15′ Ausdehnung ist sie ein schönes Motiv für die längeren der hier besprochenen Aufnahmebrennweiten.

Wenig bekannt ist eine lange Dunkelwolke, die sich im südlichen Sternbild Fliege befindet, am Rand der Milchstraße gelegen. Und noch ein auffallendes Beispiel sei genannt, die „dreiteilige Dunkelhöhle" im Sternbild Adler. Etwa 1° groß, liegt sie 1,2° westlich des Sterns γ Aquilae (Abb. 3.9).

Dunkelwolken treten oft in Verbindung mit leuchtenden Emissionsnebeln auf. Der Trifidnebel M 20 (s. Farbtafel 12) im Sternbild Schütze beispielsweise hat seinen Namen daher, daß drei extrem dichte Staubwolken vom Zentrum aus radial nach außen verlaufen. Der Nebel erscheint daher bei visueller Beobachtung dreigeteilt. Ein bekanntes Objekt ist auch der Pferdekopfnebel im Sternbild Orion, der als markante Erscheinung in den rotleuchtenden Gasnebel IC 434 hineinragt (Abb. 3.7).

Galaxien. Galaxien sind ebenfalls lohnenswerte Aufnahmeobjekte für mittelbrennweitige Teleskope. Es bieten sich näher gelegene, größere Objekte an, die in Tabelle 3.12 aufgelistet sind (s. Farbtafel 9c).

Bei ihnen lassen sich schon viele charakteristische Erscheinungen nachweisen wie die Spiralstruktur, irreguläre Formen und bei *edge-on-Galaxien* dunkle Staubbänder in der galaktischen Ebene. Im nahegelegenen Andromedanebel (Abb. 3.9) kann man mit mittelbrennweitigen Instrumenten von etwa 200 mm Öffnung auf feinkörnigem Aufnahmematerial sogar schon Einzelobjekte wie Veränderliche, helle Überriesen von -7^M [3.26], Kugelsternhaufen und große HII-Regionen nachweisen [3.27]. Die vier Zwerggalaxien in den Sternbildern Draco, Ursa Minor, Fornax und Leo (Abb. 3.8b) gehören der *Lokalen Gruppe* an [3.31]. Die beiden ersten sind wegen ihrer geringen Flächenhelligkeit fotografisch schwierige Objekte, ihr Existenznachweis ist nicht unbedingt an lange Brennweiten gebunden. Man bedenke jedoch, daß das Gros der Galaxien (also gerade die kleineren, entfernten Vertreter) erst mit langbrennweitigen Teleskopen

Tabelle 3.12. Galaxien mit relativ großem scheinbaren Durchmesser. Neben den Koordinaten α und δ ist die Ausdehnung ϕ in Bogenminuten, die scheinbare Helligkeit (mag), der Hubble-Typ und das Sternbild (STB) aufgeführt, in dem sich die jeweilige Galaxie befindet. Ein B bzw. V vor der Helligkeitsangabe besagt, daß die B- bzw. V-Größenklasse des UBV-Systems verwendet wurde [3.16]

Galaxie	$\alpha_{2000.0}$ h m	$\delta_{2000.0}$ ° ′	ϕ'	mag	Typ	STB
NGC 55	00 14,9	−39 11	32 × 7	B 7,8	SBm	Scl
M 31	00 42,7	+41 16	178 × 63	V 3,5	Sb	And
NGC 247	00 47,1	−20 46	20 × 7	V 8,9	S	Cet
NGC 253	00 47,6	−25 17	25 × 7	V 7,1	Scp	Scl
SMC	00 52,7	−72 50	280 × 160	V 2,3	SBmp	Tuc
NGC 300	00 54,9	−37 41	20 × 15	B 8,7	Sd	Scl
M 33	01 33,9	+30 39	62 × 39	V 5,7	Sc	Tri
Fornax Zwerg-G.	02 39,9	−34 32	20 × 14	B 9,0	dE3	For
LMC	05 23,6	−69 45	650 × 550	V 0,1	SBm	Dor
M 81	09 55,6	+69 04	26 × 14	V 6,9	Sb	UMa
Leo I Zwerg-Gal.	10 08,4	+12 18	12 × 9	V 10,2	E	Leo
NGC 4945	13 05,4	−49 28	20 × 4	B 9,5	SBc	Cen
M 101	14 03,2	+54 21	27 × 26	V 7,7	Sc	UMa
UMi Zwerg-Gal.	15 08,8	+67 12	27 × 16	B 12,5	dE6	UMi
Draco Zwerg-Gal.	17 20,2	+57 55	34 × 19	B 11,9	dE3	Dra

in genügend großem Maßstab abgebildet, hinreichend aufgelöst und detailliert erfaßt werden kann. Von besonderem Reiz sind wechselwirkende Galaxien sowie Galaxiengruppen und -haufen.

3.2.4 Fotografie mit Brennweiten über 1500 mm

Die Langzeitfotografie mit Brennweiten größer als 1500 mm war vor 15 Jahren nur sehr selten bei Amateuren anzutreffen. Bei Öffnungsverhältnissen häufig jenseits von $f/8$ waren die benötigten Belichtungszeiten auf den damaligen Filmmaterialien außergewöhnlich lang, das Durchhalten am Nachführokular ein Konzentrationsmarathon. Was hat sich in den letzten Jahren geändert? Zum einen nahm die Anzahl größerer Instrumente bei den Amateuren deutlich zu. War früher ein 150-mm-Newton das Standardinstrument, so ist es heute mindestens der 8-Zöller (200 mm) mit einer Primärbrennweite zwischen 1200 mm und 2200 mm. Besaßen die früher verwendeten Emulsionen Schwarzschildexponenten von $p = 0{,}62$–$0{,}67$ mit daraus resultierend mehrstündigen Ausbelichtungszeiten, so ist es heute möglich, mit dem fast ausschließlich verwendeten Technical Pan Film 2415, 4415 oder 6415 in hypersensibilisierter Form (p nahe 1,0) in 90 bis 150 Minuten schwache Objekte abzubilden. Auch haben einige Hersteller dem Trend zu immer längeren Aufnahmebrennweiten Rechnung getragen, indem Montierungen mit stärkeren Achsen und weniger Lager- und Schneckenspiel angeboten werden. Früher war dies nur in Selbstbaubemühungen zu erreichen. Außerdem übernehmen auch bei den Amateuren mehr und mehr CCDs die leidige Nachführkontrolle, ersetzen zunehmend die lichtempfindliche Filmschicht mit dem Ergebnis einer noch weiteren Verkürzung der Belichtungszeit. Die langen Brennweiten stellen ein ideales Anwendungsgebiet für CCD-Kameras dar. Handelsübliche Modelle mit Pixelgrößen zwischen 9 μm^2 und ca. 20 μm^2 erzielen in der Praxis ab etwa 4 m Aufnahmebrennweite ein Auflösungsvermögen im Bereich einer Bogensekunde. Das Problem ist heutzutage noch die in bezug auf das Kleinbildformat relativ kleine Aufnahmefläche und der hohe Speicherbedarf [3.36–3.39].

Nichtsdestoweniger stellt die Aufnahmebrennweite über 1500 mm immer noch höchste Ansprüche an Instrumentarium und Bediener. Eine Tabelle der Nachführtoleranzen erübrigt sich, die Nachführung hat so genau wie irgend möglich zu sein, in jedem Fall unter $2''$, entsprechend der Auflösung des Technical Pan Films bei 1500 mm Brennweite. Das heißt, der Leitstern sollte seinen Platz im Fadenkreuz über den Belichtungszeitraum nicht verlassen, wobei sich als Obergrenze im Nachführokular eine 300×-Vergrößerung als ausreichend bewährt hat. Höhere Vergrößerungen führen wegen der fast immer vorhandenen Luftunruhe und damit verbundenen Bewegung des Leitsterns schneller zu Ermüdung und Nachlassen der Konzentration, will man den hüpfenden Lichtpunkt doch immer wieder hinter den Faden setzen.

Nicht unerwähnt bleiben soll aber auch, daß ein einmaliger kurzer Nachführfehler nicht unbedingt ein Bild ruinieren muß. Befindet sich kein heller Stern im Aufnahmefeld, so macht sich der Patzer auf dem Negativ bei einem fotografisch so „langsamen“ Öffnungsverhältnis von $f/8$ oder noch weniger nicht bemerkbar, führt man nur rasch genug die Gegenkorrektur aus (s. Abschn. 6.3). Bei dem hier angesprochenen Brennweitenbereich kommt der Luftunruhe besondere Bedeutung zu. Wie bei der Sonnen-, Mond- und Planetenfotografie ist die Luftunruhe auch in der langbrennweitigen Stellarfotografie der limitierende Faktor bei der Bildschärfe. Bei schlechtem Seeing wird ein optimales Ergebnis nicht zu erzielen sein. Wer dennoch versucht, bei Seeingscheibchen zu fotografieren, die größer als das Auflösungsvermögen des Instruments in Verbindung mit dem Film sind, wird – trotz exakter Fokussierung und Nachführung – unscharf wirkende Sternabbildungen erhalten. Auch geht die erreichbare Sterngrenzgröße zurück. (s. Abschn. 8.4).

Ein weiteres Problem bei der langbrennweitigen Astrofotografie stellen kleinste Bewegungen zwischen Aufnahmeinstrument und Leitrohr dar. Bei den geforderten Nachführtoleranzen von weniger als $2''$ machen sich bereits winzige Verbiegungen oder Verschiebungen, oft schon aufgrund gewichtsmäßiger Verlagerungen, bemerkbar. Abhilfe bringen hier aufwendige Konstruktionen, die sogar die temperaturabhängig unterschiedlichen Ausdehnungen der verwendeten Materialien berücksichtigen. Für den Amateur bietet sich eher die Nachführkontrolle über ein Off-Axis-System an (s. Abschn. 6.3.2.2).

Je länger die Aufnahmebrennweite, desto größer ist die Anzahl der möglichen Zielobjekte, beträgt doch bei 2000 mm Brennweite der Abbildungsmaßstab bereits ca. $100''$/mm, ausreichend für Detailaufnahmen vieler Galaxien [3.45, 3.46], Sternhaufen sowie einiger Planetarischer Nebel. Einige Objektklassen sollen nun gesondert aufgeführt werden (Abb. 3.10–3.14).

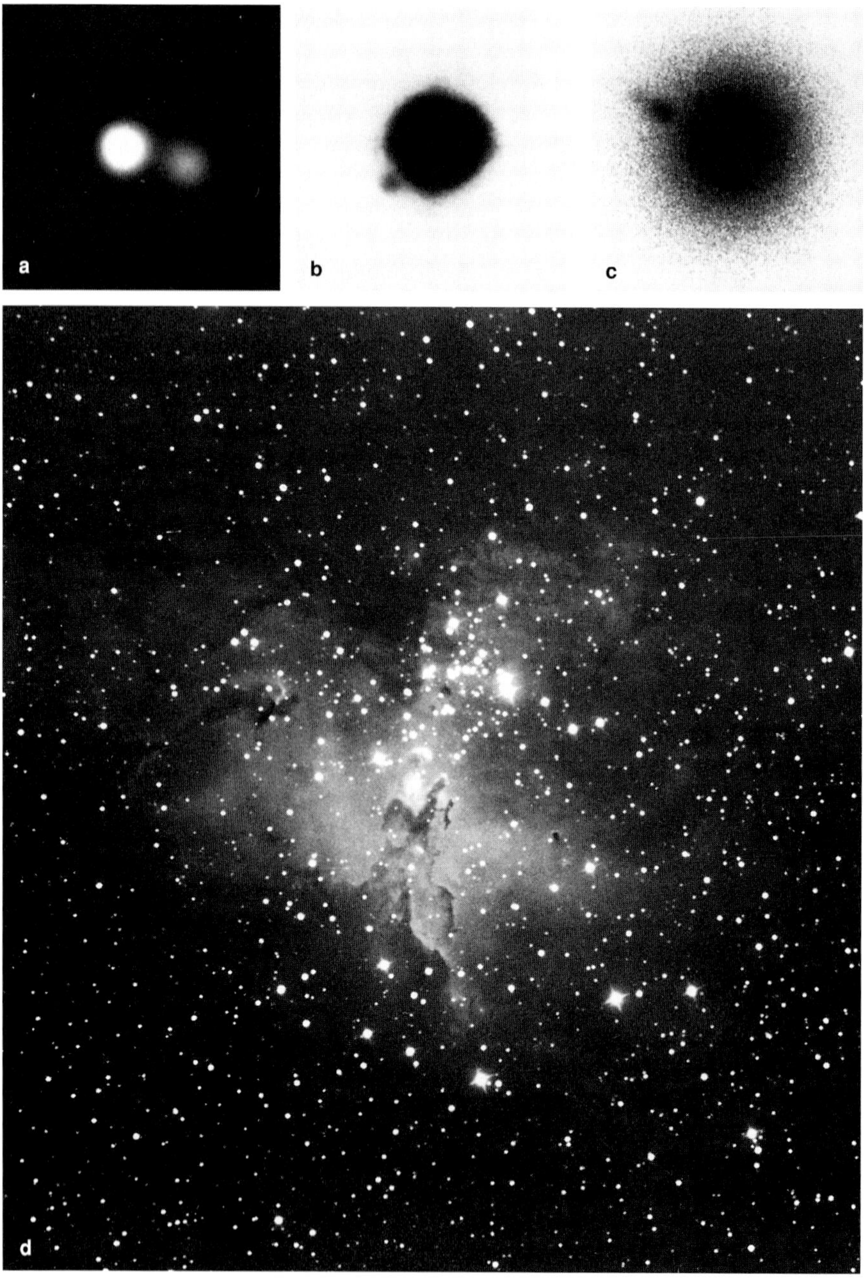

Abb. 3.10. **a** Doppelstern α Gem (Castor), $f = 28500$ mm Brennweite. Foto: W. Lille. **b** Doppelstern β Ori (Rigel). Aufnahme am 19.1.1991, Meade 10", 15 m effektive Brennweite, 20 s belichtet auf Fujichrome RH 400. Foto: J. Loserth. **c** Galaxie M87 mit Jet. Aufnahme am 15.4.1988, 300-mm-Schiefspiegler, 12/3600 mm, TP 2415 hyp., 60 min belichtet. Ort: Wirges. Foto: B. Flach-Wilken. **d** Adlernebel M16. Aufnahme am 15.4.1988, 520-mm-Newton, 3,8/1976 mm, Komakorrektor, TP 2415 hyp., 25 min belichtet. Ort: Puimichel. Foto: K.-P. Schröder, H. Lüthen

a

b

c

Abb. 3.11. **a** Galaxie M63. Aufnahme am 20.4.1992, C14, 11,4/4060 mm, TP 2415 hyp., 120 min belichtet. Ort: Solingen. Foto: B. Koch. **b** Galaxie M99 und **c** M66. Aufnahmen am 22. und 24.4.1987, 300-mm-Schiefspiegler, 12/3600 mm, TP 2415 hyp., 120 min belichtet. Ort: Wirges. Fotos: B. Flach-Wilken

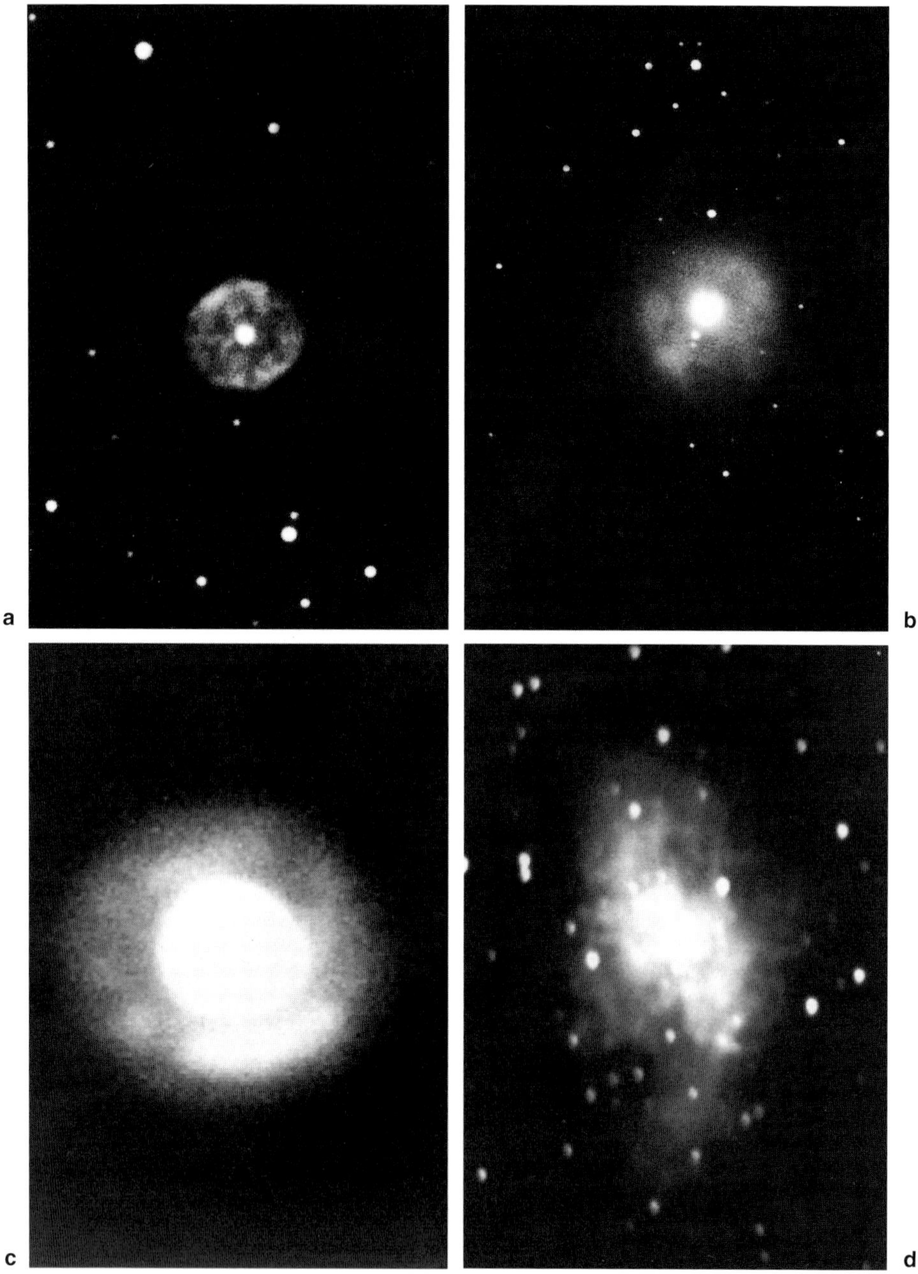

Abb. 3.12. **a** NGC 1501. **b** NGC 1514. Aufnahmen am 1.12.1987 und 29.11.1989, C14, 11/4000 mm, TP 2415 hyp., 120 min bzw. 150 min belichtet. Ort: Groß-Umstadt. Fotos: G. Reus. **c** Eskimonebel NGC 2392, 17.1.1993, Komposit von 27 Aufnahmen à 10 s, C14 mit 2×-Barlowlinse, $f/22$, $f = 8000$ mm, CCD-Kamera ST-6. **d** Crabnebel M1. 27.9.1992, Komposit von 20 Aufnahmen à 45 s, C11, 10/2800 mm, ST-6. Ort: Dennach. Foto: T. Reddmann, F. Hase, H. Deininger

Abb. 3.13. **a** Galaxie M102. Aufnahme am 18.5.1992. **b** Galaxie NGC 4631. Aufnahme am 10.4.1991. C14, 11,4/4060 mm, TP 2415 hyp., 90 min belichtet. Ort: Solingen. Fotos: B. Koch. **c** Galaxie NGC 4565. Komposit zweier Aufnahmen am 22.4 u. 12.5.1988, 300-mm-Schiefspiegler, 12/3600 mm, TP 2415 hyp., 210 min belichtet. Ort: Wirges. Foto: B. Flach-Wilken

Abb. 3.14. **a** Galaxiengruppe um NGC 6027. Aufnahme am 11.4.1991, 320-mm-RC, 10/3200 mm, TP 2415 hyp., 135 min belichtet. Ort: Gornergrat/Schweiz. Foto: H. Tomsik, S. Binnewies, D. Sporenberg. **b** Stephans Quintett. Aufnahme am 25.11.1989, 404-mm-Newton, 5,8/2371 mm, CCD-Kamera, 52 min belichtet. Ort: Marienheide. Foto: W. Bickel. **c** NGC 3079 und Doppelquasar QSO 0957 +561 A/B. Aufnahme am 21.2.1990, 250-mm-Newton, 4,8/1200 mm, TP 2415 hyp., 40 min belichtet. Inset: Kompositabzug zweier Aufnahmen vom 6. und 21.4.1992, 25 min bzw. 40 min belichtet auf TP 2415 hyp. Ort: Odenwald. Foto: B. Schatzmann

Doppelsterne. Während auf diesem Gebiet schon Belichtungszeiten von einigen Sekunden ausreichen, sind sehr lange Aufnahmebrennweiten, ähnlich wie bei der Planetenfotografie, nötig . Interessant wird es ab einer Brennweite von ca. 20 m, entsprechend einem Abbildungsmaßstab von 10″/mm. Die meisten Amateurteleskope müssen dazu auf die Okularprojektionsmethode umgerüstet werden (s. Abschn. 4.1). Nachführkorrekturen sind in diesem Brennweitenbereich nur mit einer On-Axis-Nachführung (s. Abschn. 6.3.2.3) möglich. Steht diese nicht zur Verfügung, limitiert die Gleichlaufruhe der Montierung die Belichtungszeit.

Wenn es nur darauf ankommt, ein Doppelsternsystem (Abb. 3.10) fotografisch zu trennen, sei auf die Listen in [3.40, 3.41] verwiesen. Hier finden sich Paare jeglichen Schwierigkeitsgrades. Tabelle 3.13 enthält eine Auswahl interessanter Doppelsterne.

Kugelsternhaufen. Während im Abschnitt mittlerer Brennweiten in der Deep-Sky-Fotografie die schönsten und größten Kugelsternhaufen tabellarisch aufgeführt wurden, kommen jetzt die Negativrekordhalter, d.h. Kugelsternhaufen in einer Entfernung entsprechend der unserer Nachbargalaxien, der Magellanschen Wolken, an die Reihe (Tabelle 3.14). Diese intergalaktischen Wanderer, deren hellste Einzelsterne nur die 16. bis 17. Größenklasse erreichen und deren Auflösung

Tabelle 3.13. Auswahl von Doppelsternen mit einer maximalen Umlaufszeit *P* von 200 Jahren. Abstand *d* der Komponenten und Positionswinkel *PW* gelten für 1995,0 [3.44]

Bezeichnung	$\alpha_{2000.0}$ h m	$\delta_{2000.0}$ ° ′	mag	P/a	d″	PW°
36 And	00 55,0	+23 38	+6,0/+ 6,4	165	0,9	302
α CMa	06 45,1	−16 43	−1,4/+ 8,5	50	3,1	232
α CMi	07 39,3	+05 13	+0,4/+10,3	41	5,0	47
ζ Cnc	09 09,4	+22 03	+5,6/+ 6,1	60	0,7	125
ξ UMa	11 18,2	+31 32	+4,3/+ 4,8	60	1,1	317
α Cen	14 39,6	−60 50	−0,0/+ 1,2	80	17,3	218
ξ Boo	14 51,4	+19 06	+4,7/+ 7,0	152	6,8	320
70 Oph	18 05,5	+02 30	+4,2/+ 6,0	88	2,5	168
Krüger 60[a]	22 28,1	+57 42	+9,8/+11,5	45	3,4	116

[a] Bei Krüger 60 ist die Komponente B ein Flarestern, dessen Überwachung besonders lohnenswert erscheint. Eine ausführliche Tabelle weiterer unregelmäßig veränderlicher Sterne vom Typ der Zwergnovae mit Helligkeiten oft jenseits von $+16^{m}$ zwischen den Helligkeitsausbrüchen findet sich bei [3.43]

Tabelle 3.14. Kugelsternhaufen mit kleinem Winkeldurchmesser [3.16]. Neben den Koordinaten α und δ ist die Ausdehnung ϕ in Bogenminuten, die scheinbare Helligkeit (mag), die Entfernung in Lichtjahren und das Sternbild (STB) aufgeführt, in dem sich der jeweilige Kugelsternhaufen befindet

Bezeichnung	$\alpha_{2000.0}$ h m	$\delta_{2000.0}$ ° ′	ϕ'	mag	Entf. Lj	STB
NGC 2419	07 38,1	+38 53	4,1	10,4	300000	Lyn
NGC 7006	21 01,5	+16 11	2,8	10,5	113000	Del
NGC 5694	14 39,6	−26 32	3,6	10,2	105000	Hya

bei scheinbaren Durchmessern unter 4′ nicht einfach ist, stellen eine besondere Herausforderung für den entsprechend ausgerüsteten Astrofotografen dar. Die Aufnahmebrennweite sollte mindestens 2000 mm betragen und wieder sind höchste Anforderungen an die Fokussierung und die Nachführung zu stellen.

Doppelsternsysteme und Kugelsternhaufen lassen sich auch bei Mondlicht ohne allzu störenden Kontrastverlust fotografieren. Hier hilft sogar die unterschwellige Vorbelichtung durch den aufgehellten Nachthimmel, lichtschwächere Sterne nachweisen zu können. Dies gilt auch für einige der kleineren Planetarischen Nebel.

Planetarische Nebel. Manche Planetarischen Nebel weisen neben einem hellen Zentralteil noch lichtschwache Halos auf. Ein bekanntes Beispiel ist NGC 2392 (Eskimonebel) in den Zwillingen. Eine kurze Belichtung zeigt sehr schön das „Gesicht", aber erst eine ausbelichtete Aufnahme den es einhüllenden „Pelzkragen" (Abb. 3.12). Dann ist aber auf (harten) Technical Pan-Aufnahmen der Zentralteil völlig überbelichtet und strukturlos. Hier empfiehlt sich die Anfertigung mehrerer Aufnahmen unterschiedlicher Belichtungszeit, die anschließend in der Dunkelkammer kombiniert werden können. Fotografiert man hingegen auf weicherem Farbnegativfilm, so werden alle Partien des Eskimonebels gut durchgezeichnet aufgenommen. Das trifft auch für CCD-Aufnahmen mit geeigneter Bildverarbeitung zu.

Tabelle 3.15 enthält ausgewählte Planetarische Nebel [3.44]. Aufsuchkarten sowie Daten über die relativen Linienintensitäten findet man in [3.3] (s. Farbtafel 8b,c).

Nun stellt sich die Frage nach brauchbarem Filmmaterial. Auf dem Schwarzweißsektor ist es unbestritten der hypersensibilisierte Technical Pan. Bei den Farbfilmen achte man auf eine ausreichende Grünempfindlichkeit, die zur Zeit die Kodakfilme der Ektar- und Ektapress-Reihe vorweisen können. Will man Farbfilme z.B. mit dem häufig verwendeten Deep-Sky-Filter kombinieren, ergeben sich Farbverfälschungen in Richtung Violett. Diese können aber bei ausgefeilter Dunkelkammertechnik bis zu einem gewissen Grad wieder kompensiert werden.

Galaxien und Galaxienhaufen. Dem Astrofotografen eröffnet sich hier ein besonders weit gespanntes Tätigkeitsfeld. Schon mit mittleren Brennweiten ist es möglich, einzelne Objektklassen in den beiden großen Spiralgalaxien M 31 und M 33 (s. Farbtafel 10b) aufzunehmen. Die hellsten Cepheiden, einige Kugelsternhaufen und offene Sternhaufen sowie Emissionsnebelgebiete (insbesondere in M 33) sind vor etwa 70 Jahren mit dem 100-zölligen-Hookerteleskop auf dem Mount Wilson aufgespürt worden.

Da es sich bei den Galaxien um Integrallichterscheinungen handelt, ist ein Filtern zur Kontraststeigerung nicht sinnvoll. Aus der Stadt heraus sind deshalb keine optimalen Ergebnisse zu erwarten. Anders sieht es bei Galaxien aus, deren Zentralgebiete Interessantes bieten. Besonders sind da die Riesenellipsen zu nennen, die mehrere Kerne enthalten (sog. Galaxienkannibalismus), oder auch der

Tabelle 3.15. Ausgewählte Planetarische Nebel [3.44, 3.3]. Neben den Koordinaten α und δ ist die Ausdehnung ϕ in Bogenminuten, die fotografische (Blau-) Helligkeit (mag) und der Eigenname des Objekts aufgeführt [3.16] (s. Farbtafel 8)

NGC	$\alpha_{2000.0}$ h m	$\delta_{2000.0}$ ° ′	ϕ'	mag	Name
40	00 13,0	+72 32	60 × 40	10,5	
246	00 47,0	−11 53	240 × 210	8,5	
650	01 42,3	+51 34	140 × 70	11,0	Kl. Hantelnebel
2392	07 29,2	+20 55	40 × 40	8,0	Eskimonebel
2610	08 33,4	−16 09	40 × 40	13,0	
3242	10 24,8	−18 38	40 × 40	9,0	Ghost of Jupiter
6058	16 04,4	+40 41	25 × 20	10,9	
6543	17 58,6	+66 38	22 × 16	8,5	
6720	18 53,6	+33 02	80 × 60	9,0	Ringnebel
6778	19 18,4	−01 36	20 × 20	13,3	
6781	19 18,4	+06 33	105 × 105	11,8	
6853	19 59,6	+22 43	480 × 300	8,0	Hantelnebel
6894	20 16,4	+30 34	44 × 44	14,4	
7008	21 00,6	+54 33	85 × 70	13,3	
7009	21 04,2	−11 22	25 × 25	8,0	Saturnnebel
7293	22 29,6	−20 48	720 × 720	6,5	Helixnebel
7662	23 25,9	+42 33	30 × 30	8,5	

im blauen Licht strahlende, erst 1918 entdeckte 20″ lange Jet in M 87 (Abb. 3.10) [3.47]. Hier kommt es primär auf eine gute Auflösung an, da diese Phänomene nur wenige Bogensekunden groß sind. Die Himmelshelligkeit spielt nicht mehr die Hauptrolle. Wer also mit 2000 mm Brennweite und mehr herangehen will, findet auch aus der Stadt heraus noch interessante Arbeitsfelder. Die Tabellen 3.16–3.20 listen interessante Objekte auf [3.48–3.50, 3.52].

Als Schwarzweißfilm empfiehlt sich hypersensibilisierter Technical Pan wegen seines hohen Kontrasts und seiner Feinkörnigkeit. Bei den Farbnegativfilmen sollten zur Zeit die Ektarfilme 100 und 1000 sowie der Fujicolor Super G 400, bei den Farbdiafilmen die unbehandelten ScotchChrome 400 und Kodak Panther 1600 eingesetzt werden.

Sonstige interessante Objekte. Bei Vergleich eigener Astroaufnahmen mit möglichst alten Aufnahmen von Fachsternwarten lassen sich unter Umständen Positionsveränderungen der Vordergrundsterne zum Hauptobjekt finden. Bekannt sind zwei Sterne im Feld der viel fotografierten Galaxie M 51 in den Jagdhunden [3.53] (s. Farbtafel 9a). Auch können Veränderungen heller Knoten im Supernovaüberrest M 1 im Stier erkannt werden, wenn die Vergleichsaufnahmen in genügend großem Abstand vorher entstanden sind. Lohnenswert erscheint auch die Überwachung kleinerer veränderlicher Nebel, die in Tabelle 3.20 aufgeführt sind. Weitere Objekte sind in [3.8] zahlreich zu finden.

Ein besonders aktuelles Arbeitsgebiet für die Fachastronomen stellen die *Gravitationslinsen* (Tabelle 3.19) dar. Dadurch gesplittete Quasarbilder lassen Abschätzungen über die Masse der als Linse wirkenden Vordergrundgalaxie zu,

Tabelle 3.16. Auswahl interessanter Einzelgalaxien. Neben den Koordinaten α und δ ist die Ausdehnung ϕ in Bogenminuten und die scheinbare Helligkeit (mag) angegeben

NGC	$\alpha_{2000.0}$ h m	$\delta_{2000.0}$ ° ′	ϕ'	mag
520[a]	01 24,6	+03 48	3,0 × 0,7	11,2
1097	02 46,3	−30 17	9,3	9,7
3115	10 05,2	−07 43	8,3	9,2
3310	10 38,7	+53 30	3,6	10,9
3314[b]	10 37,2	−27 41	2,0	14,0
3842[c]	11 44,0	+19 57	1,2	13,0
4753	12 52,4	−01 12	5,4	9,9
5128[d]	13 25,5	−43 01	18,2	7,0

[a] Hierbei handelt es sich um sog. Rattenschwanzgalaxien, die sehr lichtschwache, peitschenartige Ausläufer besitzen

[b] NGC 3314 steht im Hydragalaxienhaufen. Dort projizieren sich zwei Galaxien übereinander, was aber kein Beispiel für Galaxienkannibalismus darstellt

[c] In unmittelbarer Galaxiennähe befinden sich gleich drei hellere Quasare [3.4], möglicherweise ein Beispiel für Micro-Lensing

[d] Es handelt sich um die bekannte Radiogalaxie Cen A (s. Farbtafel 9b)

Tabelle 3.17. Galaxienkannibalismus. Neben den Koordinaten α und δ ist die Ausdehnung ϕ in Bogenminuten, die scheinbare Helligkeit (mag) und der Abstand der Galaxienkerne in Bogensekunden angegeben

NGC	$\alpha_{2000.0}$ h m	$\delta_{2000.0}$ ° ′	ϕ'	mag	Kernabstand ″
6166 A–D	16 28,6	+39 33	2,4	12,0	2–11[a]
6240 A/B	16 53,0	+02 24	2,2	15,0	1,8

[a] Vier Kerne

vor allem ist es aber möglich, Aussagen über die Hubble-Konstante zu erhalten. Dazu müssen Helligkeitsschwankungen und Unterschiede in der Lichtlaufzeit der einzelnen Quasarbilder bestimmt werden [3.54–3.56]. Einige dieser „gelinsten" Quasare sind auch dem Amateur fotografisch zugänglich (Abb. 3.14); es eröffnet sich hier ein kosmologische Fragestellungen berührendes Aufgabenfeld.

Die Aufnahmebrennweite für solche Exoten sollte nicht wesentlich unter 2000 mm liegen und die Verwendung feinkörnigen Filmmaterials ist empfehlenswert.

Tabelle 3.18. Galaxiengruppen und -haufen. Neben der Abell-Nummer sind die Koordinaten α und δ und die Ausdehnung ϕ in Grad angegeben

Bezeichnung	Abell	$\alpha_{2000.0}$ h m	$\delta_{2000.0}$ ° ′	ϕ°
Haufen A	151	01 08,9	−15 25	—
—	194	01 25,6	−01 30	0,3
—	400	02 57,6	+06 02	—
Perseus	426	03 18,6	+41 32	4,0
Fornax II	—	03 28,0	−20 45	7,0
Fornax I	—	03 32,0	−35 20	7,0
Gemini	568	07 07,6	+35 03	0,5
Cancer	—	08 21,0	+20 56	3,0
Hydra II	—	08 58,0	+03 09	—
Leo	1020	10 27,8	+10 25	0,6
Hydra I	1060	10 36,9	−27 32	—
Ursa Major II	—	10 58,0	+56 46	0,2
Leo A	1185	11 10,9	+28 41	—
Copelands Septett	—	11 37,8	+22 00	—
—	1367	11 44,5	+19 50	—
Ursa Maior I	1377	11 47,1	+55 44	0,7
Virgo	—	12 30	+12 23	12
Centaurus	—	12 50	−41 18	2
Coma	1656	12 59,8	+27 59	4
Bootes	1930	14 33	+31 33	0,3
Corona Borealis	2065	15 22,7	+27 43	0,5
Seyferts Sextett	—	15 59,2	+20 45	—
Herkules	2151	16 05,2	+17 45	1,7
—	2152	16 05,4	+16 27	—
—	2197	16 28,2	+40 54	—
—	2199	16 28,6	+39 31	0,2
Stephans Quintett	—	22 36,0	+33 58	—
Pegasus II	—	23 10	+07 36	2
Pegasus I	—	23 22	+09 02	1

Tabelle 3.19. Gravitationslinsen und Mehrfachquasare. *d*: Distanz der Komponenten, Jahr: Entdeckungsjahr

Bezeichnung	$\alpha_{2000.0}$ h m	$\delta_{2000.0}$ ° ′	d''	mag	Jahr
QSO 0957 +561 (A/B)	10 01,3	+54 53	6,1	16,5/16,7	1979
PG 1115 +080 (A/B/C)	11 18,3	+07 46	2,7/1,8/2,3	16,3/18,6/18,2	1980
QSO 2345 +007 (A/B)	23 48,3	+00 57	7,3		1982
QSO 1635 +267 (A/B)	16 37,2	+26 37	3,8		1984
QSO 2016 +112 (A/B)	20 19,3	+11 27	3,4		1984

Tabelle 3.20. Sonstige Objekte. Neben den Koordinaten α und δ ist die Ausdehnung ϕ in Bogensekunden und der Typ angegeben

Bezeichnung	$\alpha_{2000.0}$ h m	$\delta_{2000.0}$ ° ′	ϕ''	Typ
NGC 6302	17 13,7	−37 06	120 × 60	Bipolarer Nebel, rote Emissionslinien dominieren
NS 14	06 59,2	−03 59	35	Bipolarer Nebel, Mischung aus HII-Emission und Reflexion
LHα 208	06 07,9	+18 40	120	Bipolarer Reflexionsnebel
NGC 2261	06 39,2	+08 44	210	variabler, kometarischer Reflexionsnebel, auch zu den bipolaren Nebeln gehörend
S 106	20 27,5	+37 24	120	Bipolarer Nebel, rote Emissionslinien dominieren
NGC 6729	19 01,9	−36 57	90	Reflexionsnebel, veränderlich
Nebel um R Aqr	23 43,9	−15 17	120	Reflexionsnebel, veränderlich
NGC 1555	04 21,8	+19 32		Hinds veränderlicher Nebel
IC 2220	07 56,9	−59 07		Bipolarer Nebel

3.3 Astronomische Exkursionen

Mannigfaltig sind die Gründe, weshalb es viele Astrofotografen von Zeit zu Zeit fort vom heimischen Beobachtungsplatz treibt. Insbesondere die Suche nach einem dunklen, streulichtarmen Himmel und nach guter Durchsicht (Transparenz) sind Beweggründe. Eine ganz wichtige Rolle spielt auch der Wunsch, bei uns weit südlich oder ganz unter dem Horizont verbleibende Objekte zu fotografieren. Außerdem können ein nur in südlichen Breiten zu beobachtender Komet, eine Supernova oder Finsternisse bzw. Sternbedeckungen eine Exkursion nötig werden lassen. Aber es muß nicht nur nach Süden gehen. Auch eine Exkursion zur Fotografie von Polarlichtern oder der Wunsch, einen zirkumpolar positionierten Kometen, beispielsweise während der Polarnacht, einer kontinuierlichen Überwachung zu unterziehen, „rechtfertigen" eine Reise in den hohen Norden. Vielleicht ist es aber auch der Reiz eines fremden Landes oder das Erleben der Gemeinschaft mit Gleichgesinnten, was uns hinaus aus dem Alltag und weg von der astronomischen „Hausmannskost" zieht.

3.3.1 Aspekte zur Wahl des Standortes

Vielfältig sind auch die jeweils entscheidenden Aspekte zur Standortwahl. Dem einen schwebt beispielsweise vor, das Kreuz des Südens bei angenehmen Temperaturen, vielleicht mit Palmen im Vordergrund, aufzunehmen – demjenigen sei ein Platz am Strand empfohlen.

In diesem Kapitel soll es aber um Orte mit besonders guter Transparenz, wenig Lichtverschmutzung und längeren Phasen stabiler Wetterlage gehen. Auch die gute Erreichbarkeit soll nicht außer acht gelassen werden. Auf jeden Fall kann hier nur eine Auswahl geeigneter Orte vorgestellt werden.

Anfangen kann man mit den Mittelgebirgen. Die Besiedelung ist weniger dicht und die, wenn auch nur bescheidene, Höhenlage bringt oft schon eine merklich bessere Transparenz. Und natürlich eignen sich solche Orte, wenn sie in relativ kurzer Fahrtzeit erreicht werden können, zu einer Wochenendtour oder einfach nur zu einigen Aufnahmen beispielsweise eines hellen Kometen [3.57, 3.58]. Das Wetterrisiko ist relativ gering, man fährt nur, wenn man weiß, daß es aufklart. Ein Anruf bei der nächsten Wetterwarte kann dieses Risiko noch weiter mindern. Für den Fall der Fälle (Auftauchen eines spektakulären Kometen oder einer Supernova) oder sei es nur, um die eigene Ausrüstung vor einer längeren Exkursion unter einem dunklen Himmel zu testen, sollte jeder in den Ballungsgebieten lebende Astrofotograf einen solchen Platz kennen. Dunkle Orte finden sich auch in der norddeutschen Tiefebene oder in Mecklenburg/Vorpommern. Bei der Auswahl hilft eine gute Landkarte des betreffenden Gebietes. Bevorzugt sind Stellen weit weg von größeren Ansiedlungen, insbesondere in Richtung Süden und möglichst erhöht gelegen mit einem freien Blick. Die Nähe zu Wasser- und Sumpfflächen sollte wegen der Gefahr der Nebelbildung gemieden werden. Wichtig ist es auch, darauf zu achten, daß evtl. vorbeikommende Fahrzeuge - beispielsweise auf einem Feldweg - nicht behindert werden und die Scheinwerferkegel eine angefangene Astroaufnahme nicht ruinieren können. Selbstverständlich hinterläßt der Astrofotograf am Morgen nicht seinen Müll in der Landschaft und verhält sich während des Beobachtungsaufenthaltes nicht übermäßig laut (Radio, Autohupe). Der irgendwann einmal vorbeikommende Förster oder auch Bewohner des nächsten Dorfes werden es registrieren.

Was ist in Mitteleuropa unter einem dunklen Himmel zu erwarten? Relativ egal, ob aus der Lüneburger Heide oder vom Bayerischen Wald aus fotografiert wird, ohne Einsatz von Filtern liegen die maximal erreichbaren Belichtungszeiten bei 50% und weniger dessen, was beispielsweise von Kreta, Südspanien oder den Kanarischen Inseln aus möglich ist. Auch macht sich die zum Horizont stets vorhandene Lichtverschmutzung bei Weitwinkelaufnahmen deutlich in Form eines Schwärzungsgradienten auf dem Negativ bemerkbar. Farbaufnahmen werden nicht die Brillianz erreichen, es sei denn, Nebelfilter, wie z.B. der Deep-Sky-Filter (s. Abschn. 6.4.4) werden eingesetzt, was aber Farbveränderungen zur Folge hat. Kontraststeigernd und farbsättigend wirkt die Sandwichverarbeitung mehrerer Negative oder Dias (s. Abschn. 10.4.3).

Wirklich gute Ergebnisse lassen sich in der Schwarzweißfotografie bei den HII-Objekten in Verbindung mit einem Rotfilter, wie in Abschn. 3.2.2 beschrieben, erzielen. Selbst so südliche Objekte wie der Lagunennebel M 8 im Schützen oder der extrem schwache Emissionsnebel um den Stern 10 Lac (Abb. 3.1) lassen sich von Deutschland aus in ausgezeichneter Qualität fotografieren. Gute Aufnahmen von Integrallichterscheinungen, beispielsweise des Zodiakallichtes oder auch schwacher Reflexionsnebelgebiete dagegen können nicht erwartet werden.

Eine Steigerung stellen die Alpen dar. Dabei wird es sich meist um mehrtägige Exkursionen handeln, wobei im Vorfeld geklärt werden muß, ob in einem Hotel, einer Pension oder aber auf sich gestellt in einem Zelt bzw. Wohnmobil geschlafen wird [3.59–3.62]. Entsprechend ist die Jahreszeit bzw. die Höhenlage auszuwählen und sind die Kosten zu kalkulieren.

Klimatisch günstige Orte finden sich insbesondere auf der Südseite des Alpenhauptkammes. Persönliche Erfahrungen liegen vor aus:

Kärnten:	Gerlitzen (1910 m), Dobratsch (2170 m)
Südtirol:	Passo di Gavia (2640 m), Stilfser Joch (2760 m)
Seealpen:	Col de Restefond (2800 m)
Wallis:	Gornergrat (3120 m)

Die stabilsten Wetterlagen ergeben sich von Februar bis April und dann wieder von August bis in den November hinein. Die Nachthimmelshelligkeit ist an günstigen Stellen in den Alpen deutlich geringer als in unseren Mittelgebirgen. Visuell sind kaum noch Abstriche zu machen. Die Ausbelichtungszeiten bei der filterlosen Fotografie liegen im Zenit fast beim Doppelten dessen, was innerhalb Deutschlands in günstigen Lagen zu erreichen ist, und in 20° bis 30° über dem Horizont bei Werten, wie wir sie sonst für den Zenitbereich beispielsweise im Sauerland, im Pfälzerwald oder auf der Schwäbischen Alb ermittelt haben. Ausgegangen wird dabei von Filmmaterial mit einem Schwarzschildexponenten von etwa $p = 0,7$. Entsprechend kontrastreich sind Milchstraßenaufnahmen, aber auch Detailaufnahmen von Gasnebeln und Galaxien zu erwarten. Vorteilhaft in großer Höhe (2000 m und mehr) ist eine häufig trockene Luft, so daß die Optiken nicht beschlagen. In geringeren Höhen, vor allem unter 1500 m, muß allerdings mit sehr starker Taubildung gerechnet werden. Hier sind Objektivheizungen bzw. Taukappen unentbehrliche Hilfsmittel.

Einen dunklen Himmel bieten auch noch die folgenden mit dem Auto in ein bis zwei Tagen von Deutschland aus erreichbaren Orte: in Südfrankreich insbesondere die Region an den Südhängen des Mont Ventoux (1912 m) ca. 80 km östlich von Avignon [3.63] und ganz besonders die Pyrenäen. Eine Stelle in einer Höhe von 2660 m direkt unterhalb des Observatoriums auf dem Pic du Midi de Bigorre bietet sich vor allem an. Mehrfach bereits haben Amateure hervorragende Astroaufnahmen von dort mitgebracht [3.64]. Allerdings befindet sich der Beobachtungsplatz auf einem stark frequentierten Parkplatz.

Den wohl dunkelsten Himmel neben einigen Gebirgsregionen Südosteuropas, verbunden mit großer Höhe und oft exzellenter Durchsicht, manchmal bis zum 260 km entfernt liegenden marokkanischen Rifgebirge, bietet die südspanische Sierra Nevada. Die asphaltierte Straße führt in über 3300 m Höhe auf den Gipfel des Pico Veleta und weiter als Schotterpiste bis knapp unterhalb des Mulhacéngipfels (3484 m)[1]. Weiter südlich wird man in Europa, ausgenommen der griechischen Insel Kreta, mit dem Auto nicht gelangen. Der Einsatz einer schweren Montierung mit einem langbrennweitigen Teleskop scheidet also aus. Südspanien zeichnet sich im Sommer durch langanhaltende Perioden schönen Wetters aus. Die unteren Atmosphäreschichten sind allerdings oft mit Schwebstoffen überfrachtet. Einen ausreichend transparenten Himmel zur Fotografie

1 Seit 1994 ist die Zufahrt zum Mulhacén gesperrt

des galaktischen Zentrums oder von Objekten in den Sternbildern Skorpion, Schütze, Wassermann, Sculptor und Fornax findet man dann erst in Höhenlagen über 2800 m. Leider weht in dieser Höhe häufig ein starker, zum Teil auch böiger Wind, der nur im Schutz von Felsen oder Mauern den Einsatz größerer Teleskope erlaubt. In Höhenlagen um 2000 m tritt dieser störende Wind dann wieder seltener auf [3.65]. Die Hochgebirgszone der Sierra Nevada ist zum Nationalpark erklärt worden, das Campieren nur mit Sondergenehmigung oder auf entsprechend ausgewiesenem Gelände erlaubt [3.66, 3.67].

Weiter entfernt liegende Ziele können mit dem Flugzeug erreicht werden. Da sind vor allem die Kanarischen Inseln Teneriffa und La Palma zu nennen, die beide in über 2000 m Höhe hervorragende astrofotografische Bedingungen bieten. Wer die abendliche Auffahrt, mehr aber noch die Heimfahrt nach durchwachter Nacht über kurvenreiche Straßen bis in die Ferienorte an der Küste scheut, dem sei der Parador de Turismo in den Cañadas auf Teneriffa als Quartier empfohlen. Von der Dachterrasse aus läßt es sich ausgezeichnet beobachten und das Hotelzimmer ist gleich nebenan. Freie Lagen auf den Kanarischen Inseln zeichnen sich durch einen häufig kräftig wehenden Wind, den Nordostpassat, aus. Darauf sollte man sich einstellen.

Weiter südlich findet man in Namibia eine nochmalige Steigerung der astrofotografischen Bedingungen. Ähnlich wie in den Wüstengegenden westlich der Anden Südamerikas [3.68] oder in Zentralaustralien bietet sich ein nahezu völlig streulichtfreier Nachthimmel. Die maximal möglichen Belichtungszeiten sind noch einmal länger als beispielsweise von den Kanarischen Inseln aus, die Aufnahmen auf Farbmaterial werden brilliant bis wenige Grad über dem Horizont herab. Mehrere Farmen sind in Namibia auf den Besuch von Amateurastronomen vorbereitet [3.69–3.71].

Probleme macht bei Flugreisen das maximal zulässige Freigepäck von 20 kg pro Person plus ca. 5 kg Handgepäck. Meistens wird das nicht ausreichen, und dann ist ein Übergepäckszuschlag von im ungünstigsten Fall 1% des 1. Klasse-Flugpreises pro Kilogramm fällig. Günstiger schneiden da einige nordamerikanische Fluggesellschaften ab, die auch bei der Weiterreise, zum Beispiel nach Hawaii oder Südamerika, 64 kg Freigepäck pro Person einräumen. Und natürlich liegen im Westen der USA selbst, außer dem 4200 m hohen Mauna Kea [3.72] auf Hawaii, große Gebiete mit einem dunklen Nachthimmel, der zum Fotografieren einlädt.

Empfohlen wird auf Astroexkursionen unter fremden Himmel immer, Entwicklungschemikalien mitzunehmen und am Ort (auch Farbmaterial) zu entwickeln. So können nach der ersten klaren Nacht die weiteren Belichtungszeiten für den Zenitbereich sowie für die mehr horizontnah gelegenen Aufnahmefelder bestimmt werden.

3.3.2 Astrofotografische Ausrüstung

Bei einer astrofotografischen Exkursion werden aus Transport- und Gewichtsgründen ausschließlich mobile Gerätschaften mitgenommen. Dazu zählen parallaktische Montierungen, die einfach und schnell zerlegbar sind und ebenso schnell zusammengesetzt werden können. Für die Deep-Sky-Fotografie kommen nur lichtstarke Teleskope kurzer Bauweise in Frage, etwa Schmidt-Cassegrain-Systeme, Schmidtkameras und kurzbrennweitige Newtonspiegel und Refraktoren. Elektrische Nachführeinrichtungen müssen unabhängig vom Stromnetz sein, da im Freien die Stromversorgung nur über Batterie oder den Akku eines Fahrzeugs möglich ist (s. Farbtafel 11).

Man muß unterscheiden, ob die Exkursion per Auto oder gar per Flugzeug erfolgt. Danach richten sich Abmessung und Gewicht der Teleskope und Montierungen, die entweder in Transportkisten oder im Reisekoffer unterzubringen sind. Bei einer mehrtägigen Exkursion mit dem Auto in abgelegene Gegenden muß auch an die Zusammenstellung eines Lebensmittelvorrates für alle Teilnehmer gedacht werden.

Wer bereits Exkursionen durchgeführt hat, der weiß aus Erfahrung, daß kurz vor Reisebeginn eine hektische Phase einsetzt. Neben der Zusammenstellung der persönlichen Reiseutensilien (gültiger Reisepaß, internationaler Führerschein, ausländische Währung, Schutzbrief für das Fahrzeug, Kleidung, Waschzeug usw.) geht es auch darum, ob alle notwendigen Ausrüstungsgegenstände beisammen sind. Ist man erst einmal unterwegs, kann Vergeßlichkeit bittere Konsequenzen haben. Nachfolgend daher ein Überblick, welche Ausrüstungsgegenstände keinesfalls fehlen dürfen:

- **Teleskopische Ausrüstung.**
  Nachführfernrohr, Sucherfernrohr, Taukappen, ggf. Taukappenheizung, Okularauszug, passende Okulare, beleuchtetes Fadenkreuzokular, Zenitprisma oder Nachführansatz (etwa Vixen GA-4), Polsucher (falls vorhanden)
- **Parallaktische Montierung.**
  Dreibeinstativ bzw. Säule mit Grundplatte, Achsenkreuz und Gegengewichte, Befestigungsvorrichtungen für Teleskope bzw. Kameras
- **Elektrische Ausrüstung.**
  Autobatterie, Akkus, Anschlußkabel, Motoren und Steuerung (Rektaszension/Deklination), Werkzeug und Ersatzteile
- **Fotoausrüstung.**
  Kameras und zugehörige Objektive, Filme für die Astro- und Landschaftsfotografie, Drahtauslöser, Kleinstativ, Filter, Optiktuch oder Pinsel, Satz Uhrmacherschraubendreher und Innensechskantschlüssel, Anschlußringe, Adapter, Gegenlichtblenden, Set zur Filmentwicklung (Entwicklungstrommel, Thermometer usw.), Wechselsack für den Filmwechsel, Fotochemikalien nebst Wannen und Kunststoffflaschen.

Während unserer Astroexkursionen der letzten Jahre haben wir die Erfahrung gemacht, daß sowohl vorbereitende Planungen als auch die Zusammenstellung von wichtigem Zubehör über den Exkursionserfolg und die Ausbeute an Astrofotos entscheiden können. Welchen Standplatz wählt man beispielsweise, wenn das Reiseziel erreicht ist? Landkarten sind bereits daheim erhältlich, vorheriges Studium der örtlichen geographischen Verhältnisse macht sich immer bezahlt.

Was selten bedacht wird, ist der Wind in großen Höhen. Mit größeren Teleskopen, die viel Windangriffsfläche besitzen und dazu womöglich noch auf einer instabilen Gabelmontierung stehen, hat man im Hochgebirgseinsatz Schwierigkeiten. Ein Windschutz ist anzuraten [3.73], wenn böige Winde die Astrofotografie behindern. Selbstverständlich kann man auch Schutzwälle aus Steinen um die Beobachtungsplätze errichten [3.67], aber was ist einfacher? Zum Schutz gegen Staubflug haben sich Müllsäcke bewährt, sie werden bei Bedarf über Optiken und Montierungen gestülpt und mit Klebeband befestigt.

Die Beobachtungsnächte können sehr kalt werden, auch in südlichen Ländern. Im Hochgebirge muß selbst in den Sommermonaten nachts mit Temperaturen unter dem Gefrierpunkt gerechnet werden. Deshalb ist zusätzliche warme Kleidung ratsam. Aus Erfahrung empfehlen sich warme Unterwäsche, Skianzug, Mütze, Handschuhe, Schal und gefütterte Stiefel. Bei winterlichen Exkursionen tut ein Taschenofen gute Dienste. Exkursionen per Auto gehen meist in unwegsame Gegenden. Wer ein Wohnmobil zur Verfügung hat, ist gut bedient. Wie aber kann man ansonsten wohnen bzw. seinen Aufenthalt gestalten? Zelten ist eine naturnahe Alternative, die zudem einen Hauch von Abenteuer mit sich bringt. Die Campingausrüstung ist daher auf Vollständigkeit zu überprüfen und gegebenenfalls zu ergänzen.

Für den steinigen Boden im Hochgebirge sind stabile Heringe nötig, ansonsten kann man das Zelt nicht ausreichend genug gegen Wind und Wetter schützen. An die mitzunehmenden Lebensmittelvorräte muß ebenso gedacht werden wie an die Beschaffung von Campinggas, Geschirr und Kocher. Auch hier sind Funktionstests ratsam. Bei einer Exkursion in die unwegsamen Pyrenäen hatten wir einmal vergessen, Dichtungsgummis zu besorgen, die zwischen Gaspatrone und -brenner gesetzt werden. Die Folge: Warme Mahlzeiten blieben ein Wunschtraum.

Nicht selten fehlt beim Aufbau der Teleskope und Montierungen ein ganz bestimmtes Werkzeug. Daher müssen die Montierungen mit Teleskopen und Kameras vor Reisebeginn komplett aufgebaut und auf Funktion überprüft werden. So gewinnt man schnell einen Überblick über den erforderlichen Werkzeugbestand. Ein Sortiment an Schrauben und Muttern in den gängigen Größen ist zu Ersatz- und Reparaturzwecken unbedingt anzuraten.

Die Elektrik darf keinesfalls vernachlässigt werden. In der Sierra Nevada passierte es uns, daß während der Astrofotografie ein Steuergerät ausfiel. Wie gut, daß wir die nötigen Ersatzteile dabei hatten, ebenso einen Gaslötkolben und ein Meßgerät. So konnte am folgenden Tag der Fehler lokalisiert und behoben werden. Daher empfehlen wir einen kleinen Vorrat an wichtigen ICs und Bauteilen (Widerstände, Dioden, Kondensatoren usw.) anzulegen; Draht, Klemmen und Lötzinn gehören dazu. Für alle Fälle sollte man auch eine Kabeltrommel mit mehreren Metern Verlängerungskabel dabei haben.

Während der Astrofotografie muß ein reibungsloser Ablauf aller Aktivitäten gewährleistet sein. Für die Festlegung von Himmelsausschnitt und Nachführstern sollte der Himmelsatlas mit den zugehörigen Folieneinlagen schnell greifbar sein. Die astrofotografischen Daten müssen genau dokumentiert werden. Neben Schreibzeug, Papier und genügend Taschenlampen hat sich ein Diktiergerät als sinnvoll erwiesen. So kann man die Daten problemlos auf Band sprechen. Ganz wichtig sind auch Ersatzbatterien für Kameras, elektrische Nachführungen, beleuchtete Fadenkreuzokulare und Taschenlampen sowie die notwendigen Powerpacks für alle nichtmechanischen Kameras.

Wer längere Zeit in abgelegenen Regionen Astrofotografie betreibt, der sollte seine Filme unbedingt vor Ort entwickeln. Nur so erhält man den notwendigen Überblick, welche Maximalbelichtungszeiten zu wählen sind. Die Entwicklung von Schwarzweißfilmen ist völlig unproblematisch, die Farbentwicklung sollte aber unbedingt vorher zu Hause unter Exkursionsbedingungen ausprobiert werden. Dabei muß das Einhalten der genauen Entwicklungszeiten, -temperaturen und -toleranzen geübt werden, ebenso der reproduzierbare Ablauf aller Bäder, einschließlich des sicheren Umgangs mit den Fotochemikalien. Denken Sie daran, genug Plastikflaschen mitzunehmen, nicht nur für Entwickler und Fixierer, sondern auch für die Entsorgung der benutzten Chemie. Schnur und Klammern zum Trocknen der entwickelten und gewässerten Filme dürfen nicht fehlen.

4 Optische Instrumente

4.1 Optische Grundlagen

Die optischen Grundlagen werden nur so weit behandelt, wie sie für das Verständnis und die Anwendung der in der Astrofotografie eingesetzten Instrumente und Zusatzgeräte notwendig sind. Wer sich eingehender mit diesem Themenbereich befassen will, muß zu einem Fachbuch für allgemeine Optik [4.1] oder zur Spezialliteratur [4.2–4.4] greifen.

4.1.1 Das Auflösungsvermögen

Eine besonders für die visuelle Beobachtung wichtige Angabe, die aber bei den heute erhältlichen hervorragenden Filmen (s. Abschn. 9.1.8) auch in der Astrofotografie eine Rolle spielt, ist das Auflösungsvermögen einer Optik. Schaut man einen Fixstern durch ein Fernrohr an, sieht man ein kleines Scheibchen, das bei einwandfreier Optik und idealen Luftverhältnissen von einigen abwechselnd dunklen und hellen Ringen umgeben ist. Diese Erscheinung kommt durch die Beugung des Lichts an der kreisförmigen Begrenzung des Objektivs mit dem Durchmesser D zustande. Der Radius des zentralen Beugungsscheibchens r_0 ergibt sich nach der Beugungstheorie zu

$$r_0 = 1{,}22\,\frac{\lambda f}{D}, \tag{4.1}$$

dabei ist λ die Wellenlänge des Lichts.

Zwei punktförmige Objekte, wie z.B. die beiden Komponenten eines Doppelsterns, können dann noch getrennt wahrgenommen werden, wenn die vom Fernrohr zu den Objekten laufenden Strahlen einen so großen Winkel ϕ bilden, daß die beiden kreisrunden Beugungsscheibchen in der Bildebene (Film, Auge) merklich auseinanderfallen. Man geht davon aus, daß dies dann der Fall ist, wenn das Helligkeitsmaximum des einen Objekts auf das erste Helligkeitsminimum des anderen zu liegen kommt. Der Abstand der Helligkeitsmaxima ist dann gerade r_0. Dieser Abstand ist $d = f\phi_0$, mit ϕ_0 im Bogenmaß. Man erhält

$$\phi_0 = 1{,}22\,\frac{\lambda}{D}. \tag{4.2}$$

Setzt man $\lambda = 550\,\text{nm}$ an und rechnet in Bogensekunden um, erhält man

$$\phi_0 = \frac{138''}{D[\text{mm}]}, \tag{4.3}$$

wobei die Objektivöffnung D in mm eingesetzt wird. Ein guter Refraktor mit einem Objektivdurchmesser von 138 mm trennt also noch Objekte, die einen Winkelabstand von 1″ aufweisen. Dies gilt allerdings nur für eine perfekte Optik bei optimalen Luftverhältnissen, und es setzt z.B bei Doppelsternen voraus, daß beide Sterne die gleiche scheinbare Helligkeit haben. Der gerade noch trennbare Winkelabstand ist also um so kleiner, je größer die Öffnung D der Optik ist.

Es sollte noch erwähnt werden, daß man in der Literatur auch andere Zahlenwerte als in Gl. (4.3) zur Berechnung des kleinsten noch trennbaren Winkelabstands findet. Dies liegt daran, daß geübte Beobachter zwei punktförmige Lichtquellen auch dann noch als getrennt wahrnehmen können, wenn sich ihre Beugungsscheibchen etwas stärker überlappen, als es oben bei der Herleitung von Gl. (4.3) angenommen wurde. An Stelle der 138″ wird häufig 115,8″ angegeben. Dieser Wert geht auf Dawes zurück, der ein besonders erfahrener Doppelsternbeobachter war. Der Zahlenwert 138″ liegt aber bestimmt auf der sicheren Seite.

Die Abschattung des Hauptspiegels durch Fang- oder Umlenkspiegel führt bei allen Spiegeloptiken (mit Ausnahme des Schiefspieglers) zu einer Verringerung des Kontrasts und des Auflösungsvermögens. Dies gilt auch für die Abschattung durch die Streben der Spiegelhalterungen, sofern diese nicht durch Befestigung des Sekundärspiegels an der Korrektionsplatte entfallen. Die Verschlechterung der Bildqualität ist eine Folge von zusätzlichen Beugungseffekten an den Hindernissen. Diese bewirken unter anderem, daß mit wachsendem Durchmesser des Sekundärspiegels ein immer größerer Teil der von einem Stern durch die Teleskopöffnung einfallenden Lichtmenge nicht mehr in das zentrale Beugungsscheibchen, sondern in die es umgebenden Beugungsringe gelangt. Folgende in [4.5] angegebenen Zahlenwerte mögen das verdeutlichen. Ein perfektes optisches System ohne Abschattung vereinigt 84% der einfallenden Lichtmenge im zentralen Beugungsscheibchen und 7% im ersten Beugungsring. Der Rest verteilt sich auf die anderen Beugungsringe. Tabelle 4.1 zeigt die Verhältnisse in Abhängigkeit vom Durchmesser der Sekundärspiegelhalterung für ein Schmidt-Cassegrain-Teleskop mit 200 mm Öffnung. Berücksichtigt man die oben dargelegten Überlegungen zum Auflösungsvermögen eines Teleskops, so wird die sich aus diesen Werten ergebende Verschlechterung der Bildqualität deutlich.

Tabelle 4.1. Verteilung der einfallenden Lichtmenge in % auf das zentrale Beugungsscheibchen A_0 und den 1. Beugungsring A_1 in Abhänigkeit vom Durchmesser ϕ der Sekundärspiegelfassung eines 200-mm-Schmidt-Cassegrain-Teleskops

ϕ	A_0	A_1
69 mm	64%	25%
76 mm	61%	28%
89 mm	55%	32%

4.1.2 Veränderung der Primärbrennweite

4.1.2.1 Okularprojektion

Bringt man die Kamera mit Hilfe eines geeigneten Adapters so am Fernrohrende an, daß die Brennebene des Objektivs und die Filmebene zusammenfallen, spricht man von *Fokalfotografie*. Bei Aufnahmen von Planeten und von Details auf Sonne und Mond ist die Brennweite des zur Verfügung stehenden Teleskops häufig zu kurz, und es besteht die Notwendigkeit, sie zu vervielfachen. Es bieten sich hierzu verschiedene Verfahren an. Welches man wählen wird, hängt insbesondere vom gewünschten Verlängerungsfaktor ab.

Für kleine Verlängerungsfaktoren (etwa 2–3×) eignen sich Barlowlinsen, die zwischen Teleskop und Kamera eingesetzt werden. Es sollten bevorzugt die für die Fotografie optimierten Linsensysteme verwendet werden. Dabei ist der vom Hersteller vorgegebene Abstand zum „alten" Brennpunkt so genau wie möglich einzuhalten. Eine Verschiebung im Strahlengang zur Variation des Verlängerungsfaktors führt zur Verschlechterung der Abbildungsqualität außerhalb der Bildmitte.

Soll die Brennweite des Teleskops um einen großen Faktor verlängert werden, wendet man die Okularprojektion an. In diesem Fall wird das vom Objektiv in der Brennebene erzeugte Bild mit Hilfe einer Sammellinse vergrößert auf die Filmebene projiziert (Abb. 4.1). Als Sammellinse dient dabei oft ein gut korrigiertes Okular. Für nicht zu große Abbildungsmaßstäbe eignen sich auch, wegen ihrer hohen Abbildungsqualität über das gesamte Bildfeld, kurzbrennweitige Vergrößerungsobjektive und ganz besonders die für die Makrofotografie entwickelten Lupenobjektive, wie sie von Canon, Leitz, Nikon, Olympus und Zeiss angeboten werden. Lupenobjektive sind allerdings recht teuer und ihre Adaption an das Teleskop ist nicht ganz einfach, da im üblichen Astrogeräte-Programm die notwendigen Anpassungsringe nicht vorgesehen sind. Man sollte auch hier den kurzbrennweitigen Optiken den Vorzug geben, damit sich die Auszugsverlängerungen in einem vernünftigen Rahmen halten.

Bei der Okularprojektion berechnet sich die Vergrößerung A wie bei jeder Abbildung mit Hilfe einer Sammellinse nach $A = b/f - 1$. Hierbei ist f die Brennweite der abbildenden Optik und b die Bildweite, also der Abstand der Linse vom Film. Nun ist ein Okular oder ein Lupenobjektiv eine aus mehreren Linsen aufgebaute Optik und kann folglich nicht als dünne Linse angesehen

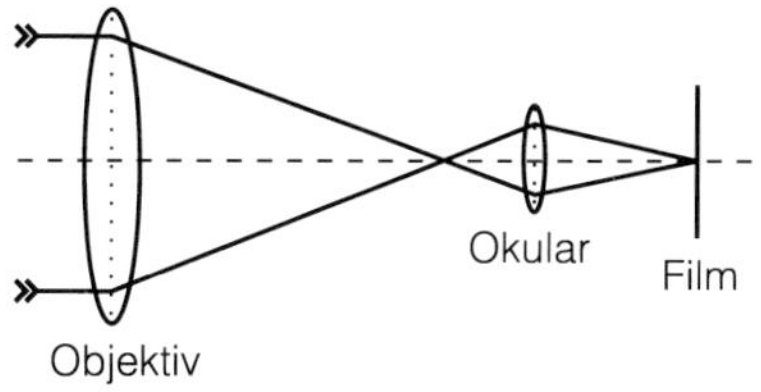

Abb. 4.1. Verlängerung der Brennweite durch Okularprojektion

werden. Die Abstände müssen deshalb von den sogenannten Hauptebenen der Gesamtoptik aus gemessen werden. Da die bildseitige Hauptebene nahe bei der letzten Linsenfläche liegt, können wir ohne nennenswerten Fehler als Bildweite b den Abstand des Films von der letzten, dem Film zugewandten Linsenfläche einsetzen. Für die Okularprojektion gilt in guter Näherung

$$A = \frac{d}{f_{\mathrm{ok}}} - 1. \tag{4.4}$$

A: Vergrößerung
d: Abstand des Films von der Hauptebene der Okularaugenlinse
f_{ok}: Okularbrennweite

Beispiel: Man setzt zur Verlängerung der Brennweite eines Refraktors mit 100 mm Öffnung und 1000 mm Brennweite ein Okular mit der Brennweite 15 mm ein. Beträgt der Abstand der dem Film zugewandten Linse vom Film 135 mm, ergibt sich für die Vergrößerung $A = 8$. Man erhält die effektive Brennweite $f_{\mathrm{eff}} = A \cdot f = 8 \cdot 1000\,\mathrm{mm} = 8000\,\mathrm{mm}$. Das Öffnungsverhältnis verringert sich von $f/10$ auf $D/f_{\mathrm{eff}} = 100\,\mathrm{mm}/8000\,\mathrm{mm} = 1 : 80$ und entspricht nun der Blende 80.

Wer es ganz exakt rechnen möchte, muß zum Abstand des Films von der Augenlinse noch die Strecke $f_{\mathrm{ok}} - s$ addieren. Hierbei ist f_{ok} die Okularbrennweite. Was ist aber die Strecke s, und wie kann man sie bestimmen? Ein etwa 20 m entfernter Gegenstand (z.B. eine Hauskante) liegt für ein Okular bereits im Unendlichen und wird auf einer Mattscheibe hinter der Augenlinse scharf abgebildet. Der Abstand der Augenlinse von der Mattscheibe ist die gesuchte Strecke s. Dabei wird vorausgesetzt, daß die Feldlinse des Okulars zur Hauskante zeigt (Abb. 4.2). Hückel hat dieses exaktere Verfahren in [2.25] veröffentlicht, wo er noch Tips zur exakten Messung gibt.

Bei der Anwendung der Okularprojektion gilt es zu beachten, daß Okulare für einen parallelen Austritt der Strahlen optimiert sind, wie es für den visuellen Gebrauch richtig ist. Werden nun Okulare für eine schwache Brennweitenverlängerung verwendet, weicht der Strahlenverlauf stark davon ab. Als Folge

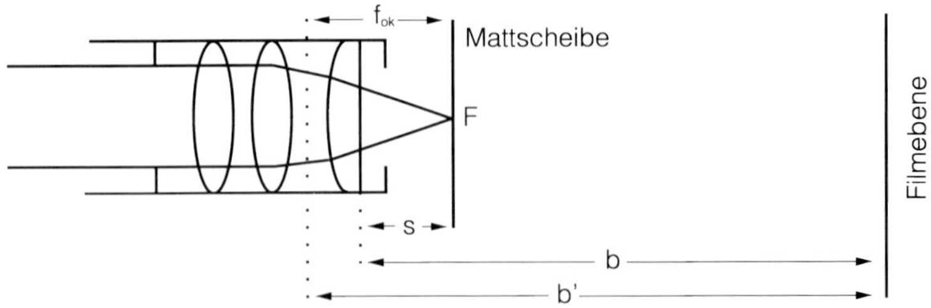

Abb. 4.2. Skizze zur Bestimmung der Strecke s für die Berechnung des genauen Vergrößerungsfaktors bei der Okularprojektion, nach einer Methode von Hückel

davon ist die Abbildung außerhalb der Bildmitte oft unbefriedigend. Günstiger sind die Verhältnisse, wenn der Verlängerungsfaktor groß ist.

4.1.2.2 Afokale Fotografie

Eine weitere Möglichkeit der Brennweitenverlängerung besteht in folgender Methode, die auch als *afokale Fotografie* bezeichnet wird: Für den visuellen Gebrauch eines Teleskops ist das Okular so angebracht, daß sein objektivseitiger Brennpunkt mit dem bildseitigen Brennpunkt des Objektivs zusammenfällt (Abb. 4.3). Es tritt deshalb aus dem Okular ein paralleles Strahlenbündel aus, das die Augenlinse auf die Netzhaut abbildet. Setzt man nun statt des Auges eine Kamera mit einem auf unendlich eingestellten Objektiv (f_{kam}) hinter das Okular (f_{ok}), so bündelt dieses die vom Okular ausgehenden Lichtstrahlen auf dem Film und erzeugt auf diese Weise eine Abbildung des beobachteten Gegenstands. Bei der Abbildung durch ein solches System berechnet man die Vergrößerung zu $V = f_{\mathrm{kam}}/f_{\mathrm{ok}}$.

Bestückt man z.B. den 100 mm/1000 mm-Refraktor aus dem letzten Beispiel mit einem 20-mm-Okular und setzt eine Kamera mit einem 80-mm-Objektiv dahinter, erhält man die vierfache Vergrößerung und eine effektive Brennweite von 4000 mm. Der Hauptvorteil dieses Verfahrens liegt in der Möglichkeit, es auch bei Ferngläsern anzuwenden, deren sehr begrenzter Okularverschiebungsbereich die anderen Verfahren nicht zuläßt. Werden beispielsweise ein Fernglas 10×40 und eine dahintergesetzte Kamera mit einem auf unendlich eingestellten 50-mm-Objektiv kombiniert, ergibt sich für die effektive Brennweite der Wert $10 \cdot 50\,\mathrm{mm} = 500\,\mathrm{mm}$. Dividiert man diese Brennweite durch die Öffnung des Fernglases, erhält man die Blendenzahl $500/40\,\mathrm{mm} = 12{,}5$. Anregungen dazu findet man in [4.7]. Nachteile der Kombination von Okular und Kameraobjektiv ergeben sich aus der schwierigen stabilen mechanischen Verbindung sowie den vielen an der Abbildung beteiligten Linsen und des damit verbundenen Lichtverlusts.

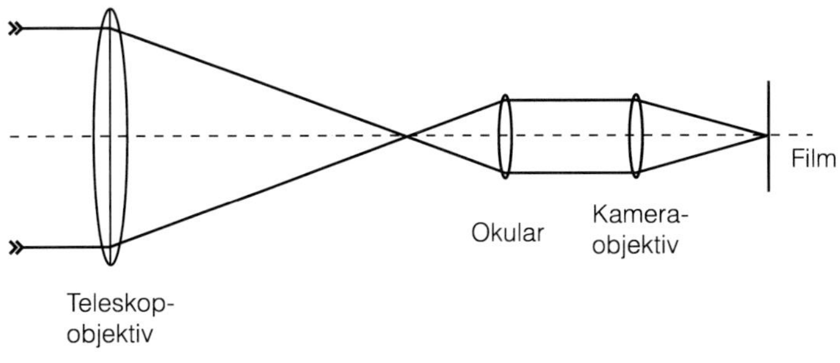

Abb. 4.3. Verlängerung der Brennweite durch Okular und Kameraobjektiv

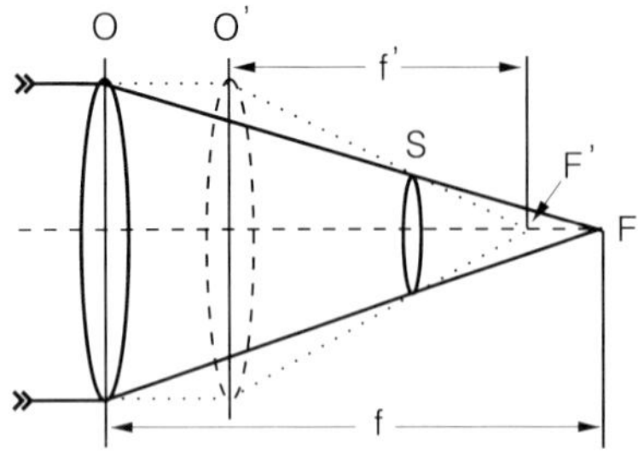

Abb. 4.4. Prinzip der Brennweitenverkürzung mit Hilfe einer Shapleylinse

4.1.3 Verkürzung der Brennweite

Immer wieder besteht der Wunsch, die Brennweite der zur Verfügung stehenden Optik zu verkürzen, z.B. um ein größeres Bildfeld aufzunehmen, oder um mit kürzeren Belichtungszeiten arbeiten zu können. Während die oben beschriebenen Verfahren zur Brennweitenverlängerung bei allen Teleskoptypen anwendbar sind, setzt das Verfahren zur Verkürzung der Brennweite einen großen Verstellbereich des Okularauszugs bzw. der Hauptspiegelverschiebung bei Cassegrain-Optiken voraus. Bei Newtonteleskopen kann es nicht angewandt werden. Das Prinzip des Verfahrens ist in Abb. 4.4 dargestellt: Eine Sammellinse S befindet sich zwischen dem Objektiv O und dessen Brennpunkt F. Sie bündelt die von links ankommenden Strahlen so, daß sich diese schon im neuen Brennpunkt F' treffen. Verlängert man die zwischen S und F' laufenden, gestrichelt gezeichneten Strahlen nach links, so scheinen diese von einem Objektiv O' zu kommen. Der Abstand $O'F'$ ist die neue verkürzte Brennweite f'. Die Sammellinse ist in der Praxis ein achromatisches Linsensystem, das für einen ganz bestimmten Abstand vom ursprünglichen Brennpunkt und damit für einen bestimmten Verkürzungsfaktor optimiert wird. Sie wird meistens als *Shapleylinse*, gelegentlich auch als *Telekompressor* bezeichnet. Leider wird durch einige Astrofirmen und Astrovertriebe im Prospektmaterial der Eindruck erweckt, man könne durch Verschieben dieser Linse im Strahlengang die Brennweite des Gesamtsystems in einem gewissen Rahmen beliebig verändern. Es wird dabei aber verschwiegen, daß dies zu Lasten der Abbildungsqualität außerhalb der Bildmitte geht. Wichtig ist auch der freie Durchmesser einer Shapleylinse. Er sollte so groß sein, daß wenigstens das Kleinbildformat vollständig ausgeleuchtet wird.

4.2 Kameras, Objektive und Teleskope

4.2.1 Kameras

Es sollen hier die Geräte besprochen werden, die für alle Bereiche der Astrofotografie unerläßlich sind: Kameragehäuse, Planfilmansätze und CCDs. Auch auf notwendiges und nützliches Zubehör sowie auf die technische Ausstattung der

Kameras wird eingegangen werden, soweit es für astrofotografische Aufgaben relevant ist.

4.2.1.1 Kameras und Planfilmansätze

Für die Astrofotografie eignet sich jede Kamera, deren Objektiv auf unendlich eingestellt werden kann, und deren Verschluß z.B. mit einem feststellbaren Drahtauslöser beliebig lange offengehalten werden kann. Es muß also eine „B"- oder „T"-Einstellung vorhanden sein. Sollen ausschließlich Aufnahmen von Sonne, Mond und Planeten gemacht werden, entfällt die Notwendigkeit langer Belichtungszeiten.

Als Bildformat ist zwar im Prinzip alles vom Pocketformat bis zu 6×9 cm oder noch größer möglich, es haben sich aber aus verschiedenen Gründen das Kleinbildformat 24×36 mm und die Mittelformate im Bereich von $4,5 \times 6$ cm bis 6×9 cm durchgesetzt. Für das Kleinbildformat spricht die große Auswahl an Kameras und lichtstarken Objektiven sowie das breite Sortiment unterschiedlichster Filme. Auch wenn das Angebot der Kamerahersteller an guten, manuell zu bedienenden Kleinbildkameras stark zurückgegangen ist, gibt es doch seit dem Boom an Autofokuskameras auf dem Gebrauchtmarkt eine große Auswahl. Der Vorteil der Mittelformatkameras liegt in der stärkeren Vergrößerbarkeit der Aufnahmen oder umgekehrt darin, daß die Aufnahmen bei gleicher Größe des Abzugs nicht so stark vergrößert werden müssen und damit bei vergleichbarer Filmemulsion feinkörniger sind. Die Bildsteuerung bei der Vergrößerung (s. Abschn. 10.4) ist bei großen Formaten oft einfacher. Ihr Nachteil ist neben dem deutlich höheren Preis die geringere Auswahl an lichtstarken Objektiven, ein geringeres Angebot an Filmsorten, größere Probleme mit der Filmplanlage und bei Aufnahmen durch Teleskope die Notwendigkeit von Okularauszügen und Adaptern mit wesentlich größeren Durchmessern, als diese üblich sind.

Es gibt zwei Arten von Verschlüssen, die je nach Ausführung entweder mechanisch oder elektronisch gesteuert werden: *Schlitzverschlüsse*und *Zentralverschlüsse*. Letztere kann man in ihrer Funktionsweise am besten mit sich extrem schnell öffnenden und nach Beendigung der Belichtungszeit sich wieder schnell völlig schließenden Irisblenden vergleichen. Sie sind in den meisten Kameras mit fest eingebauten Objektiven sowie in einigen alten Kleinbild-Spiegelreflexkameras mit auswechselbarer Teiloptik zu finden. Auch in den Objektiven sehr großformatiger Studiokameras und teilweise in den Wechselobjektiven von Mittelformatkameras kommen sie vor. Ihr Vorteil für die Astrofotografie liegt in ihrem fast erschütterungsfreien Ablauf. Da die Zentralverschlüsse im Objektiv eingebaut sind, haben die Kameragehäuse von wenigen Ausnahmen abgesehen keinen eigenen Verschluß. Das ist dann von Nachteil, wenn die Gehäuse – falls die Objektive überhaupt abnehmbar sind – am Teleskop angeschlossen werden. Es gibt allerdings auch Zentralverschlüsse einzeln zu kaufen, die dann zwischen Teleskop und Kamera adaptiert werden müssen – ein teures und umständliches Verfahren. Die Schlitzverschlüsse sind im Kameragehäuse unmittelbar vor dem Film eingebaut. Dem Vorteil, daß sie mit jedem Objektiv

Tabelle 4.2. Übersicht über einige Spiegelreflexkameras mit Ausstattungsmerkmalen, die für die Astrofotografie vorteilhaft sind

Merkmal	Kamera
Mechanische Spiegelvorauslösung	Canon F 1, Leica R6 (2. Drahtauslöser), Mamiya 645 Super/Pro, Nikon F 3, Olympus OM-1 (N)
Elektronische Spiegelvorauslösung beim Start des Selbstauslösers	Nikon FE 2, FG 20, Olympus OM-2 SP, Olympus OM-4, OM-4 TI
Auswechselbare Sucherscheiben	Canon F1, Contax RTS III[a], S2, Leica R5, Leica R6, R7, Nikon F3, FE 2, FM 2, Olympus OM-1(N), OM-2(N, SP), OM-3, Olympus OM-4, OM-4 TI, Pentax LX, Rolleiflex 3003/3001[a]
Fest eingebaute Sucherscheiben ohne störendes Schnittbild	einige alte Praktikamodelle, z.B. VLC, Vixen VX-1, Pentax K 1000
„B" mechanisch, trotz weitgehend elektronischer Verschlußsteuerung	Canon F1, Leica R5, R7, Nikon F3, FG 20, Olympus OM-2, OM-2 SP, OM-4, OM-4TI, Pentax LX
Rein mechanische Steuerung	Contax S2, Leica R6, Nikon FM 2, Olympus OM-1(N), OM-3, Pentax K 1000, Vixen VX-1, Yashica FX 3, alte Praktika

[a] Bei Contax RTS III und Rolleiflex 3003/3001 geht überhaupt nichts ohne Batterie

und auch bei der Fotografie durch das Teleskop wirksam sind, steht als Nachteil in der Astrofotografie ihr relativ harter Ablauf gegenüber, der bei vielen Spiegelreflexkameras zusammen mit dem Spiegelschlag im Moment des Auslösens Erschütterungen hervorruft.

Wer vorwiegend mit langen Belichtungszeiten arbeitet, sollte nach einer rein mechanisch gesteuerten Kamera Ausschau halten, bzw. ein Gehäuse mit einem elektronisch gesteuerten Verschluß verwenden, bei dem die B-Einstellung mechanisch funktioniert; letzteres ist leider bei den wenigsten Kameras der Fall (Tabelle 4.2). Arbeitet der Verschluß ausschließlich elektronisch, wird die Kamerabatterie nur für wenige Langzeitbelichtungen reichen. Einige Amateure verwenden deshalb an Stelle der eingebauten kleinen Batterie ein sogenanntes *Powerpack*. Das sind Batteriepakete mit größerer Ladungskapazität, die sich außerhalb der Kamera befinden und durch ein Kabel mit der Kamera verbunden sind. Für die Sonnen-, Mond- und Planetenfotografie sind wegen der kurzen Belichtungszeiten die elektronisch gesteuerten Verschlüsse gut geeignet. Hier können auch eingebaute Belichtungsmesser sinnvoll sein, insbesondere dann, wenn sie die Möglichkeit zur *Selektiv*- oder *Spotmessung* bieten. Bei diesen Meßarten wird die Belichtung nur in einem kleinen, zentralen Bereich des Bildfelds gemessen. Leider bieten viele ältere Kameras nur eine *Integralmessung*, d.h. es wird das gesamte Bildfeld bei der Belichtungsmessung berücksichtigt. Auch eine durch ± -Korrektur beeinflußbare Zeitautomatik kann bei der Sonnen- und Mondfotografie nützlich sein. Leider sind die mit Elektronik ausgestatteten Kameragehäuse oft unzureichend gegen Feuchtigkeit geschützt, so daß ihr Einsatz für Langzeitbelichtungen in taunassen Nächten problematisch ist. Ideal ist deshalb die Verwendung zweier unterschiedlicher Gehäuse mit dem gleichen Objektivanschluß. Ein rein mechanisches für die Langzeitbelichtung und ein elektronisch gesteuertes, möglichst mit Spotmessung, für die Sonnen-, Mond- und Planetenfotografie. Letzteres könnte u.U. gleichzeitig die Kamera für die Urlaubsfotografie sein.

Erschütterungen durch den Spiegelschlag (Hochklappen des Spiegels) gilt es, insbesondere bei Aufnahmen mit sehr langen Brennweiten und kurzen Belichtungszeiten, zu vermeiden. Es ist daher von Vorteil, wenn sich der Spiegel vor der Aufnahme per Hebel hochklappen und arretieren läßt. Leider findet man diese Einrichtung nur bei wenigen Kameras. Bei einigen Spiegelreflexkameras mit elektronisch gesteuertem Verschluß klappt unmittelbar nach dem Betätigen des Selbstauslösers der Spiegel hoch, während der Verschluß erst ca. 12 s später abläuft. Eventuell auftretende Erschütterungen sind also bis zum Auslösen abgeklungen.

Wenn auch nur bei wenigen Kameras möglich, kann das Austauschen der Sucherscheiben gegen Spezialmattscheiben bzw. Mattscheiben mit Klarglasfleck und Fadenkreuz das Arbeiten insbesondere in der langbrennweitigen Astrofotografie sehr erleichtern.

Geht man Tabelle 4.2 einmal durch und sucht nach der astrofotografischen Idealkamera, stellt man fest, daß nur sehr wenige alle oben als besonders vorteilhaft angesprochenen Eigenschaften aufweisen. Von diesen sind die meisten sogenannte Profikameras mit ernüchternden Preisen (Canon F1, Contax S2, Leica R6, Nikon F3, Olympus OM-4 TI, Pentax LX), oder sie sind nur noch auf dem Gebrauchtmarkt erhältlich (Olympus OM-1(N), OM-2 SP, OM-4). Da man je nach Aufgabenstellung auf die eine oder andere Eigenschaft verzichten kann, wird das Angebot schon breiter. Für alle, die nicht durch Teleskope fotografieren wollen, sondern nur mit Kameraobjektiven arbeiten, deren Schärfeeinstellung ohnehin durch Testaufnahmen ermittelt wird, sind eigentlich alle Gehäuse mit mechanischem „B" einsetzbar, insbesondere die vielen alten Gehäuse mit M42-Gewindeanschluß und die noch neu erhältlichen Gehäuse wie die Pentax K 1000, Yashica FX-3 und die Vixen VX-1. Von diesen hat letztere die geeignetste Sucherscheibe. Natürlich spielt bei der Auswahl der Kamera auch die Auswahl an Objektiven eine wichtige Rolle (s. Abschn. 4.2.2).

Bei der Langzeitfotografie durch Teleskope werden gelegentlich an Stelle einer Kamera Planfilmansätze verwendet. Dies sind im Grunde genommen reine Filmhalter für großformatiges Filmmaterial, die teleskopseitig durch einen herausziehbaren Schieber abgedeckt sind. Die Belichtungszeit wird entweder durch den Schieber oder aber durch die Abdeckung der Teleskopoptik festgelegt. Auch das Einsetzen eines separaten Zentralverschlusses vor den Planfilmansatz ist möglich. Das erfordert allerdings, wie oben erwähnt, einen größeren finanziellen und mechanischen Aufwand; dafür können damit kurzbelichtete Aufnahmen auf Planfilm- oder Plattenmaterial angefertigt werden. In der gleichen Weise können auch Ansätze für Polaroidfilme am Fernrohr angebracht werden. Auch einige Astrokameras, wie z.B. die Flat-Field-Kameras von Lichtenknecker (s. Abschn. 4.2.5), sind für den Anschluß von Planfilm- oder Polaroidfilmansätzen vorbereitet.

4.2.1.2 Zubehör

Von dem großen Angebot an Zubehör und Kameraaustattungen kann Verschiedenes je nach Aufgabenstellung sehr hilfreich sein: Notwendig ist in fast allen Fällen ein feststellbarer Drahtauslöser, der normalerweise in den Auslöseknopf der Kamera eingeschraubt wird. Bei Langzeitaufnahmen kann man durch Arretieren der Feststellschraube den Verschluß in B-Einstellung beliebig lang geöffnet lassen. Bei kurzen Belichtungszeiten verringert das Auslösen mit dem Drahtauslöser die Erschütterungen. Eine andere Möglichkeit, bei Kurzzeitaufnahmen die Erschütterungen klein zu halten, besteht in der Verwendung des in den meisten Kameras eingebauten Selbstauslösers.

Eine wichtige Einstellhilfe stellen die Sucherlupen dar (Abb. 4.5), die es praktisch für alle Spiegelreflexkameras gibt. Auch Winkelsucher, die wie kleine Zenitspiegel arbeiten, sind oft hilfreich, besonders dann, wenn sie gleichzeitig auf verschiedene Vergrößerungen umgeschaltet werden können. Bei einigen Kame-

Abb. 4.5. Spiegelreflexkamera mit hilfreichem Zubehör: Winkelsucher mit eingebauter Lupe, Drahtauslöser, Winder, auswechselbare Sucherscheiben, Datenrückwand

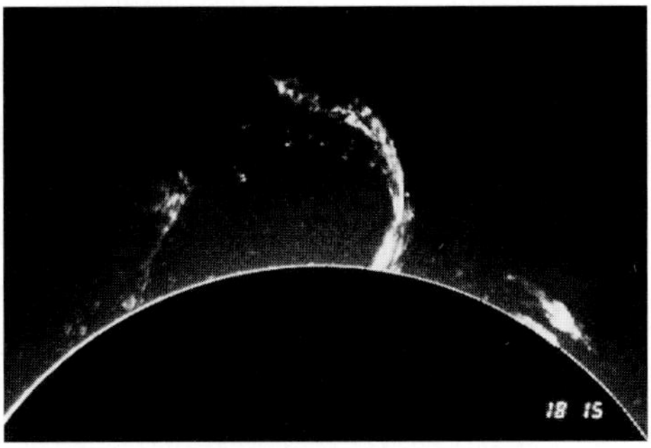

Abb. 4.6. Protuberanzenaufnahme (aus einer Serie) mit eingeblendeter Uhrzeit. Foto: L. Laepple

ras ist der übliche Prismensucher gegen Lichtschachtsucher mit einklappbaren Lupen austauschbar. Für Brillenträger empfehlen sich Kameras mit eingebautem Dioptrienausgleich oder die Verwendung kleiner Linsen zum Ausgleich der Fehlsichtigkeit am Kameraokular bzw. in der Augenmuschel.

Sollen ganze Serien von Aufnahmen hergestellt werden, z.B. bei einer Finsternis oder bei der Protuberanzenfotografie, bewähren sich Winder, kleine ansetzbare oder schon eingebaute Motörchen. Sie nehmen dem Fotografen nicht nur das Aufziehen und im Serienbetrieb das Auslösen ab, sondern sie verhindern auch das versehentliche Verschieben des Bildausschnitts, wie es bei manuellem Spannen des Verschlusses leicht vorkommt. Beim Einsatz von Windern ist eine elektrische Fernauslösung möglich. Für die Auswertung von Serienaufnahmen (beispielsweise einer eruptiven Protuberanz) ist die automatische Einblendung des Aufnahmezeitpunkts nützlich (Abb. 4.6). Dazu dienen auswechselbare Kamerarückwände mit einblendbarer Uhrzeit bzw. Datumsanzeige (Databack). An manchen von ihnen lassen sich auch die gewünschten Zeitpunkte des Auslösens einstellen. Bei anderen Herstellern geschieht letzteres über ein kleines Zusatzgerät zum Winder oder Motor.

Ein wichtiges Problem bei allen Astroaufnahmen ist die Filmplanlage [4.8] (s. Abschn. 6.2.4). Bath [4.9] rechnet dazu vor: Schon bei Blende 4 ist bei idealer Abbildung durch die Optik nur eine Fokusdifferenz von $\pm$ 0,04 mm erlaubt, wenn das Zerstreuungsscheibchen nicht größer als 0,01 mm sein darf. Bei einer Blende von 1,4 muß die Fokusdifferenz noch viel kleiner sein. Bei einer Filmwölbung von 0,4 mm wird bei dieser Blende das Zerstreuungsscheibchen bereits 0,3 mm groß. Eine Lösung dieses Problems bieten Kamerarückwände, bei denen der Film auf geeignete Weise gegen die Filmandruckplatte angesaugt wird [4.10]. Die einzige Kleinbildkamera mit eingebauter Filmansaugvorrichtung ist die Contax RTS III. Aufgrund ihrer rein elektronischen Verschlußsteuerung und der kurzen Ansaugdauer ist sie allerdings für Langzeitaufnahmen nur bedingt einsetzbar.

4.2.1.3 CCD-Kameras

In den letzten Jahren hielt die CCD-Technik als sehr lichtempfindliche, elektronische Bildaufzeichnung immer stärker Einzug in die großen Sternwarten [3.36, 4.11–4.13, 4.15–4.17]. CCD ist die Abkürzung für *Charge Coupled Device* und heißt frei übersetzt: Bildverstärkung durch Ladungsverschiebung. Es wird als komplexe integrierte Schaltung auf einem Siliziumsubstrat hergestellt. Kernstück ist der Bildsensor mit seinen in Rastern angeordneten Bildpunkten, die auch Pixel genannt werden. Eintretendes Licht erzeugt dort freie Ladungsträger (Elektronen), deren Anzahl der Lichtintensität am entsprechenden Pixel proportional ist. Diese Ladungsträger werden über die Bestrahlungsdauer (entspricht der Belichtungsdauer beim Film) hinweg an den einzelnen Pixeln gesammelt und dann der Reihe nach ausgelesen und verstärkt.

Der Bildsensor, der anfangs nur eine sehr kleine Fläche hatte, war für den Amateur unerschwinglich und die notwendige Elektronik mußte selbst hergestellt bzw. zusammengestellt werden. In erstaunlich kurzer Zeit wurde die CCD-Technik weiterentwickelt und steht heute relativ preisgünstig, wenn auch nur mit einer relativ kleinen lichtempfindlichen Fläche, den Interessenten zur Verfügung. Selbst die zur Bildbearbeitung erforderliche Software für die heute verbreiteten Computer (PC) ist in den Angeboten mit enthalten. Zur Zeit der Drucklegung dieses Buches sind für die Amateurastronomie zwei Systeme auf dem Markt, die sich sowohl als Kamera mit anschließender Bildverarbeitung als auch für die automatische Nachführung von Astroaufnahmen einsetzen lassen: das Star-Tracker & Imaging Camera System von SBIG [4.20, 4.36, 2.7] und das LYNXX CCD-Bildverarbeitungssystem von Spectra Source Instruments in unterschiedlicher Ausstattung [4.40]. Beide Geräte werden anstelle eines Kameragehäuses direkt am Okularstutzen des Teleskops angesetzt. Das aktive Feld beträgt beim ST-4 2,64 mm $\times$ 2,64 mm und enthält 192 $\times$ 165 Pixel der Größe 16 μm $\times 13,75$ μm. Beim ST-6 ist das aktive Feld 8$\times$ größer. Der große Vorzug der CCD-Technik liegt in der hohen Empfindlichkeit. So wird beim Anschluß an ein 8″ $f/10$-Teleskop in 30 Sekunden eine Grenzgröße von 16^{m} und in 5 Minuten von etwa 19^{m} erreicht. Durch Computer-Bildverarbeitung lassen sich beispielsweise mehrere, wegen der Luftunruhe kurz „belichtete" Planetenaufnahmen nachträglich aufaddieren – eine Art von elektronischem Komposit- oder Sandwichverfahren.

4.2.2 Objektive

Kameraobjektive werden je nach Hersteller in einem sehr großen Brennweitenbereich angeboten, im Extremen von etwa 8 mm Brennweite bis zu 1000 mm und mehr. Am oberen Ende der Brennweitenskala ist also der Übergang zu Teleskopen, die als Objektive eingesetzt werden, fließend. Je kürzer die Brennweite ist, desto größer ist der Bildwinkel und damit der auf einem Bild erfaßte Bereich des Sternenhimmels. Den Zusammenhang zwischen der Brennweite und dem Bildwinkel zeigt Tabelle 4.3.

In Abb. 4.7 sind die zur Berechnung der halben Bildwinkel notwendigen geometrischen Verhältnisse vereinfacht dargestellt. Statt des u.U. viellinsigen Objektivs ist eine einfache Sammellinse gezeichnet. Der Abstand des Films von der Mittelebene der Linse (eigentlich Abstand der bildseitigen Hauptebene des Objektivs von der Linse) ist gleich der Brennweite f der verwendeten Optik. Die Strecke s ist die Hälfte der Negativseite bzw. der Negativdiagonale – je nachdem

Tabelle 4.3. Zusammenhang zwischen der Brennweite des Objektivs f_{ob} und dem erfaßten Bildwinkel in Grad

f_{ob} mm	Kleinbild 24 × 36 mm	Diagonale	Mittelformat 6 × 6 cm Bildseite	Diagonale
18	67 × 90	101		
21	81 × 59	92		
24	53 × 74	84		
28	46 × 65	75		
35	38 × 54	63	81	101
50	27 × 40	47	62	81
85	16 × 24	29	39	53
100	14 × 20	24	33	46
135	10 × 15	18	25	35
180	7,6 × 11	14	19	27
300	4,6 × 6,9	8,3	11	16
400	3,4 × 5,2	6,2	8,6	12
750	1,8 × 2,8	3,3	4,6	6,5
1000	1,4 × 2,1	2,5	3,4	4,9

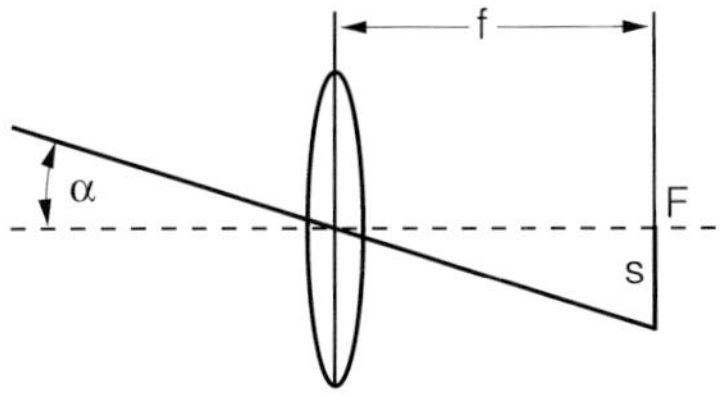

Abb. 4.7. Skizze zur Berechnung des halben Bildwinkels α

welcher Bildwinkel berechnet werden soll. Der halbe Bildwinkel α ergibt sich nach $\tan\alpha = s/f$.

Beispiel: Bildwinkel eines $f = 50$ mm-Objektivs, bezogen auf die lange Seite des Kleinbildformats (36 mm). Damit ergibt sich: $s = 36/2$ mm $= 18$ mm. $\tan\alpha = 18\,\text{mm}/50\,\text{mm} = 0{,}36$. Halber Bildwinkel $\alpha = 19{,}8°$. Gesuchter Bildwinkel $2\alpha = 39{,}6°$.

Neben dem Bildwinkel ist auch die erreichbare Grenzgröße m_{gr}, d.h. die Helligkeit des schwächsten auf der Aufnahme noch sichtbaren Sterns, abhängig von der verwendeten Brennweite (s. Kap. 8).

Kriterien zur Auswahl der geeigneten Objektive. Die Auswahl der Brennweiten hängt davon ab, was fotografiert werden soll. Ist man an Übersichtsaufnahmen großer Himmelsbereiche interessiert, wird man sehr kurzbrennweitige Optiken wählen (s. Abschn. 3.2.1). Für nur gelegentliche Aufnahmen mit extremen Bildwinkeln kann man ein 28-mm-Weitwinkel mit einem Fisheyevorsatz kombinieren (ca. DM 120,-) und erhält damit ein kreisförmiges Bild mit einem Bildwinkel von 150°, allerdings mit Qualitätseinbußen [2.63]. Möchte man einzelne Sternbilder aufnehmen, werden abhängig von ihrer Größe unterschiedliche Brennweiten im Bereich von 24 mm bis ca. 85 mm optimal sein. Für Einzelobjekte wiederum braucht man lange Brennweiten. Generell gilt aber: lieber wenige, dafür aber gute Objektive anschaffen, auch wenn durch diese Beschränkung nicht für alle Objekte die in ihrem Bildwinkel optimal angepaßte Optik zur Verfügung steht.

Objektivtests. Kann man von den Ergebnissen der Objektivtests in Fotozeitschriften auf die Eignung für die Astrofotografie schließen? Diese häufig gestellte Frage kann nicht eindeutig mit ja oder nein beantwortet werden. Eines ist sicher: Fällt ein Objektiv in einem solchen Test durch, ist es auch nicht für die Astrofotografie tauglich. Ergibt der Test jedoch eine sehr gute Schärfe und einen sehr hohen Kontrast bis in die Bildecken bei offener Blende, ist die Optik mit großer Wahrscheinlichkeit für Sternaufnahmen geeignet. Eine Erprobung am Sternenhimmel lohnt dann. Quantitative Angaben zur Vignettierung können von solchen Tests übernommen werden.

Welcher Hersteller baut astrotaugliche Objektive? Auch diese Frage läßt sich nicht eindeutig beantworten. Die Erfahrung hat gezeigt, daß man aus den Ergebnissen, die mit einem Objektiv erzielt wurden, nicht auf die ganze Objektivpalette des gleichen Herstellers schließen kann. Es gibt Marken, bei denen einige Objektive am Sternenhimmel hervorragende Aufnahmen bringen, während die anderen Objektive entäuschen. Man sollte immer ein Augenmerk auf neugerechnete Optiken haben, soweit es sich um lichtstarke Festbrennweiten handelt. Durch neue Rechenmethoden und neue Glassorten tut sich einiges. Nicht in allen Fällen haben die Hersteller von Systemkameras geeignetere Objektive als die Firmen, die in erster Linie Objektive herstellen. Von diesen wäre vor allem die Firma Sigma zu nennen, die nach wie vor für nahezu alle manuell zu fokussierenden Kameras ein interessantes Angebot an Festbrennweiten hat. Aber auch bei anderen Firmen gibt es Geeignetes. Vor einem Kauf sollte man nach der Möglichkeit suchen, das Objektiv zu erproben, z.B. durch Ausleihen im Bekanntenkreis. Fotohändler sind oft bereit, Objektive aus dem „Gebraucht-Fenster“ für ein paar Nächte herauszugeben. Schließlich besteht auch die Möglichkeit, die Mitglieder der Fachgruppe Astrofotografie in der VdS nach ihren Erfahrungen zu fragen. Um zu erkennen, welche Objektive für die Astrofotografie geeignet sind, müssen wir einige Eigenschaften und Fehler von Objektiven kennenlernen:

Zerstreuungskreis. Wann ist ein Bild „scharf“? Strenggenommen werden Lichtpunkte, wie z.B. Sterne, nur bei einem idealen, absolut fehlerfreien Objektiv bis in die Bildecken als kreisrunde winzige Punkte auf dem Film abgebildet. Nun werden durch die Beugung an der Objektivöffnung und verschiedene Abbildungsfehler in der Praxis die Lichtpunkte auf dem Film als mehr oder weniger große und keineswegs immer kreisrunde „Fleckchen“ erscheinen. Daß auch die Eigenschaften der Filmemulsion ihren Teil zur Vergrößerung der Bildpunkte beitragen, ist hierbei noch nicht berücksichtigt. Die Erfahrung hat nun gezeigt, daß für den Betrachter ein Bild scharf wirkt, solange die größten Ausdehnungen der „Fleckchen“ – bei kreisförmigen Abbildungen also der Durchmesser – auf dem Kleinbildformat 24 × 36 mm kleiner als 0,03 mm sind. Dies ist die Vorgabe für die Konstrukteure von Kleinbildoptiken. Strenggenommen ist dieser Wert für die hochauflösende Astrofotografie schon zu großzügig bemessen, da die theoretische Auflösung (s. Abschn. 4.1.1) z.B. bei einer 50-mm-Optik um einiges größer ist und auch Emulsionen wie der TP 2415 noch kleinere Sternpünktchen abbilden könnten. Hat man aber ein Objektiv, das bis in die Bildecken mit diesem Zerstreuungskreisdurchmesser schon bei offener Blende abbildet, kann man sehr zufrieden sein. Abblenden führt (fast) immer zur Verkleinerung der Sternpunkte. Dies läßt sich aus der im fotomagazin gewählten Darstellung der Schärfe von getesteten Objektiven gut erkennen. Hier wird auch deutlich, daß bei einigen guten Objektiven der Zerstreuungskreisdurchmesser deutlich kleiner als 0,03 mm ist. Für Mittelformatobjektive ist ein Zerstreuungskreisdurchmesser von 0,05 mm erlaubt.

Abbbildungsfehler von mehrlinsigen Objektiven. Auch bei der Kombination mehrerer Linsen zu einem Objektiv bleiben mehr oder weniger große Restfehler, die u.a. eine Vergrößerung des Zerstreuungsscheibchens bewirken. Wie kann man erkennen, ob sie sich auf Astroaufnahmen störend bemerkbar machen werden und auf welche Weise lassen sie sich noch reduzieren? Ein guter Test, wie er in [4.18] beschrieben wird, sind Aufnahmen von punktförmigen Lichtquellen, also von Sternen (bei mitlaufender Nachführung) oder notfalls von weit genug entfernten punktförmigen Lampen. Ein Beispiel für eine solche Aufnahme mit einem unzureichend korrigierten Objektiv zeigt Abb. 4.8.

Bei jedem Teilbild ist der Abstand von der Bildmitte in Millimetern als Zahlenwert angegeben. Verzeichnete Sternabbildungen, die eine Form wie auf den beiden rechten Teilbildern haben, bezeichnet man als *Schmetterlinge*. Wie Abb. 4.9 zeigt, lassen sich die Abbildungsfehler durch Abblenden deutlich reduzieren. Der eingestellte Blendenwert ist angegeben. Die Aufnahmeserie wurde mit dem gleichen Objektiv wie Abb. 4.8 gemacht. Die gezeigte Sternabbildung liegt 16 mm von der Bildmitte entfernt.

Die Vignettierung (Randabschattung) zählt eigentlich nicht zu den Abbildungsfehlern eines Objektivs. Sie soll aber hier wegen ihrer Bedeutung für die

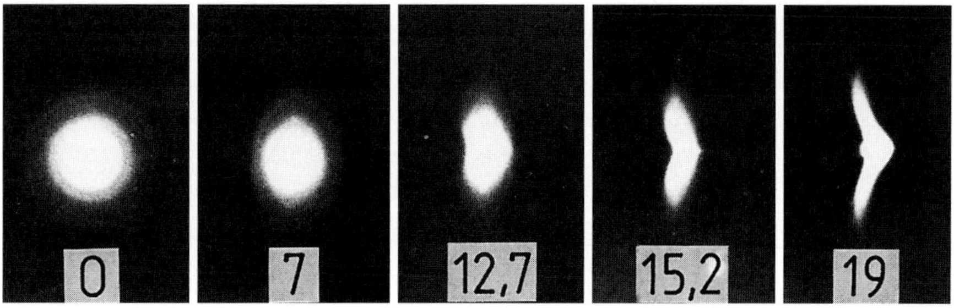

Abb. 4.8. Stark belichtete Aufnahme einer Testlichtquelle mit Objektiv 1,4/50 mm bei voller Öffnung. Die Zahlenwerte geben den Abstand zur Bildmitte an, gemessen in Millimetern (100×-Vergrößerung). Foto: P. Riepe

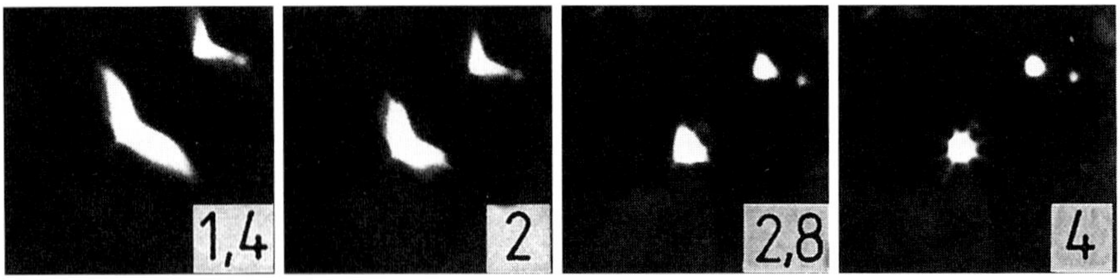

Abb. 4.9. Verbesserung der Abbildungseigenschaften eines Objektivs durch Abblenden. Foto: P. Riepe

Astrofotografie – insbesondere bei nachträglich kontrastverstärkten Aufnahmen (s. Abschn. 10.4.4) – angesprochen werden. Die Randabschattung nimmt bei Weitwinkelobjektiven mit kürzer werdender Brennweite stark zu. Zu dem physikalisch bedingten „natürlichen“ Lichtabfall, der mit $\cos^4 \phi$ verläuft (ϕ ist der Aufnahmewinkel zur optischen Achse), kommen die durch eine gute Konstruktion teilweise vermeidbaren Abschattungen des Strahlengangs hinzu. Diese entstehen entweder im Kameragehäuse, z.B. durch ein zu kleines Kamerabajonett, und bzw. oder durch zu kleine Front- oder Hinterlinsen am Objektiv. Die letztgenannten Gründe führen auch bei längeren Brennweiten zu Vignettierungen. Neueste Objektivkonstruktionen unter Verwendung von asphärischen Linsen ermöglichen eine beschränkte Reduzierung der Vignettierung. Allerdings ist hier Vorsicht geboten: Nicht alle Objektive auf dem Markt mit asphärischen Linsen bringen neben dem deutlich höheren Preis auch höhere Bildqualität [4.21].

Abbildung 4.10 zeigt die Vignettierung bei einem KB-Objektiv 1,4/50 mm in Abhängigkeit vom Abstand von der Bildmitte und von der eingestellten Blende.

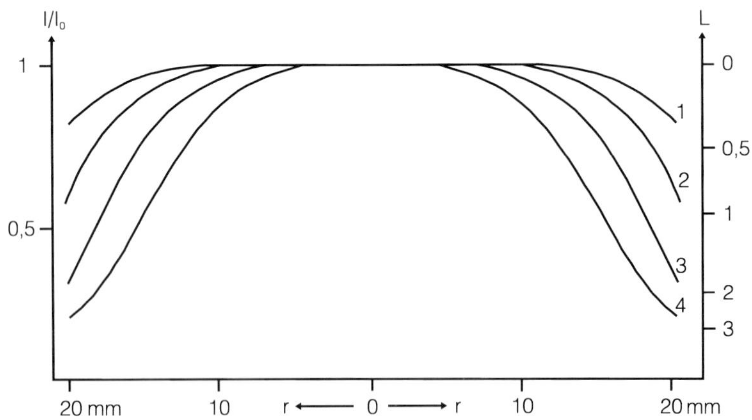

Abb. 4.10. Vignettierung eines Kleinbildobjektivs. Erklärung im Text

Auf der linken Ordinate ist das Verhältnis aus dem durchgelassenen und dem ins Objektiv einfallenden Lichts aufgetragen, während die rechte Ordinate den Lichtverlust umgerechnet in Blendenstufen angibt. Dabei gehört Kurve 4 zu Blende 1,4; Kurve 3 zu Blende 2; Kurve 2 zu Blende 2,8 und Kurve 1 zu Blende 4. Die unterschiedlichen Kurvenverläufe zeigen wie die Vignettierung durch Abblenden deutlich abnimmt. Entsprechende Messungen zur Vignettierung findet man bei Vergleichstests von Objektiven, z.B in der Zeitschrift Color Foto. Leider wurden in den letzten Jahren die bis dahin üblichen grafischen Darstellungen dieses Fehlers durch knappe Zahlenangaben abgelöst.

Zwei Abbildungsfehler, die meistens gleichzeitig bei sehr lichtstarken Teleobjektiven auftreten, sind ein nicht ausreichend korrigierter *Öffnungsfehler* und ein *Restfarbfehler*. Der Öffnungsfehler entsteht dadurch, daß die Brennpunkte für die weit von der optischen Achse entfernt auf die Linse auftreffenden Strahlen nicht mit dem Brennpunkt achsnaher Strahlen zusammenfallen. Eine Korrektur dieser beiden Abbildungsfehler ist sehr aufwendig und dementsprechend teuer. Es ist deshalb dringend von Billigangeboten abzuraten. Das eine Zeitlang sehr günstig angebotene Porstobjektiv 1,8/135 mm beispielsweise hat sich trotz scheinbar bestechender Daten als völlig untauglich erwiesen, auch bei kräftiger Abblendung. Einige lichtstarke Teleobjektive zeigen zwar bis in die Ecken gute Sternabbildungen, lassen aber um hellere Sterne auf Farbaufnahmen blaue Farbsäume zu. Dieser auf unzureichende Farbfehlerkorrektur im blauen oder im nahen ultravioletten Licht zurückzuführende Effekt läßt sich i.a. durch Abblenden verringern. Oft bringt auch die Verwendung von *Minus-Violett-Filtern* bereits ohne stärkere Abblendung eine sichtbare Verbesserung. Bei allen Vorteilen, die hochlichtstarke Teleobjektive wegen der deutlich kürzeren Belichtungszeiten bringen, sollte man sich gut überlegen, ob diese Investition lohnt. Der Gewinn einer Blende, z.B. 2,8 statt 4, wird oft mit mehr als dem doppelten Preis bezahlt. Dabei kommt es nicht selten vor, daß die Abbildungsqualität des 2,8 er-Objektivs, abgeblendet auf 4, gemessen am Kontrast nicht so gut ist wie die des unabgeblendeten Objektivs mit der Blende 4 als Anfangsöffnung. Dies zeigt schon das Studium von Objektivtests in Fotozeitschriften.

Für die Astrofotografie sind apochromatisch korrigierte Teleobjektive i.a. sehr gut geeignet. Sie enthalten meistens Linsen aus Sondergläsern, die eine besonders geringe Dispersion haben (LD-Glas, ED-Glas, usw.). Die lichtstarken Typen sind aber für den Amateur kaum erschwinglich. Ein sehr gutes, relativ preiswertes, apochromatisch korrigiertes Teleobjektiv ist das Sigma APO 5,6/400 mm mit Anschlüssen für fast alle Kameras.

Die meisten Standardobjektive für Kleinbildkameras mit 50 mm Brennweite sind in den Versionen mit den Lichtstärken 1,8 bis 2,0 so gut korrigiert, daß die „Schmetterlinge“, wenn überhaupt, nur in den Bildecken sichtbar werden. Sie lassen sich durch Abblenden auf Blende 2,4 oder 2,8 auf ein zu vernachlässigendes Maß reduzieren. Berücksichtigt man noch den günstigen Preis dieser Objektive, so sind sie für den Einstieg in die Großfeld-Astrofotografie gut geeignet. Dies gilt auch für die sehr preiswerten Sigmaobjektive 2,8/24 mm und 2,8/28 mm, abgeblendet auf Blende 4.

Mittelformatobjektive am Kleinbildkameragehäuse. Schon lange ist die Verwendung eines guten Objektivs, das für das Format 6 × 6 cm ausgelegt ist, an einer Kleinbildkamera ein Geheimtip. Dadurch, daß nur der zentrale Teil des durch das Objektiv ausgeleuchteten Bildkreises auf dem Film abgebildet wird, liegen die Randfehler und die durch Vignettierung schwächer belichteten Teile des Bilds außerhalb des Bildformats. Bewährt haben sich beispielsweise die von Zeiss Jena hergestellten Objektive S 4/300 mm und S 2,8/180 mm. Auch Weitwinkeloptiken, wie das Flektogon S 4/50 mm MC, sind so einsetzbar. Die Firma Zörkendörfer [4.22] fertigt und liefert Adapter für verschiedene Mittelformatobjektive (Mamiya, Hasselblad, Pentacon Six, Pentax und Rollei) an Kleinbildkameras. Es gilt aber zu beachten, daß Mittelformatobjektive für einen Zerstreuungskreisdurchmesser von 0,05 mm gerechnet sind.

Shiftobjektive. Sie sind im Weitwinkelbereich für die Astrofotografie prädestiniert, da auch sie für ein viel größeres Bildfeld konstruiert sind als man bei der Astroaufnahme braucht. Diese eigentlich für Architekturaufnahmen entwickelten Objektive gibt es von fast allen Kameraherstellern und von Schneider Kreuznach. Die Lichtstärke liegt bei Blende 2,8 (in Ausnahmen bei Blende 4) und die Brennweite bei 35 mm oder 28 mm [4.24]. Gegenüber den Mittelformatobjektiven haben sie den Vorteil des kleineren Zerstreuungskreisdurchmessers für Kleinbildoptiken.

Makroobjektive. Im Bereich der kurzen bis mittleren Telebrennweiten sind Makroobjektive ideal für die Astrofotografie, da sie für (fast) vignettierungs- und verzeichnungsfreie Abbildungen konstruiert sind und praktisch keine Bildfeldwölbung aufweisen. Die neugerechneten, lichtstarken Makroobjektive im Bereich 90 bis 105 mm sind, so erstaunlich dies klingt, in der Unendlicheinstellung mindestens gleich gut, oft aber sogar noch besser als im Nahbereich. Dies wird bei den meisten dieser Objektive durch *floating elements* erreicht, Linsengruppen, die sich bei Änderung der Entfernungseinstellung relativ zueinander bewegen. Gemeinsam ist den Objektiven von Leitz, Minolta, Nikon, Olympus, Pentax, Tokina, Tamron und Zeiss, daß sie schon bei offener Blende hervorragend abbilden [4.23]. Die Vignettierung liegt bei Blende 2,8 zwischen 0,5 und 1 Blendenstufe und reduziert sich bei Abblendung auf Blende 4 auf 0 bis 0,4 Blendenstufen. Das lichtstärkste dieser Objektive, das Olympusobjektiv 2,0/90 mm, hat sich in der Astrofotografie schon hervorragend bewährt – mit leichter Vignettierung auch schon bei Blende 2,0. Entsprechende Überlegungen wie für die Tele-Makroobjektive gelten auch für neu gerechnete Makroobjektive mit 50 mm Brennweite und die ganz neuen langbrennweitigen, apochromatisch korrigierten Makroobjektive 2,8/180 mm Apo Macro und 5,6/180 mm Apo Macro von Sigma.

Spiegelobjektive. Von den meisten Objektivherstellern werden im Brennweitenbereich von 500 mm bis 1000 mm oder 1200 mm ein oder mehrere Spiegelobjektive angeboten. Im Prinzip sind sie ähnlich wie Schmidt-Cassegrains (s. Abschn. 4.2.4) aufgebaut. Ihr Nachteil für die Langzeitastrofotografie liegt in ihrer sehr geringen Lichtstärke im Bereich f/8 bis f/10, je nach Brennweite. Auf die Angaben der größten und mit wenigen Ausnahmen einzigen Blende dieser Objektive kann man sich nicht verlassen: Das Objektiv 5,6/300 mm (Soligor) beispielsweise hat eine wirksame größte Blende von 9 bis 10.

Fazit. Für die Astrofotografie sind viele festbrennweitige Objektive der Kamerahersteller sowie von Sigma, Tamron und Tokina bei genügender Abblendung (!) geeignet (teilweise mit gewissen Einschränkungen). Bei den längeren Brennweiten sind apochromatisch korrigierte Objektive, im mittleren Telebereich moderne Makroobjektive und im Weitwinkelbereich Shiftobjektive besonders gut (aber meist sehr teuer). Auch die Verwendung von Mittelformatobjektiven bringt Vorteile.

Hinweise. Vor dem Einsatz in der Astrofotografie sollte man bei allen Objektiven die Unendlicheinstellung durch Versuche ermitteln. Es empfiehlt sich diese bei leichtgängigen Fokussierringen z.B. mit einem Klebeband vor der Aufnahme zu fixieren. Bei sehr langbrennweitigen Optiken kann diese Einstellung von der Temperatur abhängen. Es lohnt sich, für große Objektive ohne Stativanschluß und für relativ schwere Makroobjektive eine Unterstützung zu basteln, die unter dem gemeinsamen Schwerpunkt von Kamera und Objektiv einen Stativanschluß bekommt (wie es Abb. 4.11 zeigt). Andernfalls läuft man Gefahr, daß sich die Kamera durch das Gewicht der Optik während der Aufnahme verdreht.

a

b

Abb. 4.11. **a** „Eigenbau" eines Stativrings. **b** Unterstützung der Kombination von Kamera und schwerem Makroobjektiv unter dem Schwerpunkt. Fotos: L. Laepple

4.2.3 Refraktoren

Unter Refraktoren sollen alle Fernrohre verstanden werden, deren Abbildung mit Hilfe von Linsen zustande kommt, unabhängig davon, ob bei einigen Varianten Planspiegel oder Prismen zur Faltung des Strahlengangs eingebaut sind. Auch interessiert hier nur die astrofotografische Qualität der Optiken. Die klassischen Refraktoren haben ein Objektiv aus zwei Glaslinsen und ihr Öffnungsverhältnis liegt etwa bei $f/15$. Ihre Abbildungsqualität wird durch die verwendeten Glassorten und durch die Anordnung der Linsen bestimmt. Die einfachsten Objektive bestehen aus zwei miteinander verkitteten Linsen. Bei Öffnungen bis etwa 90 mm ergeben sich damit Abbildungen mit fast zu vernachlässigendem Farbfehler. Ein bekannter Vertreter ist der 90 mm/1300 mm-Refraktor z.B. von Lichtenknecker oder von Vixen. Werden die beiden Linsen nicht miteinander verkittet, sondern durch kleine Abstandhalter getrennt, lassen sich Abbildungsfehler außerhalb der optischen Achse besser korrigieren. Solche Optiken bezeichnet man als *Fraunhoferobjektive*. Ihr Farbfehler wird, wie der der verkitteten Optik, als minimaler blauer Farbsaum um helle Sterne sichtbar. Er läßt sich bei Schwarzweißaufnahmen durch ein schwaches Gelbfilter unterdrücken. Bei Farbaufnahmen kann ein *Minus-Violett-Filter* hilfreich sein. Fast zu vernachlässigen ist der Restfarbfehler bei Fraunhoferobjektiven mit Öffnungsverhältnissen im Bereich $f/20$ bis $f/25$. Solche Objektive sind für die Mond- und Planetenfotografie gut geeignet. Soll das Öffnungsverhältnis im Bereich $f/10$ bis $f/15$ bleiben, kann man durch die Verwendung besonderer Glassorten den Farbfehler verringern, was sich im Preis widerspiegelt. Man spricht dann von *Halbapochromaten*. Ideal für die Astrofotografie sind *Apochromate*, die auch bei lichtstärkeren Öffnungsverhältnissen keinen Farbfehler mehr erkennen lassen. Die Farbkorrektur wird hier entweder durch die Verwendung von mindestens drei Glaslinsen oder durch den Einsatz von Fluorit„gläsern" erreicht. Bekannte Vertreter der 2. Gruppe sind die Vixen Fluorit-Apochromate [4.25]. Nicht ganz so bekannt sind die ED-Apochromate 130 mm und 150 mm von Astro Physics. Hier wird statt eines Fluoritkristalls ein Fluorphosphatglas verwendet. Die Öffnungsverhältnisse liegen bei beiden Typen zwischen $f/8$ und $f/9$. Sie lassen sich für Langzeitaufnahmen durch dafür optimierte Shapleylinsen (Telekompressoren) auf ca. $f/5,6$ vergrößern. Zu den Apochromaten mit mehr als zwei Komponenten gehören die APQ-Objektive aus Jena: hervorragend korrigierte dreilinsige Objektive, bei denen die mittlere Linse aus Calziumfluorit besteht. Die drei Elemente sind „durch ein optisch transparentes fluides Medium formschlüssig miteinander verbunden" [4.26, 4.37].

Ebenfalls ohne Luftspalt zwischen den drei Linsen sind die Starfire-Apochromate von Astro Physics konstruiert, die allerdings ohne Fluoritkomponente auskommen. Ihre Öffnungsverhältnisse betragen $f/8$ oder $f/9$ [4.27]. Beide Konstruktionen, wie auch die ED-Apochromate von Astro Physics, haben den Vorteil, daß bei Langzeitaufnahmen Fokusverschiebungen und Definitionsverlust nicht oder zumindest nicht in dem Maße auftreten können wie bei Objektiven mit großem Luftspalt zwischen den Komponenten. Zu den Vertretern dieses Typs gehört der dreilinsige apochromatische Refraktor 125 mm/750 mm von Lichtenknecker, der mit einem afokalen Korrektor für die Deep-Sky-Fotografie geliefert wird. Leider liegen zur Zeit noch keinerlei Erfahrungsberichte über dieses Gerät vor. Ein noch größeres Öffnungsverhältnis hat der prinzipiell anders aufgebaute Refraktor Genesis SDF von Tele Vue. Bei 500 mm Brennweite hat er 102 mm Öffnung [4.28]. Das Objektiv ist im Prinzip wie ein Petzvalsches Portrait-Objektiv aufgebaut: Es besteht aus zwei Linsengruppen zu je zwei Linsen, wobei sich die hintere Linsengruppe, die ein Calziumfluoritelement besitzt, in großem Abstand zur vorderen Linsengruppe befindet. Es ist unklar, ob die zusätzlichen Möglichkeiten der Fehlerkorrektur, die sich daraus ergeben, nicht bei Langzeitaufnahmen durch Fokusverlagerungen wieder zunichte gemacht werden. Auch andere Firmen wie Pentax und Takahashi liefern gute Refraktoren. Testberichte über deren Eignung für die Astrofotografie liegen aber zur Zeit nicht vor.

Vor allem bei den Fraunhofer-Achromaten mit kleinem Öffnungsverhältnis ($f/15$ bis $f/25$) bewähren sich Faltungen des Strahlengangs mit Hilfe von Planspiegeln. Es sind je nach Länge und bevorzugter Lage des Okularstutzens unterschiedliche Strahlengänge möglich [4.29]. Der wesentliche Vorteil liegt in der Transportierbarkeit und in der Möglichkeit, wesentlich kleinere und leichtere Montierungen verwenden zu können. Durch die damit erzielten ausgezeichneten Mond- und Planetenaufnahmen ist der 200 mm/4000 mm Eigenbau-Faltrefraktor (Fraunhoferobjektiv) von Nemec [4.30] bekannt geworden. Der in größeren Sternwarten häufiger eingesetzte Coudé-Refraktor , bei dem das Licht durch die Stundenachse in den Okularauszug gelangt, hat den Nachteil, daß sich das dort entstehende Bild bei der Nachführung des Teleskops dreht. Langbelichtete Astroaufnahmen sind deshalb nur möglich, wenn die Kamera während der Aufnahme mit gleicher Winkelgeschwindigkeit mitbewegt wird.

Die *Bildfeldwölbung* ist ein Abbildungsfehler, der allen Refraktoren gemeinsam ist, soweit die abbildende Optik nur aus dem zwei- oder dreielementigen Objektiv besteht. Dabei ist das Bildfeld stets so gewölbt, daß die konkave Seite zum Objektiv zeigt. Strenggenommen muß man zwischen zwei Bildfeldwölbungen unterscheiden: tangentiale Strukturen werden auf einer tangentialen Bildschale und sagittale Strukturen auf einer etwas weniger gewölbten sagittalen Bildschale scharf wiedergegeben (Abb. 4.12). Durch diese Bildfeldwölbung werden nur die Sternpunkte in der Bildmitte optimal klein abgebildet, während Sternpunkte außerhalb der Mitte mit wachsendem Abstand immer größer werden, da für sie Filmebene und Bildebene nicht zusammenfallen. Solange der Durchmesser der Abbildungen unter 0,03 mm bleibt, empfindet man das Bild noch als scharf. Dies ist normalerweise bei Verwendung des Kleinbilds als Aufnahmeformat bei allen gängigen Refraktoren der Fall. An Abb. 4.12 erkennt man, daß es dabei günstiger ist, wenn der Film nicht in der Ebene durch B_0 liegt, sondern wenn er etwas in Richtung Objektiv verschoben ist. Durch diese Verschiebung werden die Sternabbildungen in der Mitte etwas größer, am Rand jedoch kleiner. Für die Verwendung von Mittelformatkameras reicht diese Verschiebung jedoch nicht aus, wenn über das ganze Bildfeld befriedigende Sternpunkte angestrebt werden. In diesem Fall ist die Verwendung von Bildebnungslinsen anzuraten,

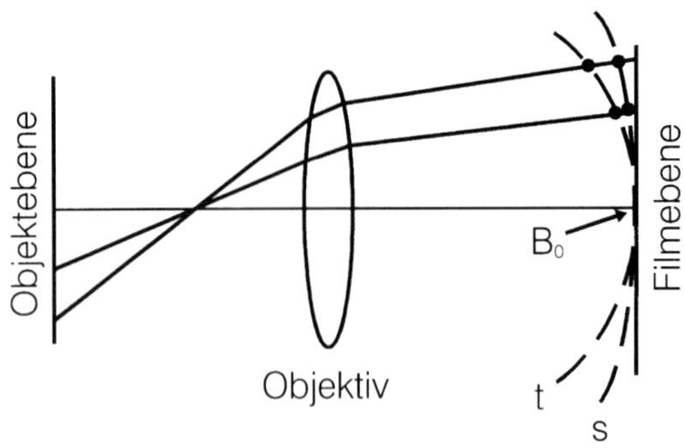

Abb. 4.12. Sagittale (Index *s*) und tangentiale (Index t) Bildschalebei der Bildfeldwölbung

wie sie beispielweise von Astro Physics angeboten werden. Bei ungenügender Filmplanlage ist übrigens der Film leider gerade so gewölbt, daß die Filmebene und die Bildschale noch weniger übereinstimmen.

4.2.4 Reflektoren

Eine exakte Konstruktion des Strahlenverlaufs vor und nach der Reflexion an einem sphärischen Spiegel (Kugelspiegel) zeigt, daß sich nur die achsnahen Strahlen nach der Reflexion im Brennpunkt vereinigen, während die achsferneren die optische Achse näher am Scheitelpunkt schneiden (*sphärische Aberration*). In vielen Fällen wird deshalb an Stelle eines Kugelspiegels ein Parabolspiegel verwendet, der jeden achsenparallelen Strahl in den Brennpunkt reflektiert.

Das in der Astrofotografie am häufigsten eingesetzte Instrument mit einem Parabolspiegel ist das Newtonteleskop (Abb. 4.13a). Die Abbildung zeigt, daß das reflektierte Strahlenbündel kurz vor dem Brennpunkt mit Hilfe eines schräggestellten Planspiegels (Fangspiegel) aus dem Tubus herausreflektiert wird. Wie in Abschn 4.1.1 besprochen, wirkt sich der Fangspiegel kontrastmindernd aus. Aus diesem Grund sollte seine Größe dem Anwendungszweck angepaßt werden: Während für eine Aufnahme im Primärfokus mit einem möglichst großen, vignettierungsarmen Bildfeld der Fangspiegel nicht zu klein gewählt werden darf, ist für eine Aufnahme mit Okularprojektion, die ja nur einen kleinen Teil des Bildfelds auf dem Film wiedergibt, ein möglichst kleiner Fangspiegel sinnvoll. In einigen Fällen wird sogar durch eine vor den Fangspiegel gesetzte Barlowlinse der Strahlengang bewußt so verjüngt, daß besonders kleine Fangspiegel verwendbar sind. In jedem Fall ist eine möglichst *nahe* Lage des Okulars an der Wandung vorteilhaft (flacher Fokussierring), denn sie ermöglicht kleine Fangspiegel.

Newtonteleskope bilden wie alle Spiegelteleskope absolut farbrein ab, weil das Bild nur durch die Reflexion des Lichts entsteht und diese nicht von der Wellenlänge abhängt. Da nur zwei Flächen genau bearbeitet werden müssen, im Gegensatz zu mindestens vier Flächen bei einem Linsenfernrohr, ist bei diesem Fernrohrtyp das Verhältnis von Öffnung zum Preis am günstigsten. Nicht zuletzt

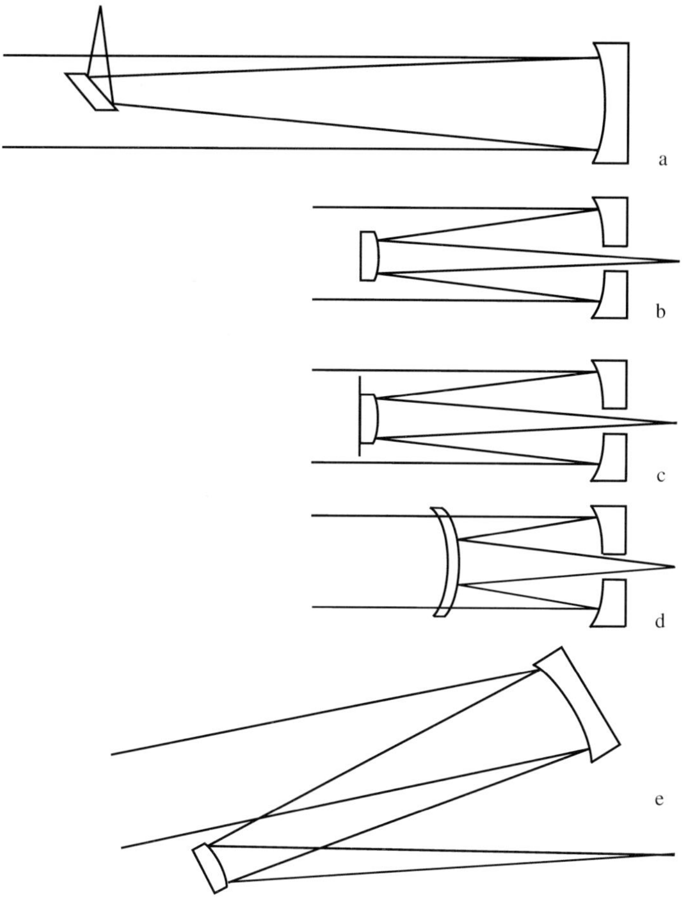

Abb. 4.13. **a** Newton, **b** Cassegrain, **c** Schmidt-Cassegrain, **d** Maksutov, **e** Schiefspiegler

aus diesem Grund ist der Newton bei Amateuren so beliebt. Für die Astrofotografie (und in geringerem Maße auch für die Beobachtung) hat dieser Fernrohrtyp aber einen gravierenden Nachteil: Das Bildfeld mit zu vernachlässigenden Abbildungsfehlern ist nur sehr klein. Abhängig vom Öffnungsverhältnis nehmen Koma und Astigmatismus mit der Entfernung von der optischen Achse stark zu. Die Sternpunkte werden dadurch immer weniger punktförmig, und ihre größte Ausdehnung überschreitet schon recht nahe an der optischen Achse den „erlaubten" Zerstreuungskreisdurchmesser von maximal 0,03 mm. So beträgt die Längsausdehnung des Sternbildchens bei einem Instrument mit dem Öffnungsverhältnis $f/5$ am Rand eines 1,4°-Bildfelds bereits 0,1 mm [4.31]. Ein weiterer Abbildungs-

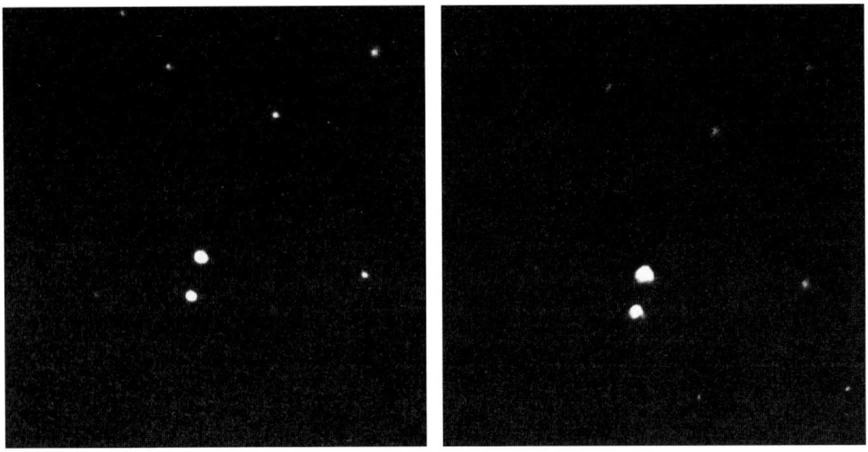

a b

Abb. 4.14. Der Einsatz eines Komakorrektors bei einem 200-mm-Newton, $f/5$, **a** verbessert deutlich die Abbildungseigenschaften in den Ecken des KB-Formats, verglichen mit einer Aufnahme ohne Korrektor **b**. Fotos: B. Koch

fehler entsteht durch die Bildfeldwölbung, die wie beim Refraktor ihren Teil zur Vergrößerung der Sternabbildungen am Bildrand beiträgt. Schon 1917 hat Ross vorgeschlagen, Korrektoren mit Hilfe von Linsen zu bauen, die zwischen Okularauszug und Kamera angebracht werden. Die heute erhältlichen zweilinsigen Newtonkorrektoren (im Sprachgebrauch Komakorrektoren) mildern Koma, Astigmatismus und Bildfeldwölbung. Dies geht zu Lasten der Punktschärfe in der Mitte, was allerdings in der Astrofotografie kaum stört (Abb. 4.14 und [4.32]). Dieser Abbildungsschwäche kann entweder durch die Verwendung eines drei- oder vierlinsigen Korrektors, der aber nicht im Handel ist, oder durch hyperbolische statt parabolische Hauptspiegel in Verbindung mit den handelsüblichen Newtonkorrektoren abgeholfen werden [4.33, 4.34]. Zu erwähnen wäre hier auch noch die von Bath entwickelte Astrokamera, ebenfalls ein Newtonteleskop mit einem speziellen Korrektor [4.35].

Beim Cassegrain-Typ wird der Hauptspiegel durchbohrt und der Strahlengang mit Hilfe eines Sekundärspiegels durch diese Öffnung geleitet (Abb. 4.13b). Dieser konvexe Hilfsspiegel ist hyperbolisch geschliffen und befindet sich im Lichtweg vor der Vereinigung der Strahlen im Primärfokus. Die Objektivbrennweite des Systems wird dadurch verlängert, und man erhält kompakte, langbrennweitige Teleskope. Moderne Ausführungen von Cassegrainteleskopen, die Schmidt-Cassegrain-Typen (Abb. 4.13c), haben über die volle Eingangsöffnung des Teleskops eine Korrekturplatte, die nicht ganz korrekt als Schmidtplatte bezeichnet wird (s. Abschn. 4.2.5). Dadurch können einige außeraxiale Bildfehler reduziert werden. Der Hauptspiegel ist dann nicht mehr parabolisch, sondern sphärisch. Da die Schmidtplatte den Tubus luftdicht abschließt, werden Luftturbulenzen im Teleskop vermieden. Außerdem kann auf Streben zur Befestigung der Hilfsspiegelfassung verzichtet werden, da sich diese an der Korrekturplatte befestigen läßt. Schmidt-Cassegrain-Teleskope werden üblicherweise mit einem Öffnungsverhältnis von $f/10$ bis $f/12$ angeboten. Seit einigen Jahren sind auch Geräte mit $f/6{,}3$ auf dem Markt. Der Vorteil, den diese lichtstärkeren Geräte für die Deep-Sky-Fotografie bringen, wird aber durch den Nachteil eines im Verhältnis zum Hauptspiegeldurchmesser größeren Sekundärspiegels und einer merklich stärkeren Bildfeldwölbung erkauft. Inzwischen werden speziell für die $f/10$- oder $f/11$-Schmidt-Cassegrains optimierte Telekompressoren (Shapleylinsen) angeboten, die auch an diesen Geräten das Öffnungsverhältnis $f/6{,}3$ ermöglichen.

Einen ähnlichen Aufbau wie das Schmidt-Cassegrain-Teleskop hat das Maksutovteleskop (Abb. 4.13d). Hier wird statt einer kompliziert geformten Schmidtplatte ein Meniskus an die Eingangsöffnung gesetzt, an dessen Rückseite der Hifsspiegel sitzt. Dieser Typ ist aber als Teleskop nur wenig verbreitet. In seiner ursprünglichen Form als Astrokamera (s. Abschn. 4.2.5) hat er mehr Bedeutung.

Eine Schmidtplatte an der Eingangsöffnung eines Newtonteleskops bringt ähnliche Verbesserungen wie beim Cassegrain-Typ. Man spricht dann von einem Schmidt-Newton. Auf den ersten Blick sehr ähnlich ist das modifizierte Wright-Väisälä-Teleskop, wie es Hahnelt für Amateurdimensionen durchgerechnet und selbst gebaut hat und in [4.6] beschreibt. Bei diesem Instrument ist der Hauptspiegel nach außen hin stärker gekrümmt als ein Kugelspiegel. Die Schmidtplatte muß dementsprechend stärker deformiert werden als bei einer klassischen Schmidtkamera (s. Abschn. 4.2.5).

Der durch den Fangspiegel herbeigeführte Lichtverlust (ca. 7%) und die durch die Beugungserscheinungen am Fangspiegel und seinen Halterungen bewirkte geringere Qualität der Beugungsscheibchen und damit der Bilddefinition wird beim Schiefspiegler vermieden, ohne den Vorteil der Apochromasie eines Reflektors zu verlieren (Abb. 4.13e). Die durch die Schrägstellung des Hauptspiegels hervorgerufenen Bildfehler werden durch einen in seiner Oberflächenform und seinem Winkel im Strahlengang genau auf den Hauptspiegel abgestimmten Sekundärspiegel weitgehend korrigiert. Wenn eine ausreichende Korrektur bei großen Spiegeldurchmessern auf diese Weise nicht möglich ist, wird eine sehr langbrennweitige Korrekturlinse schräg im Strahlengang angebracht. Die meisten Berechnungen und Konstruktionshinweise zu Schiefspieglern stammen von Kutter [4.14, 4.20]. Der Schiefspiegler ist hervorragend für die langbrennweitige Astrofotografie (Planeten, Mond) geeignet (Öffnungsverhältnis $f/20$ bis $f/30$). Es muß noch darauf hingewiesen werden, daß das Bildfeld nicht genau senkrecht zur optischen Achse des vom Sekundärspigel kommenden Strahlenbündels steht, sondern um einen kleinen Winkel geneigt ist.

4.2.5 Spezialoptiken

Das bekannteste, speziell und ausschließlich für die Astrofotografie entwickelte optische Instrument ist die Schmidtkamera (Abb. 4.15a). Der Hauptspiegel ist ein Kugelspiegel. Im Abstand der doppelten Brennweite (Krümmungsradius des Ku-

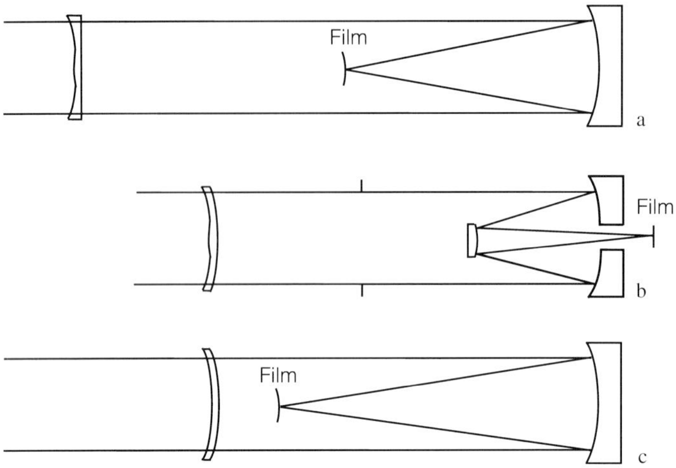

Abb. 4.15. Spezialoptiken für die Astrofotografie. **a** Schmidtkamera, **b** Flat-Field-Camera (FFC), **c** Maksutovkamera

gelspiegels) sitzt eine Glasplatte. Ihre Dicke variiert etwas mit dem Radius, und zwar so, daß die sphärische Aberration des Spiegels gerade kompensiert wird. Die Bildfläche bleibt allerdings gewölbt. Der Film muß deshalb durch Anpressen gegen eine Kalotte so geformt werden, daß seine Wölbung mit der Bildfeldwölbung übereinstimmt. Anderfalls muß eine Bildfeldebnungslinse direkt vor dem Film angebracht werden. Der Hauptvorteil der Schmidtkamera ist die Möglichkeit, bei hoher Lichtstärke ein relativ großes Himmelsgebiet komafrei abzubilden, wobei sich die sehr hohe Abbildungsqualität über das gesamte Bildfeld erstreckt. Als Nachteil müssen die große Baulänge und der Umstand genannt werden, daß das Bild im Innern der Kamera entsteht. Bei Schmidtkameras in Amateurdimensionen muß deshalb bei größtmöglicher Dunkelheit vor jeder Aufnahme ein Filmstückchen durch eine seitliche Öffnung in die Kamera eingeführt und auf dem Filmhalter befestigt werden. Einige Ausführungen erlauben auch das Anbringen von Filmspulen, die aber auch im Dunkeln nach jeder Aufnahme weitergedreht werden müssen. Nachteilig ist die zusätzliche Beugung durch die Spulenhalter im Strahlengang.

Ein weiteres Problem bei kommerziell hergestellten Amateur-Schmidtkameras stellt die Vignettierung dar. Im Gegensatz zur Original-Schmidtkamera, bei der der Hauptspiegel einen wesentlich größeren Durchmesser als die Korrektionsplatte hat, haben die kleinen Kameras (z.B. von Celestron) einen im Verhältnis zur Korrektionsplatte zu kleinen Hauptspiegel. Dies wird besonders auf kontrastverstärkten Abzügen deutlich. Wegen der sehr hohen Lichtstärke bei relativ langen Brennweiten z.B. $f/1,5$ bei $f = 300\,\mathrm{mm}$ ist die Fokussierung und die Zentrierung der Optik sehr kritisch. Kommerziell hergestellte Schmidtkameras haben oft ein Gerüst aus Invarstäben, damit sich der Justierzustand bei Temperaturänderungen nicht merklich ändert. Eine Garantie für immer scharfe Aufnahmen ist dies aber nicht. Ausführlichere Beschreibungen der Schmidtkameras sowie Berechnungsmethoden und Hinweise zu ihrer Herstellung sind der Spezialliteratur [4.2, 4.4] zu entnehmen. Dort finden sich auch Angaben über einige Modifikationen wie Baker-Schmidtkameras, Wright-Schmidtkameras usw., die entweder als professionelle Einzelanfertigungen im Einsatz sind oder von versierten Amateuren selbst gebaut werden.

Eine Astrokamera, die die Vorteile der Schmidtkamera übernimmt und einige ihrer Nachteile vermeidet, ist die Flat-Field-Camera (FFC) von Lichtenknecker (Abb. 4.15b). Sie hat allerdings eine geringere Lichtstärke. Wie Abb. 4.15b zeigt, wird durch einen zweiten Spiegel der Strahlengang so umgelenkt, daß die Gesamtlänge der Optik kürzer wird und das Bild hinter dem durchbohrten Hauptspiegel entsteht, wo fast jedes KB-Gehäuse oder ein Planfilmansatz angebracht werden kann. Außerdem ist das Bildfeld eben. Das Auflösungsvermögen ist trotz des recht großen zweiten Spiegels sehr hoch. Flat-Field-Cameras gibt es zur Zeit mit Brennweiten zwischen 500 mm und 940 mm. Die Korrektionsplatten (Schmidtplatten) haben keine Planfläche, sondern sie sind so gewölbt, daß keine Geisterbilder in der Filmebene entstehen, wie das durch Reflexe an einer Planfläche möglich wäre. In den neuesten Versionen ist der Abstand der optischen Komponenten durch Invarstäbe fixiert. Ein Nachteil liegt im T2-Adaptersystem. Damit die FFC mit allen Kameragehäusen benutzt werden kann, endet die normale Rückwand mit einem M42 × 0,75 mm-Außengewinde, auf das T2-Adapter aufgeschraubt werden können. Der freie Lichtdurchlaß dieses Anschlußstutzens ist dadurch auf ca. 37 mm beschränkt. Die Bilddiagonale des Kleinbilds beträgt aber 43,3 mm. Es kommt daher zu sichtbaren Vignettierungen in den Bildecken. Mehrere Benutzer der FFC haben sich deshalb die Rückwand so ausdrehen und mit einem für ihr Kameragehäuse passenden Ansatz versehen lassen, daß sie (fast) vignettierungsfreie Aufnahmen erhalten. Für alle Flat-Field-Cameras (mit Ausnahme der FFC 3,5/500 mm) kann von Lichtenknecker eine Rückwand für größere Bildformate bezogen werden.

Berechnet man den Verlauf von Lichtstrahlen im Teleskop, so kann man diese in Form eines *Spotdiagramms* darstellen. Üblicherweise werden die Durchstoßpunkte in der Filmebene für die Bildmitte (0) und in 12 mm (12)- bzw. 18 mm (18)-Abstand von der Bildmitte angegeben. Enthält die Optik lichtbrechende Elemente wie Linsen, Glasplatten oder Korrekturplatten, so werden die Spotdiagramme für drei unterschiedliche Wellenlängen dargestellt. Bei einem reinen Spiegelteleskop genügt eines.

Abbildung 4.16 zeigt Spotdiagramme für die FFC 4/760 mm von Lichtenknecker mit 190 mm Korrekturplattendurchmesser und für ein in seiner Dimensionen entsprechendes Newtonteleskop mit 190 mm Öffnung und 760 mm Brennweite (ohne Korrektor). Die ideale Abbildung des Newtonteleskops in der Bildmitte (0) ist durch einen Kreis dargestellt. Dies ist der Durchmesser des Beugungsscheibchens.

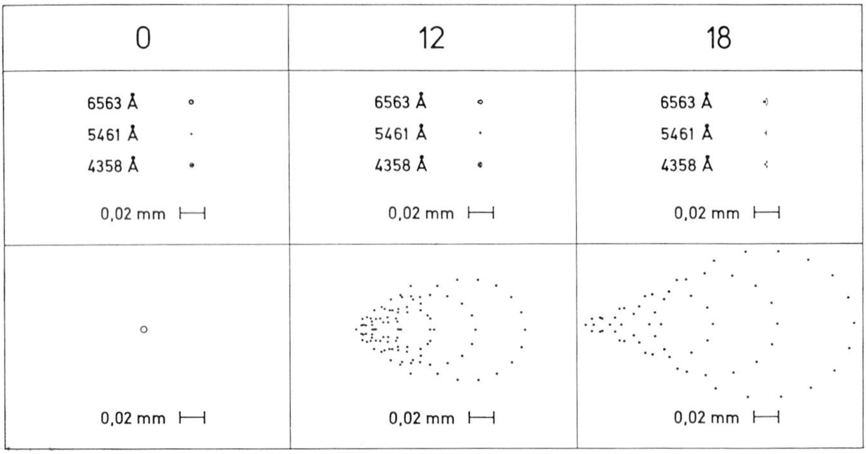

Abb. 4.16. Durchstoßdiagramm für die FFC 4/760 mm (Lichtenknecker) und ein Newtonteleskop mit 190 mm Öffnung und 760 mm Brennweite (s. Text)

Das ebenfalls von Lichtenknecker entwickelte und gebaute Multi-Purpose-Teleskop (MPT 200 und MPT 300) bietet zwei Spezialversionen für die Deep-Sky-Astrofotografie. Die lichtstärkere Version ist wie eine echte Schmidtkamera mit Bildfeldebnungslinse aufgebaut, die andere wie ein Schmidt-Cassegrain mit einem großen Sekundärspiegel, der näher am Hauptspiegel sitzt (nicht an der Korrektorplatte) und einem zweilinsigen Korrektor vor der Filmebene. Beide Geräte haben ein ebenes Bildfeld. Eine dritte Version ist für die Sonnen-, Mond- und Planetenfotografie gedacht: Ein Flatfield-System mit dem Öffnungsverhältnis $f/30$.

Neben der Schmidtkamera und ihren Modifikationen hat die Maksutovkamera (Abb. 4.15c), in der Astrofotografie Bedeutung erlangt. Bei dieser Optik ist die kompliziert geformte Schmidtplatte durch eine dünne, stark durchgebogene Meniskuslinse mit zwei sphärischen Oberflächen ersetzt, wobei die bauchige Seite dem Hauptspiegel zugewandt ist. Die sphärische Aberration der Meniskuslinse ist dabei so dimensioniert, daß sie die sphärische Aberration des Hauptspiegels kompensiert. Im Unterschied zur Schmidtkamera, bei der die Korrekturplatte im Abstand der doppelten Brennweite vor dem Hauptspiegel angebracht ist, kann die Meniskuslinse näher beim Hauptspiegel plaziert werden, wodurch sich eine bedeutend kürzere Baulänge ergibt. Das Bildfeld ist wie bei der Original-Schmidtkamera gewölbt. Auch von dieser Kamera gibt es verschiedene Modifikationen.

Auch mit dem Kugelspiegel allein, also ohne Schmidtplatte oder Meniskus, lassen sich einwandfreie Astroaufnahmen herstellen, wenn man die Dimensionierung so wählt, daß die vorhandenen Abbildungsfehler klein genug sind. Voraussetzung ist, daß eine Eintrittsblende im Abstand der doppelten Brennweite vor dem Kugelspiegel angebracht wird. Alle durch den Mittelpunkt der Blende (Krümmungsmittelpunkt des Spiegels) einfallenden Strahlen treffen dann senkrecht auf die Kugelfläche. Koma und Astigmatismus werden dadurch vermieden. Legt man als größte erlaubte Ausdehnung der Sternabbildung auf dem Film 0,03 mm zugrunde, sind nach [4.4] folgende Maximalgrößen für den Blendendurchmesser D und die Brennweite f des Kugelspiegels in Abhängigkeit vom Öffnungsverhältnis möglich (Tabelle 4.4):

Tabelle 4.4. Blende, Blendendurchmesser D und Brennweite f für Kugelspiegel

Blende	D/mm	f/mm
6	138	830
5	96	430
4,5	77	350
4	60	240

Farbtafel 1

a) 22°-Mondhalo am 26.12.1985. Aufnahme mit 24-mm-Objektiv auf Fujichrome RD 100. Ort: Lübeck. Foto: U. Freitag

b) Haupt- und Nebenbogen eines Regenbogens. Foto: B. Koch

c) Korona um den Mond. Aufnahme am 6.10.1990, mit Weitwinkelobjektiv 2,0/35 mm auf Fujichrome RD 100 Diafilm, 4 s belichtet. Ort: Hof. Foto: S. Binnewies

d) Die Erscheinung der Brockenhexe entsteht, wenn die tiefstehende Sonne den Schatten des Beobachters oder Fotografen auf eine tieferliegende Nebelwand projiziert. Ort: Zugspitze. Foto: B. Koch

e) Das atmosphärische Spektrum des Planeten Merkur. Aufnahme am 18.1.1984 mit 610-mm-Reflektor bei ca. 50 m Äquivalentbrennweite. Belichtung 1 s auf Ektachrome 400. Ort: La Silla/Chile. Foto: W.E. Celnik

f) Der Grüne Blitz. Aufnahme im Juli 1988 mit 500 mm Brennweite, ca. 1/2 s belichtet auf Fujichrome RD 100. Ort: Kvalnes (Lofoten)/Norwegen. Foto: B. Koch

g) Leuchtende Nachtwolken über Lübeck, am 14.6.1986 aufgenommen mit einem Weitwinkelobjektiv auf Fujichrome RD 100. Foto: U. Freitag

h) Polarlicht am 20.10.1989. Aufnahme mit Weitwinkel 2,8/24 mm, 40 s belichtet auf Fujichrome RD 100. Ort: Lübeck. Foto: U. Freitag

i) Airglow im Sternbild Grus (Nordrichtung links). Aufnahme am 4.10.1988 mit Weitwinkel 2,8/35 mm, 10 min belichtet auf Fujichrome 1600D. Ort: Kos/Griechenland. Foto: S. Binnewies, A. Bertelmann

b
c
e
f
h
i

Farbtafel 2

a) Totale Sonnenfinsternis am 11.7.1991, äußere Korona. Aufnahme mit C5 bei $f/6$ und 750 mm Brennweite auf Ektar 100, 4 s belichtet. Ort: Baja California/Mexiko. Foto: N. Sommer

b) Totale Sonnenfinsternis am 11.7.1991, innere Korona mit Protuberanzen. Aufnahme mit Objektiv 10,5/1000-mm. Ort: Baja California/Mexiko. Foto: B. Brinkmann

c) Totale Sonnenfinsternis am 11.7.1991, Flashspektrum der Chromosphäre. Aufnahme mit C5 und angesetztem Blazegitterspektroskop auf Ektar 100, ca. 1/15 s belichtet. Ort: Baja California/Mexiko. Foto: N. Sommer

d) Totale Mondfinsternis am 9.2.1990. Aufnahme mit C8, 10/2000 mm. *Oben:* Mond im Kernschatten, *unten:* Austritt aus dem Kernschatten, jeweils ca. 40 s belichtet auf Fujichrome RD 100. Die Teleskopmontierung lief in Rektaszension mit Mondgeschwindigkeit. Ort: Solingen. Foto: B. Koch

b
d

Farbtafel 3

a) Reihenaufnahme der totalen Mondfinsternis am 17.10.1986. Aufnahme mit Objektiv 4/42 mm auf Ektachrome 100. Abgebildet sind 22 von insgesamt 41 Belichtungen. Die partiellen Phasen zwischen 17:31 und 20:50 MEZ wurden zwischen 1/250 s und 3 s belichtet. Die Einzelbilder in der totalen Phase wurden 3 s lang belichtet, die Mitte der Finsternis um 19:18 MEZ wurde 10 s lang belichtet. Ort: Bad Schwartau. Foto: B. Schatzmann

b) Mars am 24.9.1988. Aufnahme mit Celestron 11 in Okularprojektion mit 12-mm-Kellner-Okular bei 36,4 m Brennweite ($f/130$), 1 s belichtet auf Fujichrome RD 100. Ort: Düsseldorf. Foto: R. Sommer

c) Saturn am 21.9.1972. Aufnahme mit 150 mm-Schiefspiegler in Okularprojektion bei 30 m Brennweite, 30 s belichtet auf Ektachrome High Speed. Ort: Wirges. Foto: B. Flach-Wilken

c

Farbtafel 4

a) Komet P/Halley am 13.3.1986 (Nordrichtung links). Aufnahme mit Teleobjektiv 4/300 mm, 30 min belichtet auf Agfachrome 1000 RS. Ort: La Silla/Chile. Foto: W.E. Celnik

b) Komet P/Halley am 11.4.1986. Aufnahme mit Celestron Schmidtkamera 1,5/300 mm, 10 min belichtet auf Ektachrome 200. Ort: Namibia. Foto: G. Klaus

c) Komet Austin am 27.5.1990. Aufnahme mit FFC 3,2/940 mm, 20 min belichtet auf Ektar 125. Ort: Gornergrat/Schweiz. Foto: B. Flach-Wilken, O. Guthier

c

Farbtafel 5

a) All-Sky-Aufnahme der südlichen Milchstraße am 7.3.1989. Aufnahme mit 180°-Fischaugenobjektiv 2,8/16 mm von Zeiss, 60 min belichtet auf Rollfilm Agfachrome 1000 RS. Ort: La Silla/Chile. Foto: S. Binnewies

b) Sternstrichspuren um den südlichen Himmelspol in einer 8-stündigen Aufnahme am 16.7.1993 auf Agfachrome 200RS mit Pentax 6 × 7-Kamera und Objektiv Takumar 4/105 mm. Ort: Namibia. Foto: D. Sporenberg, P. Riepe, S. Binnewies

c) Sternstrichspuren über La Silla mit Kuppel des 3,6-m-Teleskops im Vordergrund. Aufnahme am 18.2.1985 mit Objektiv 4/180 mm, 8 Stunden belichtet auf Ektachrome 400. Ort: La Silla/Chile. Foto: W. Schlosser

b

Farbtafel 6

a) Konstellation von Jupiter, Mars, Venus und Mond am 9.6.1991, 5 s belichtet mit Normalobjektiv 1,8/50 mm auf Fujichrome RD 100. Ort: Südspanien. Foto: O. Klein

b) Der Kohlensack (Nordrichtung links). Aufnahme am 6.3.1989 mit Pentax 6 × 7-Kamera und Objektiv 4,0/105 mm, 60 min belichtet auf Agfachrome 1000RS. Ort: La Silla/Chile. Foto: D. Sporenberg, S. Binnewies

c) Milchstraße in den Sternbildern Skorpion und Norma (Nordrichtung links). Aufnahme am 14.7.1993 mit Normalobjektiv 2,8/50 mm, 20 min belichtet auf ScotchChrome 400. Ort: Namibia. Foto: D. Sporenberg, P. Riepe, S. Binnewies

b

Farbtafel 7

a) η Carinae. Aufnahme am 19.7.1993 mit FFC 3,5/500 mm, 50 min belichtet auf ScotchChrome 400. Ort: Namibia. Foto: S. Binnewies, P. Riepe

b) Plejaden M45 (Nordrichtung links). Aufnahme am 1.9.1992 mit 200-mm-Newton 5/1000 mm, 30 min belichtet auf Farbnegativfilm Kodacolor Gold 400/800. Ort: Haute Provence. Foto: F. Haar

c) Orionnebel M42. Aufnahme am 2.2.1991 mit Takahashi-Newton ϵ-160, 3,3/530 mm, Komposit zweier Aufnahmen (20 min und 15 min belichtet) auf Fujicolor SHG 400 hyp. Ort: Kloster Hochstraß/Niederösterreich. Foto: G. Rhemann

d) Kugelsternhaufen ω Centauri (Nordrichtung links). Aufnahme am 19.8.1992 mit Celestron 11, 6, 9/1920 mm, 15 min belichtet auf Fujicolor SHG 400 hyp. Ort: Namibia. Foto: B. Koch

b
d

Farbtafel 8

a) Nordamerikanebel NGC 7000. Aufnahme am 8.6.1991 mit Schmidtkamera 2,3/495 mm, 20 min belichtet auf Ektar 25 hyp. Ort: Ingelheim. Foto: O. Guthier

b) Ringnebel M57. Aufnahme am 29.7.1991 mit 300-mm-Schiefspiegler 20/6000 mm, 60 min belichtet auf Ektar 100 hyp. Ort: Wirges. Foto: B. Flach-Wilken

c) Hantelnebel M27. Aufnahme am 26.8.1989 mit Newton 3,7/1960 mm, belichtet auf Ektapress 400. Ort: Puimichel. Foto: K. Thurner, S. Funk

d) Omeganebel M17 (Nordrichtung links). Aufnahme am 21.8.1992 mit Celestron 11, 7/1950 mm, 60 min belichtet auf Fujicolor SHG 400 hyp. Ort: Namibia. Foto: R. Sieger

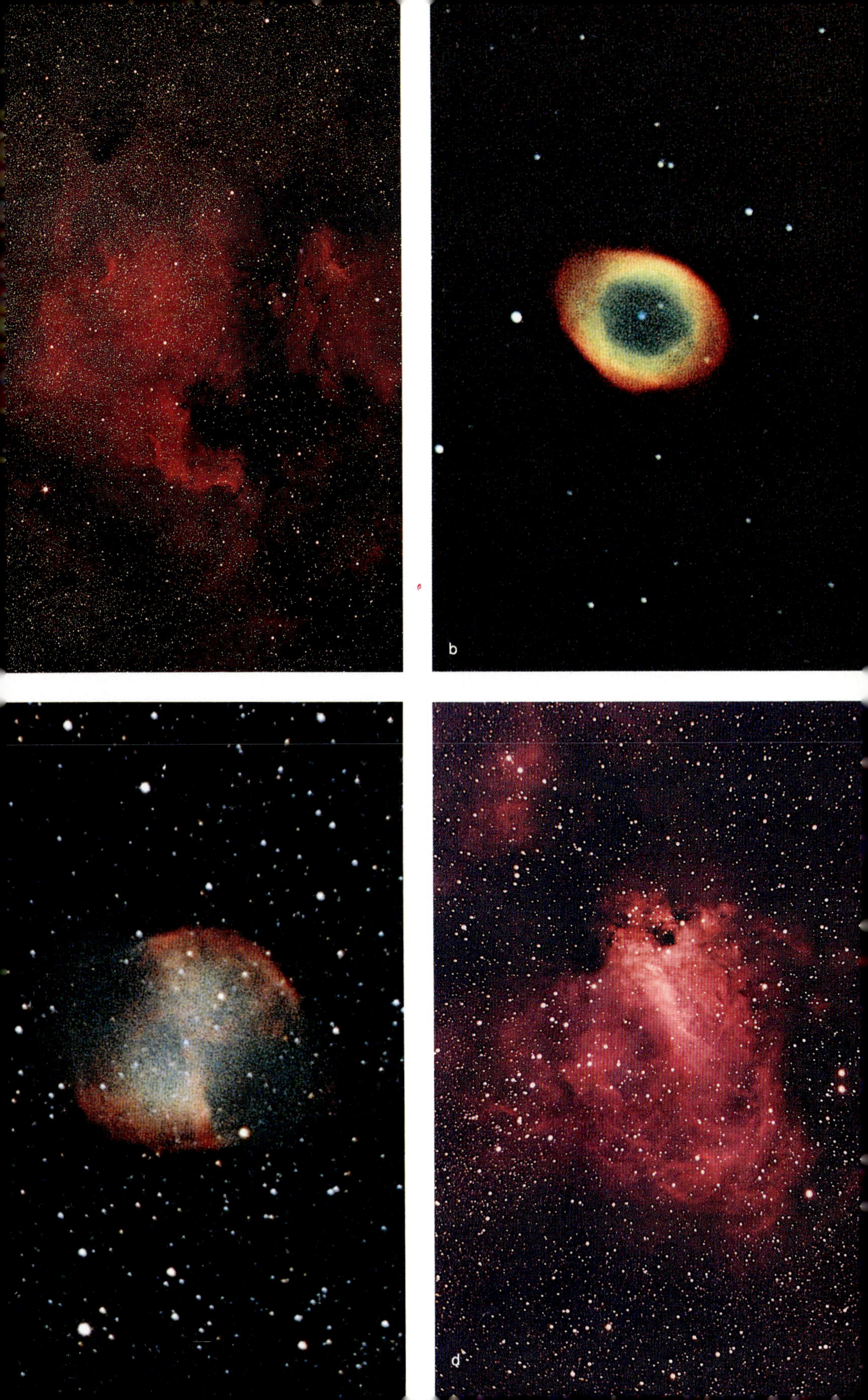
b
d

Farbtafel 9

a) Galaxie M51. Aufnahme am 16.4.1991 mit 320-mm-Cassegrain 10/3200 mm, 150 min belichtet auf Ektar 125. Ort: Gornergrat/Schweiz. Foto: H. Tomsik, S. Binnewies

b) Galaxie NGC 5128 (Centaurus A). Aufnahme am 19.7.1993 mit Celestron 11, 7/1950 mm, 90 min belichtet auf Ektar 100 hyp. Ort: Namibia. Foto: P. Riepe, S. Binnewies, D. Sporenberg

c) Galaxie NGC 55. Aufnahme am 21.7.1993 mit Celestron 11, 7/1950 mm, 90 min belichtet auf Ektar 100 hyp. Ort: Namibia. Foto: S. Binnewies, P. Riepe, D. Sporenberg

b

Farbtafel 10

a) Tarantelnebel NGC 2070 (Nordrichtung links). Aufnahme am 28.8.1992 mit einem Celestron 11, 6,9/1920 mm, 60 min belichtet auf Fujicolor SHG 400 hyp. Ort: Namibia. Foto: B. Koch

b) Spiralgalaxie M33. Aufnahme am 17.10.1993 mit einem Celestron 8, 11/2230 mm, 90 min belichtet auf ScotchChrome 400. Ort: Solingen. Foto: B. Bleiziffer

Farbtafel 11

a Mit kleiner Montierung (Vixen SP-DX) in den Pyrenäen. **b** Mit mittlerer Montierung (Vixen Atlux) auf Exkursion in Namibia. **c** Mit großer Selbstbaumontierung auf Exkursion in der Sierra Nevada. **d** Strichspuraufnahme des Sternbildes Crux mit α Crucis, der gerade noch über den Horizont kommt. Aufnahme am 7.1.1989 mit Weitwinkelobjektiv 3,5/28 mm, 6 min belichtet auf Agfachrome 1000 RS. Ort: Teneriffa. Fotos: D. Sporenberg, S. Binnewies, P. Riepe

b
d

Farbtafel 12

a– **c** Darstellung des Orionnebels M42 mit der Technik der unscharfen Maske. **a** normaler Abzug, **b** die unscharfe Kopiermaske, **c** die unscharf maskierte Aufnahme. Aufnahme mit Celestron 11, 7,0/1950 mm, 30 min belichtet auf Ektar 100 hyp. Ort: Namibia. Fotos: R. Sieger

d) Der Trifidnebel M20. Aufnahme am 19.8.1993 mit 250-mm-Newton 6/1200 mm und Komakorrektor, 20 min belichtet auf Kodacolor Gold II-400, gepusht auf ISO/DIN 800°. Ort: Plawenn/Südtirol. Foto: B. Schatzmann

e) Der Trifidnebel M20 im Dreifarbenkompositverfahren. Aufnahmen mit 200-mm-Newton 6/1200 mm. Blauauszug: 103a-O, Filter KV 389, 35 min, Grünauszug: 103a-G, Filter KV 470, 38 min, Rotauszug: 103a-E, Filter OG 590, 50 min Foto: E. Alt, E. Brodkorb, K. Rihm, J. Rusche

d
e

5 Montierungen

5.1 Typen parallaktischer Montierungen

Das Grundprinzip der *parallaktischen Montierung* ist die Ausrichtung des Achsenkreuzes nach den äquatorialen Himmelskoordinaten α (Rektaszension) und δ (Deklination). Im Gegensatz zur azimutalen Montierung zeigt die eine Achse also nicht zum Zenit, sondern wird für den Betrieb der Montierung so geneigt, daß sie genau auf den Himmelspol zeigt (Polachse, α-Achse). Die konkrete Ausführung dieses Problems, vor allem unter dem Gesichtspunkt der Stabilität (Minimierung von Vibration und Durchbiegung, besser: Steifigkeit), hat eine ganze Familie von Typen hervorgebracht. Deren wichtigste Mitglieder sind die Deutsche Montierung, die Gabelmontierung, die Englische Montierung, die Englische Rahmenmontierung und die Hufeisenmontierung.

Im Vergleich zu der *azimutalen Montierung* erzeugt die schrägliegende Polachse ganz allgemein größere mechanische Probleme: Biegemomenten am Polblock und in der Achse muß Rechnung getragen werden. Deshalb greift die neue Generation von professionellen Großteleskopen auch wieder auf die ökonomischere azimutale Montierung zurück. Dieser Trend findet in den meist hölzernen *Dobsonmontierungen* seine Entsprechung im Amateurbereich. Will man aber eine saubere Nachführung – für die Beobachtung lediglich eine Erleichterung, für die Astrofotografie aber ein Muß – so benötigt man im Fall der azimutalen Montierung nicht nur eine computergesteuerte Schrittmotorsteuerung beider Achsen, sondern zusätzlich noch eine Drehung der Fokalebene gemäß der verbleibenden *Bildfeldrotation* (s. Abschn. 5.2.5). Der entscheidende Vorteil der parallaktischen Montierung besteht dagegen darin, zur Nachführung nur *einen* gleichmäßig laufenden Motor an der Polachse zu benötigen.

Es ist viel Grundlegendes über die Steifigkeit von Montierungen, Eigenschaften verschiedener Achslagerungen, die gleichförmige Nachführung per Synchronmotor oder Schrittmotor nebst Treiberelektronik (inkl. Handtaster) usw. geschrieben worden [5.4, 5.7, 5.10, 5.12]). Eine Fundgrube ist auch das US-Magazin Telescope Making [5.13]. Wir können dies alles hier nicht im Detail wiedergeben, sondern wollen uns auf die grundlegenden Gesichtspunkte, die die Astrofotografie betreffen, beschränken – als Hilfe beim Kauf oder zur Konzeption eines Eigenbaus.

5.1.1 Die Deutsche Montierung

Diese Montierungsart, ein einfaches Achsenkreuz, ist wegen ihrer Kompaktheit und Vielseitigkeit der wohl verbreitetste Typ einer parallaktischen Montierung. Verschiedene Fernrohre können wechselweise an ihr angebracht und durch Veränderung von Position und Masse des Gegengewichts ausbalanciert werden. Ihre Kompaktheit impliziert minimale Verbiegungen unter Last, also ein optimales Verhältnis von Stabilität zu Gewicht, und bessere Transportabilität als alle anderen Typen.

Auf der Negativseite muß unbedingt auf die vielen toten Winkel hingewiesen werden: Das Fernrohr schlägt in vielen Stellungen an Stativ und Polblock! Je kompakter die Ausführung, desto kritischer wird dieses Problem. In der Nähe des Meridiandurchgangs, zum besten Beobachtungszeitpunkt also und insbesondere bei höher gelegenen Objekten, muß daher oft ein Seitenwechsel vorgenommen werden. Vor längeren Belichtungen ist deswegen unbedingt zu prüfen, ob dies wirklich erst nach der Aufnahme nötig wird!

Potentielle Schwachpunkte sind die Verbindungen Fernrohrhalterung/δ-Achse, δ-Achsblock/Polachse, der Polblock sowie die Lagerung der Feinbewegungen. Auf diese Punkte sollte man sowohl beim Kauf als auch beim Eigenbau besonders achten. Für Achsdurchmesser bis ca. 40 mm stellen präzise gefertigte Bronzegleitlager die beste Lösung dar (schwingungsdämpfend). Bei größerem Achsdurchmesser kommt es vor allem im Winter oft zu starker Reibung (erstarrendes Fett), weswegen die Ideallösung dann in Kegelrollenlagern besteht (leider teuer!). Man kann je Achse auch zwei einfache Kugellager verwenden, die durch ein Druckkugellager gegen achsiale Kräfte ergänzt werden. Der japanische Hersteller Vixen Optics, der z. Zt. die meistverkauften Deutschen Montierungen produziert, hat alle genannten kritischen Punkte einigermaßen gut in den Griff bekommen, auch die Proportionen stimmen (Abb. 5.1). Erfahrungen und Anregungen dazu u.a. in [5.3, 5.9].

Für astrofotografische Zwecke sollte man anstreben, zum gewünschten Fernrohr lieber die nächst stabilere Montierung zu wählen, als die, die empfohlen wird. Anfälligkeit gegen Wind während einer Belichtung sowie die höhere Bela-

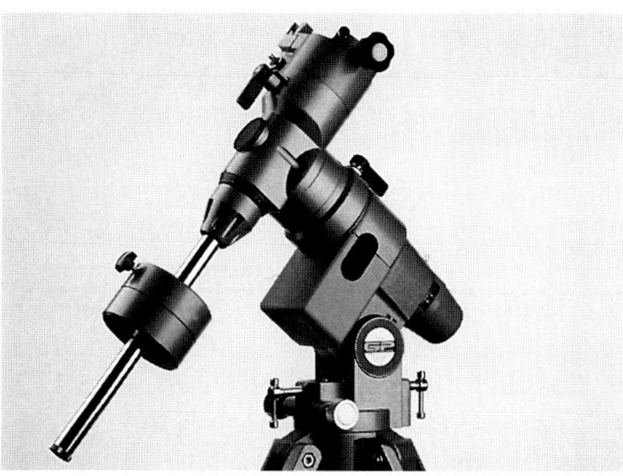

Abb. 5.1. Die Vixen Great Polaris DX-Montierung.
Foto: Vehrenberg KG

stung durch Kamera und ggfs. Leitfernrohr schlagen hier so enorm zu Buche, daß man unter finanziellen Gesichtspunkten lieber Abstriche an der Fernrohrgröße machen sollte. Auf einer nicht ausreichend stabilen Montierung nutzt man fotografisch die Optik nämlich gar nicht aus (Verwackelung, schlechte Nachführung etc.)! Hierzu sei angemerkt, daß die äußerlich sehr ähnlichen und fast gleich großen Typen Great Polaris und Great Polaris DX (vorher Superpolaris und Superpolaris DX) sich nicht nur im Preis erheblich unterscheiden, sondern tatsächlich auch erheblich in der Stabilität (bei nur etwas mehr Gewicht) – die Ausführung macht's.

Alle Montierungen von Vixen haben ein vergleichsweise kleines Schneckenrad an der Polachse (Durchmesser 8–10 cm). Für astrofotografische Zwecke sollte dieses etwa von der Größe der Optik (Refraktor) bzw. etwa 2/3 davon (Newton) sein, denn ein größerer Schneckenraddurchmesser erzeugt vergleichsweise kleinere Nachführfehler. Der *Taumelfehler* der Schnecke (*Periodischer Fehler*) nimmt an einem größeren Radius einen kleineren Winkel ein. Darüber hinaus kommt es aber sehr auf die Qualität selbst an. Sind Schnecke und Schneckenrad gegeneinander geschliffen und gut justiert eingebaut worden, so ist der Taumelfehler deutlich reduziert. Die meisten Nachführungen bei besagtem Hersteller funktionieren jedenfalls erstaunlich genau, oft produzieren sie nur 5–15″ Winkelamplitude am Himmel. Aber man muß mit einer gewissen Exemplarstreuung rechnen und sich eine Umtauschmöglichkeit beim Kauf zusichern lassen. Oft liegt die mangelnde Nachführgenauigkeit auch an einer unbefriedigend justierten Schneckenlage und kann in eigener Regie optimiert werden.

Ein echter Rückschritt ist der weit verbreitete Trend zum Schneckenrad als Deklinationsfeinbewegung an Stelle eines *Tangentialarms*. Die Motivation ist die Option einer vollständigen Computersteuerung mit Schrittmotoren, für die der volle Deklinationsbereich durchfahrbar sein muß und nicht nur ein kleiner Sektor. Ein Tangentialarmfeintrieb kann aber viel feinfühliger und mit weitaus weniger totem Gang („Spiel") ausgeführt werden. Und das ohne viel Aufwand, weil die Länge des Arms den Radius eines typischen Schneckenrades (4–5 cm bei der Great Polaris) um ein Vielfaches übertrifft. Beim Eigenbau oder Kauf einer Montierung für die Astrofotografie sollte man daher nach Möglichkeit den Tangentialarm vorziehen, neben Kostenersparnis vor allem wegen der präziseren Korrekturmöglichkeit in Deklination und einer geringeren Wackelei im toten Gang der Schneckengetriebe. Dieser läßt sich nie ganz wegjustieren, denn im Grenzfall wird die Reibung zu hoch für das vom Motor aufgebrachte Drehmoment.

Aus den o.a. Gründen muß z.B. bei allen Montierungen von Vixen auf eine Motorsteuerung in Deklination zurückgegriffen werden, da der Schneckentrieb für einen Handbetrieb selbst für Telebrennweiten (ab etwa 200 mm) schon nicht fein genug untersetzt ist. Pluspunkte dieser Montierungen sind andererseits die mit nur kleinen Batteriepaketen angetriebene Schrittmotornachführung und der zentral in die Polachse eingebaute *Polsucher* (optional), beides sehr wichtig für volle Transportabilität und Einsatz im freien Feld. Zur Verwendung in Eigenbauten ist dieses Zubehör übrigens auch von großem Interesse. Größere, stationäre

Montierungen, auch mit Sonderwünschen, werden von einigen kleinen Spezialbetrieben angeboten. Diese wurden typischerweise von Mechanikern aus der Amateurszene gegründet, die anfangs nur für sich selbst und ihren Freundeskreis fertigten. Ein eingehendes Studium dieses Angebots ist sehr lohnenswert. Erwähnt seien hier nur die seit über 20 Jahren renommierte Firma von E. Alt, Limburgerhof und die Firma Sideres, Duisburg.

5.1.2 Die Gabelmontierung

In ihrer Konzeption wartet die Gabelmontierung mit einigen sehr ansprechenden Vorzügen auf. So liegt das Instrument mit seinem Schwerpunkt in der Verlängerung der Polachse, beidseitig gehalten von zwei δ-Achsstummeln. Das spart das Gegengewicht ein, und die Lastverteilung in der Deklination ist optimal. Bei einem hinreichend kurzen Gerät, wie z.B. ein Schmidt-Cassegrain (SC) oder Newton unter $f/6$, kann die Gabel lang genug ausgeführt werden, um ein Durchschwenken über den Pol zu ermöglichen. Noch wichtiger ist, daß in jeder Ausführung tote Winkel in Meridiannähe vermieden werden und das lästige Umschwenken entfällt! Außerdem kann das Stativ bzw. die Säule kürzer gehalten werden und bei großen Geräten ganz entfallen. Diese Eigenschaften und das elegante Design dürfen aber nicht über die Nachteile und Probleme der Gabelmontierung hinwegtäuschen. Vor allen Dingen liegt ein enorm großes Biegemoment auf der Gabel und noch mehr auf der Polachse sowie dem Polblock (das Fernrohr zieht über den langen Hebel der Gabel). Polachse und Polblock müssen daher erheblich stärker ausgeführt werden als bei einer vergleichbaren Deutschen Montierung! Kegelrollenlager oder eine Kombination von zwei normalen Kugellagern und einem Druckkugellager (zur Aufnahme der radialen und achsialen Kräfte) sollten hier zum Einsatz kommen.

Für den praktischen Gebrauch ist u.U. von Bedeutung, daß ein Austausch des Instrumentes normalerweise nicht möglich ist, denn die Gabel muß ja in Breite und Länge für ein Teleskop maßgeschneidert sein. Gewicht und Größe einer guten Gabelmontierung macht diese auch weniger transportabel als eine vergleichbar stabile Deutsche Montierung. Weite Verbreitung auf dem Astromarkt erfuhr die Gabelmontierung mit der Einführung der SC-Geräte von Celestron und Meade (Abb. 5.2). Beide Hersteller haben aber vor allem das erwähnte Problem der Lagerung der Polachse nicht so gut in den Griff bekommen, weswegen die mechanischen Eigenschaften eher in Richtung Stimmgabel gehen – sieht man vielleicht von den erst seit 1990 angebotenen, etwas stabileren Versionen ab (die auch entsprechend teurer sind). Es gibt darüber hinaus bei beiden Herstellern eine Vielzahl von Versionen, die sich hinsichtlich der Antriebsart (Schrittmotor mit Batteriebetrieb oder Synchronmotor mit Netzbetrieb) und Getriebe (Planetengetriebe oder Schneckenantrieb) sowie Steuerelektronikumfang unterscheiden. Die meisten dieser Typen weisen eine feinfühlige Tangentialarmfeinbewegung in Deklination auf, die eine gute Lösung darstellt. Bei Berücksichtigung des Preis-Leistungs-Verhältnisses, sollte man jedoch eine Great-Polaris-

Abb. 5.2. MEADE 12" LX 200 mit integrierter Computersteuerung. Foto: ASTROCOM GmbH, München

DX-Montierung diesen Gabelmontierungen vorziehen und daher versuchen, die SC-Optik einzeln zu erwerben, wenn entsprechende kombinierte Angebote nicht erhältlich sein sollten.

Eine für den Eigenbau interessante Variante der Gabelmontierung ist die verkürzte Gabel für den Refraktor. Objekte von mehr als ca. 30° Entfernung vom Äquator sind damit i. a. zwar nicht einstellbar, aber das macht nichts, wenn man sich sowieso auf Sonne, Mond und Planeten beschränken will. Die verkürzte Gabel wird dann wegen ihres freien Laufs über den Meridian und ihrer Kompaktheit zu einer interessanten Alternative zur Deutschen Montierung. Bei einer ausreichenden Gabelarmlänge von etwa drei Objektivdurchmessern reduziert sich ferner die Biegebelastung von Polachse und Polblock erheblich.

5.1.3 Kompakte Reisemontierungen

Dieser Kategorie, die viele Sonderkonstruktionen hervorgebracht hat, ist aus gutem Grund ein eigener Abschnitt gewidmet. Die Astrofotografie von sehr flächenlichtschwachen Nebeln oder des Südhimmels erfordert lange Reisen, oft per Flugzeug und in entlegene Bergregionen. „Reise"montierungen mit über 50 kg Gewicht, durchaus geeignet für Autoexkursionen in die Alpen oder Bergregionen Südeuropas, kommen aber für Flugreisen nicht in Frage.

Dem offensichtlichen Gesichtspunkt der Kompaktheit, d.h. Stabilität bei geringem Gewicht, kann durch leichte, aber harte Materialien (harte Aluminiumlegierungen), sorgfältige Konstruktion und durch Zerlegbarkeit Rechnung getragen werden. Weniger offensichtlich ist die Notwendigkeit eines integrierten Polsuchers (s. Abschn. 5.2.3)! Er ist kein angenehmer Luxus, sondern ein Muß: Eine leichte Montierung wird i.a. nicht bis zur nächsten Nacht stehen gelassen, zu leicht kann sie neue Freunde finden. Die Ausrichtung muß also jede Nacht auf's Neue erfolgen, zumal auch leicht jemand gegen sie gestoßen sein kann. Das kostet jede Nacht wertvolle Beobachtungszeit, und Objekte am Untergangshimmel können sich dadurch der Fotografie entziehen! Manch eine Konstruktion geht mit Hilfe eines sehr präzisen Polsuchers sogar noch einen Schritt weiter:

Abb. 5.3. Selbstgebaute automatische Nachführeinrichtung. Foto: W. Rössner, K.-P. Schröder

Man kann die Deklinationsfeinbewegung sparen, und bei sehr gleichförmiger Nachführung sogar völlig auf Korrekturen verzichten (für 5–30 min), ist die Ausrichtung erstmal gut genug. Damit kann auch das Leitfernrohr entfallen. Konsequent optimiert für diesen Zweck ist das in Abb. 5.3 wiedergegebene Gerät mit integriertem Polsucher, großem Nachführsektor und Schrittmotorantrieb [5.11].

Ebenfalls recht genau bei sorgfältiger Auswuchtung und Ausrichtung ist der 24^{h} -Uhrwerkstrieb der Firma Purus, der mit einem aufsteckbaren Polsucher arbeitet [5.5]. Die Minireisemontierung von Vixen, mit Schneckenantrieb und Schrittmotor, erlaubt für höhere Genauigkeitsansprüche (Teleobjektiv) auch die Montage eines kleinen Leitfernrohrs und Korrekturen in Rektaszension. Man kann sie aber ebenfalls unbeaufsichtigt nachführen lassen oder für normale Beobachtungen mit einem kleinen Teleskop (z.B. ein 4″-Schmidt-Cassegrain) versehen.

Eine beliebte, weil leicht selbst zu bastelnde Nachführmechanik auf der Basis einer sich öffnenden Holzklappe (der „Astrofrust") ist mehrfach beschrieben worden [5.8]. Bausätze kann man beziehen bei Astro Kits, Bronxville, USA. Die Scharnierachse wird zum Himmelspol ausgerichtet, indem das eine Brett auf einem Fotostativ oder einem Keil geeignet montiert wird. Die Kamera wird auf einen Kugelkopf auf dem beweglichen Brett geschraubt. Eine Gewindestange wird in solch einem Abstand zur Scharnierachse angebracht (228 mm bei M6-Gewinde), daß man mit genau 1 U/min an der Gewindestange die Klappe in der richtigen Winkelgeschwindigkeit aufspreizt. Dazu braucht man nur einen markierten Drehknopf synchron zum Sekundenzeiger einer Uhr zu drehen. Mit dieser Konstruktion ist man auf ca. 10 min genauer Nachführung beschränkt, aber zahlreiche Verbesserungen des „Astrofrustes" sind publiziert [5.2].

Wer mit einem kompletten Miniobservatorium in den Urlaub fliegen möchte, muß sich unter den kleinen SC's umsehen. Das 4″-SC von Meade und das C5 von Celestron sowie das C90 Celestron-Maksutov können als Handgepäck (der

Abb. 5.4. Questar 3,5″-Teleskop. Foto: K.-P. Schröder

beste Ort hinsichtlich Diebstahl und Bruch) transportiert werden, sofern man die Originalkiste gegen eine Tasche und den Schaumstoff gegen eine „Pullover-Fütterung“ austauscht. Allerdings ist für wichtiges Zubehör, Frequenzgenerator, Kamera, Kamerahalterung, Objektive etc, i.a. kein Platz mehr. Das Questar 3,5″ (Abb. 5.4) dagegen, das bei weitem kompakteste, leichteste (nur 3,5 kg komplett) sowie mechanisch und optisch sehr gute Teleskop (ein modifizierter Maksutov), läßt im Handgepäck genug Freiraum für Zubehör und andere wertvolle Reiseutensilien. Dafür ist es allerdings auch um ca. einen Faktor 3 teurer als die o.a. Fabrikate. Leider besitzen alle diese Miniobservatorien keinen integrierten Polsucher. Man kann sich nur einen aufsetzbaren Polsucher kaufen oder bauen, der aber hinsichtlich der Ausrichtungsgenauigkeit nur ein Kompromiß ist (s. Abschn. 5.2.3) – oder aber, man begnügt sich ganz mit einer groben Ausrichtung per Fernrohrsucher (in Polstellung).

Wird eine Kamera huckepack angeschraubt, muß sie auf der Unterseite des Tubus sorgfältig mit Gegengewichten ausbalanciert werden, denn im Verhältnis zum Fernrohr stellt sie ein enormes Gewicht dar. Leichte Teleobjektive bis ca. 200 mm Brennweite können so noch nachgeführt werden, und wegen der Kontrollmöglichkeit auch unbegrenzt lange und genauer als mit einer der o.a. unbeaufsichtigten Nachführmechaniken.

5.2 Polachsenjustierung

Die Bedeutung einer genau ausgerichteten Polachse ist unmittelbar einsichtig und wird darüber hinaus in Abschn. 5.2.5 genauer erläutert. Wir wollen hier die wichtigsten in Frage kommenden Justierverfahren vorstellen und ihre Vor- und Nachteile vergleichen.

Voraussetzung für alle diese Verfahren ist, daß die Montierung auf einem festen Untergrund steht. Bei einer Grasnarbe oder lockerem Sand empfiehlt es sich, lange Spitzen, an Tellern oder den Füßen selbst, in den Boden zu treiben. Danach wird die Montierung zunächst mit Wasserwaage, Kompaß und Polhöhenanzeige grob ausgerichtet, bevor es an das eigentliche Justieren geht.

5.2.1 Die Scheinermethode

Im Gegensatz zu allen anderen hier aufgeführten Methoden benötigt die Scheinermethode nicht den Blick auf die Polgegend - ein wichtiger Gesichtspunkt bei Unerreichbarkeit des Pols, z.B. durch toten Winkel oder Gebäudewand (Balkonsternwarte!). Man arbeitet vielmehr abwechselnd mit je einem Stern in Meridiannähe (Richtung Süd) und einem nicht zu tief im Osten oder Westen, aus deren Deklinationsabweichungen beim unkorrigierten Nachführen auf die Polachsenfehlstellung in Azimut bzw. Höhe geschlossen wird. Das Prinzip ist dabei recht einfach: Weist die grob ausgerichtete Polachse zu niedrig, wird das Fernrohr am Osthimmel steiler hochziehen gegenüber einem aufgehenden Stern, also nach oben abweichen (man berücksichtige die Änderung in der Orientierung bei den jeweils verwendeten Optiken!) und umgekehrt, wenn man eine zu niedrige Polachsenstellung hat. Im Westen, beim Sternuntergang, verhält es sich entsprechend, d.h. mit gerade umgekehrten Abweichungsrichtungen. Ist dagegen die Polachse im Azimut falsch ausgerichtet, beschreibt das Fernrohr einen gegenüber dem Meridian entsprechend versetzten Bogen am Südhimmel. Läuft es also gegenüber dem Stern nach oben (der beschriebene Bogen ist westlich versetzt), muß das Südende der Polachse nach Osten gedreht werden (azimutale Rotation der Montierung gegen den Uhrzeigersinn) und umgekehrt. Das Ganze läßt sich gemäß Tabelle 5.1 übersichtlich zusammenfassen.

Die Größe der erforderlichen Korrektur der Polachsenausrichtung hängt im Detail von vielen Dingen ab; neben der beobachteten δ-Abweichung auch von Deklination und Stundenwinkel des Sterns und der geographischen Breite des

Tabelle 5.1. Die Scheinermethode (nördliche Erdhalbkugel) in der Kurzübersicht. Beispiel für Azimutkorrektur: Stern in Höhe des Himmelsäquators im Meridian (Süden). Wenn bei eingesetztem Zenitprisma der Stern vom Fadenkreuz nach unten abwandert, muß das südliche Ende der Fernrohrmontierung nach Osten gedreht werden

Für das Azimut: Stern im Süden		
Stern wandert:	mit Zenitprisma:	ohne Zenitprisma:
nach oben	Südende → Westen	Südende → Osten
nach unten	Südende → Osten	Südende → Westen

Für die Polhöhe: a) Stern im Osten		
Stern wandert:	mit Zenitprisma:	ohne Zenitprisma:
nach oben	Polachse → absenken	Polachse → anheben
nach unten	Polachse → anheben	Polachse → absenken

Für die Polhöhe: b) Stern im Westen		
Stern wandert:	mit Zenitprisma:	ohne Zenitprisma:
nach oben	Polachse → anheben	Polachse → absenken
nach unten	Polachse → absenken	Polachse → anheben

Standortes. Ein Programm dazu für IBM-kompatible PCs findet man in [5.1]. Die richtige Größenordnung trifft man aber, wenn man um den Winkel korrigiert, der sich ergibt, wenn die entstandene δ-Abweichung auf ca. 4^h extrapoliert wird – das ist z.B. das 40fache bei 6 min Laufzeit. Man kann dies direkt im Fadenkreuz überwachen, wenn sein Gesichtsfeld ausreichend groß ist. Eine Schätzung der zu korrigierenden, vervielfachten Abweichung genügt. Nach der ersten Korrektur in Azimut mit einem Stern im Süden verbessert man die Höhe der Polachse mit Hilfe eines Sterns im Osten oder Westen und geht dann wieder zurück zur Azimutkorrektur usw. So unterdrückt man kleine Auswirkungen von Fehlern aus der jeweils anderen Richtung (Azimut bzw. Höhe). Mit etwa dreien solcher Durchgänge sollte man meist auskommen können, um auf wenige Bogenminuten genau an den Himmelspol heran zu kommen, was aber immerhin schon ca. 1 Stunde dauert. Eine höhere Genauigkeit erfordert natürlich weitere und längere Durchgänge.

5.2.2 Die direkte Methode – ohne Polsucher

Hier ist das Prinzip besonders simpel, die Praxis aber kann recht knifflig sein. Das Fernrohr wird fest auf 90° Deklination eingestellt, d.h. parallel zur Polachse, und per Aufsuchkarte wird nun die Montierung mit Fernrohr in Azimut und Polhöhe auf den Pol gerichtet. Abbildung 5.5 zeigt die Wanderung des Himmelsnordpols unter den Sternen für 1980 bis 2010.

Leider ist der Deklinationsteilkreis meist nicht genau genug justiert oder aber zu grob unterteilt. Bei manchen Montierungen zeigt die Deklinationsachse auch nicht senkrecht zur Polachse bzw. das Fernrohr nicht senkrecht zur Deklinationsachse. Das Fernrohr ist dann nicht parallel zur Polachse, und um entsprechende Winkelbeträge entfernt vom Pol landet man dann auch mit dieser Methode.

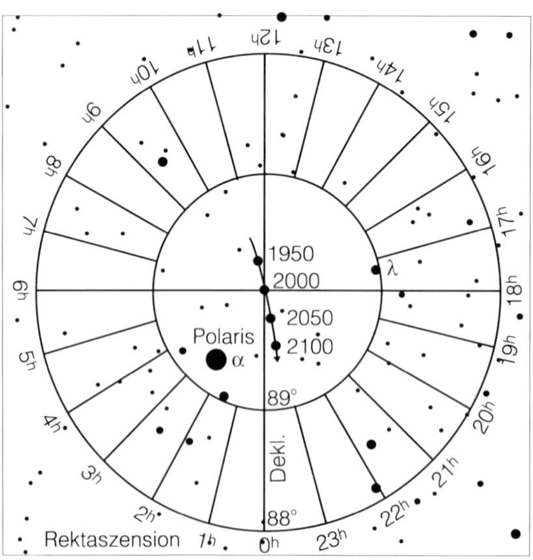

Abb. 5.5. Umgebung des Polarsterns mit Wanderung des nördlichen Himmelspols. Helligkeit des Polarsterns 2^m, schwächste Sterne $9{,}5^m$. Die Karte bezieht sich auf das Äquinoktium 2000.0

Man kann diesem Problem aber wie folgt begegnen (Taumeltest): Läßt sich die Polachse annähernd horizontal stellen, kann man die Parallelität des Fernrohrs (ersatzweise des Suchers, am besten die eines Leitfernrohrs – beide sind ja voll verstellbar) zu ihr auf einfache Weise wesentlich verbessern: Man zielt auf einen fernen markanten Punkt, mit dem Fernrohr weiter in Pollage, indem man nur Polhöhe und Azimut verstellt. Dann dreht man die Montierung um die Polachse, soweit es tote Winkel zulassen.

Das Bild darf dabei nicht taumeln, sondern muß sich um die Mitte drehen. Falls nicht, ist eine Verbesserung durch Verstellen der δ-Feinbewegung oder an den Lagerböcken vom Sucher bzw. Leitfernrohr zu versuchen. Mit Hilfe eines reichen Sternfelds geht dieses Verfahren auch, es ist dann aber erfahrungsgemäß kniffliger und kostet wertvolle klare Nachtstunden.

Weitere Probleme entstehen durch nicht vorhandene Feinbewegungen in Azimut und Höhe, durch ruckweises Springen beim Verstellen unter großer Last sowie durch Verbiegung beim nachträglichen Anziehen der Klemmschrauben des Polblocks. Geduld und Fingerspitzengefühl müssen hier oft mechanische Perfektion ersetzen. Unter guten Bedingungen und mit etwas Übung aber ist die direkte Methode schneller als das Scheinersche Verfahren.

5.2.3 Der Polsucher

Ein gut justierter, gegen Stöße gesicherter und daher möglichst in die Polachse integrierter Polsucher löst zumindest einen Teil der oben auftretenden Probleme – die Parallelität zur Polachse ist nur einmalig einzujustieren. Ein von außen aufsetzbarer Polsucher (wie z.B. für Celestron-Teleskope erhältlich) kann dagegen bei Transporten oder erneutem Anbringen seine Ausrichtung wieder verlieren. Rotiert er nicht mit der Polachse mit, ist auch der in Abschn. 5.2.2 beschriebene Taumeltest nicht durchführbar. Ein Test kann dann nur direkt im Polfeld mit Hilfe der Scheinermethode erfolgen (die ja gerade durch einen Polsucher überflüssig werden sollte).

Auf den ersten Blick erscheint die Benutzung eines vergleichsweise kleinen Polsuchers von Nachteil, da er kaum die schwächeren Sterne im Polfeld zeigt. Markiert man aber im Sucherokular Richtung und Abstand des Polarsterns vom Himmelspol, z.B. mit Hilfe einer fotografischen Verkleinerung einer gezeichneten Vorlage auf Dokumentenfilm [5.11], so genügt eine Öffnung von 15–30 mm, mit der nur gerade Polaris selbst sichtbar ist und die sich gut in eine hohle, mittelgroße Polachse integrieren läßt. Der Abstand von Polaris zum Pol beträgt z.Zt. rund 50′, in die Richtung etwa gegenüber von der Spitze der Deichsel des Großen Wagens ($\alpha \approx 2^{\mathrm{h}}30^{\mathrm{m}}$), für Details s. Abb. 5.5. Bei normal umkehrendem Durchblick (ohne Zenitprisma, geradsichtig) ist daher die ungefähr richtige Stellung der Polsucheroptik leicht geschätzt und hingedreht: Die Polarismarke im Okular zeige auf die vordere Deichsel (mit dem bloßen, zweiten Auge am Himmel gesehen). Den genauen Abstand d von Polaris zum Pol auf dem Film berechnet man mit

$$d = \frac{f(90^\circ - \delta_P)}{57{,}296}. \tag{5.1}$$

Dabei ist f die Brennweite des Polsuchers und δ die aktuelle Deklination von Polaris. Der Film sollte noch einen Kreis mit dem Feldblendendurchmesser des Okulars zeigen (alles schwarz auf klarem Grund), damit er besser zentriert dort aufgeklebt werden kann. Als Okular kommt am besten eines vom Typ Kellner in Frage, dessen Feldblende vor der Feldlinse liegt und somit leicht zugänglich ist. Mit zwei Einstellkreisen nach dem Prinzip der drehbaren Sternkarte kann auch die richtige Orientierung recht genau ermittelt werden. Als Ortszeitkreis dient hierzu der schon vorhandene Stundenkreis, während der Monatskreis daneben unverdrehbar angebracht wird. Dabei sollte das Okular mit der Polarismarke so eingesetzt sein, daß diese nach unten zeigt (umkehrende Optik, am Himmel also in Kulmination), wenn die aktuelle Rektaszension von Polaris (ca. 2^h30^m) am Stundenkreis unter dem 21.9. des Monatskreises steht (da zu Herbstanfang gerade Ortszeit und Sternzeit zusammenfallen). Ist im Nachtgebrauch dann der Polsucher so gedreht, daß aktuelles Datum und Ortszeit übereinander stehen, muß nur noch Polaris durch Verstellen von Azimut und Höhe der Polachse auf seine Markierung gesetzt werden. Eine ca. $5-8\times$-Vergrößerung genügt, um den Pol auf wenige Bogenminuten genau zu treffen.

Nach demselben Prinzip funktioniert auch der Polsucher von Vixen, den man natürlich ebenfalls mit erwähntem Taumeltest justieren muß. Bei ihm gibt es noch eine zusätzliche Einstellung für die Differenz Ortszeit – Bürgerliche Zeit, um die Ortszeit nicht im Kopf ermitteln zu müssen. Das läßt ihn aber auf den ersten Blick etwas komplizierter erscheinen als er in Wirklichkeit ist (Abb. 5.6).

Ab einer Polsucheroptik von 40–50 mm Öffnung kann man die richtige Orientierung auch mit Hilfe der schwächeren Nachbarsterne von Polaris finden, ohne Teilkreise und Zeitkenntnis: Hierzu stellt man sich auf Dokumentenfilm im richtigen Abbildungsmaßstab fokale Markierungen für diese Sterne, Polaris und für

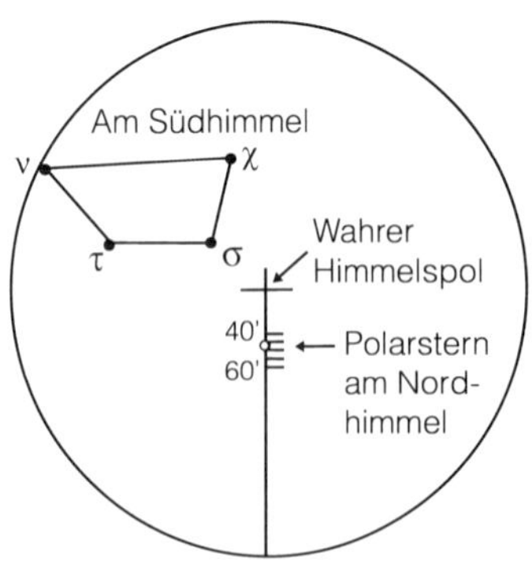

Abb. 5.6. Polsucherskala der Vixen Great-Polaris-Teleskope

den Pol her. Bei der Justierung von Höhe und Azimut der Polachse werden diese dann mit den Sternen durch Drehen des Okulars zur Deckung gebracht.

5.2.4 Die fotografische Methode nach E.S. King

Hier wird auf fotografischem Wege im Polfeld die Abweichung der Nachführung ermittelt und aus ihrer Richtung auf die Fehlstellung der Polachse geschlossen. Dazu wird eine Belichtung von ca. einer halben Stunde ohne jegliche Korrektur durchgeführt. Auch α-Korrekturen haben zu unterbleiben, um das Ergebnis nicht zu verfälschen. Die Nachführgeschwindigkeit sollte vorher also gut eingestellt sein (Gleichlaufschwankungen haben aber nur einen sehr kleinen Effekt so nahe am Pol). Dann wird in derselben Belichtung für ca. 10 min die Nachführung ausgeschaltet, um die Lage des Pols und die Orientierung der Nachführabweichung ermitteln zu können. Zusätzlich muß die Orientierung der Kamera genau festgelegt sein.

Abbildung 5.7 zeigt im Prinzip ein Foto nach dem Kingschen Verfahren [2.22]. Hierzu wird die Polachse auf Stundenwinkel 0 gestellt, mit dem Teleskop auf der Ostseite. Der Kameraboden weist zum Nordhorizont (beim Newtonteleskop senkrecht zur Tubusrichtung nach unten). Hält man den Film so, wie er in der Kamera lag, dann liegt wegen der Umkehrung der Zenit unterhalb, der Nordhorizont oberhalb (wie in Abb. 5.7). Verläuft die Nachührabweichnung nun nach unten, so weist die Polachse östlich am Pol vorbei, verläuft sie nach rechts, weist die Polachse oberhalb am Pol vorbei, und jeweils umgekehrt (s. Schlüssel in Abb. 5.7).

In der Praxis ist die Nachführabweichung natürlich irgendwie schräg orientiert und muß in ihre Grundkomponenten (oben/unten, links/rechts) zerlegt werden zur Interpretation nach o.a. Schlüssel. Notiert man sich die Größe der

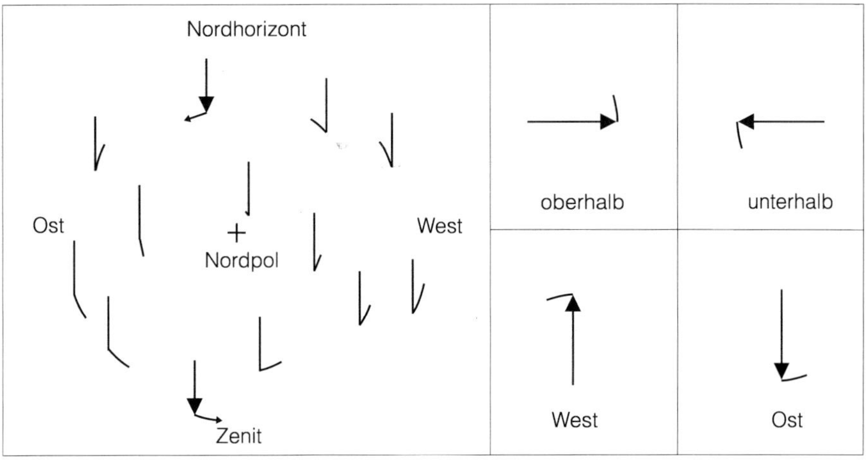

Abb. 5.7 Schematisiertes Foto der Polarsternumgebung, Methode nach E.S. King

Korrektur(en) im ersten Schritt, so kann man aus dem Rest der Nachführabweichung im Verhältnis zu ihrer Verringerung auf die Größe der nötigen Restkorrektur schließen (z.B.: Abweichung runter auf 50%, d.h. wie 1 zu 1: nochmal 100% der ersten Korrektur anbringen; runter auf 2/3, d.h. wie 2 zu 1: das zweifache der ersten Korrektur anbringen; runter auf 1/3, d.h. wie 1 zu 2: 50% der ersten Korrektur anbringen). Kehrt sich die Abweichungsrichtung gar um, so hat man überkorrigiert. Die Rückkorrektur kann dann aber in analoger Weise berechnet werden (z.B. Abweichung −100% der vorherigen, d.h. Rest zu Veränderung wie 1 zu 2: um 50% der ersten Korrektur zurückstellen; bei −50% der vorherigen Abweichung, d.h. wie −0,5 zu 1,5: um 1/3 zurück, usw.). Dieses Verfahren erfordert zwar in jedem Schritt eine Negativentwicklung, erreicht aber nach 2 bis 3 Schritten eine sehr hohe Genauigkeit.

5.2.5 Auswirkung mangelhafter Polachsenjustierung

Es liegt auf der Hand, daß bei einer Fehljustierung der Polachse die Teilkreise falsch anzeigen und man außerdem beim Nachführen oft in Deklination nachstellen muß. Dies allein ist ärgerlich, aber es gibt noch einen weiteren, weniger offensichtlichen Effekt: die Bildfeldrotation. Sie kann nur bei hinreichend genauer Ausrichtung vermieden werden. Ihr Entstehen kann man im Prinzip so veranschaulichen: Da die Korrekturen der Nachführung nur für den Leitstern exakt gelten, beschreiben die nur teilweise richtig nachgeführten Sterne in der Nachbarschaft kleine Bewegungen auf dem Film. Daß dies eine Rotation ist, kann man sich am Extrembeispiel der azimutalen Montierung klarmachen (Dejustierung um $90^\circ - \phi$!): Verfolgt man den Orion im Aufgang, ist sein Kopfende nach links verkippt, im Meridian aufrecht und beim Untergang schließlich nach rechts verdreht. Die resultierenden Sternspuren nehmen zu mit Aufstellfehler, Belichtungszeit, Filmformat und natürlich Abstand des Leitsterns von der Feldmitte. Außerdem hängen sie ab von der Stellung des Bildfelds am Himmel und von der Richtung des Aufstellfehlers, i. a. ist sie z.B. in hohen Deklinationen viel größer. Der Effekt ist aber unabhängig von der Aufnahmebrennweite! Man sollte diese Zusammenhänge wenigstens ungefähr kennen, um für typische Belichtungszeiten, Leitsternabstände (im Feld oder Off-Axis) und angestrebte Sternbildgröße die Mindestgenauigkeit der Polachsenjustierung zu wissen. Am kritischsten gemäß der o.a. Punkte ist eine feinkörnige Feldaufnahme (6×6 cm-Format ist kritischer als Kleinbild!) mit langer Belichtungszeit, in der womöglich der Leitstern nicht mehr im Feld liegt! Man benötigt daher für Feldaufnahmen trotz eines viel geringeren Abbildungsmaßstabs eine mindestens gleich gute Polachsenausrichtung wie für langbrennweitige Fokalaufnahmen!

Eine genauere Betrachtung ist langwierig und würde hier den Rahmen sprengen. Näheres findet man in [5.6]. Als Anhalt und bei Beschränkung auf Deklinationen unter etwa 60° kann folgende Faustformel dienen:

$$\rho_{\max} \approx \frac{d_{\max} \cdot 300}{t(r+1)} \tag{5.2}$$

$\rho_{\max}$: Ausrichtungsfehler in Bogenminuten
$d_{\max}$: angestrebter Sterndurchmesser auf dem Film in mm
t: Belichtungszeit in Stunden
r: Abstand des Leitsterns in Bildfeldradien von der Feldmitte

Beispiel: Die Sterndurchmesser sollen unter 0,02 mm bleiben, der Leitstern befinde sich am Bildrand ($r \approx 1$) und die Belichtungszeit sei eine Stunde. Die Polachse darf dann um nicht mehr als $3'$ von der richtigen Lage abweichen. Für Belichtungen in Deklinationen über 60° sollte man diese Genauigkeit möglichst noch auf $1'$ verbessern. Ein Justierfanatismus, der über diese Genauigkeit weit hinausgeht, hat andererseits wenig Sinn, denn die differentielle Refraktion setzt bereits eigene Grenzen bei langbelichteten Feldaufnahmen (besonders näher am Horizont!) und würde sogar, je nach Himmelsrichtung und Horizontdistanz, jeweils eine etwas veränderte Ausrichtung auf einen scheinbaren Himmelspol erfordern.

6 Aufnahmetechniken

6.1 Beeinflussung der Aufnahme durch die Atmosphäre

Optik, Mechanik und Fototechnik sind für die Qualität eines Astrofotos von entscheidender Bedeutung. Wie aber schon in den Abschnitten zur lang- und mittelbrennweitigen Fotografie erwähnt, spielt auch die Atmosphäre eine bedeutende Rolle, wenn es um das Zustandekommen sowohl hochaufgelöster als auch „tiefer" Aufnahmen geht. Im folgenden sollen die atmosphärischen Phänomene vorgestellt werden, die in der astronomischen Beobachtung, speziell in der Astrofotografie, Auswirkungen zeigen.

6.1.1 Die Luftunruhe

Wer kennt nicht den romantischen Anblick am Abend? Der Mond steht am Himmel, die Sterne glitzern und funkeln, sie laden ein zur astronomischen Beobachtung. Dann aber kommt die Enttäuschung: Beim Blick durchs Fernrohr erscheint die Mondoberfläche mit ihren Kratern stark in Wallung. Feinste Details verschwimmen, der Mondrand wabert. Die Sterne sind keine Punkte, sie tanzen und flimmern, d.h. sie *szintillieren* stark. Das Trennen enger Doppelsterne wird unmöglich. Der Vergleich zur bewegten Luft über einer heißen Asphaltstraße liegt nahe. Je höher die Vergrößerung im Fernrohr, desto ausgeprägter wird die Szintillation sichtbar. Der Fachmann nennt die astronomischen Sichtbedingungen *Seeing* [6.1]. Bei schlechtem Seeing szintillieren die Sterne dermaßen, daß das Suchen nach Objekteinzelheiten zur Qual wird. Bei gutem Seeing dagegen stehen die Sterne ruhig, bisweilen sogar gestochen scharf, von Szintillation ist dann keine Spur.

Wie kommt die Szintillation zustande? Die Luft unterliegt besonders in der Nähe des Erdbodens thermisch bedingten Dichteschwankungen und Turbulenzen, so daß alle von außerhalb der Atmosphäre einfallenden Lichtstrahlen in ihrem Verlauf beeinflußt werden. Turbulente Luft mit örtlich veränderlicher Dichte führt einerseits zu einer ständig wechselnden Ablenkung der Lichtstrahlen aus ihrer ursprünglichen Richtung. Man spricht hier von *Richtungsszintillation* : Für den Beobachter tanzt der Stern am Himmel um eine Durchschnittsposition. Eine sehr langbrennweitige Strichspuraufnahme würde keine Gerade, sondern eine Zitterspur in Bewegungsrichtung zeigen. Außer den Ortsschwankungen ist aber auch ein Blinken der Sterne wahrzunehmen, es macht sich als ein Schwanken der Sternhelligkeiten, die *Helligkeitsszintillation*, bemerkbar.

Oft zeigt das Seeing einen deutlichen Tagesgang. In der Zeit vor Sonnenaufgang bzw. kurz nach Sonnenuntergang ist die Luft am ruhigsten. Etwa zur Tagesmitte (wichtig für die Sonnenbeobachtung) und auch gegen Mitternacht ist stärkeres Szintillieren festzustellen. Damit nicht genug, ein Stern szintilliert am Horizont stärker als im Zenit (Abb. 6.1). Folglich ist das Seeing in Zenitnähe grundsätzlich besser (Abb. 6.2).

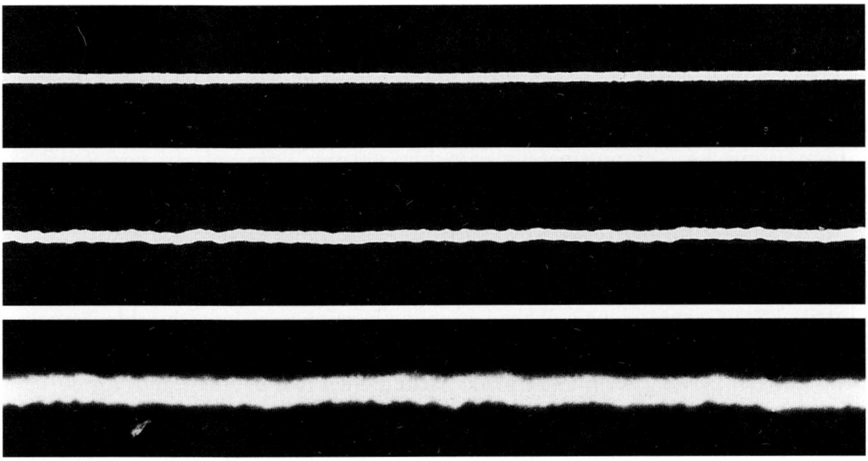
a
b
c

Abb. 6.1. Strichspuren, aufgenommen mit langer Brennweite. Aufgrund der Richtungsszintillation hinterlassen die Sterne Zitterspuren auf dem Film. **a** Capella bei 2 m Brennweite im Zenit. **b** Beteigeuze bei 2 m Brennweite nahe Horizont, **c** Beteigeuze bei 4 m Brennweite: Die höhere Auflösung zeigt neben groben Schwankungen auch höherfrequente Oszillationen. Fotos: P. Riepe, H. Tomsik

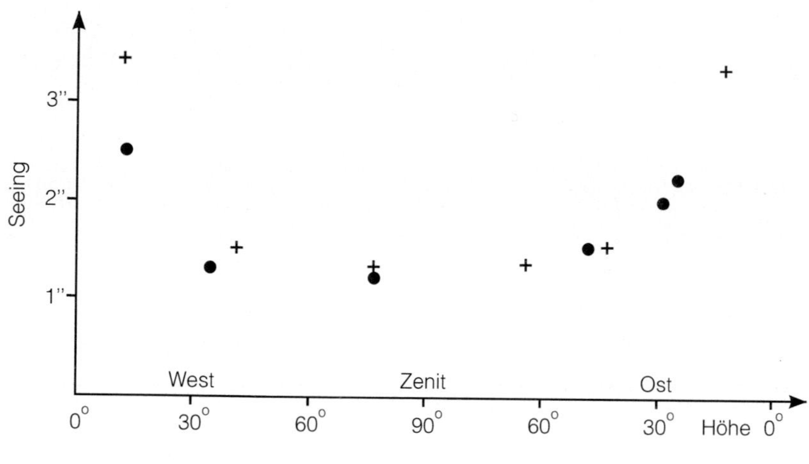

Abb. 6.2. Seeing in Abhängigkeit von der Höhe über dem Horizont an zwei aufeinanderfolgenden Tagen

Tabelle 6.1. Seeing-Skala

Seeing	Bildgüte
8″	0
5″	1
3″	2
2″	3
1,3″	4
0,8″	5
0,5″	6
0,38″	7

Die Beobachtungspraxis lehrt, daß sich schlechtes Seeing in kleineren Fernrohren (typische Amateurinstrumente bis 300 mm Öffnung) in der Regel als die bereits oben geschilderte Ortsschwankung der Sterne bemerkbar macht. Das kommt daher, daß die vor der Öffnung vorbeiziehenden Luftzellen unterschiedlicher Dichte einen mittleren Durchmesser eben dieser Abmessungen besitzen und daher die Lichtstrahlen lediglich versetzen. In Großteleskopen, vor deren Eintrittsöffnung zahlreiche solcher Luftzellen herziehen, zeigt sich schlechtes Seeing in Form von ortsfesten, aber sehr diffusen Sternscheibchen. Nur bei besten Bedingungen ist ein Stern als zentrales Scheibchen mit deutlich getrennten Beugungsringen erkennbar.

Das Seeing (ein Maß für die Luftunruhe) wird nach dem Durchmesser des Zitterscheibchens eines exakt fokussierten Sterns beurteilt. Eine für den praktischen Gebrauch sehr geeignete Skala wurde von C.W. Tombaugh und B.A. Smith vorgeschlagen (Tabelle 6.1) [6.3].

Die Einteilung ist hierbei so bemessen, daß die Flächenhelligkeit des Seeingscheibchens von einer zur nächsten Bildgütenklasse um 1^m zu- bzw. abnimmt. Bei einem Seeing von 5″ erhält man also auf einer ausbelichteten Aufnahme 3^m weniger an Sterngrenzgröße als bei einem Seeing von 1,3″, sofern die Aufnahmeoptik diesen Wert auflöst.

Die Behinderung der astronomischen Beobachtung durch das Seeing ist abhängig von teleskopischen Daten wie Durchmesser der Optik oder Vergrößerung, aber auch von der Art der Beobachtung. Es leuchtet ein, daß man bei mäßigem Seeing mit kleineren Teleskopen bessere visuelle Planetenbeobachtungen vornehmen kann als mit größeren. Positions- oder Distanzmessungen an Doppelsternkomponenten hingegen werden erschwert. Was die Fotografie betrifft, so werden beim Mond und bei den Planeten während der Belichtung die Oberflächendetails verwaschen. In der Deep-Sky-Fotografie verbreitern sich die Sterne bei den langen Belichtungszeiten aufgrund schlechten Seeings zu deutlichen Scheibchen, selbst bei optimaler Scharfstellung. So wird eine Defokussierung der Aufnahmeoptik vorgetäuscht. Bei genauerem Betrachten wird aber klar: Das Schwärzungsprofil eines defokussierten Sternscheibchens ist eher rechteckig, das „seeingverschmierte“ Scheibchen dagegen zeigt das Profil einer Gaußschen Verteilungskurve (Abb. 6.3).

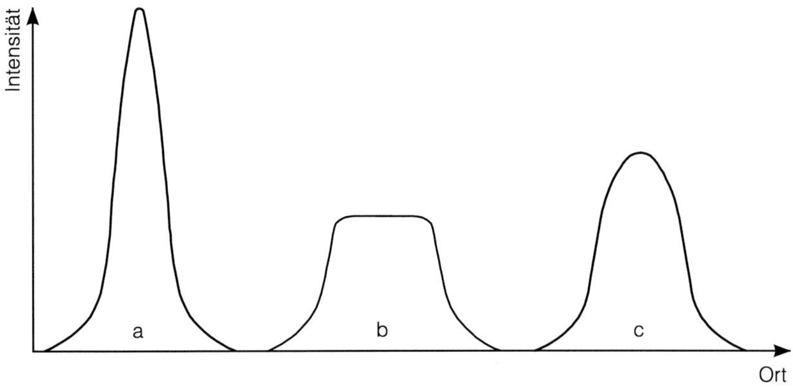

Abb. 6.3. Intensitätsprofil eines Sternscheibchens im Teleskop. **a)** ungestört, **b)** defokussiert, **c)** seeingverschmiert. Die Fläche unter jeweiliger Kurve ist gleich groß. Die Beugungsringe wurden weggelassen

Auch das Teleskop bzw. die Umgebung des Teleskops können das Seeing beeinflussen (Instrumentenseeing). Hat sich das Fernrohr beispielsweise tagsüber mitsamt Optik und Tubus erwärmt, so führt das abendliche Abkühlen nicht nur zu einer Fokusdrift, sondern unweigerlich auch zu bildverschlechternden Turbulenzen im Tubus. Man kann dem begegnen, indem man a) ausreichende Lüftungsmöglichkeiten für die Kuppel schafft, b) den Teleskoptubus mit einer Lüftungsklappe versieht, die abends geöffnet wird oder c) größere Optiken mit längeren Brennweiten mit einem Gittertubus ausstattet.

Die Szintillation wird durch Wind verschlechtert. Erfahrungen in der Planetenbeobachtung und in der langbrennweitigen Astrofotografie zeigen, daß häufig eine hohe Luftfeuchtigkeit mit gutem Seeing einhergeht. So ist bei herbstlicher Nebelbildung oft eine bemerkenswerte Luftruhe zu verzeichnen, selbst wenn die Transparenz der Atmosphäre merklich abnimmt. Ganz allgemein kann man feststellen: Je stabiler die Wetterlage ist, desto geringer ist im Durchschnitt die Luftunruhe. Geographische Zonen wie große Wälder, Trockenflächen oder Seen können das Seeing lokal beeinflussen. Inzwischen ist allgemein bekannt, daß von den Gipfeln einzeln stehender Bergmassive oder auf Inseln wenig Turbulenzen beobachtet werden. Hier sind dann hervorragende Beobachtungsplätze mit überdurchschnittlich guter Luftruhe anzutreffen. Hawaii, die Kanarischen Inseln, die Bergkette La Silla in der chilenischen Atacama-Wüste oder der Pic du Midi in den Pyrenäen sind Orte, wo wegen des guten Seeings Großobservatorien gebaut wurden, ganz abgesehen von der Vielzahl klarer Tage bzw. Nächte.

6.1.2 Die atmosphärische Extinktion

Das von den Himmelskörpern zur Erde gelangende Licht wird bei seinem Durchgang durch die Atmosphäre nicht nur zur Szintillation gebracht, es wird auch geschwächt, z.T. sogar sehr stark. Luft ist zwar auf kurzen Distanzen ein durchsichtiges Medium, jedoch ist die Erdatmosphäre insgesamt trübe, da ihre gasförmigen Bestandteile sowie Staub und Wasser die Transparenz mindern. Diese Schwächung, *Extinktion* genannt, hat im wesentlichen zwei Ursachen: a) Absorption durch Luftmoleküle und Partikel in der Atmosphäre, b) Streuung an diesen beiden Teilchensorten. Das Extinktionsmaß hängt davon ab, wie lang der Weg der Strahlung durch die Atmosphäre ist (Tabelle 6.2) und welche Wellenlänge die Strahlung besitzt.

Nicht jede Strahlungsart wird von der Erdatmosphäre durchgelassen. Es gibt nur bestimmte „Fenster", die uns den Blick in den Weltraum erlauben. Das Licht selbst unterliegt, abhängig von seiner Wellenlänge, unterschiedlich starker Streuung. Diese selektive Extinktion E wird als *Rayleighstreuung* bezeichnet. Sie wird von den Luftmolekülen verursacht und unterliegt dem Gesetz $E \propto \lambda^{-4}$. Wie stark die Wellenlängenabhängigkeit ist, zeigt ein Rechenbeispiel: Blaues Licht von 460 nm Wellenlänge wird im Vergleich zum roten Licht (650 nm) um einen Faktor $(460/650)^{-4} \approx 4\times$-stärker gestreut. Daher sieht man den Tageshimmel in der Farbe blau. Bei Sonnenuntergang wird augenscheinlich, daß langwelliges rotes Licht in den Atmosphärenschichten weniger geschwächt wird als kurzwelliges blaues. Deshalb erscheint die Sonne beim Untergang rot. Während die Rayleighstreuung relativ konstant ist, kann die von Staub und Dunst zusätzlich verursachte Extinktion je nach geographischen Gegebenheiten, Wetterlage und Uhrzeit variieren. Die Beobachtungspraxis zeigt, daß Staub in der Luft zusätzlich selektiv wirkt (Rötung des Himmelshintergrunds). Ähnliches gilt für aufkommenden Dunst.

Tabelle 6.2. Die Helligkeiten zweier Sterne in unterschiedlichen Zenitdistanzen sind nur dann vergleichbar, wenn gleiche Lichtwege durch die Atmosphäre zugrunde gelegt werden. Dies geschieht durch eine Reduktion auf die Luftmasse im Zenit, diese wird auf 1 normiert. Für unterschiedliche Zenitdistanzen z ergeben sich aufgrund unterschiedlicher Luftmassen M auch unterschiedliche Extinktionsreduktionen R (in Größenklassen). R zeigt also den Extinktionsverlauf in Abhängigkeit von der Zenitdistanz, wobei die Sternhelligkeit im Zenit der Bezug ist [3.21]. Genaugenommen ist die Extinktion noch abhängig von der Wellenlänge des Lichts sowie vom Luftdruck bzw. der Höhe über dem Meeresspiegel

z°	M	R/mag	z°	M	R/mag
0	1,00	0,00	60	2,00	0,23
10	1,02	0,00	65	2.36	0,32
20	1,06	0,01	70	2,90	0,45
30	1,16	0,03	75	3,83	0,65
35	1,22	0,04	80	5,60	0,99
40	1,30	0,06	82	6,88	1,19
45	1,41	0,09	84	8,90	1,52
50	1,55	0,12	86	12,44	2,12
55	1,74	0,17	87	15,36	2,61

Auch das Licht der nächtlichen Stadtbeleuchtung wird in der Atmosphäre gestreut. In größeren Orten und in deren Umgebung wird man stets einen aufgehellten Himmel haben, der sich in einigen Kilometern Entfernung als Lichtglocke über den Städten zeigt. In Stadtnähe und erst recht bei Beobachtungen aus der Stadt heraus kann man daher nicht die Sterngrenzgröße wahrnehmen, wie fernab in höheren Gebirgslagen. Lichtschwächere Himmelsobjekte wie Nebel oder Galaxien „ertrinken" im aufgehellten Himmel. Großstadtbeobachtern ist der Anblick der Milchstraße oder des Zodiakallichtes unbekannt. Fotografisch bedeutet das: Der Kontrast zwischen Objekt und Himmelshintergrund wird dermaßen verschlechtert, daß der Film derart schwache Objekte nicht mehr aufzeichnen kann. Für astrofotografische Zwecke muß man auf Light-Pollution-Filter oder rote Kantenfilter zurückgreifen (siehe Abschn. 6.4), um die hellen Emissionslinien der Natrium- und Quecksilberdampflampen auszuschalten oder zu reduzieren.

6.1.3 Atmosphärische Refraktion und Dispersion

In Abschn. 1.1.3.1 wird ausführlich und mit einem Beispiel auf die Auswirkungen von atmosphärischer Refraktion und Dispersion eingegangen.

6.1.4 Das Luftleuchten (Airglow)

Der Nachthimmel wird durch verschiedene natürliche Lichtquellen aufgehellt, z.B. durch das Licht der Sterne, durch Streulicht aus dem Sonnensystem (Zodiakallicht), zum Teil aber auch durch Licht, welches die Lufthülle der Erde in geringem Umfang selbst produziert. Dieses allgemein wenig beachtete Luftleuchten wird als *Airglow* bezeichnet (s. auch Abschn. 1.1.6) [6.23].

Airglow ist eine Erscheinung, die orts- und zeitabhängig unterschiedlich stark in Erscheinung tritt. Bei Verwendung von Colorfilmen zeigt es sich auf weitwinkligen Stellaraufnahmen zum einen als grünliche Verfärbung horizontnaher Gebiete, zum zweiten in Form großer, orange bis rötlich schimmernder Himmelsflächen. Diese können in Extremfällen zu strukturierten Gebilden werden, die Polarlichtern ähneln und teilweise sehr hoch in den Himmel ragen. In seltenen Fällen kann das Airglow fotografisch so hell wie die Milchstraße werden (s. Farbtafel 1i).

Airglow entsteht, grob gesagt, in zwei verschieden hoch gelegenen Atmosphärenbereichen [6.10, 6.5]. In einer Höhe von 85–110 km (untere Ionosphäre) werden tagsüber im wesentlichen Sauerstoffmoleküle durch die UV-Strahlung der Sonne in neutrale Atome zerlegt, die teilweise sogar in angeregtem Zustand verbleiben. So entsteht ein Potential an Teilchen, die in photochemischen Reaktionen bis weit in die Nacht hinein miteinander wechselwirken können, wobei Strahlung frei wird. Das nächtliche Airglow dieser ersten Höhenschicht wird im sichtbaren Spektralbereich dominiert von der grünen OI-Linie des atomaren Sauerstoffs (557,7 nm). Aber auch Natrium (589,0/589,6 nm) wird beobachtet.

Die Erde ist in etwa 100 km Höhe von einer permanent leuchtenden Hülle umgeben. Vom Erdboden aus macht sie sich in einer Zunahme der Himmelshelligkeit zum Horizont hin bemerkbar. Ein Stück schwarzer Pappe, bei guter Dunkeladaption gegen den Sternenhimmel in Zenitnähe gehalten, zeigt, daß der Nachthimmel keineswegs schwarz ist. Noch deutlicher springt dies aber ins Auge, wenn das Experiment gegen den Horizontbereich wiederholt wird. Der Himmel erscheint jetzt wegen des mehr tangentialen Blicks entlang der Airglowschicht noch mehr aufgehellt, nach photometrischen Messungen um einen Faktor 3 bis 5. Auch fern aller störenden Lichtquellen, beispielsweise auf hoher See, läßt sich dieser Effekt nachweisen.

In der oberen Ionosphäre (200–600 km) befindet sich eine zweite Zone der Airglowentstehung. Hier ionisiert die starke UV-Strahlung der Sonne einen Teil der vorhandenen Moleküle und Atome, d.h. die Teilchen verlieren ihre Außenelektronen. Nach Sonnenuntergang können diese Ionen wieder Elektronen einfangen (rekombinieren) und dabei Lichtwellen aussenden, sie können aber auch mit neutralen Teilchen photochemisch reagieren. Im sichtbaren Spektralbereich herrschen die roten OI-Linien bei 630,0/636,4 nm vor, begleitet von der ca. 5× schwächeren, offenbar überall präsenten grünen OI-Linie.

Das nächtliche Airglow ereignet sich zwar permanent auf allen geographischen Breiten, stellt aber kein einheitliches Phänomen dar. Es tritt in unterschiedlichen Erscheinungsformen auf. Die Airglowerscheinungen der oberen Ionosphäre sind örtlich und zeitlich stärker variabel. Man kennt heute unterschiedliche „Vorkommenszonen“, die als Bänder um die Erde laufen [1.10]. Am markantesten ist die tropische Airglowzone . Sie zieht sich in ca. 200 km Höhe etwa 20° beiderseits des geomagnetischen Äquators um den Erdball und ist gekennzeichnet durch ein verstärktes Auftreten ionosphärischer Störungen. Ein Zusammenhang mit der Sonnenaktivität ist wahrscheinlich. Innerhalb weniger Stunden können die roten OI-Linien ihre Helligkeit um ein Vielfaches steigern. In den Airglowzonen mittlerer Breiten – sie verlaufen ungefähr 50° nördlich und südlich parallel zum geomagnetischen Äquator – treten Airglowbögen in Form von mehreren 100 km breiten und vielen 1000 km langen Schläuchen in etwa 400 km Höhe auf. Sie sind wie die Polarlichter mit der Sonnenaktivität verknüpft. Das menschliche Auge, wäre es für rotes Licht ebenso empfindlich wie für grünes, könnte die Airglowbögen als eindrucksvolles Spektakel am Nachthimmel wahrnehmen.

Zählt man das Polarlicht selbst auch zum ionosphärischen Luftleuchten im weiteren Sinne, dann kann man noch die Polarlichtzonen anführen, relativ schmale Bänder, die sich in etwa 20° Abstand um die geomagnetischen Pole ziehen. Polarlichter kommen hin und wieder auch in tieferen geographischen Breiten vor [6.4, 6.8], so wie auch die Airglowzonen insgesamt keine markanten Abgrenzungen gegeneinander aufweisen und ihre Lage und Ausdehnung durchaus variieren können.

Einige Airglowerscheinungen sind recht dynamisch. Das tropische Airglow ändert seine Helligkeit und den Ort seines Auftretens am Himmel im Verlauf weniger Stunden. Schon nach einigen Minuten ist eine Verlagerung der Intensitätsmaxima erkennbar. Das Ganze erinnert an Polarlichterscheinungen, wenn auch die Helligkeit, die Vielfalt der Formen und die Schnelligkeit der Bewegungen aufgrund der anderen physikalischen Ursachen bescheidener sind. In der Regel treten größere Fluktuationen auf: Die Helligkeit des Airglows wächst im Laufe der Nacht an verschiedenen Stellen des Himmels stark an, geht dort wieder zurück, um woanders erneut anzusteigen. Insgesamt sind die horizontnahen Himmelsabschnitte (perspektivisch) bevorzugt [3.14].

Viele Astrofotografen kennen die Enttäuschung, wenn bei Rückerhalt der langersehnten Astrodias ein Erdsatellit oder ein Fluzeug unbemerkt ihre Spur durch das Sternfeld gezogen haben. Ähnlich frustrierend sind die vom Airglow verursachten Farbverfälschungen. Man sollte also starkem Airglow vorbeugend begegnen. Bei filterloser Fotografie ist das kaum möglich, es sei denn, man beschränkt sich auf die zenitnahen Himmelsabschnitte. Besser ist es, ein Filterglas zu verwenden, das die Wellenlängen des Luftleuchtens absorbiert. Im Falle der Farbfotografie empfiehlt sich ein Nebelfilter oder ein Deep-Sky-Filter (Abb. 6.19). Jedoch muß dann die Belichtungszeit deutlich verlängert werden, z.T. um das Drei- bis Vierfache.

Wer Emissionsnebel im roten Licht ohne störendes Airglow fotografieren will, sollte Hα-empfindliches Aufnahmematerial in Verbindung mit einem passenden Kantenrotfilter verwenden. Es empfiehlt sich der Technical Pan von Kodak, kombiniert mit einem Schottglas RG 645 oder einem Kodak Wratten 92. Beide Filter schneiden das kurzwelligere Rotlicht mit den Airglowlinien bei 630,0/636,4 nm ab, lassen aber das Hα-Licht passieren.

Soll die zeitlich-räumliche Variation des ionosphärischen Airglow auf fotografischem Wege studiert werden, so empfiehlt sich der Einsatz möglichst weitwinkliger Optiken (z.B. Fisheyeobjektive) in Verbindung mit einer passenden Film-Filter-Kombination. Diese sollte so beschaffen sein, daß die roten Airglowlinien möglichst engbandig aufgenommen werden. Empfehlenswert sind die hochempfindlichen T-Kristall-Filme Kodak T-MAX 400 und Fuji Neopan 400. Beide sind unempfindlich für das Hα-Licht der Gasnebel, aber sehr empfindlich für rotes Airglowlicht. Unter Zuhilfenahme eines Rotfilters Schott RG 610 oder Wratten 29 kann das ionosphärische Airglow recht gut isoliert werden. Eine solche Film-Filter-Kombination verhindert somit wirksam, daß sich auf dem Negativ die Airglowgebiete mit schwachen, großflächigen HII-Regionen überlagern. Rotgefilterte Airglowaufnahmen sollten mit den genannten Filmen bei Blende 2,8 etwa 20 bis 30 min belichtet werden. Günstig ist eine Entwicklung in T-MAX-Entwickler 1+4. Bei 8 min und 24°C Verarbeitungstemperatur werden 2 Blendenstufen gewonnen, die Filmempfindlichkeit entspräche dann ISO 1600/33°.

Airglow ist eine Erscheinung, die von Berufs- und Amateurastronomen gleichermaßen zunächst einmal als negativ empfunden wird (störend bei der Flächenphotometrie, farbliche Verfälschung schwacher, ausgedehnter Objekte). Jedoch kann man dem Phänomen auch interessante Seiten abgewinnen, sei es aus Gründen physikalischer Fragen oder einfach aus Neugier an einem selten beachteten Naturschauspiel.

6.2 Die Einstellung der Bildschärfe (Fokussierung)

Die Fokussierung stellt ein besonders wichtiges Glied in der Kette Montierung-Teleskop-Beobachter auf dem Weg zum gelungenen Astrofoto dar. Ein geladenes Spiegelreflexkameragehäuse hinter ein Fernrohr gesetzt und durch den Sucher beispielsweise auf einen mittelhellen Stern sorgfältig scharf gestellt, wird bei mehrfacher Wiederholung unterschiedlich gut fokussierte Sternabbildungen liefern. Je nach Beobachter werden die Streuungen verschieden groß ausfallen, nie besteht aber die Gewähr, daß jede Belichtung ein Volltreffer hinsichtlich der Schärfe wird. Um hier zu reproduzierbaren Ergebnissen zu gelangen, gibt es unterschiedliche Möglichkeiten, wobei die Fokussierung nach der Messerschneidenmethode die konstant besten Resultate liefert.

6.2.1 Die Schärfentiefe

Ein in der Astrofotografie wenig beachtetes Phänomen stellt die *Schärfentiefe* des jeweils benutzten Aufnahmeinstruments dar. Ohne sie würde kaum je eine Astroaufnahme gelingen. Zum Glück ist nämlich die Brennebene in praxi keine Planfläche, sondern ein sehr schmaler Raum zwischen Intra- und Extrafokal, in den hinein die Filmebene zu liegen kommen muß, damit alle Himmelsobjekte scharf abgebildet werden. Wie weit nun dieser Raum sein darf, ist eine Definitionsfrage. In der Astrofotografie hatte es sich bisher bewährt, einen zulässigen Unschärfekreis von 0,03 mm Durchmesser zu akzeptieren. Moderne Filmemulsionen mit ihrem extrem feinen Korn decken aber bereits Unschärfekreise von mehr als 0,01 mm auf. Deshalb ist Tabelle 6.3 für beide genannten Werte nach Gl. 6.1 gerechnet:

$$x = 2\,d\,\frac{f}{D} \tag{6.1}$$

D: Objektivdurchmesser
f: Brennweite
d: Durchmesser des zulässigen Unschärfekreises
x: Schärfentiefe

Geometrisch-optisch betrachtet werden die achsenparallelen Strahlen einer unendlich fernen Lichtquelle durch das Objektiv hin zur optischen Achse gebrochen. Sie laufen also kegelförmig zusammen und bilden in der Kegelspitze den Brennpunkt. Von dort aus laufen sie wieder kegelförmig auseinander. Der Brennpunkt befindet sich somit an der dünnsten Stelle des Doppelkegels. Es genügt nun, die Filmebene so nahe an den Brennpunkt zu setzen, wie das extrafokale divergierende Strahlenbündel bzw. das konvergierende intrafokale Strahlenbündel im Durchmesser kleiner als der zugrunde gelegte Unschärfekreis ist. Die Kegelform und damit die Schärfentiefe ist also allein abhängig vom geometrischen Öffnungsverhältnis, wie Abb. 6.4 zeigt [6.9].

Unter Berücksichtigung wellenoptischer Phänomene wie der bekannten Beugungsringe ergeben sich kleinere Toleranzen für die Schärfentiefe, falls z.B. 80%

Tabelle 6.3. Schärfentiefe x in Abhängigkeit vom Öffnungsverhältnis (Blende) und dem Durchmesser d des zulässigen Unschärfekreises (nach Gl. 6.1)

Blende	x/mm ($d = 0{,}03$ mm)	x/mm ($d = 0{,}01$ mm)
2,0	0,12	0,04
2,8	0,17	0,06
4,0	0,24	0,08
5,6	0,34	0,11
8,0	0,48	0,16
10,0	0,60	0,20
20,0	1,20	0,40
50,0	3,00	1,00

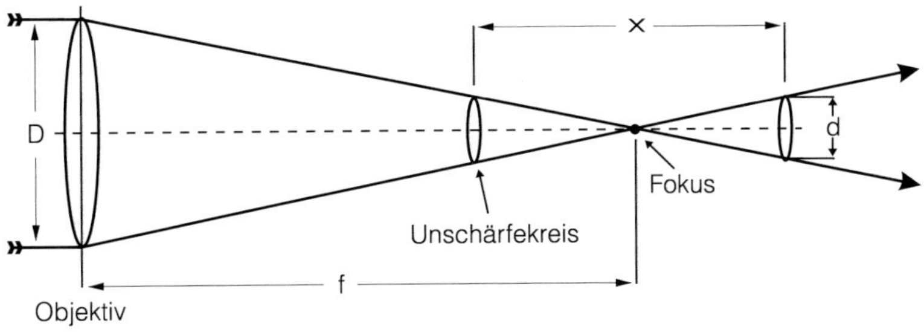

Abb. 6.4. Schärfentiefe x in Abhängigkeit vom Öffnungsverhältnis f/D und dem Durchmesser d des zulässigen Unschärfekreises

des ankommenden Sternenlichts innerhalb des oben beschriebenen Brennraums vereinigt werden sollen (Tabelle 6.4) [6.6]. Für die Praxis gilt: Bei Testreihen zur Fokusermittelung von Fotoobjektiven nehme man die Einstellung, die die stärkste Deckung der Sterne bringt, auch wenn diese nicht unbedingt die kleinsten Sternabbildungen oder schmalsten Strichspuren liefert.

6.2.2 Fokussierhilfen

Wie in der Einleitung dieses Kapitels erwähnt, sind bei wiederholter Einstellung der Bildschärfe auf der Mattscheibe mit dem bloßen Auge keine völlig konstanten Ergebnisse zu erwarten. Dabei spielen auch die nahezu bei jedem Beobachter vorliegenden Sehfehler eine Rolle, selbst wenn sie nur gering sind. Sofern die Sucherlupe es ermöglicht, sollte für das Auge, mit dem man immer scharfstellt, der Dioptrienausgleich vorgenommen werden (s. Abschn. 6.2.2.1). Liegt ein Astigmatismus vor, muß auf jeden Fall mit Brille scharfgestellt werden, was nicht immer ganz einfach ist. Bei der Sonnen-, Mond- und Planetenfotografie sollten immer ganze Aufnahmereihen angefertigt werden. Nicht nur, weil dann die Möglichkeit

Tabelle 6.4. Schärfentiefe x in Abhängigkeit vom geometrischen Öffnungsverhältnis (Blende) und dem Durchmesser d des zulässigen Unschärfekreises auf dem Film, geometrisch-optisch und unter Berücksichtigung der Beugung

Blende	geometrisch-optisch x/mm ($d = 0{,}03$ mm)	beugungstheoretisch x/mm
2,0	0,12	0,004
4,0	0,24	0,018
8,0	0,48	0,07
10,0	0,60	0,11
20,0	1,20	0,44
50,0	3,00	2,75

besteht, eine Fotografie bei größerer Luftruhe darunter zu haben, sondern auch, weil vielleicht ein Haupttreffer bei der Fokussierung gelungen ist. Dazu muß jedes Bild neu scharf gestellt werden.

Im Langzeitbelichtungsbereich bei der Deep-Sky-Fotografie ist die Forderung nach Aufnahmereihen illusorisch. Hier sollte jede Einstellung sitzen. Dabei erscheinen dann die fokussierten Sterne im Sucher am kleinsten, bzw. schwächere Sterne werden sichtbar. Hilfreich zur Beurteilung der Sternpünktchengröße im Kamerasucher ist eine besonders feinkörnige Mattscheibe und eine Sucherlupe. Bei einigen Spiegelreflexkameramodellen besteht die Möglichkeit, die standardmäßig mitgelieferte Einstellscheibe gegen eine feinkörnige Mattscheibe auszutauschen, wobei diese Mattscheiben auch für die Sonnen-, Mond- und Planetenfotografie geeignet sind. Ist der Austausch nicht möglich, helfen Experimente mit einem Tropfen Öl oder einem auf die Einstellscheibe aufgebrachten Stück Tesafilm weiter [6.11, 6.13, 6.15].

Immer sollte aber die Fokussierung auf der Mattscheibe selbst erfolgen, nicht auf deren Mikroprismenring oder Schnittbildentfernungsmesser, der ohnehin schon bei Blendenwerten größer als 4,0 abdunkelt und insofern unbrauchbar wird.

Werden die weitverbreiteten katadioptrischen Systeme mit gekrümmten (zum Himmel konkaven) Brennebenen (z.B. Schmidt-Cassegrain-Teleskope) zur Fotografie benutzt, empfiehlt es sich, die Filmebene nicht in den Scheitelpunkt der Brennebene zu legen, sondern unter Ausnutzung der Schärfentiefe intrafokal zu plazieren. Das heißt: Der Stern, an dem die Fokuseinstellung vorgenommen wird, sollte ca. 1/3 des Gesichtsfelddurchmessers außerhalb der Bildmitte stehen. Auch sollten Spiegelteleskope mit ihren nie vollständig zu arretierenden Spiegeln nach der Fokussierung nicht mehr weit bis zum Zielobjekt geschwenkt werden, zu groß ist sonst die Gefahr, daß sich der Fokus wieder verstellt.

Bei Teleobjektiven kann man sich nicht auf den vom Hersteller vorgegebenen Unendlichpunkt verlassen. Es empfiehlt sich, diesen mit einer der unten angegebenen Methoden zu kontrollieren, wobei dies für alle Brennweiten zwingend notwendig wird, falls zusätzlich noch Filter Verwendung finden sollen.

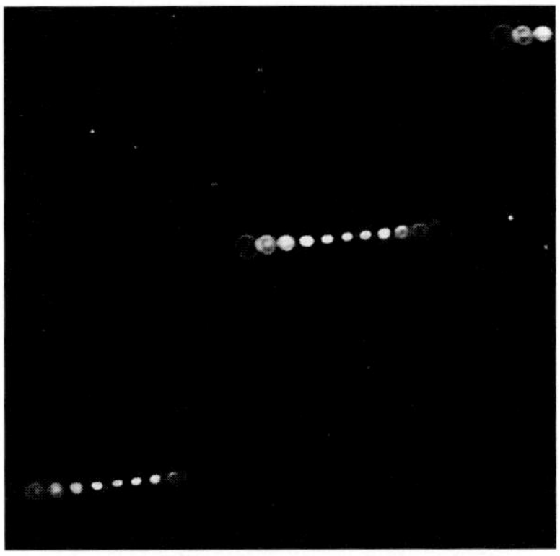

Abb. 6.5. Fokustestaufnahme bei unterschiedlicher Scharfeinstellung

Abb. 6.6. Die Scheinerblende vor der Objektivöffnung ermöglicht das visuelle Scharfstellen nur bei helleren Himmelsobjekten wie Planeten

In unterschiedlichen Schärfeeinstellungen werden kurze Belichtungen des Sternenhimmels oder weit entfernter Punktlichtquellen (Entfernung mehr als 5000× Aufnahmebrennweite) angefertigt. Auf den Fokusring aufgeklebtes Millimeterpapier erlaubt reproduzierbar das Ablesen der Einstellungen. Das Negativ mit der stärksten Schwärzung, beispielsweise einer Sternstrichspur, liegt der optimalen Fokuseinstellung am nächsten (Abb. 6.5). Um größere Interpolationen zu vermeiden, ändert man die Fokuseinstellung bei längerbrennweitigen und mittleren Teleobjektiven in 0,5-mm-Schritten auf dem Fokusring, bei leichten Tele- und Normalobjektiven in 1-mm-Schritten und bei noch kürzer brennweitigen Systemen in 2- bis 5-mm-Schritten. Bei erneutem Einstellen des einmal gefundenen Fokuspunkts nähere man sich immer aus der selben Richtung, um einen evtl. „toten Gang" des Fokustriebs auszuschalten.

Das gilt auch für eine weitere Möglichkeit der Fokusfindung mit Hilfe der *Scheinerblende* (Abb. 6.6). Sie geschieht wieder auf fotografischem Weg bei den Fotoobjektiven, ist aber auch visuell direkt am Kamerasucher hinter dem Fernrohr und hier nicht nur bei der Stellarfotografie, sondern insbesondere bei der

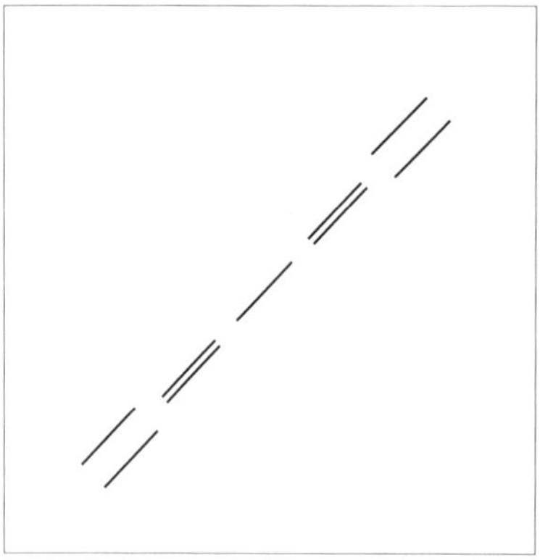

Abb. 6.7. Fokustestaufnahmen mit einer Scheinerblende. Nur im Fokus fallen die beiden Bildhälften zusammen

Planetenfotografie zu empfehlen. Dabei wird vor die objektseitige Fernrohröffnung eine Abdeckung mit zwei außeraxialen Blendöffnungen (beispielsweise von jeweils 50 mm Durchmesser bei 200 mm Objektivöffnung) angebracht. Durch die beiden Öffnungen fällt jeweils ein Lichtbündel, das in der Brennebene des Fernrohrs ein Bild eines Sterns oder auch Planeten erzeugt.

Bei intra- oder auch extrafokaler Einstellung erscheinen Doppelbilder (Abb. 6.7). Fällt jedoch die Filmebene und somit auch die Mattscheibe mit der Brennebene zusammen, verschmilzt das Doppelbild zu einer Abbildung. Um dies exakt beurteilen zu können, bedarf es einer relativ hohen Vergrößerung. Bei der Planetenfotografie ist dies bereits durch die meistens verwendtete Okularprojektion gegeben. Anders verhält es sich bei der Deep-Sky-Fotografie. Hier muß das Fokalbild durch eine starke Sucherlupe (Vergrößerung abhängig von der Teleskopbrennweite) betrachtet werden. Soll mit der Scheinerblende auf fotografischem Weg der Fokuspunkt bestimmt werden, wird wieder entlang einer Millimeterpapierskala der Fokussierring reproduzierbar verstellt. Später wird die Aufnahme, bei der die Doppelbilder verschwinden, herausgesucht und einer Einstellung zugeordnet. Nimmt man die Sterne als Strichspuren bei den unterschiedlichen Fokusstellungen auf, so achte man darauf, daß die beiden Blendöffnungen in Nord-Süd-Richtung stehen [6.17].

6.2.2.1 Die Sucherlupe

Bei den bisher beschriebenen Fokussiermethoden ist, solange mit dem Auge durch den Kamerasucher geblickt wird, die Benutzung einer Sucherlupe hilfreich. Für die extrem langbrennweitige Fotografie mittels Okularprojektion bei Aufnahme von Sonne, Mond oder Planeten reichen handelsübliche Sucherlupen mit einer $2-3\times$-Vergrößerung aus. Bei der Fokalfotografie, d.h. insbesondere der Deep-Sky-Fotografie, empfiehlt es sich, mit erheblich stärker vergrößernden Lupen ($5-15\times$) zu arbeiten. Da diese nicht im Handel erhältlich sind, ist das Bastlergeschick des Einzelnen gefragt. Ein kurzbrennweitiges Okular (5–7 mm) in Kombination mit einem käuflich zu erwerbenden Winkelsucher ergibt eine ausreichende Vergrößerung zuzüglich eines bequemen Einblickverhaltens [6.19]. Insbesondere Besitzer von Gabelmontierungen werden das schätzen. Jede Sucherlupe muß vor Einsatz am Nachthimmel der Sehschärfe des Auges angepaßt werden (Dioptrienausgleich). Dazu wird das Kameragehäuse ohne Objektiv auf eine Lichtquelle gerichtet und das Lupenokular auf optimale Sichtbarkeit der Mattierung bzw. Schärfe der Einstellhilfen eingestellt. Eine angebrachte Markierung macht dann auch am Teleskop diese Einstellung jederzeit wieder überprüfbar. Wie bereits oben beschrieben, ist auch mit der Sucherlupe die bestmögliche Fokussierung erreicht, wenn im Sucherbild die Sternscheibchen den kleinsten Durchmesser aufweisen bzw. schwache Sterne sichtbar werden. Das Fokussieren bleibt dabei allerdings vom subjektiven Eindruck des Beobachters abhängig.

6.2.2.2 Die Messerschneidenmethode

Die sicherlich genaueste Methode der Fokussierung erfolgt mit einer Messerschneide direkt in der Filmebene. Wer keinen Messerschneidenansatz sein eigen nennt, was wohl die Regel ist, wird diese Methode mit dem an das Fernrohr angesetzten Kameragehäuse praktizieren. Der Film ist dazu noch nicht eingelegt und die Kamerarückwand sowie der Verschluß sind geöffnet. Als Messerschneide dient ein einseitig angeschliffener, sich nicht durchbiegender und knapp 35 mm langer Metallstreifen. Mit dem Anschliff nach außen wird er auf den Gleitbahnen der Filmauflage (den inneren Schienen) *langsam* hin und her bewegt und dabei eine Fokuseinstellung gesucht, bei der der eingestellte Stern *schlagartig* hinter der Messerschneide verschwindet. Liegt die Messerschneide intrafokal, wird der Stern mehr und mehr durch einen Schatten von der gleichen Seite verdeckt, aus der auch die Messerschneide kommt. Sind die Bewegungsrichtungen von Schatten und Messerschneide entgegengesetzt, liegt die Messerschneide extrafokal.

Nur direkt in der Fokalebene kann nicht entschieden werden, ob der Schatten von links oder rechts kommt, denn bevor er wahrgenommen werden kann, ist das Sternbild auch schon komplett verschwunden (Abb. 6.8). Es empfiehlt sich, die Fokussierung nach der Messerschneidenmethode zunächst an hellen Sternen mit günstigem Einblickverhalten in das Kameragehäuse auszuprobieren. Da beim Durchsehen das Auge möglichst nahe hinter der Messerschneide plaziert werden muß, müssen unter Umständen sehr unangenehme Körperhaltungen eingenommen werden. In der Anlernphase ist dies ungünstig, will man sich doch ganz auf den Schatten und das Verschwinden des Sternbildchens bei *langsamem* Vorschub der Messerschneide konzentrieren. Schnell wird man auch erkennen, bis zu welcher Grenzgröße Sterne zur Fokussierung herangezogen werden können. Augenscheinlich wird dabei auch, daß häufig von einem schlagartigen Verschwinden des Sterns keine Rede sein kann. Dies ist immer bei schlechtem Seeing, vor allem bei großen Primärbrennweiten, der Fall. Dann gilt es, die Einstellung zu wählen, bei der der Stern am gleichmäßigsten über die gesamte Fläche verdunkelt wird. Erst nach erfolgter Fokussierung wird der Film ins Kameragehäuse eingelegt oder alternativ das zur Fokussierung genutzte Gehäuse gegen ein geladenes

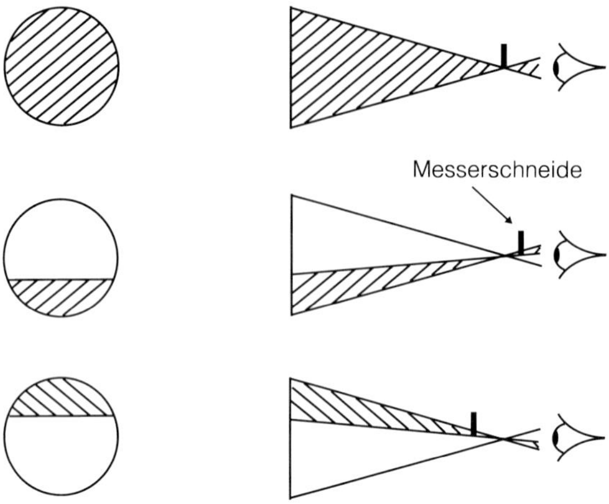

Abb. 6.8. Scharfstellen mit der Messerschneide. Messerschneide intrafokal (unten), extrafokal (Mitte) und exakt im Fokus (oben)

ausgetauscht. Kommen beide Gehäuse von ein und demselben Hersteller, besser noch: sind sie aus einer Modellreihe, so wird es keine Probleme mit differenten Abstandsmaßen bzw. unterschiedlichen Lagen der Filmebene geben. Anstelle eines Kameragehäuses kann auch ein spezieller Messerschneidenansatz hinter das Teleskop gesetzt werden. Dieser muß natürlich das gleiche Auflagemaß wie die Kamera besitzen, worunter man den Abstand vom Kamerabajonett bis zur Filmebene versteht. Günstig ist es, wenn eine Justiermöglichkeit zur Einstellung des Auflagemaßes besteht. Auch muß die Ebene der Messerschneide parallel zur Fokalebene des Teleskops liegen. Die möglichen Toleranzen findet man in Tabelle 6.3. Zur Fokussierung wird üblicherweise der Stern durch Verstellen des Fernrohrs in einer Achse zum Verschwinden gebracht, die Schneide selbst wird nicht verschoben. Klingen einseitig angeschliffener Teppichmesser eignen sich besonders gut zum Einbau in einen Messerschneidenansatz. Wird die Schneide jedoch über die Filmgleitbahnen eines Kameragehäuses bewegt, empfiehlt sich ein angeschliffener schmaler Spachtel oder auch eine Konstruktion aus angeschrägtem Plexiglas mit Alufolie beklebt [6.21].

Fokussiert werden sollte an einem Stern in der Nähe des Aufnahmeobjekts. Bei den Reflektoren entfällt damit stärkeres Schwenken des Hauptspiegels, wobei sich die einmal gefundene Fokuseinstellung wieder verstellen kann. Auch denke man bei katadioptrischen Systemen daran, wie in Abschn. 6.2.2 ausgeführt, immer nur an einem Stern zu fokussieren, der 1/3 des Gesichtsfelddurchmessers außerhalb des Zentrums steht.

6.2.2.3 Das Ronchigitter

Üblicherweise handelt es sich dabei um eine Glasplatte mit äquidistanten und gleich breiten hellen und dunklen Linien, 20–40 pro Zentimeter, auf einer der Oberflächen. Ein solches Gitter läßt sich auf fotografischem Wege selbst herstellen. Wird dieses Gitter in den Strahlengang eines Teleskops gesetzt, so daß es sich in der selben Entfernung wie später der Film befindet, läßt sich wie bei der Messerschneidenmethode eine sehr exakte und reproduzierbare Fokussierung durchführen. Dazu werden die Linien parallel zur Deklinationsbewegung des Fernrohrs orientiert. Bei nahem Herangehen des Auges an das Gitter erscheint ein nicht fokussiertes Sternscheibchen mit Gitterstäben überzogen. Je näher der Fokuspunkt rückt, desto mehr nimmt die Anzahl der Gitterstäbe ab, bis zuletzt nur noch einer das Sternscheibchen überdeckt. Langsames Bewegen des Teleskops in Rektaszension läßt nun diesen Gitterstab über das Sternscheibchen ziehen. Im exakten Fokuspunkt wird das Sternenbild gleichmäßig abgedunkelt, ohne daß noch festgestellt werden kann, ob der Gitterstab von der einen oder anderen Seite herangewandert ist. Die Methode ist der Messerschneidenfokussierung sehr ähnlich, zeigt aber die Annäherung an den Fokus besser. Mehrere Firmen bieten inzwischen Ronchigitter speziell für die Fokussierung und Teile für den anschließenden Austausch des Gitters gegen ein Kameragehäuse an. Diese Zubehörteile sind dem Shure Sharp der Firma Spectra Astro-Accessories nachempfunden worden.

6.2.3 Der Einfluß von Filtern auf die Fokallage

Werden in der Astrofotografie Filter benutzt, können diese vor das Objektiv oder aber in den Strahlengang zwischen Objektiv und Film gesetzt werden. Daraus resultiert häufig eine Fokusverschiebung. Im ersten Fall, insbesondere bei der Fotografie durch Kameraobjektive, erfolgt diese aufgrund der Wellenlängenabhängigkeit der Lichtbrechung im Objektiv (*chromatische Aberration*) und *nicht* durch das Filter. Ein Filter läßt nur Licht eines bestimmten Wellenlängenbereichs hindurch; das Objektiv sollte dann auf den Brennpunkt für diesen Spektralbereich gestellt werden, wobei ein Rotfilter stets eine Brennweitenverlängerung, ein Blaufilter eine Verkürzung zur Folge hat. Wie dies für Fotoobjektive geschehen kann, ist in Abschn. 6.2.2 beschrieben worden.

Wird das Filter in den Strahlengang zwischen Objektiv und Film gesetzt, verschiebt sich in Abhängigkeit von der Dicke und dem Brechungsindex des verwendeten Filtermaterials die Fokusebene. Sind die Brechungszahlen n und die Filterdicke d bekannt, läßt sich die Verschiebung des Fokus gemäß Gl. (6.2) berechnen (Abb. 6.9):

$$\triangle = d\left(1 - \sqrt{\frac{1-\sin^2\alpha}{n^2-\sin^2\alpha}}\right) \tag{6.2}$$

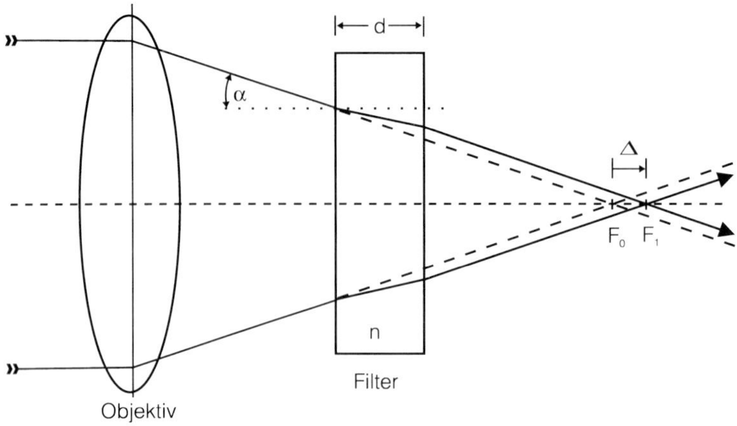

Abb. 6.9. Verschiebung der Fokallage von F_0 nach F_1 um den Betrag Δ nach Einsetzen eines planparallelen Filters der Dicke d und dem Brechungsindex n

Tabelle 6.5. Fokusverschiebung Δ in Abhängigkeit vom halben Öffnungswinkel α. Dicke des Filters $d = 3$ mm, Brechnungsindex $n = 1,5$. Die Werte sind unabhängig von der Objektivbrennweite

α:	0°	1°	2°	3°	5°	7°
Δ/mm:	1,00000	1,00017	1,00067	1,0015	1,0042	1,0083

Wie aus Gl. (6.2) ersichtlich, spielt auch der halbe Öffnungswinkel α der einfallenden Lichtstrahlen bei der Fokusverschiebung eine Rolle. Diese ist jedoch sehr gering und nur bei Systemen, lichtstärker als Blende 2,8, mit zu berücksichtigen. Tabelle 6.5 enthält die Fokusverschiebung für ein 3 mm dickes Filter mit einem Brechungsindex von $n = 1,5$. Der Wert $\alpha = 7^\circ$ ist dabei der größtmöglich auftretende halbe Öffnungswinkel bei einem Öffnungsverhältnis von $f/4$. Lichtschwächere Optiken weisen kleinere maximale halbe Öffnungswinkel auf.

Als Faustregel findet sich, daß die Fokusverschiebung für Blenden ab 2,8 aufwärts in sehr guter Näherung 1/3 der Filterdicke beträgt. Zusätzlich zur brechungsbedingten Fokusverschiebung treten natürlich auch beim Einsetzen des Filters in den Strahlengang nicht farbreiner optischer Systeme farbliche Verschiebungen auf, wie sie zu Anfang des Abschnitts diskutiert wurden.

In vielen Fällen wird die veränderte Fokallage bei den Kameraobjektiven nicht rechnerisch, sondern durch eine Testreihe bestimmt werden. Prinzipiell läßt sich dies auch auf jedes Teleskop übertragen, nur spielen hier mechanische und thermische Veränderungen eine so bedeutende Rolle, daß für jede Aufnahme ein neuer Schärfepunkt bestimmt werden muß. Befindet sich zusätzlich ein Filter im Strahlengang und liegt dessen Durchlässigkeit in einem spektralen Bereich, der stark von dem des Auges bei 510 nm während des Nachtsehens abweicht, so läßt sich direkt am Kamerasucher keine exakte Fokuseinstellung erzielen. Ist die Fokuseinstellung nicht bekannt und kann beispielsweise auch nicht durch Distanzringe kompensiert werden, dann helfen nur die Messerschneidenmethode oder das Ronchigitter weiter. Eine weitere Möglichkeit besteht darin, ein solches Filter kurzzeitig gegen ein UV-Filter genau gleicher Dicke und Brechungszahl auszutauschen. Dies ist allerdings nur bei farbreinen Teleskopen wie den Reflektoren und apochromatischen Refraktoren sinnvoll.

Bei chromatisch nicht genügend korrigierten Systemen mit wellenlängenabhängiger Brennweite lassen sich dadurch schärfere Abbildungen erzielen, daß Filter eingesetzt werden, die ausschließlich einen *engen* Spektralbereich passieren lassen. Dies gilt für den bereits mehrfach genannten Filter RG 645 von Schott und auch den Wratten 92 von Kodak, jeweils in sinnvoller Kombination mit dem Technical Pan Film. Wird allerdings ein Aufnahmesystem mit chromatischer Aberration und ein Filter mit mehreren Durchlaßbereichen kombiniert, können keine optimalen Abbildungen mehr erwartet werden. Viele der speziell zur Nebelbeobachtung und -fotografie angebotenen Filter wie der Deep-Sky-, der LPR- oder auch der OIII - Filter besitzen mehrere Durchlaßbereiche. Transmissionskurven verschiedener Filter in Verbindung mit unterschiedlichen Filmen werden in Abschn. 6.4 diskutiert.

Damit ein Filter die Qualität des von der Aufnahmeoptik erzeugten Fokusbildes nicht heruntersetzt, muß er einigen Anforderungen genügen. Insbesondere sind die Planparallelität und die Oberflächenrauhigkeit zu nennen. Die Firma Schott in Mainz garantiert für ihre optischen Farbgläser einen maximalen Keilfehler von $2'$. Für den Amateurbereich ist diese Planparallelität ausreichend, obwohl andere Firmen für ihre teuren Interferenzfilter sogar Keilfehler unter $30''$ angeben. Das von der Firma Schott für die Kantenfilter zu beziehende Glas ist rohpoliert, was aber nach DIN 3140 einer optischen Feinpolitur entspricht und auch für kurz vor dem Fokuspunkt in den Strahlengang gesetzte Filter eine ausreichende Glätte besitzt. Ganz allgemein sollte die Oberflächengenauigkeit eines Filters der einer fotografisch zu gebrauchenden Optik ebenbürtig sein.

6.2.4 Probleme und Fehlerquellen

Mangelnde Justierung bzw. verspannte Optiken eines Instruments haben einen negativen Einfluß auf das Fokusbild. Justieranleitungen für verschiedene Teleskoptypen finden sich in [6.22].

Zusätzlich haben aber auch mechanische Durchbiegungen und thermische Verformungen des Instrumentariums Einfluß auf die Bildschärfe und können diese während einer Belichtung verändern. Zur systematischen Fehlerbetrachtung einer unscharfen Astroaufnahme gehört es deshalb auch, diese Größen abschätzen zu können, wobei die Tabelle 6.3 Orientierung bietet. Der Längenausdehnungskoeffizient α (Tabelle 6.6) gibt eine Vorstellung davon, wie sich unterschiedliche Materialien thermisch verformen.

Nun zur Berechnung der Längenausdehnung eines Körpers. Wird ein Körper einer bestimmten Länge l_0 um Δt erwärmt bzw. abgekühlt, läßt sich seine neue

Tabelle 6.6. Längenausdehnungskoeffizient α unterschiedlicher Materialien

Material	$\alpha/^\circ C^{-1}$
Flintglas	0,000085
Kronglas	0,000075
Duran 50	0,000032
Zerodur	0,000001
Stahl	0,000120
Aluminium	0,000238
Invar	0,000009
Holz in Faserrichtung	0,000030 bis 0,000095

Länge l_t nach Gl. (6.3) berechnen:

$$l_t = l_0(1 \pm \alpha \Delta t) \tag{6.3}$$

Beispiel: Längenänderung eines 1200 mm langen Aluminiumtubus' bei einer Temperaturabnahme um 3 °C. $l_t = 1200\,\text{mm} \cdot (1 - 0{,}000238\,^\circ C^{-1} \cdot 3\,^\circ C)$. Das Ergebnis lautet: $l_t = 1199{,}14\,\text{mm}$. Der Tubus hat sich um beachtliche 0,86 mm verkürzt.

Komplizierter wird es, wenn die Frage nach der temperaturabhängigen Fokusveränderung der Optik selbst gestellt wird. Ausgegangen werden soll von einem 200-mm-Spiegel aus Duran mit einer Brennweite von 1200 mm (Blende 6) und einer Temperaturabnahme von 3 °C. Bei der maßstäblichen Schrumpfung des Spiegels ergibt sich eine Brennweitenverkürzung um 0,13 mm. Das heißt rückblickend auf das Beispiel mit dem Aluminiumtubus, daß für das Gesamtsystem eine Fokusverschiebung von ungefähr 0,7 mm bei einer Temperaturabnahme von 3 °C resultiert. Dieser Wert überschreitet deutlich die Schärfentiefe (Tabelle 6.3). Auch die Verwendung eines Spiegelträgers mit geringerer Temperaturempfindlichkeit würde in Verbindung mit einem Aluminiumtubus, wie in dem angeführten Beispiel, keine stabilere Fokuslage gewähren. Hier gilt es, das Hauptübel zu minimieren oder nur während temperaturstabiler Zeiträume zu fotografieren. Ansonsten werden bei stärkeren Temperaturschwankungen noch während einer Belichtung Korrekturen der Fokuslage nötig, indem beispielsweise bei der Off-Axis-Nachführung die Schärfe des Leitsterns immer wieder optimiert wird. Problematisch wird es allerdings, wenn für den Tubusbau feuchtigkeitsaktives Material wie Holz, Preßpappe oder Geax verwendet wurde. Hier gibt es zusätzlich in Abhängigkeit von der Luftfeuchtigkeit Längenveränderungen. Bemerkenswert erscheint noch, daß für bestimmte Kunststoffe eine Vorzeichenänderung vor dem Längenausdehnungskoeffizienten wirksam ist.

Leider bewegt sich mit der Zeit nicht nur die Fokalebene, sondern in nicht seltenen Fällen auch noch der Film in der Kamera. Entsprechend der Tiefe des Filmkanals, bei den gängingen Kleinbildkameras zwischen 0,18 und 0,20 mm, hat ein so dünner Film wie der Technical Pan mit einem Schichtträger von 0,10 mm genügend Platz, sich zu verwerfen. Aber auch dickeres Filmmaterial kann sich

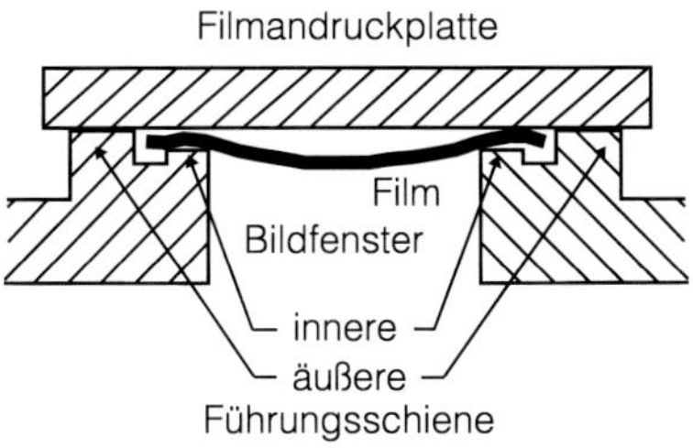

Abb. 6.10. Querschnitt durch einen typischen Filmkanal. Je größer das Aufnahmeformat, je dünner der Film und je feuchter die Luft, desto eher wölbt sich der Film vor

noch aus der Fokalebene herauswölben. Abbildung 6.10 zeigt den Querschnitt durch einen typischen Filmkanal. Folge dieser Filmbewegung ist eine partielle Unschärfe. Die Aufnahmen erscheinen in bestimmten Bereichen (meist nahe der Bildmitte) defokussiert, in anderen aber durchaus scharf. Hygroskopische Eigenschaften sind eine Ursache für die Bewegung, eine zweite ist der Abbau von Spannungen des Filmträgers während der Belichtung. Besitzt beispielsweise die Kamera eine tiefe Patronenkammer, so muß der Film - bevor er auf die Führungsschienen gelangt - direkt hinter dem Patronenmaul am Anfang des Filmkanals stark abknicken. Solche Verbiegungen glätten sich während der Belichtung, partielle Unschärfen sind die Folge, die bei Bewegungen senkrecht zur optischen Achse auch nicht mehr durch Abblenden kompensiert werden können. Abhilfe schafft hier das Unterlegen eines Röllchens mit passendem Durchmesser, so daß der Film geradlinig aus der Patrone in den Filmkanal läuft [4.8]. Eine andere Möglichkeit besteht darin, zwischen zwei Aufnahmen eine Leeraufnahme einzuschalten. Dies alles verhindert jedoch nicht Spannungen im Filmträger, die durch die enge Wicklung in der Patrone hervorgerufen werden. Um diese abzubauen, muß dem Film mehrere Stunden Zeit gegeben werden, sich auf der Filmbühne zu entspannen, was aber nur bei der ersten Aufnahme eines Abends berücksichtigt werden kann. Das Problem kann durch Ansaugen des Filmmaterials für die Dauer der Belichtung gelöst werden. Insbesondere bei größeren Formaten oder gekrümmten Fokalebenen läßt sich der Film so in eine exakte Lage zwingen [10.5]. Die Filmandruckplatte wird dazu gegen eine perforierte Platte ausgetauscht. Außerdem muß ein abgedichteter Anschluß hinter die Andruckplatte zur Ansaugpumpe gelegt werden (Anleitungen zum Bau einer Filmansaugvorrichtung in [4.10]).

6.3 Das Nachführen auf ein Objekt

Eine motorisch angetriebene, äquatorial aufgestellte Montierung, deren Nachführmotor in Rektaszension exakt mit siderischer Geschwindigkeit läuft, muß die scheinbare Bewegung der Fixsterne vollständig kompensieren. Ein einmal eingestellter Stern sollte, solange der Antrieb eingeschaltet ist, exakt auf der Fadenkreuzmitte bleiben. Diese Idealvorstellung eines Teleskopantriebs ist in der Praxis nicht zu realisieren. Eine Reihe von periodischen und spontan auftretenden Fehlern veranlaßt den Nachführmotor, einmal schneller und dann wieder langsamer zu laufen, so daß der Stern von der Fadenkreuzmitte abweicht. Dazu zählen der *Periodische Fehler* der Schnecke (Pendelfehler), der während einer Schneckenumdrehung zu einem Pendeln des Sterns um die Fadenkreuzmitte führt, unperiodische Schwankungen durch Fertigungstoleranzen des Antriebs, Spiel in den Achsen und im Getriebe, Verschmutzung des Getriebes, thermische Drift der Elektronik infolge Temperaturschwankungen in der Nacht und mangelhafte Polachsenjustierung, die zusätzlich zu einer Drift in Deklination führt.

Während einer Langzeitastroaufnahme ist man also mehr oder weniger häufig gezwungen, in den automatischen Lauf des Nachführmotors einzugreifen und das Teleskop mit Hilfe der Steuertasten für Rektaszension und Deklination dem Objekt ständig nachzuführen. Dies kann entweder manuell oder automatisch (Autoguider, Computer) erfolgen. Beides setzt voraus, daß durch entsprechende Korrekturen am Motorlauf ein Leitstern in der Mitte eines Fadenkreuzokulars gehalten wird. Übrigens: Das Nachführen ist kein Thema bei Belichtungszeiten bis hin zu einigen Sekunden, wie sie manchmal in der Mond-, doch hauptsächlich in der Planetenfotografie üblich sind. In dieser kurzen Aufnahmezeitspanne muß man darauf vertrauen können, daß der Antrieb präzise genug läuft, denn man hat während der kurzen Belichtungszeit keine Chance einzugreifen.

Wird für eine Deep-Sky-Aufnahme eine Kamera auf ein Teleskop gesetzt (engl. piggy-back), befindet sich das Fadenkreuzokular (im folgenden allgemeiner Nachführokular genannt) im Okularstutzen bzw. Zenitprisma des Teleskops. Soll hingegen durch das Teleskop eine Langzeitbelichtung durchgeführt werden (Fokalfotografie), steht dieses ohne weiteres nicht zur Nachführung zur Verfügung, da das Kameragehäuse angesetzt ist. Entweder wird ein Leitfernrohr parallel auf dem Hauptfernrohr befestigt (s. Abschn. 6.3.2.1), oder zwischen Teleskopstutzen und Kameragehäuse wird ein Off-Axis-System gesetzt (s. Abschn. 6.3.2.2).

Welche der angesprochenen und im folgenden vorzustellenden Nachführmethoden man wählen sollte, hängt von vielen Parametern ab. Entscheidend ist das optische System und die Brennweite, mit der man fotografiert.

6.3.1 Die Nachführgenauigkeit

Die Nachführung auf ein Objekt (Stern, Komet oder Planetoid) ist neben der Fokussierung (s. Abschn. 6.2) das zentrale Thema, mit dem insbesondere der Anfänger Probleme hat. Man muß sich bei jedem nachzuführenden Objektiv oder Teleskop darüber im klaren sein, wie genau man den Leitstern in der Fadenkreuzmitte halten muß, bzw. welche Toleranzen sich nicht auf die Aufnahme auswirken. Ziel der Nachführung ist es, einen Stern punktförmig (und nicht länglich) oder einen Kometen „unverschmiert" auf dem Film abzubilden. Die für eine Astroaufnahme erforderliche Nachführgenauigkeit hängt primär von der Aufnahmebrennweite, dem Filmauflösungsvermögen und der Abbildungsgüte der

Aufnahmeoptik ab. Unter Umständen muß man mit geeigneten Filtern beispielsweise die chromatischen Restfehler einer Linsenoptik unterdrücken. Wie sich diese Faktoren auswirken, wird in Abschn. 6.3.3 diskutiert. Allgemein gilt: Je länger die Aufnahmebrennweite, je höher das Öffnungsverhältnis, je besser die Abbildungsgüte der Aufnahmeoptik und je feiner das Filmkorn, desto kleiner ist die zulässige Nachführtoleranz. Wegen der vielen Parameter können an dieser Stelle keine definitiven Werte dafür genannt werden. Entscheidend für das Gelingen der Aufnahme ist die Kombination aller Faktoren. Nun ist es völlig unnötig, ein Objektiv, das nur $30''$ auflöst, mit einer Genauigkeit von $1''$ nachzuführen. Doch welche Auflösung die gewählte Kombination in der Praxis wirklich erreicht, erfährt man erst, wenn man eine Aufnahme so präzise wie möglich und eine zweite Aufnahme mit einer kalkulierten Nachführtoleranz durchgeführt hat. Ein kritischer Blick mit einer starken Lupe oder einem Mikroskop gibt Aufschluß darüber, welche Nachführtoleranz bei einer gegebenen Kombination eingehalten werden muß.

Überraschenderweise wird man zunächst einmal die Feststellung machen, daß die Nachführtoleranz kurzzeitig um das Mehrfache überschritten werden kann (z.B. nach Anstoßen oder einer Windbö) und die Aufnahme dennoch nicht strichförmig ist. Voraussetzung dafür ist, daß die für das Foto nötige Ausbelichtungszeit sehr viel größer ist als der Zeitraum, den sich der Stern außerhalb der kalkulierten Nachführtoleranz befindet. Der Leitstern muß also so schnell wie möglich in die Fadenkreuzmitte zurückgeholt werden. Deshalb soll an dieser Stelle endlich mit einem Vorurteil aufgeräumt werden, das Generationen von Astrofotografen in der Literatur immer wieder lesen und in eigenen Artikeln unreflektiert weitergeben. Es stimmt nämlich *nicht immer*, daß man eine kürzere Aufnahmebrennweite gegenüber einer längeren bevorzugen sollte, da sie leichter, d.h. genauer nachzuführen sei. Es kommt primär nicht auf die Aufnahmebrennweite, sondern darauf an, daß der Stern entweder ständig exakt in der Bildmitte gehalten werden kann, oder, wenn das aufgrund von o.g. Einflüssen nicht immer möglich ist, sein Aufenthalt außerhalb des zulässigen Nachführtoleranzkreises kurz ist im Verhältnis zur nötigen Ausbelichtungszeit. Sind z.B. 90 min zur Ausbelichtung nötig, kann man sich kurzzeitige Abweichungen im Bereich einiger Sekunden von der Fadenkreuzmitte durchaus erlauben. Hat man unglücklicherweise den Leitstern durch Drücken der Deklinationstaste aus der Fadenkreuzmitte herausgebracht, muß in diesem Beispiel die Aufnahme nicht unbedingt abgebrochen werden. Es bleiben einige Sekunden Zeit, durch Drücken der Gegentaste das Getriebespiel auszugleichen und den Stern in die Mitte zurückzubringen, ohne daß sich die Abweichung auf die Aufnahme auswirkt. Bewirkt ein etwas unruhiger Teleskopantrieb gelegentliches Herauslaufen des Sterns oder greifen ab und an Windböen an, macht sich das kurzfristige „Zittern" des Sterns um den Fadenkreuzmittelpunkt allerhöchstens in Form eines etwas größeren Streukreisscheibchens auf dem Film bemerkbar. Nur im Gesichtsfeld befindliche helle Sterne könnten die Abweichungen sichtbar machen.

Beispiel: Es steht zur Entscheidung an, ob ein 200-mm-Schmidt-Cassegrain-System für die Aufnahme einer Galaxie entweder bei $f/10$ mit 2000 mm oder bei $f/6{,}4$ bei 1280 mm Brennweite eingesetzt werden soll. Zunächst macht man sich Gedanken darüber, wie lange man seine Aufnahme längstens belichteten möchte oder kann. Will man eine Aufnahme bei $f/10$ unter mäßig dunklem Himmel nicht ausbelichten, weil die Ausbelichtungszeit 2 Stunden oder mehr beträgt, sollte man auf jeden Fall eine Shapleylinse einsetzen und mit $f/6{,}4$ fotografieren. Man kommt dann mit einem Drittel der kalkulierten Belichtungszeit aus. Eine nicht ausbelichtete Aufnahme bei $f/10$ wird wesentlich weniger von der Galaxie zeigen als eine ausbelichtete Aufnahme bei $f/6{,}4$. Demgegenüber steht aber: Je länger die Brennweite, desto größer die Auflösung auf dem Film und desto strukturreicher wird die Galaxie abgebildet (vorausgesetzt, das Seeing ist gut). Angenommen, es wehen ab und an leichte Windböen oder der Antrieb läuft ab und zu unregelmäßig, so daß der Leitstern gelegentlich kurzfristig mehr als $5'' - 10''$ aus der Fadenkreuzmitte abweicht: Hat man sich für die lichtschwächere Blende 10 zugunsten einer längeren Aufnahmebrennweite und einer langen Belichtungszeit von vielleicht 2 Stunden entschieden, wird die Aufnahme den Einfluß der äußeren Fehler gar nicht oder aber deutlich geringer erkennnen lassen, als wenn bei Blende 6,3 40 min lang belichtet worden wäre. Bei der kürzeren Ausbelichtungszeit machen sich kurzzeitige Abweichungen des Leitsterns eben stärker bemerkbar.

Die Nachführvergrößerung. Hat man die Nachführtoleranz für seine Aufnahmenkombination abgeschätzt, stellt sich nun die Frage nach der Vergrößerung, mit der man nachführen muß. Sogar in neuerer Literatur findet man noch häufig unsinnige Angaben für die Wahl der Leitrohrbrennweite, sofern die Nachführung damit erfolgen soll. Es heißt beispielsweise, daß ein Leitrohr mindestens die gleiche Brennweite wie das Teleskop haben sollte, durch das man fotografiert. Es stimmt aber nicht, daß allein die Brennweite des Leitrohrs für eine genaue Nachführung entscheidend ist. Richtig ist, daß mit längerer Brennweite des Leitrohrs, d.h. in der Regel lichtschwächeren Refraktoren die Sternabbildung besser ist, und daß die erforderliche Nachführvergrößerung einfacher zu erzielen ist, als mit einer kürzeren. Das *entscheidende* Kriterium jedoch ist, daß die erforderliche Vergrößerung zur Nachführung bei guter Abbildungsgüte mit dem Leitrohr erzielt werden kann; danach erst fragt man nach der nötigen Brennweite. Die Nachführvergrößerung muß so hoch sein, daß Leitsternabweichungen in Höhe der zulässigen Nachführtoleranz schnell und sicher erkannt und korrigiert werden können. Entscheidend für die Wahl der Nachführvergrößerung ist zum einen die *Nachführtoleranz* $\triangle\alpha$ und das Auflösungsvermögen des Auges, das etwa $120''$ beträgt. Um den Betrag der Nachführtoleranz $\triangle\alpha$ mit dem Auge sehen zu können, muß dieser Wert auf $120''$ hochvergrößert werden. Die Praxis zeigt, daß eine Steigerung um ca. das Vierfache die Nachführung vereinfacht. Damit erhöht sich zwar nicht das Auflösungsvermögen bei der Nachführung, Abweichungen sind im Nachführokular aber schneller erkennbar. Die erforderliche *Nachführ-*

vergrößerung V_{n} berechnet sich nach Gl. (6.4) zu

$$V_{\mathrm{n}} \approx 4\,\frac{120''}{\Delta\alpha} = \frac{480''}{\Delta\alpha}. \tag{6.4}$$

Nun stellt sich die Frage nach der notwendigen bzw. hinreichenden Leitrohrbrennweite, um die gewünschte Nachführvergrößerung bequem ermöglichen zu können. Anhand eines Beispiels soll die Entscheidungsfindung verdeutlicht werden.

Beispiel: Ein 200-mm-Newton mit 1000 mm Brennweite soll mit einem passenden Leitrohr versehen werden. Sofern kein Eigenbau verwendet wird, kommen die handelsüblichen Leitrohre 60 mm/910 mm, 80 mm/910 mm, 80 mm/1200 mm und 90 mm/1000 mm in Frage. Von den genannten ist der 90-mm-Refraktor mit 1000 mm Brennweite aufgrund seiner im Vergleich höheren visuellen Grenzgröße am geeignetsten; man erreicht damit zum Nachführen im Vergleich mit den 80-mm-Refraktoren schwächere Leitsterne. Da der Newton auf Technical Pan Film bei 1000 mm Brennweite schwächste Sterne mit einem Streukreisscheibchendurchmesser von rund $5''$ abbildet, muß eine Abweichung von ca. $\pm 2''$ sicher erkannt und korrigiert werden können. Die Nachführvergrößerung beträgt dann etwa $V_{\mathrm{n}} = 480''/2'' = 240\times$. Das Nachführokular müßte also eine Brennweite von $1000\,\mathrm{mm}/240 = 4\,\mathrm{mm}$ haben. Am sinnvollsten setzt man nun das Vixen GA-4-System mit integrierter $3\times$-Barlowlinse ein und führt dann mit einem Okular von $f \leq 12\,\mathrm{mm}$ Brennweite nach. Nimmt man anstatt des GA-4 eine $3\times$-Barlowlinse, setzt man zum Nachführen ein 12,5-mm-Fadenkreuzokular ein. Man erhält in beiden Fällen eine Nachführvergrößerung von ca. $250\times$, die zum sicheren Nachführen ausreicht. Verträgt die Montierung das Gewicht des Refraktors nicht, oder ist nur ein kleinerer Refraktor vorhanden, muß dessen Tauglichkeit zur Nachführung des 200-mm-Newton geprüft werden. Der Refraktor 80 mm/910 mm stellt die beste Lösung dar, da er deutlich leichter und preiswerter als der 90 mm/1000 mm-Refraktor ist. Aufgrund seiner kürzeren Baulänge bietet er dem Wind auch eine geringere Angriffsfläche. Mit einer $3\times$-Barlowlinse und einem 12,5-mm-Fadenkreuzokular erreicht man $V_{\mathrm{n}} = 218\times$. Dies ist zur Nachführung zwar eben noch ausreichend, ein GA-4 mit 10-mm-Okular würde aber $V_{\mathrm{n}} = 273\times$ ergeben. Damit ist man eher auf der sicheren Seite. Sogar der Refraktor 60 mm/910 mm könnte als Leitrohr eingesetzt werden, jedoch macht sich bei ihm die kleine Öffnung von 60 mm bemerkbar: Deutlich weniger Nachführsterne stehen zur Verfügung. Er ist besonders dann zu empfehlen, wenn ein kleineres Newtonteleskop (100 bis 150 mm Durchmesser) auf einer leichten Montierung nachgeführt werden soll. Diese Montierung wäre mit einem größeren Refraktor als Leitrohr womöglich überlastet.

Betrachten wir in unseren Überlegungen einmal einen Extremfall: Würde auch schon ein extrem kurzbrennweitiger Refraktor 80 mm/400 mm (z.B. das Vixen Multi 80S) zur Nachführung des 200-mm-Newtons ausreichen? Theoretisch ja! Um aber auf die gewünschte Nachführvergrößerung von ca. $240\times$ zu kommen, müßte ein Nachführokular mit der Brennweite von 1,7 mm zur Verfügung stehen.

Setzt man das GA-4 mit seiner 3×- Barlowlinse ein, reicht ein 5-mm-Okular zur Nachführung. Also sollte die Nachführung möglich sein. Aufgrund der für einen Fraunhoferrefraktor ungewöhnlich hohen Blende von 5 spielt die Abbildungsgüte des Multi 80S bei höchsten Vergrößerungen eine Rolle. In dieser Kombination mit GA-4 und 5-mm-Okular wird besonders das sekundäre Spektrum unangenehm sein, so daß die Nachführung mit einem 80 mm/910 mm-Refraktor eben doch als deutlich angenehmer und sicherer empfunden werden würde.

Fazit: Die erforderliche Nachführvergrößerung ist das Kriterium bei der Nachführung. Das entsprechende Leitrohr muß diese Vergrößerung ohne Einbußen an optischer Qualität gewährleisten können. Eine spezifische Anforderung an die Brennweite besteht nicht. Wird an einem Refraktor oder Reflektor mit einem Off-Axis-System nachgeführt, stellt sich die Frage der Nachführbrennweite sowieso nicht, denn die ist durch die Brennweite des Aufnahmeinstruments vorgegeben. Ab etwa 1000 mm Aufnahmebrennweite sollte grundsätzlich mit einem Off-Axis-System nachgeführt werden.

6.3.2 Nachführtechniken

6.3.2.1 Die Nachführung mit einem Leitfernrohr

In der Regel ist man bei der Wahl des geeigneten Leitrohrs nicht völlig frei in bezug auf Durchmesser und Brennweite. Die zusätzliche Belastung der Montierung sowie die Länge des Leitrohrs müssen sorgfältig beachtet werden. Ein zu langes Leitrohr bedeutet ein hohes Drehmoment, das gerade bei Windböen zu starken Schwingungen führen kann. Fotografiert man mit Teleskopen oder Astrokameras zwischen 500 und etwa 1500 mm Brennweite, die ihrerseits eine Auflösung bei der Nachführung von mindestens $\pm 2'' - 3''$ erfordern, wird man zum 80- oder 90-mm-Leitrohr mit Brennweiten von 910 bzw. 1000 mm greifen. Je größer der Objektivdurchmesser, auf desto schwächere Sterne kann nachgeführt werden.

Ein Leitrohr wird in der Regel mit Hilfe von *Leitrohrschellen* parallel zum Hauptinstrument befestigt. Nach Einstellen des Objekts im Sucher der Kamera wird durch Verstellen der Schrauben an den Leitrohrschellen ein möglichst nahe des Aufnahmefeldes gelegener, ausreichend heller Stern in die Fadenkreuzmitte gestellt. Zur Erhöhung der Stabilität der Verbindung von Hauptinstrument und Leitrohr kann alternativ zu Leitrohrschellen das Leitrohr *starr* mit Hilfe normaler Rohrschellen befestigt werden. Die tangentiale Verstellung erfolgt dann nicht mehr durch Verstellen des ganzen Rohrs, sondern mit Hilfe einer *Tangentialeinrichtung* in dessen Brennebene. Der Vorteil dieser Anordnung besteht darin, daß das Leitrohr so am stabilsten befestigt ist.

Die Aufnahmetechnik mit Leitrohr. Die ganze Prozedur wird im folgenden stichwortartig dargestellt. Der Begriff „Nachführokular“ steht stellvertretend für ein Fadenkreuz, Doppelfadenkreuz, GA-Nachführsystem, Micro-Guide oder ähnliches.

1. Kamera an einem nicht zu schwachen oder zu hellen Stern in der Nähe des Aufnahmefeldes scharfstellen.

2. Langsam zum Aufnahmefeld schwenken und Objekt einstellen.
3. Leitrohr bzw. Nachführokular (mit Tangentialverstellung) verstellen, bis ein geeigneter heller Leitstern sichtbar ist.
4. Fadenkreuz parallel zu Rektaszension und Deklination ausrichten.
5. Leitstern in die Fadenkreuzmitte stellen.
6. Probeweise in Rektaszension und Deklination nachführen.
7. Belichtung auslösen und nachführen.

6.3.2.2 Die Off-Axis-Nachführung

Das Prinzip besteht darin, daß vor der Brennebene des Aufnahmeinstruments, möglichst außerhalb des Aufnahmefelds fernab der optischen Achse, ein Teil des ankommenden Lichts über ein 90°-Prisma oder einen Spiegel in ein Fadenkreuzokular ausgelenkt wird (Abb. 6.11).

Damit erübrigt sich ein zusätzliches Leitfernrohr. Steht gerade kein geeigneter Nachführstern im Feld, läßt sich bei den meisten Off-Axis-Systemen durch Rotation des Prismas oder der ganzen Einheit um die optische Achse des Teleskops ein ringförmiger Bereich um das Aufnahmeobjekt nach einem geeigneten Nachführstern absuchen. Das Prisma ist außerhalb der optischen Achse angebracht, deshalb auch die im Deutschen gebräuchliche englische Ausdrucksweise *Off-Axis*.

Ein Vorteil der Off-Axis-Nachführung besteht darin, daß sich ein Verkippen des Hauptspiegels und differentielle Biegungen im Gesamtsystem (z.B. Okularauszug) natürlich auch im Nachführokular bemerkbar machen und entsprechend korrigiert werden können. Bei den meisten angebotenen Off-Axis-Systemen schattet das Umlenkprisma oder der Spiegel etwas von dem Aufnahmefeld ab. Gemildert wird dies, wenn die Kamera so positioniert wird, daß Prisma oder Spiegel nicht gerade in Richtung der Bilddiagonalen zu liegen kommen. Am besten ist die Stellung oberhalb der Querkanten des Aufnahmefelds.

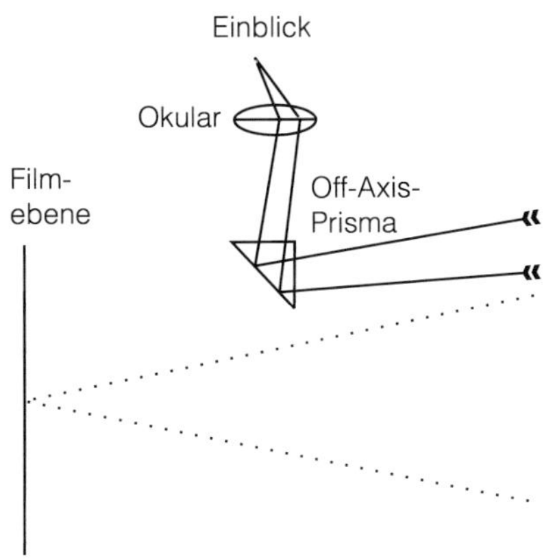

Abb. 6.11. Prinzipieller Strahlengang im Off-Axis-System

Ein weiterer Pluspunkt ist, daß eine thermische Fokusdrift erkannt und durch Nachfokussieren *während* der Aufnahme kompensiert werden kann.

Die Aufnahmetechnik mit einem Off-Axis-System an einem Schmidt-Cassegrain

1. Objekt im Kameragesichtsfeld einstellen.
2. Einstellokular (niedrigvergrößernd) in die Off-Axis-Hülse einsetzen.
3. Durch Ausnutzen der Verstellmöglichkeiten des Off-Axis-Systems den hellsten erreichbaren Leitstern in die Bildmitte stellen.
4. Nachführokular (z.B. Fadenkreuz) gegen Einstellokular austauschen.
5. Leitstern in die Fadenkreuzmitte stellen.
6. Verstellschrauben des Off-Axis-Systems anziehen.
7. Ggf. Kameragehäuse wieder parallel zu Rekt./Dekl. ausrichten.
8. Einstellokular einsetzen.
9. Teleskop zu einem nahegelegenen hellen Stern schwenken, auf den sicher scharfgestellt werden kann.
10. Fokussieren der Kamera mit Sucherlupe, Messerschneidenansatz, etc. Grundsätzlich vor jeder Aufnahme neu scharfstellen. So ist das Risiko unscharfer Aufnahmen am geringsten und eine thermische Drift des Fokus wird minimiert.
11. Langsamer Schwenk zurück zum Aufnahmefeld. Sobald das Zielobjekt nahezu in der Bildmitte der Kamera ist, wird der Leitstern im Einstellokular sichtbar sein.
12. Nachführokular einsetzen und Leitstern mittels der Steuertasten für Rektaszension und Deklination zentrieren.
13. Fadenkreuz parallel zu Rektaszension und Deklination ausrichten.
14. Zur Probe nachführen in allen vier Richtungen.
15. Belichtung beginnen.

Ein Nachwort zur Fokussierung: Bei Aufnahmebrennweiten ab 1000 mm ist eine sichere Scharfeinstellung mit einer Sucherlupe (bequemer: Winkelsucher) möglich. Das Kameragehäuse sollte (zumindest im Zentrum) über eine feinkörnige Mattscheibe verfügen oder damit nachrüstbar sein. Einstellscheiben mit Mikroprismenfeldern, Schnittbildentfernungsmessern und auch Klarscheiben mit Fadenkreuz scheiden aus. Die Sucherlupe sollte bei 1000 mm Aufnahmebrennweite mindestens 5×, bei 4000 mm mindestens 1,2× vergrößern.

Ein kleiner Trick macht das Fokussieren bei einem Off-Axis-System noch sicherer: Eine helle Mattscheibe ist in der Regel so feinkörnig, daß sie bei der Scharfeinstellung kaum sichtbar ist, was sich wiederum negativ auf die Scharfeinstellung auswirken kann. Das Auge muß sich aber auf der Mattscheibe „festsaugen" können. Abhilfe: Man beleuchtet das Aufnahmefeld ganz schwach während der Fokussierung. Das kann man z.B. durch eine Feldbeleuchtung mit einem vor dem Objektiv des Aufnahmeinstruments befindlichem Lämpchen realisieren. Viel einfacher ist es, das Einstellokular aus der Off-Axis-Hülse zu nehmen und an seiner Stelle eine kleine Stabtaschenlampe einzusetzen. Das Licht dieser Lampe wird vom Off-Axis-Prisma zum Objektiv bzw. Fangspiegel geworfen und von dort in die Bildebene reflektiert. Verkippen der Lampe bzw. eine

Helligkeitsregelung sorgen dafür, daß einerseits die Körnung der Mattscheibe gut sichtbar ist und andererseits der Leitstern noch klar erkennbar bleibt.

6.3.2.3 Die On-Axis-Nachführung

Die *On-Axis*-Nachführung kann auf zwei Arten erfolgen. Es gibt zum einen ein Off-Axis-System, dessen kleines Prisma vom Rand des Off-Axis-Systems bis in die Bildmitte verschoben werden kann. Dem Vorteil der nun auch auf das Objekt ermöglichten Nachführung steht der erhebliche Nachteil einer starken Abschattung bis in die Bildmitte gegenüber! Die zweite Variante eröffnet allerdings ganze andere Möglichkeiten: Ein teildurchlässiger Spiegel im Strahlengang des Aufnahmeinstruments (Strahlteiler oder Glasplättchen) ermöglicht, daß das Kamerагesichtsfeld nun auch im Einstellokular sichtbar ist. Der Nachteil ist, daß die Aufnahme länger belichtet werden muß und daß weniger helle Sterne zur Nachführung zur Verfügung stehen. Für die Langzeitastrofotografie scheidet das System in der Praxis also aus. Es gibt jedoch Spezialfälle, in denen der Einsatz sinnvoll scheint. Bei engen Doppelsternen und zur Fotografie von Planetenmonden nahe am Planeten werden in der Regel längere Aufnahmebrennweiten benötigt, die bei kurzbrennweitigen Systemen nur in Okularprojektion oder mit einem Konverter erzielt werden können. Da aus Mangel an Leitsternen bei der Okularprojektion in der Regel keine Off-Axis-Nachführung möglich ist, behilft man sich mit einem Strahlteiler und führt auf den Doppelstern oder Planeten selbst nach. Dieses Strahlteilersystem kann außerdem gut als Seeingmonitor bei der Mond-, Sonnen- und Planetenfotografie eingesetzt werden.

6.3.2.4 Leitfernrohr kontra Off-Axis-System

Leitfernrohr – Vorteile

- Punktförmige Sternabbildung (zumindest auf der optischen Achse)
- Größere Auswahl an geeigneten Leitsternen (ab etwa 80 mm Öffnung des Leitrohrs), ggf. mit Tangentialverstellung in der Brennebene
- Dort sinnvoll, wo wegen der Länge des Okularauszugs kein Off-Axis-System einsetzbar ist
- Nachführung von Kameras mit Fotoobjektiven
- Direkte Nachführung auf bewegte Objekte wie Kometen und Planetoiden
- Minimierter Einfluß differentieller Refraktion und Bildfeldrotation, wenn ein Leitstern in der Mitte des Aufnahmefeldes gewählt wird
- Problemloses Ansetzen und Nachführen mit Autoguidern

Leitfernrohr – Nachteile

- Zusätzliche Belastung der Montierung
- Zusätzliche Windangriffsfläche
- Leitrohrabwanderung während der Aufnahme aufgrund von instabiler Befestigung oder differentieller Durchbiegung von Leitrohr oder Aufnahmeinstrument. Macht sich bei langbrennweitigen Aufnahmen ab ca. 1/2 Stunde Belichtungszeit bemerkbar

- Wenn das Leitrohr nicht parallel zum Aufnahmeinstrument ist, macht sich Bildfelddrehung stärker bemerkbar
- Daher keine vollständige Kontrolle über die Aufnahme

Off-Axis-System – Vorteile

- Hohe mechanische Stabilität und geringes Zusatzgewicht
- Kompensation von Durchbiegung des Aufnahmeinstruments und Hauptspiegelbewegung (Shifting), daher seeingbegrenzte Aufnahmen möglich
- Kompensation von thermischer Defokussierung während der Aufnahme
- Jederzeit Kontrolle über das Fokalbild (sich verschlechterndes Seeing etc.)

Off-Axis-System – Nachteile

- Diffuse Sternabbildung, da Off-Axis-Prisma weit außerhalb der optischen Achse und Reduzierung der Lichtausbeute auf weniger als 50% durch Abschattung
- Größerer Okularauszug (freier Durchmesser mindestens 50 mm) mit ca. 7,5 cm Fokussierfreiraum für Kamera und Off-Axis-System nötig. Ein Problem vor allem bei vielen kommerziellen Newtonteleskopen!
- Schwierige manuelle Nachführung auf schwache und diffuse Leitsterne. Unter Umständen unsichere Nachführung mit Autoguidern, wenn die Nachführbrennweite 2000 mm oder mehr beträgt
- Keine direkte Nachführung auf das eingestellte Objekt möglich (z.B. auf sich bewegende Objekte wie Kometen und Planetoiden)
- Stärkerer Einfluß differentieller Refraktion bei Aufnahmen in geringer Höhe über dem Horizont, da der Leitstern grundsätzlich nicht in der Mitte des Aufnahmefeldes steht
- Stärkere Bildfelddrehung bei schlechter Polachsenjustierung, da der Leitstern immer abseits des Aufnahmezentrums liegt
- Unbequemer Einblick bei Newtonteleskopen

6.3.2.5 Nachführokulare und -Ansätze

Die enorme Vielfalt an erhältlichen *Nachführokularen* macht es gerade dem Anfänger schwer, das für seine Nachführeinheit Richtige auszuwählen. Das einfachste, weil auch selbst leicht anzufertigende Nachführokular, ist ein simples Fadenkreuzokular ohne Beleuchtung. Steht ein Okular der orthoskopischen oder Plössl-Bauart zur Verfügung, kann ein dünner Trafodraht (ein menschliches Haar ist zu dick!) über Kreuz auf die Gesichtsfeldblende geklebt werden. Diese Billiglösung ist aber nur zur Nachführung auf hellste Sterne sinnvoll, die dann unscharf eingestellt werden, so daß der dunkle Faden das helle Sternscheibchen durchschneidet. Die gebräuchlichste Ausführung ist ein beleuchtbares orthoskopisches 12,5-mm-Fadenkreuzokular (in dieser Form auch als Doppelfadenkreuz erhältlich), in dessen Brennebene sich ein geritztes Glasplättchen (Strichplättchen) befindet. Das rote, regelbare Licht der seitlich angeordneten LED-Beleuchtung tritt an der Glaskante des Strichplättchens ein, wird nur im geritzten Strichkreuz gestreut und damit sichtbar. Auf diese Weise ist die Nachführung auf sehr schwache Sterne möglich. Abbildung 6.12 zeigt die

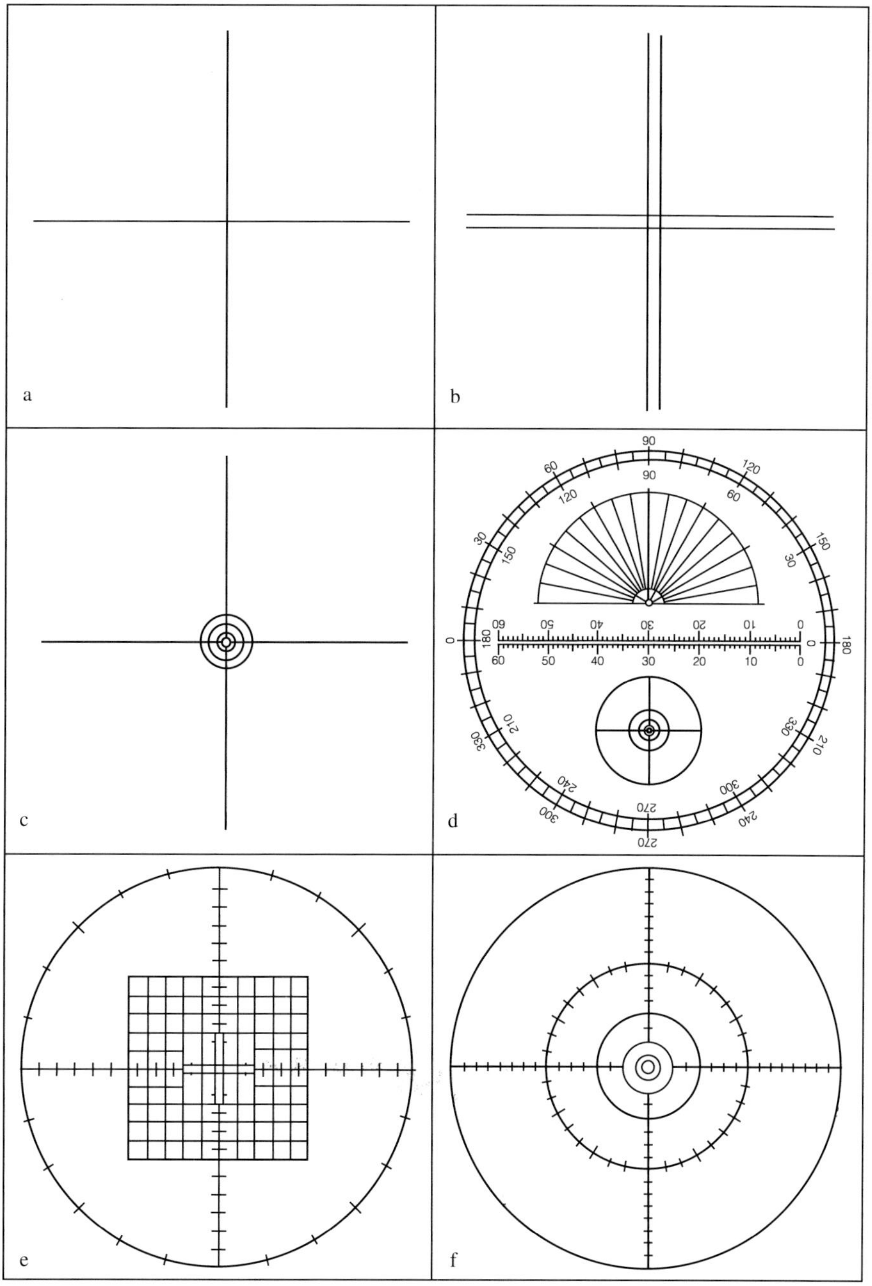

Abb. 6.12. Strichplättchen gängiger **a** Einfachfadenkreuz. **b** Doppelfadenkreuz. **c** Ringsystem (9-mm-Okular von TeleVue). **d** Micro Guide (12,5-mm-Okular von Baader-Planetarium GmbH und Celestron). **e** verschiebbares Strichplättchen (6-mm-Okular von Celestron). **f** verschieb- und drehbares Strichplättchen des GA-4-Systems von Vixen

Strichplättchen verschiedener Varianten von beleuchtbaren Nachführokularen in der Übersicht.

Bei den nicht beweglichen Strichplatten sind dies: Strichplatten mit Einfach- und Doppelfadenkreuz (12,5mm ortho Ø 1 1/4″ von Celestron, Meade u.a.), Fadenkreuz mit Ringsystem (9 mm ortho Ø 24,5mm von TeleVue), Micro Guide mit diversen Skalierungen (12,5mm ortho von Baader Planetarium), lineare Strichskala von Meade. Und bei den beweglichen Strichplatten handelt es sich um: Fadenkreuz mit verstellbarem Ringsystem (University Optics), verstellbares Rastergitter (z.B. 6 mm ortho Ø 1 1/4″ von Celestron), Nachführansatz GA-4 mit verstellbarem und drehbarem Fadenkreuz und Ringsystem mit linearer bzw. Winkelskalierung (Projektionssystem, daher alle Ø 1 1/4″-Okulare einsetzbar).

6.3.2.6 Autoguider

Mehr und mehr werden inzwischen CCDs zur Nachführung genutzt. Die zur Zeit erhältlichen Systeme, die neben fotografischen Funktionen auch nachführen, sind die Modelle ST-4 [2.72, 4.36], LYNXX [6.12] und die LcCCD-Versionen von OES Fleischmann [6.24].

Der ST-4-*Autoguider* basiert auf einem CCD-Chip mit 192 × 165 Pixeln auf einer Fläche von 2,64 mm^2. Pixelgröße: 13,75 μm × 16 μm. Die von einem Relais angesprochenen vier Steuerleitungen des ST-4 werden parallel zu den Korrekturtasten Rektaszension und Deklination angeschlossen. Die Anzeigeeinheit informiert sowohl über die Intensität als auch über die Position eines eingestellten Sterns auf dem CCD-Sensor. Nach dem Fokussieren, das mit Hilfe der angezeigten Intensität erfolgen kann, wird der Leitstern unter Beobachtung der angezeigten x-,y-Koordinaten in die Nähe der Mitte des CCD-Sensors gestellt. Nach Voreinstellung der Verstärkung, totem Gang im Deklinationsgetriebe und Seeingparameter wird die Integrationszeit eingestellt. Ob diese lang oder kurz gewählt wird, hängt von der Helligkeit des Leitsterns, der Laufruhe des Antriebs oder unperiodisch vorkommenden, raschen Störungen ab (z.B. Windböen). Man kommt nicht darum herum, die für den Antrieb optimalen Parameter experimentell zu ermitteln und zu notieren. Aber auch die Nachteile sollen nicht verschwiegen werden. Das größte Problem bereitet das Spiel im Deklinationsantrieb, wie es in jedem Schnecken- und Motorgetriebe vorhanden ist. Kurzfristig auftretende, größere Auslenkungen in Deklination können dann nicht schnell genug kompensiert werden. Außerdem kann die Stromversorgung Schwierigkeiten bereiten, wenn während einer Exkursion kein Netzanschluß zur Verfügung steht. Nach unserer Erfahrung mit dem ST-4-Autoguider von SBIG kommt man mit einer frisch geladenen neuen Autobatterie (45 Ah) gerade über eine kalte Winternacht. Ein Spannungsabfall unter 12V läßt die Ansteuerelektronik des ST-4 ausfallen. Zur Sicherheit sollte man zusätzlich eine zweite Batterie parallelschalten

Wer eine Überwachung während der Nachführung anstrebt, sollte einen PC (unterwegs am besten ein Notebook) anschließen und mit Hilfe der ST-4 Software *CCD-Track* [2.72] sich die Sternposition als Funktion der Zeit graphisch darstellen lassen. Eingriffe über die Tastatur sind bei laufender automatischer Nachführung möglich. Bei der Wahl des Notebooks muß auf die Güte des LCD-Bildschirms geachtet werden. Bei so manchem Modell ist unter $+10\,^\circ$C der Bildschirmkontrast so schlecht, daß nichts mehr erkannt werden kann ...

6.3.2.7 Die persönliche Technik der Nachführung

Direkte Nachführung auf den scharfen oder unscharfen Stern. Steht ein Fadenkreuzokular mit Beleuchtung zur Verfügung, sollte nur auf den scharfgestellten Stern nachgeführt werden, ggf. mit vorgeschalteter Barlowlinse, um eine ausreichende Nachführvergrößerung zu erhalten. Bei einem Fadenkreuz mit dunklem Faden kann in der Regel nur auf einen unscharf eingestellten Stern nachgeführt werden, was dazu führt, das nur hellere Sterne in Frage kommen.

Direkte Nachführung auf ein sich bewegendes Objekt. Dies kann ein (diffuser) Komet oder ein Planetoid sein. Die direkte Nachführung auf einen Planetoiden unterscheidet sich nicht von der Nachführung auf einen Stern. Anders sieht es bei einem Kometen aus. Zeigt der Komet im Kopf einen stellaren Kern, so ist die Nachführung ebenfalls einfach. Bei einem diffusen Kometen hingegen muß auf eine u.U. nicht kreissymmetrische Lichtwolke nachgeführt werden. Unregelmäßige Sternspuren sind die Folge. Dies kann durch die Technik der indirekten Nachführung oder eine Computernachführung vermieden werden.

Indirekte Nachführung auf ein sich bewegendes Objekt. Bei dieser Methode läßt man ersatzweise einen Stern entlang einer Strichmarkierung eines Skalenokulars mit einer bestimmten Geschwindigkeit wandern, und zwar in Gegenrichtung und mit der Eigenbewegung des zu fotografierenden Planetoiden oder Kometen. Dazu benötigt man ein Skalenokular mit einer linearen Strichteilung und einer Winkelskala (Teilung in $10 - 15^\circ$- Schritten für die Interpolation hinreichend genau). In Frage kommen beispielsweise das Micro Guide oder das GA-4-System. Hinweis für Bastler: Man kann auch eine externe Winkelskala selbst bauen, in deren Mitte das Okular liegt. Ein Zeiger am Okularauszug dient als Einstellmarke.

Die lineare Strichteilung muß zunächst geeicht werden, d.h. es muß klar sein, wieviel Bogensekunden einem Teilstrich auf der Skala entsprechen. Die Eichung erfolgt am sinnvollsten nach der Durchlaufmethode. Man wählt einen hellen Stern mit hoher Deklination (ab 60°), läßt diesen entlang der Strichskala bei abgeschaltetem Antrieb wandern und ermittelt so dessen Durchlaufzeit für eine bestimmte Anzahl von Skalenstrichen. Die Winkeldistanz d (in Bogensekunden) einer Anzahl von Teilabschnitten errechnet sich nun aus der Durchlaufzeit t (in Sekunden) nach

$$d = 15{,}04''\, t \cos\delta. \tag{6.5}$$

Als Ergebnis einer zuvor durchgefürten Ephemeridenrechnung ermittelt man von dem gewünschten Planetoiden die Eigenbewegung in Rektaszension $\Delta\alpha$ und Deklination $\Delta\delta$ (beide in Grad), die Eigenbewegung Δ des Planetoiden gemäß

Gl. (6.6) und den Positionswinkel der Eigenbewegung gemäß Gl. (6.7) zu:

$$\Delta = \sqrt{\left(\Delta\alpha \cos\bar{\delta}\right)^2 + (\Delta\delta)^2}. \tag{6.6}$$

$$\varphi = \arctan\left(\frac{|\Delta\delta|}{|\Delta\alpha \cos\bar{\delta}|}\right). \tag{6.7}$$

$\bar{\delta}$ ist die mittlere Deklination zwischen den beiden Positionen.

Achtung: Entgegen der offiziellen Notation bezeichnet φ im folgenden den Winkel zwischen der Ost-West-Richtung und der Richtung der Bewegung des Planetoiden (Abb. 6.13). Der Grund für diese Darstellung ist, daß dieser Winkel später im Okular sehr viel leichter einzustellen ist als der „offizielle" Positionswinkel, der von Nord über Ost nach Süd und West gemessen wird.

Beispiel: Für einen erdnahen Planetoiden betrage die Positionsänderung in einer Stunde: $\Delta\alpha = +10^{\mathrm{m}} = 148{,}8'$, $\Delta\delta = -86{,}6'$ (mittl. Deklination $\bar{\delta} = 7^\circ$). Gemäß Gl. (6.6) folgt $\Delta = 172{,}2'$ pro Stunde, d.h. $2{,}9''$/min und nach Gl. (6.7) erhält man $\varphi = 30{,}2^\circ$. Da die Rektaszension des Planetoiden zunimmt, seine Deklination hingegen ab, wird der Bewegungspfeil *des Sterns* entgegengesetzt dazu im Quadranten II eingetragen (Abb. 6.13).

Nun müssen die berechneten Werte für die Eigenbewegung und den Positionswinkel gegen die Ost-West-Richtung im Skalenokular eingestellt werden. Nach Einstellung des gewünschten Aufnahmefelds, das den Planetoiden enthalten soll, wird ein Leitstern zur Nachführung gesucht und im Gesichtsfeld des Skalenokulars eingestellt. Dieses wird nun in Ost-West bzw. Nord-Süd-Richtung orientiert. Als nächstes werden im Skalenokular die Himmelsrichtungen zugeordnet. Schaltet man kurzfristig den Antrieb aus, wandert der Stern nach Westen. Die Südrichtung findet man, indem man das hintere Ende des Teleskops von oben

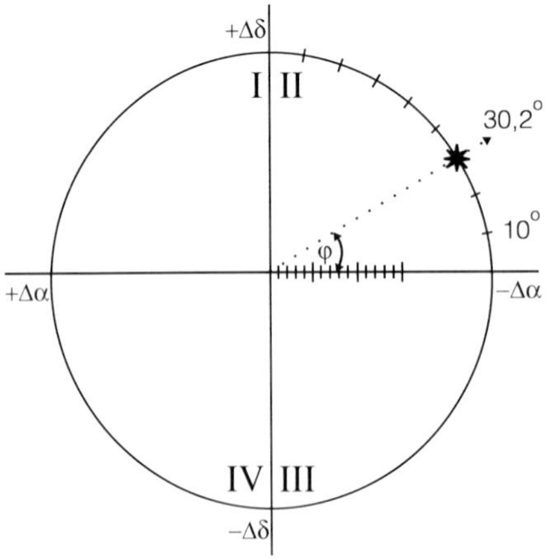

Abb. 6.13. Nach Orientierung des Skalenokulars in Ost-West-Richtung wird der Leitstern auf den Winkelkreis gesetzt. Diesem Beispiel folgend nimmt die Rektaszension des Planetoiden zu und seine Deklination ab. Der Stern gehört somit *entgegengesetzt* dazu in Quadrant II. Der Winkel beträgt $\varphi = 30{,}2^\circ$

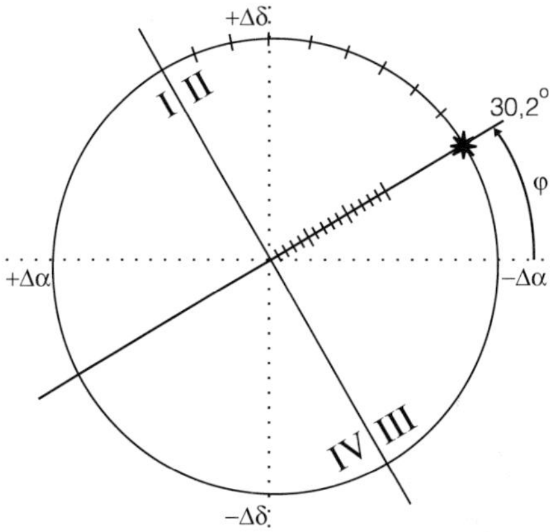

Abb. 6.14. Das Skalenokular wird nun um den Winkel φ gedreht

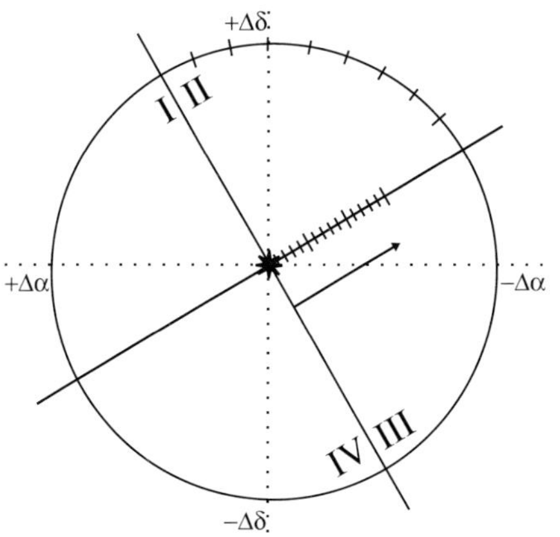

Abb. 6.15. Der Leitstern wird in die Mitte des Fadenkreuzes zurückgestellt. In konstanten Zeitintervallen wird der Stern während der Aufnahme entlang der linearen Strichskala in Pfeilrichtung bewegt

nach unten antippt. Dabei bewegt sich das Teleskop nach Norden und der eingestellte Stern relativ dazu nach Süden.

Nach Zuordnung der Himmelsrichtungen wird der Positionswinkel φ der Planetoidenbewegung eingestellt. Zunächst identifiziert man den Quadranten, in dem sich der Stern entlang der Skalenlinie bewegen wird. Sind für ihn $\Delta\alpha < 0$ und $\Delta\delta > 0$ (s. o.), dann ist dies der Quadrant II (Abb. 6.13). Dann stellt man den Stern auf den Positionswinkelkreis, ausgehend von der Ost-West-Richtung. Nun wird das Skalenokular um den Winkel φ soweit gedreht, bis der Stern wieder auf dem Faden liegt (Abb. 6.14). Damit ist der Positionswinkel der Bewegung eingestellt. Der Stern wird in die Mitte des Skalenokulars eingestellt (Abb. 6.15).

Nun wird der Betrag der Eigenbewegung Δ benötigt. Bewegt sich der Planetoid wie in diesem Beispiel mit $2{,}9''$/min. und beträgt die fotografische

Abb. 6.16. Indirekt nachgeführte Aufnahme des Planetoiden (4179) Toutatis am 15.12.1992, 0^h30^m – 0^h45^m UT, Belichtung 15 min., 250-mm-Newton, $f = 1200$ mm, $f/6$, TP 2415 hyp. Foto: B. Schatzmann

Auflösung bei vorgegebener Brennweite und Film ca. 3″, so wird dieser Wert nach 3/2,9 min. = 62 s erreicht. Alle 62 Sekunden also muß der Stern 3″ entlang der Strichmarkierung bewegt werden, um den Planetoiden als punktförmiges Objekt abzubilden. Um die Zeit genau einzuhalten, benötigt man einen rückwärtszählenden Timer, der im Fotolaborhandel erhältlich ist. Der Timer piepst nach Ablauf der eingestellten Zeit und stellt sich auf Tastendruck von selbst auf den ursprünglich eingestellten Wert zurück, so daß nur sofort wieder die Starttaste gedrückt werden muß. Die Reaktionszeit von etwa 1 s muß in die Piepsfrequenz einbezogen werden. Abbildung 6.16 zeigt eine auf diese Weise nachgeführte Aufnahme. Je glatter die Sternpunktreihe liegt, desto genauer wurde indirekt nachgeführt.

6.3.3 Fehlerquellen, Tips und Tricks

- Relativ plötzlich auftretende, periodische oder unperiodische Fehler im Antrieb, die nicht schnell genug korrigiert werden können. Besonders kritisch bei kurzer Belichtungszeit
- Teleskop zu windanfällig. Abhilfe: Windgeschützte Lagen aufsuchen, dabei evtl. Einschränkungen des sichtbaren Himmelsausschnitts in Kauf nehmen. Notfalls Windschutz bauen (Autoheckklappe)
- Fadenkreuzbeleuchtung hat Wackelkontakt, eine altersschwache Batterie oder läßt sich nicht schwach bzw. hell genug einstellen. Bei zu heller Beleuchtung, LED mit Permanentstift schwärzen. Achtung: Bei tiefen Temperaturen vor

der ersten Aufnahme sicherheitshalber eine frische, in der Hosentasche vorgewärmte, Batterie einlegen
- Nachführokular sitzt locker. Klemmungen und Schrauben vor Beginn der Belichtung fest anziehen
- Schlechte Abbildungsgüte des Leitrohrs verschlechtert die Nachführgenauigkeit
- Faden des Fadenkreuzokulars mit Hilfe der Dioptrieneinstellung scharfstellen, dabei Auge völlig entspannen
- Nicht zu schwachen oder zu hellen Leitstern wählen
- Während der Nachführung Beleuchtung nachregeln (meist abschwächen), da der Leitstern infolge Ermüdung schlechter zu sehen ist. Wenn das nicht hilft, kurzfristig mit dem anderen als dem „Nachführauge" nachführen oder mit dem Auge im Gesichtsfeld hin und her wandern. Abhilfe: periodisch blinkende Fadenkreuzbeleuchtung bauen
- Nicht auf Doppelsterne oder diffuse Objekte nachführen
- Während der Belichtung nicht anstoßen. Keine spontanen Bewegungen ausführen. Alle evtl. nötigen Zubehörteile, wie Uhr, Lampe, Handschuhe, Decke etc., in Reichweite legen. Keine Augenmuschel verwenden
- Exakt nachführen. Je lichtstärker die Aufnahmeoptik, je empfindlicher der Film, desto kürzer die Ausbelichtungszeit, d.h. desto genauer muß nachgeführt werden
- Keine unbequeme Sitzposition einnehmen. Sie muß zu Beginn und voraussichtlichem Ende der Aufnahme ein entspanntes Nachführen erlauben
- Warm genug anziehen
- *Vorher* darauf achten, daß das Instrument im Verlauf der Belichtung nirgendwo anschlägt
- Wechseln des „Nachführpiloten" während einer Belichtung vermeiden, wenn der Leitstern auf die Bogensekunde genau nachgeführt werden muß. Niemand wird wie eine Maschine den Leitstern ganz exakt im Fadenkreuz halten können, sondern schon einmal in die eine oder andere Richtung abwandern lassen. Dabei zeigt es sich, daß jeder einen etwas anderen Schwerpunkt findet. Wechseln sich die beiden während der Belichtung ab, kann dadurch insgesamt die Nachführtoleranz überschritten werden

6.4 Die Filterauswahl

In allen Teilbereichen der Astrofotografie ist der gezielte Einsatz von Filtern lohnend, manchmal sogar zwingend notwendig. Filter dienen zur Unterdrückung chromatischer Fehler von Linsenobjektiven, Steigerung des Kontrasts, Separation von Farbbereichen und Lichtdämpfung bei der Sonnenfotografie. Da sich die Filterarten in bezug auf Ausführung und Durchlaßverhalten sehr unterscheiden, sollen sie zunächst einzeln vorgestellt werden.

6.4.1 Glasfilter

Man unterscheidet generell folgende Filterarten:
- *Bandpaßfilter*, die bestimmte Wellenlängenbereiche selektiv durchlassen
- *Kurzpaßfilter*, die längerwellige Strahlung absorbieren (z.B. Wärmeschutzgläser)
- *Langpaßfilter*, die kürzerwellige Strahlung absorbieren (Kantenfilter)
- *Neutralfilter*, die den gesamten sichtbaren Bereich ohne Farbverschiebung und gleichmäßig definiert abschwächen
- *Konversionsfilter*, die die spektrale Helligkeitsverteilung beeinflussen

Kurzpaßfilter werden in Kombination mit einem schmalbandigen Hα-Filter als Wärmeschutzgläser eingesetzt, um die Infrarotstrahlung der Sonne bei der Beobachtung der Protuberanzen oder Filamente abzublocken. Glasbandpaßfilter sind weniger üblich, da sie gegenüber speziellen Interferenzfiltern wesentlicher breitbandiger sind und über eine geringere Spitzentransmission verfügen. Neutralfilter (Graufilter) finden ihren Einsatz bei der visuellen Beobachtung des Mondes und heller Planeten. Die Sonnenbeobachtung darf aufgrund der hohen Infrarotdurchlässigkeit der Neutralgläser nur mit einem zusätzlich vorhandenen Wärmeschutzglas oder einem metallbedampften Filter erfolgen!

Für die Astrofotografie kommen im wesentlichen die als Farbfilter eingesetzten Langpaßfilter in Frage. Abbildung 6.17 zeigt in einem Diagramm die

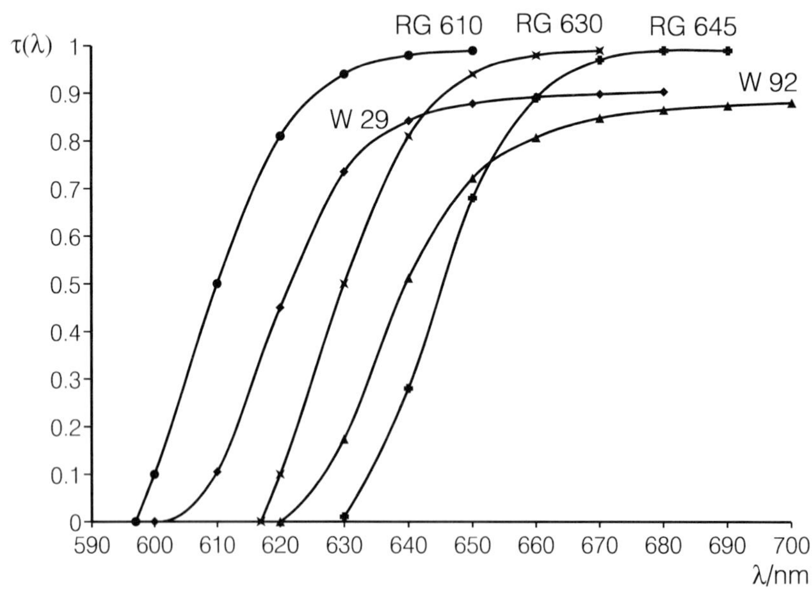

Abb. 6.17. Transmissionskurven der 3-mm-Schott-Glasfilter RG 610, RG 630 und RG 645 sowie der 0,1-mm-Wratten-Gelatinefilter W29, W92 [6.51, 6.53]

Durchlässigkeitskurven der Farbglasfilter, bezogen auf eine Standarddicke von 3 mm. Die Bezeichnung eines Glasfilters von Schott gibt sofort Aufschluß über den Farbbereich bzw. die sog. *Kantenlage*. Die Langpaßfilter, auch *Kantenfilter* genannt, führen neben der Angabe des Farbbereichs (GG: Gelb- oder Grünglas, OG: Orangeglas, RG: Rotglas) die Wellenlänge, bei der das Filter 50% des einfallenden Lichts durchläßt. Das (Hell-) Rotglas RG 610 beispielsweise hat 50% Transmission („Kante") bei 610 nm Wellenlänge. Möchte man ein Filterglas mit einer anderen als der Standarddicke, verschiebt sich auch die Kantenlage. Umrechnung auf andere Dicken in [6.2]. Die Filter werden in der Regel rohpoliert und ungefaßt geliefert. Die Firma Heliopan [6.7] bietet diese Filter vergütet und in einer Filterschraubfassung an. Da es sich lediglich um rohpolierte Filter (Oberflächengenauigkeit ca. 2λ) handelt, ist ihr Einsatz im Strahlengang sorgfältig zu planen. Die Wellenfront wird durch das Filter gestört, was zu einer über das Bildfeld ungleichmäßigen Schärfe führen kann (aber nicht muß). Rohpolierte Gläser kann man ohne sichtbaren Schärfeverlust vor Teleobjektive bis ca. 400 mm Brennweite setzen. Da der Preis eines Objektivfilters aber mit seinem Durchmesser drastisch zunimmt, sollte dennoch der Einsatz eines deutlich kleineren Filters zwischen Kamera und Objektiv ausprobiert werden. Der Vollständigkeit halber soll das Hα-Pass-Filter von Lumicon erwähnt werden, dessen Durchlaßkurve der des RG 645 nahekommt.

6.4.2 Gelatinefilter

Die Wratten-Gelatinefilter (Abb. 6.17) von Kodak gehören in die Kategorie der Langpaßkantenfilter. Technische Informationen zu diesen Filtern findet man in der Kodak-Broschüre [6.16]. Die 0,1 mm dicken Filterfolien sind überwiegend in der Größe 75 mm, in Ausnahmefällen auch in 100 × 100 mm im Fachfotohandel erhältlich. Filterfolien finden hauptsächlich bei der Fotografie mit Schmidtkameras Verwendung, wobei sich das Filter in der Filmkassette rund 10 mm vor der Filmoberfläche befindet: Staub und Kratzer können sich dann nicht scharf abbilden. Außerdem ist der feuchtigkeitsanfällige und leicht verkratzbare Gelatinefilter im Innern eines Tubus' gut geschützt.

6.4.3 Metallbedampfte Filter

Chrombedampfte Gläser bzw. Polyesterfolien kommen nur bei der Sonnenbeobachtung zum Einsatz, in der es um eine hohe Abschwächung des Sonnenlichts sowohl im visuellen als auch im netzhautschädlichen Infrarotbereich geht. Abbildung 6.18 zeigt die Durchlaßkurve einer 12 μm starken Mylarfolie. Mylarfolien sind planparallelen Glasfiltern (Oberflächengenauigkeit mindestens $\lambda/4$) in Bezug auf Auflösung und Kontrast aber unterlegen. Bedenkt man allerdings, daß Mylarfolien nur etwa ein Zehntel eines $\lambda/10$- Glasfilters kosten, ist deren große Verbreitung verständlich. Aber Vorsicht: Eine billige *Rettungsfolie* erreicht nicht annähernd die Qualität einer Mylarfolie! Es ist übrigens ganz normal, daß ein eingefaßtes *Mylarfilter* eine leicht gewellte Oberfläche aufweist. Dies hat wegen

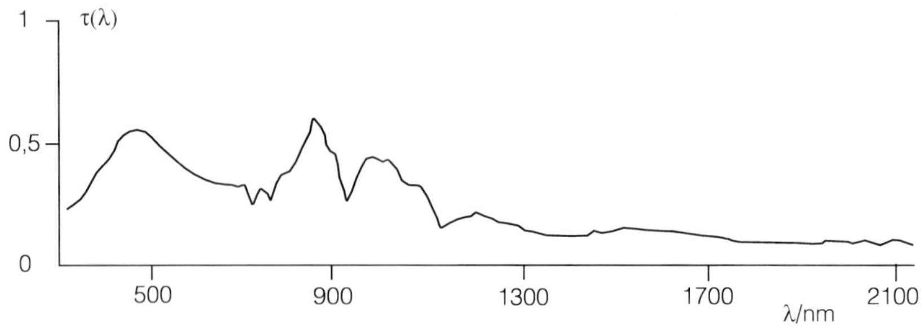

Abb. 6.18. Transmissionskurve einer 12 μm dicken Mylarfolie zur Sonnenbeobachtung [2.7, 2.8]

der geringen Dicke keinen Einfluß auf die optische Güte sondern ganz im Gegenteil: Eine straff, d.h. glatt gespannte Folie ist optisch meist schlechter.

Hinweis zur Sonnenbeobachtung: Wegen ihrer hohen Infrarotdurchlässigkeit sind weder Neutralfilter noch unbelichtete Filmstücke zur Abschwächung des Sonnenlichts geeignet!

6.4.4 Interferenzfilter

Im Unterschied zu einem homogen aufgebauten Absorptionsglas- oder Gelatinefilter besteht ein Interferenzfilter aus einer hochkomplizierten Abfolge niedrig- und höherbrechender dielektrischer $\lambda/4$-Schichten, die im Hochvakuum auf einem Glasträger abwechselnd aufgedampft worden sind. Die spektrale Selektion erfolgt durch Vielstrahlinterferenz.

Je mehr Schichten vorhanden sind, desto schmalbandiger ist das Filter in seinen Transmissionsmaxima. Interferenzfilter zeigen in der Regel zahlreiche Nebenmaxima, die mit Kantenfiltern zusätzlich abgeblockt werden können, wenn entweder das Auge oder der Film dort noch empfindlich ist. Die aufwendige Herstellungsweise sowie die Tatsache, daß nicht jedes Interferenzfilter die gewünschte Lage der Zentralwellenlänge mit max. Peaktransmission erreicht, begründet den hohen Preis. Abbildungen 6.19 und 6.20 zeigen gemessene Transmissionskurven, die an zufällig ausgewählten Nebelfiltern aufgenommen wurden, Abb. 6.21 und 6.22 die Lage der wichtigsten Streulichtlinien.

Besonders schmalbandige Filter, deren Bandbreite in der Regel nicht mehr als 0,05 nm bis 0,1 nm beträgt, werden bei der Hα bzw. CaII-Beobachtung der Sonnenoberfläche benutzt. Anwendungsbereiche für breitbandige Interferenzfilter sind die UBV- und Dreifarbenfotografie. Hier kann die Angabe der Filter nur in Kombination mit dem verwendeten Film erfolgen [8.1].

6.4.5 Film und Filter richtig kombinieren

Farbfilter lassen die gezielte Fotografie in speziellen Farbbereichen zu, um einerseits spezifische Informationen über das zu fotografierende Objekt zu erhalten

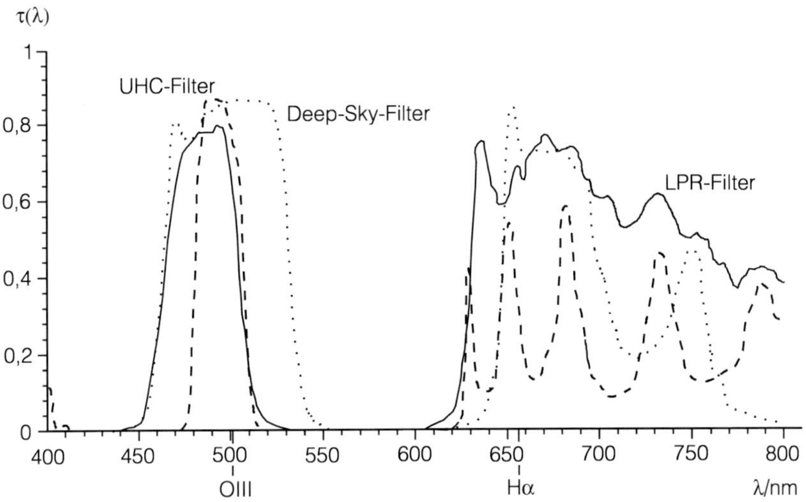

Abb. 6.19. Transmissionskurven der Lumicon-Filter Deep-Sky, UHC und Celestron LPR

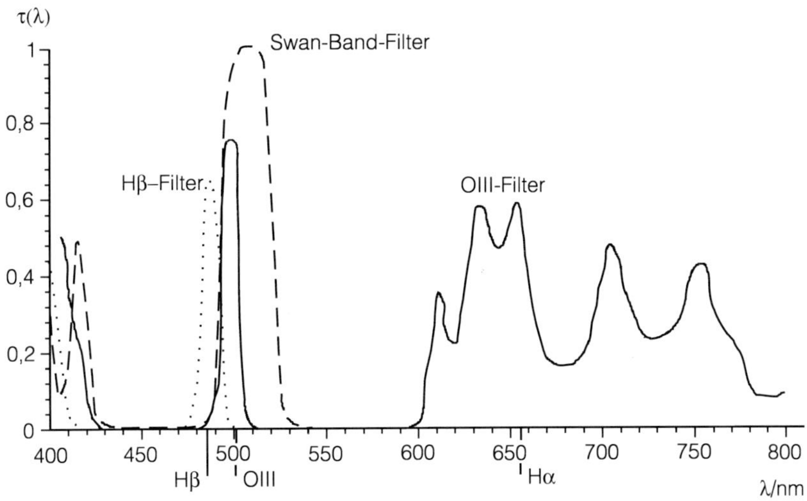

Abb. 6.20. Transmissionskurven der Lumicon-Filter OIII, Hβ und Swan-Band (Messung des Swan-Band-Filters nur bis 550 nm)

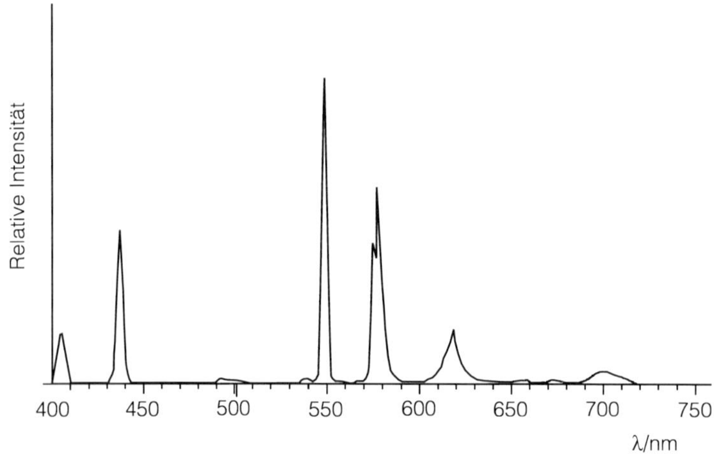

Abb. 6.21. Das Emissionsspektrum einer Quecksilberhochdrucklampe [2.22]

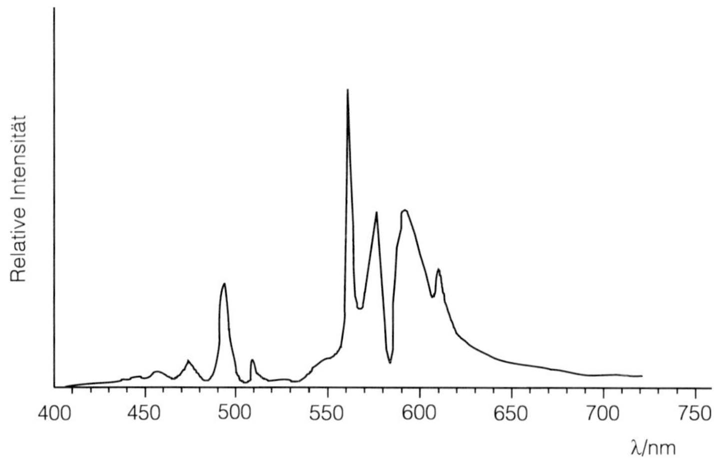

Abb. 6.22. Das Emissionsspektrum einer Natriumhochdrucklampe [2.22]

und andererseits Störlichteinflüsse zu vermindern. Spezielle Techniken wie das Dreifarbenverfahren (s. Abschn. 10.4.6) arbeiten mit Filtern, die drei verschiedene Spektralbereiche bei der Aufnahme herausfiltern.

Ein ganz wesentlicher Bereich der Filterungstechnik, die Unterdrückung von künstlichem Streulicht, hat in den letzten Jahren an Bedeutung gewonnen. Alle diese *Nebelfilter* sind geeignet, die wichtigsten Streulichtlinien, besonders die grüne Quecksilberlinie bei 546 nm, effektiv abzublocken. Der Kontrastgewinn hat allerdings eine deutlich verlängerte Belichtungszeit zur Folge. Erfordert schon der breitbandige Deep-Sky-Filter eine doppelte bis vierfache Belichtungszeit, so liegt der Faktor bei dem schmalbandigen OIII-Filter bei etwa 6–10 (je nach Himmelshintergrund am Aufnahmeort)! Damit beschränkt sich der Einsatz der Interferenzfilter auf lichtstarke Optiken und höherempfindliche Filme.

Wenn auch der Kontrast bei Aufnahmen mit Filtern gesteigert werden kann, so kommt das doch vornehmlich der Schwarzweißfotografie zugute. Farbaufnahmen auf Colordiafilm oder -negativfilm zeigen Farbverschiebungen, selbst bei einem breitbandigen Deep-Sky-Filter, die bei der Verarbeitung nicht immer vollständig kompensiert werden können.

Voraussetzung für die richtige Kombination von Film und Filter ist die Kenntnis der spektralen Empfindlichkeiten der Filme. Anhand der spektralen Filmempfindlichkeitskurve des T-MAX 400 erkennt man beispielsweise, daß es wenig Zweck hat, den bei Hα relativ unempfindlichen Film mit einem Rotfilter zu kombinieren (Abb. 9.4). Bei den in der Astrofotografie am häufigsten vorkommenden Film-Filterkombinationen ist in der Regel der hypersensibilisierte Technical Pan Film beteiligt. Seine ausgeprägte Rotempfindlichkeit prädestiniert ihn für die Hα-Fotografie von HII-Regionen.

6.4.5.1 Kombination von Film- und Filterkurven

Im folgenden wird am Beispiel des Technical Pan Films die Kombination von spektraler Filmempfindlichkeitskurve $E(\lambda)$ mit den Durchlaßkurven $T(\lambda)$ verschiedener Filter erläutert. Die in der jeweiligen Kombination resultierende spektrale Empfindlichkeitskurve $E'(\lambda)$ der Film-Filterkombination ergibt sich zu $E'(\lambda) = E(\lambda) \cdot T(\lambda)$ In Abb. 6.23 ist für den TP 2415 sowie für Kombinationen mit diversen Filtern die relative Filmempfindlichkeit über der Wellenlänge aufgetragen. Die Deutung der Ergebnisse ist keinesfalls so einfach, wie man im ersten Moment annehmen möchte. Geht es darum, ein Rotfilter mit dem höchsten Kontrast bei Hα zu finden, hat man mit dem RG 645 sicherlich das beste gefunden. Das hätte man auch so erraten können, aber anhand von Abb. 6.23 wird auch ersichtlich, daß der RG 645 bei Hα eine relative Empfindlichkeit von nur 0,77 aufweist, der RG 610 hingegen 0,96. Läßt man den Schwarzschildeffekt außer acht, so muß mit dem RG 645 25% länger belichtet werden, um bei Hα die gleiche Schwärzung zu erzielen. Die richtige Film-Filterkombination muß also aufgrund sorgfältiger Überlegungen gefunden werden.

Bei der Filterauswahl muß man beachten, daß eine Astroaufnahme so lange belichtet werden sollte, bis der Himmelshintergrund als leichter Grundschleier auf der entwickelten Aufnahme sichtbar ist. Die folgenden Beispiele aus der Praxis sollen dies verdeutlichen. Alle Angaben sind nur als Richtwerte zu verstehen und beziehen sich auf hypersensibilisierten TP 2415.

Beispiel 1: Lichtstarkes Objektiv (Blende 1,8), dunkler Himmel. Ausbelichtung ohne Filter 20 min, mit RG 645 120 min. Wird eine kürzere Belichtungszeit

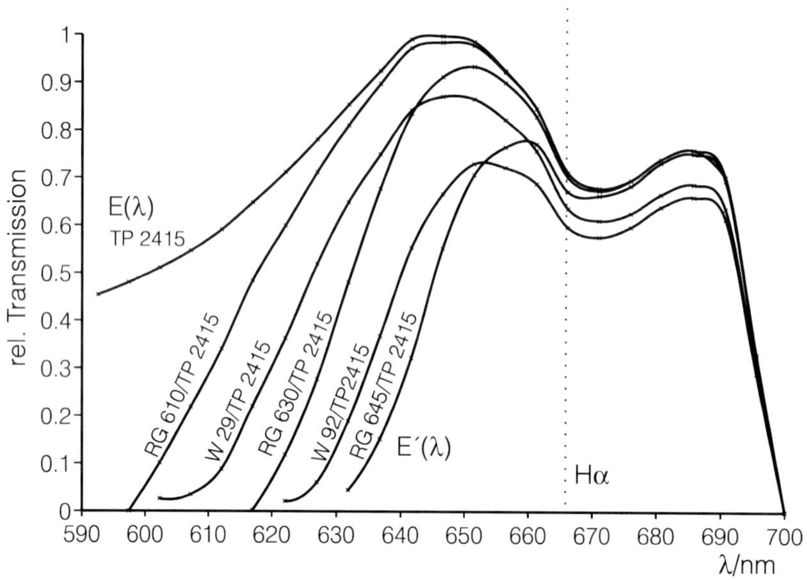

Abb. 6.23 $E'(\lambda)$ ist die Kombination der spektralen Empfindlichkeitskurve $E(\lambda)$ des TP 2415 mit verschiedenen Filtertransmissionskurven

gewünscht, sollte nicht der Fehler begangen werden, mit dem RG 645 etwa nur 45 min oder kürzer zu belichten: Auf dem Film wäre kaum etwas von der HII-Region abgebildet. Stattdessen sollte das hellere Filter RG 610 gewählt werden, bei dem die Ausbelichtung in 45 min gelingt. Die HII-Region wird deutlich besser abgebildet als auf der Aufnahme mit dem RG 645-Filter, wenn auch nicht so stark, wie bei einer ausbelichteten Aufnahme auf RG 645.

Beispiel 2: Lichtstarkes Objektiv (Blende 1,8), sehr heller Stadthimmel. Ausbelichtungszeit ohne Filter 1 min, mit RG 610 2 min, mit RG 645 5 min. Keine Frage, daß der RG 645 zum Einsatz kommt. Ist man in der Lage, die Aufnahme länger belichten zu können, sollte man zur Verbesserung der Randschärfe das Objektiv 1 oder 2 Blendenstufen abblenden. Ein weiterer Vorteil ist die Verringerung der Vignettierung des Objektivs.

Beispiel 3: Teleskop mit Blende 6. Bei leicht aufgehelltem Stadthimmel wird der TP 2415 mit einem RG 630-Filter in ca. 90 min ausbelichtet. Der Einsatz eines RG 645 führt daher zu nicht praktikablen Belichtungszeiten, erst recht nicht unter einem dunkleren Himmel.

Beispiel 4: Teleskop mit Blende 6. Bei sehr dunklem Nachthimmel sollte man auf den Einsatz von Rotfiltern ganz verzichten.

6.4.5.2 Empfohlene Film-Filterkombinationen

Es folgen zusammengefaßt diverse Anwendungsbereiche verschiedener Kombinationen von Filmen und Filtern.

Restchromasie von Objektiven, d.h. Unterdrückung bzw. Reduzierung vorhandener Restfarbfehler eines Linsenobjektivs: Farbaufnahmen mit UV-Sperrfilter, Schwarzweißaufnahmen mit Hellgelbfilter.

Hα-Fotografie: Technical Pan Film mit Filter OG 590 (hellorange) bis RG 645 (dunkelrot), bzw. W25 (hellrot) bis W92 (dunkelrot).

Allgemeine Stadtlichtunterdrückung: Technical Pan Film mit Rotfilter oder ein beliebiger Schwarzweißfilm mit Interferenzfilter. Lumicon Deep-Sky-Filter evtl. für Farbnegativaufnahmen bei geringer, nachträglich filterbarer Farbverschiebung.

Planetarische Nebel: Farbdiafilme, Farbnegativfilme (Kodacolor Gold oder Ektar 100 mit ausgeprägter Grünempfindlichkeit) mit folgenden Filtern: Interferenzfilter Deep-Sky, LPR, UHC und vor allen Dingen OIII. Nachteil: Der Deep-Sky-Filter verlängert die Belichtungszeit um das Doppelte bis Vierfache, der OIII-Filter sogar sechs- bis zehnfach! Lichtstarke Teleskopoptiken nötig.

Kometen: Koma mit Schwarzweißfilm und Swan-Band-Filter, Gasschweif mit Blaufilter und Staubschweif mit Hellgelbfilter. Lichtstarke Optiken erforderlich, damit Belichtungszeit so kurz wie nur möglich ist.

Planeten: Farbglasfilter, sortiert nach Anwendung (s. Abschn. 2.3).

Sonne: Metallbedampfte Filter, jeder Film (s. Abschn. 2.1).

7 Spektrographie

Neben der Abbildung des Himmels und seiner Objekte selbst wurde die Astrofotografie auch schon frühzeitig (seit etwa 1890) zur Erfassung von Sternspektren eingesetzt. Mehr als anderswo in der Fotografie zählt hier ihr Vorteil, die Beobachtung objektiv und vor allem ausmeßbar festzuhalten. So können Astronomen aus der Lage der Absorptions- bzw. Emissionslinien relativ zu einem Vergleichsspektrum die Radialgeschwindigkeit des Objekts ermitteln, während das Aussehen des Spektrums (genauer: Vorkommen und jeweilige Stärke der Linien) vieles über seine Temperatur, Dichte und chemische Zusammensetzung verrät. Letzteres kann sich auch der Amateur zu eigen machen! Die technischen Voraussetzungen dazu liegen im Bereich des für ihn Möglichen, wie dieses Kapitel zeigen soll. Neben der ganz elementaren Freude an der Beobachtung und der Fotografie der Himmelsobjekte kann die Freude treten, angelesenes Verständnis der Sterne durch die Anfertigung und Auswertung eigener Sternspektren nachzuvollziehen und zu vertiefen (zur Ergänzung s. auch [7.5, 7.7])

7.1 Funktion eines Prismenspektroskops

Die bekannteste, weil älteste und einfachste Methode ist natürlich die, das Licht durch ein Prisma fallen zu lassen. Seine für verschiedene Farben „i" unterschiedliche Brechkraft n führt zu etwas unterschiedlichen Ablenkwinkeln δ für die einzelnen Wellenlängen, wobei blaues Licht stärker gebrochen wird als rotes (n nimmt mit kürzerer Wellenlänge zu)

$$\delta_\mathrm{i} = 2 \arcsin(n_\mathrm{i} \sin(\gamma/2)) - \gamma. \tag{7.1}$$

Gleichung 7.1 gilt für die Anordnung des Prismas wie in Abb. 7.1 gezeigt: in symmetrischer Stellung bzgl. Ein- und Austrittsstrahl. Dies ist gleichzeitig die Stellung im Minimum der Ablenkung. Weiter ist γ der „brechende Winkel" des Prismas, zwischen der Ein- und der Austrittsfläche genommen. Die Winkeldispersion $\Delta\delta_\mathrm{FC}$ wird als Differenz der Ablenkung zwischen den Wellenlängen der Wasserstofflinien Hα, 656 nm (rot, „C"), und Hβ, 486 nm (blau, „F"), angegeben, also für einen 170 nm langen, nennenswerten Ausschnitt des optischen Spektralbereichs und ergibt sich genähert aus

$$\Delta\delta_\mathrm{FC} \approx 115^\circ (n_\mathrm{F} - n_\mathrm{C}) \sin(\gamma/2). \tag{7.2}$$

Dabei sind n_F und n_C die jeweiligen Brechungsindizes (Tabelle 7.1).

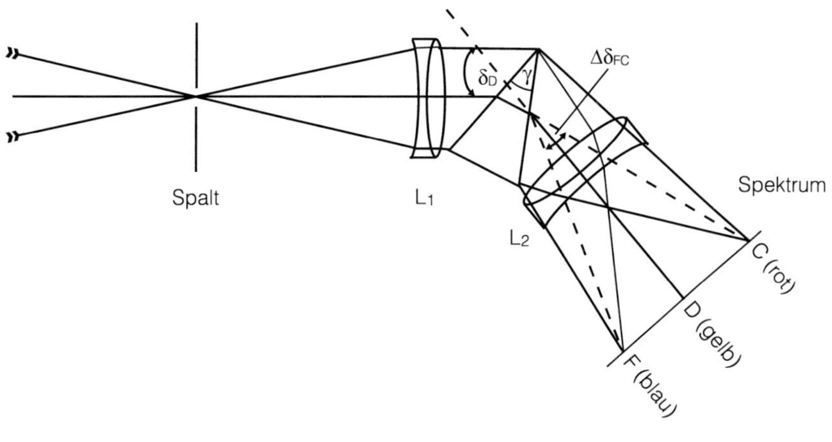

Abb. 7.1 Prinzip des Prismenspektrographen. Erläuterungen s. Text

Tabelle 7.1. Brechungsindizes gebräuchlicher Glassorten für „C" (Hα, 656 nm) und „F" (Hβ, 486 nm)

Glassorte	Name	n_C	n_F	n_F-n_C
BK7	Kronglas	1,51432	1,52238	0,00806
F2	Flint	1,61503	1,63208	0,01705
SF10	Schwerflint	1,72085	1,74648	0,02563

Abbildung 7.1 erläutert den Aufbau eines einfachen Prismenspektroskops. Das Prisma ist symmetrisch zur Ablenkung angeordnet. Jede andere, unsymmetrische Anordnung erzeugt einen etwas größeren Ablenkwinkel als δ. Um die Wellenlängen ohne Überlappung im Spektrum voneinander trennen zu können, benötigt man noch einen Spalt, dessen Licht von der Linse (bzw. dem Objektiv) L_1 parallel gerichtet wird. Nach der Brechung durch das Prisma wird der Spalt dann von der Linse (bzw. dem Objektiv) L_2 in jeder Wellenlänge abgebildet. Je größer der Weg vom Prisma zum Spektrum, also die Brennweite $f(L_2)$ ist, und je größer die Winkeldispersion $\Delta\delta_{FC}$ des Prismas ist, desto länger wird das Spektrum:

$$l_{FC} = f(L_2) \sin \Delta\delta_{FC}. \tag{7.3}$$

Die mittlere spektrale Auflösung dagegen, also das Trennvermögen zweier nur um $\Delta\lambda$ verschiedener Wellenlängen, hängt davon ab, unter welchem Winkel β (wie δ hier in Winkelgrad zu benutzen) die Spaltbreite d vom Prisma aus zu sehen ist, d.h. wie eng der Spalt im Verhältnis zur Brennweite $f(L_1)$ ist. Ferner lassen sich natürlich kleinere Wellenlängenunterschiede $\Delta\lambda$ auflösen (höhere spektrale Auflösung), wenn die Winkeldispersion $\Delta\delta_{FC}$ größer ist:

$$\Delta\lambda = 170\,\text{nm}\ \beta/\Delta\delta_{FC}, \tag{7.4}$$

mit $\beta = 57{,}295\ d/f(L_1)$. Einen guten und engen Spalt ergeben übrigens zwei nebeneinander montierte Rasierklingen, z.B. aufgeklebt auf einer Platte mit einer breiteren Öffnung als die des Spalts. Allerdings kann man den Spalt nicht beliebig klein machen. Unterhalb von ca. 1/10 mm gibt es nicht nur fertigungstechnische, sondern auch beugungstheoretische Probleme.

Hält man solch ein einfaches Spektroskop gegen die Sonne, so sieht man nicht nur die verschiedenen Farben, sondern auch die dunklen *Fraunhoferlinien*, so benannt nach ihrem Entdecker. Genau bei diesen Wellenlängen absorbieren bestimmte Atome in der Sonnenatmosphäre, so daß die Abbildungen des Spalts in diesen Wellenlängen sich als dunkle Linien gegen das restliche Spektrum abheben. Daher auch die Bezeichnung *Spektrallinie*.

7.2 Ein einfacher Sternspektrograph: Objektivprisma und Teleobjektiv

Nun ist zum Glück der instrumentelle Aufwand zur Anfertigung von Sternspektren ein viel geringerer als der eines kompletten, wenn auch einfachen Spektroskops. Die Sterne sind ja bereits punktförmige Objekte, deren Licht parallel in das Fotoobjektiv einfällt. Das bedeutet, daß L_1 und, wie wir sehen werden, auch der Spalt einfach entfallen! Das Teleobjektiv kann dann die Funktion von L_2 übernehmen und lediglich das Prisma muß in einer kastenförmigen Halterung vor dem Objektiv so gefaßt werden, daß es gerade um den halben minimalen Ablenkwinkel geneigt ist – und fertig ist der spaltlose Sternspektrograph mit Hilfe des sogenannten Objektivprismas (Abb. 7.2)!

Das Teleobjektiv selbst zeigt nun natürlich nicht mehr auf den Stern, sondern um den Ablenkwinkel δ an ihm vorbei. Hat man trotz dieser kleinen Erschwer-

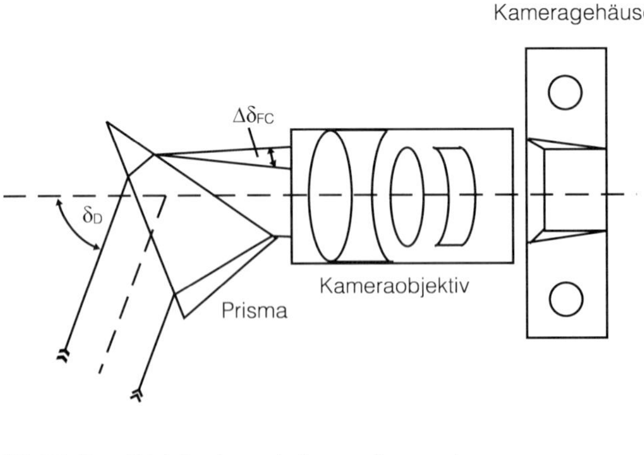

Abb. 7.2. Das Objektivprisma als Sternspektrograph

nis schließlich einen Stern im Kamerasucher, so sieht man das Spektrum als einen dünnen, farbigen Strich. In dieser unverbreiterten Form ist es allerdings nur schwer auswertbar und von geringer Aussagekraft. Die nötige Verbreiterung erreicht man durch einen einfachen Trick: Man läßt den Stern senkrecht zur Dispersionsrichtung über den Film wandern! Bei hellen Sternen kann man dazu einfach ihre scheinbare Bewegung durch die Erddrehung ausnutzen: Man stellt die Dispersion (das Spektrum) parallel zur Deklinationsrichtung und läßt so, während der Belichtung und bei stehender Kamera, den Stern über den Film laufen. Für schwache Sterne ist diese Bewegung aber zu schnell, d.h. zu wenig Licht fällt dabei auf die Filmschicht. In diesem Fall benutzt man am besten eine Nachführung, mit deren schnellerem und langsamerem Lauf man dann den Stern mehrmals über die gewünschte Spektrenbreite fährt – natürlich unter Kontrolle im Fadenkreuz des Leitfernrohrs, denn die Deklination muß dabei exakt eingehalten werden [7.1, 7.4]. Die Anzahl der Durchläufe ergibt sich aus der Gesamtbelichtungszeit, der angestrebten Verbreiterung, der Brennweite und der Schnelligkeit des Vor- und Rücklaufs. Sie sollte daher für die gegebene Apparatur an einem nicht zu schwachen Stern gründlich ausprobiert werden. Läßt man Optik, Film und Verbreiterung unverändert, dann kann man auf andere Sterne einfach gemäß der Helligkeitsdifferenzen umrechnen (1^{m} = Faktor 2,5). Mehr dazu im nachfolgenden Beispiel.

Der Ablenkwinkel δ (für die jeweilige Farbe) und die Winkeldispersion $\Delta\delta_{\mathrm{FC}}$ lassen sich, ganz genau so wie beim eingangs erläuterten einfachen Spektroskop, wieder durch die Gln. (7.1) und (7.2) ermitteln. In Gl. (7.3) zur Berechnung der Spektrenlänge geht anstelle von $f(\mathrm{L}_2)$ die Teleobjektivbrennweite ein. Die spektrale Auflösung des ja spaltlosen Sternspektrographen kann man ebenfalls leicht ermitteln. Sie hängt in diesem Fall (bei gegebener Winkeldispersion) einzig von der Verbreiterung der Sternabbildung in Deklination ab, welche bedingt ist durch Nachführfehler, Abbildungsfehler und grobes Filmkorn. Sei β hier also dieser Winkeldurchmesser, zu dem sich solche Effekte aufsummieren, so muß man ihn lediglich an Stelle des Spaltwinkeldurchmessers in Gl. (7.4) einsetzen.

Grundsätzlich wird also die Spektrenlänge um so größer, je länger die Teleobjektivbrennweite und je stärker die Dispersion des Prismas ist. Eine lange Objektivbrennweite kann daher bei kleiner Dispersion dieselbe Spektrenlänge erbringen wie eine kurze bei hoher Dispersion. Für die spektrale Auflösung, bzw. $\Delta\lambda$ ist dagegen wieder nur entscheidend, wie klein der Winkel β ist, in dem der Stern in Deklination verschmiert wird, ins Verhältnis gesetzt zur Winkeldispersion. Daher können lange Brennweiten (bei gleicher Spektrenlänge) problematisch werden: Die Nachführgenauigkeit begrenzt β nach unten, während die Winkeldispersion selbst vergleichsweise klein ist, also $\Delta\lambda$ groß bleibt. Mit anderen Worten, man kann nicht nach Belieben eine geringe Dispersion mit einer langen Brennweite ausgleichen.

Linsenobjektive, wozu ja die meisten Teleobjektive gehören, bereiten ein spezielles Problem. Im Blauen haben sie trotz aller Bemühungen um Achromasie doch einen oft signifikant anderen Fokus, so daß in den Spektren dort die Schärfe regelrecht wegläuft. Abblenden hilft da natürlich, ist aber mit Rücksicht auf die Belichtungszeit meist nicht wünschenswert. Bei manchen Objektiven kann zwecks Abhilfe die Kamera über einen selbst gebastelten Austauschadapter etwas schief angesetzt werden, so daß der Fokusgang im Mittel etwas ausgeglichen wird. Wegen derartiger Probleme sollte man allerdings ein kleines Spiegelteleobjektiv als Spektrographenoptik ins Auge fassen, denn dieses ist vom Prinzip her weitgehend farbrein. Die Benutzung eines kleinen Newtons ist ebenfalls interessant, sofern man die erforderliche Nachführgenauigkeit zustande bringt, und entweder ein genügend großes Objektivprisma oder eine andere Lösung der Dispersionsfrage realisieren kann (s. Abschn. 7.3 und 7.4).

Beispiel: Gemäß den Betrachtungen über die spektrale Auflösung und das Objektiv wählen wir ein Spiegeltele $f/8$, $f = 500\,\mathrm{mm}$, dazu ein 30°-*Flint-Prisma*, wie es mit den Kantenlängen $60 \times 60\,\mathrm{mm}$ z.B. von der Firma Spindler & Hoyer, Göttingen, zu einem erschwinglichen Preis angeboten wird. Die geringe Abschattung des Objektivs kann man angesichts des drastisch höheren Preises und Gewichts eines größeren Prismas gerne in Kauf nehmen. Die Kombination Flintglas F2 ($\gamma = 30°$) ist auch ein guter Kompromiß zwischen einem zu dicken bzw. schweren Prisma einerseits und einer zu geringen Dispersion andererseits. F2-Glas hat $n_\mathrm{C} = 1{,}61503$ und $n_\mathrm{F} = 1{,}63208$, so daß Gl. (7.1) angewendet folgende Ablenkwinkel für rotes und blaues Licht ergibt: $\delta_\mathrm{C} = 19{,}416°$ und $\delta_\mathrm{F} = 19{,}974°$. Gl. (7.2) führt auf die Winkeldispersion $\Delta\delta_\mathrm{FC} = 0{,}56°$. In der Praxis bedeutet dies, daß die Prismenbasis (Unterkante) um knapp 10° geneigt gegen die optische Achse des Objektivs montiert sein sollte und die Kamera um fast 20° am Stern vorbeischaut. Bei den gewählten 500 mm Brennweite ergibt sich außerdem eine Länge des Spektrums l (zwischen $\lambda_\mathrm{C} = 656\,\mathrm{nm}$ und $\lambda_\mathrm{F} = 486\,\mathrm{nm}$) von 4,87 mm gemäß Gl. (7.3). Wenn man realistischerweise nun annimt, daß der Stern auf 20″ genau nachgeführt und abgebildet werden kann, also $\beta = 0{,}0056°$, so ergibt sich nach Gl. (7.4) eine mittlere spektrale Auflösung von $\Delta\lambda = 1{,}7\,\mathrm{nm}$. Damit können schon die wichtigsten stärkeren Linien sichtbar gemacht werden! Diese 1,7 nm entsprechen gerade dem 100. Teil (1,7 nm/170 nm) der Spektrenlänge l_C, also 0,049 mm und sind daher auch noch gut von einem normalen Film aufzulösen, selbst bei einem gröberen Korn.

Zur Findung der Belichtungszeit muß man in jedem Fall probieren, denn im Detail hängt dieses Problem von sehr vielen Dingen ab, insbesondere von der Länge des Spektrums, der effektiven Öffnung der Kombination Objektiv/Prisma, der erzeugten Breite des Spektrums, der Sternhelligkeit und -farbe, des bevorzugten Spektralbereichs und der spektralen Filmempfindlichkeit. Wie in der Deep-Sky-Fotografie eignen sich auch hier der hypersensibiliserte TP 2415 wegen seines feinen Korns oder Dia- und Farbnegativfilme ab ISO 400/27° sehr gut. Eine grobe Abschätzung soll nun verdeutlichen, wie die wichtigsten Faktoren die Belichtung bestimmen, ausgehend von direkten Sternaufnahmen mit der gleichen Optik und dem gleichen Filmmaterial: Ohne Prisma wird der Stern im obigen Beispiel auf einen Durchmesser von $\beta = 20''$ verschmiert. Das entspricht auf dem Film einer Dicke von $d = \beta['']f_\mathrm{obj}/206000 = 0{,}049\,\mathrm{mm}$ und damit einer Fläche des direkten Sternscheibchens von $\pi d^2/4 = 0{,}0019\,\mathrm{mm}^2$.

Mit Prisma erhalten wir eine Länge des *gesamten* Spektrums (das optisch erfaßbare Licht erstreckt sich ja noch über 656 nm und 486 nm hinaus) von gut 7 mm. Wir verbreitern es auf lediglich 0,4 mm als Kompromiß hinsichtlich sonst längerer Belichtungszeiten. Das verteilt das Licht des Sternes auf ca. 3 mm^2. Gemäß des Verhältnisses der Flächen von Spektrum zu Sternscheibchen, ein Faktor von 1600, müssen wir länger belichten als zur mäßigen Schwärzung des direkt aufgenommenen Sternes erforderlich. Das entspricht praktisch einem Helligkeitsunterschied von 8 Größenklassen, den man in der Grenzgröße gegenüber einer direkten Aufnahme (bei gleichem Objektiv und gleicher Belichtung) verliert.

Eine Verbreiterung des Spektrums von $b = 0{,}4\,\text{mm}$ entspricht bei der im Beispiel gewählten Brennweite von $f = 500\,\text{mm}$ einem Winkel am Himmel von $\alpha = 57{,}295\ b/f = 0{,}046^\circ\ (2{,}76')$. Um sich eine Vorstellung von dieser Breite im Nachführokular zu verschaffen, läßt man einen Stern ohne Nachführung driften. Er benötigt dazu $\alpha \cdot 240\,\text{s}/\cos\delta$ (δ = Deklination des Sterns, α in Grad). Nun probiert man aus, wie lange ein Abfahren dieser Strecke mit dem Handtaster im Schnell- und Langsamlauf dauert, z.B. 40 s. Soll die Belichtungszeit bei 20 Minuten (= 1200 s) liegen, benötigt man also ein 30maliges Abfahren der Spektrenbreite. Dabei ist darauf zu achten, daß man den Stern nicht an den Umkehrpunkten verharren läßt, sonst werden die Ränder des Spektrums in unschöner Weise stärker geschwärzt.

Man ist, wie die 8 Größenklassen Verlust an Grenzgröße in diesem Beispiel zeigen, in der Spektrographie immer auf recht helle Sterne beschränkt. Je nach Filmmaterial und Optik sind vielleicht noch Sterne 4. bis 7. Größe erreichbar. Zum Trost sei aber gesagt, daß für die professionelle Astronomie dieselben Gesetze gelten. Spektakulär hohe Auflösung wird auch dort, trotz des Einsatzes riesiger Teleskope und modernster CCDs, nur bei den allerhellsten Sternen erreicht. Viele schwächere Objekte, jenseits etwa der 15. Größe, können auch nicht besser spektroskopiert werden als die hellen Sterne mit Amateurmitteln. Und schließlich: Wieviele Sterne gibt es doch, die heller als 7. Größe sind!

7.3 Der Spektrograph am Fokus des Fernrohrs

Der in Abschn. 7.2 beschriebene Sternspektrograph hat den Vorteil der Einfachheit und der Möglichkeit, ganze Sternfelder zu erfassen. Leider ist die Grenzgröße aber durch die Wahl eines Teleobjektivs mehr oder weniger beschränkt. Die Erfassung schwächerer Sterne führt zur Benutzung eines Fernrohrs – am besten eines Spiegelteleskops. Hier sollte man eine Alternative zu dem dann ggf. riesigen Objektivprisma (teuer und schwer) bedenken: Man kann das eingangs beschriebene Spektroskop als fokalen Spektrographen hinter dem Fokus des Fernrohrs benutzen, mit der Kamera (ohne eigenes Objektiv) im Fokus von L_2, wo das Spektrum abgebildet wird. Bei Anwendung der o.a. Verbreiterungstechnik kann man auch hier auf den Spalt verzichten, aber muß dann sorgfältig die damit verbundenen Nachführprobleme meistern.

Wenn genügend Platz *vor* dem Fokus ist, kann auch ganz auf eine abbildende Spektrographenoptik verzichtet werden: Lediglich das Prisma (oder Gitter wird in den Strahlengang eingesetzt, der von da ab um den Ablenkwinkel δ geknickt ist (es sei denn, man verwendet ein Amiciprisma). Ferner bedarf es einer Konkavlinse vor und einer Konvexlinse hinter dem Prisma, um es in einen parallelen Strahlengang zu setzen. Deren Brennweiten müssen dafür entgegengesetzt gleich groß sein (andernfalls ändert sich die Gesamtbrennweite), und die konvexe Linse muß zum Fokus einen Abstand s einnehmen, der ihrer Brennweite gleicht. Der Fokus selbst wird dabei etwa um die Weglänge zwischen diesen zwei Hilfslinsen herausverlagert. Die Länge des Spektrums ergibt sich schließlich ganz analog zu Gl. (7.3), nur mit der Änderung, daß statt einer Brennweite $f(L_2)$ der Spektrographenoptik (oder des Objektivs) jetzt die Reststrecke Prisma – Fokus (s') maßgeblich ist. Solch ein einfacher, spaltloser Fokalspektrograph ist auch in Abb. 7.3 wiedergegeben und wird näher beschrieben [7.6]. Ein anderer Weg wird in [7.3] dargestellt, unter Verwendung eines Amiciprismas. Ein Nachteil aller solcher spaltloser Anordnungen ist, daß die große Brennweite des Teleskops zu recht großen Sternscheibchen im Verhältnis zur Spektrenlänge führen kann, je nachdem wie gut die Nachführung bewerkstelligt wird. Analog zum vorher beschriebenen Fall eines Objektivprismas ist eine gute spektrale Auflösung bei langer Brennweite also nur schwer zu erreichen. Mit Spalt wirkt sich dagegen eine schlechte Nachführung nicht auf die Auflösung aus, denn diese hängt dann wieder nur von dessen Öffnung im Verhältnis zur Objektivbrennweite ab! Dafür gibt es andere Nachteile: Bei schlechter Nachführung oder schlechtem Seeing fällt viel Licht neben den Spalt und geht der Belichtung verloren.

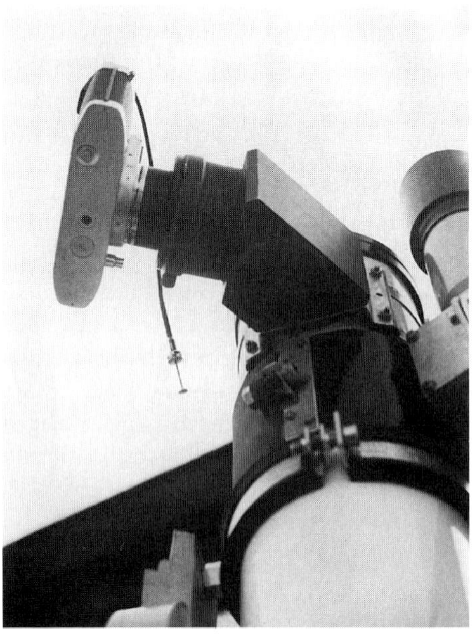

Abb. 7.3. Spaltloser Fokalspektrograph am Newtonteleskop

Ein fokaler Spektrograph *hinter* dem Fokus ermöglicht es im Prinzip, die Winkeldispersion zu erhöhen, indem gleich 2 bis 3 Prismen verwendet werden oder ein *geblaztes* Gitter (s. Abschn. 7.4). Es ergeben sich allerdings recht lange Brennweiten $f(L_1)$ und $f(L_2)$, die das Gewicht am Fokus ungünstigerweise sehr erhöhen, will man die Spektrenlänge und, im Falle eines vorhandenen Spalts, auch die Auflösung vergrößern. Auch ist der technische Aufwand recht hoch. So muß das Öffnungsverhältnis des Objektivs L_1 dem des Fernrohrs entsprechen und das Prisma wie auch L_2 den gleichen Durchmesser haben wie L_1, um Lichtverluste zu vermeiden. Ferner wird es im Falle eines Spalts angeraten sein, per On-Axis-Spiegel einen Einblick auf die Spaltbacken von vorne zu schaffen. Wenn diese blank sind, dann kann man von dort mit einem Nachführokular den Stern per Handtaster im Spalt halten. Ist das Sternbild viel kleiner als die Spaltbreite, muß man notfalls etwas defokussieren, bis die Sternperipherie an den Spaltbacken sichtbar wird, um die volle Kontrolle zu behalten.

7.4 Das Blazegitter, die Alternative zum Prisma

Ein Prisma hat allgemein den Nachteil, daß seine Dispersion recht klein und darüber hinaus (lokal betrachtet), $d\delta/d\lambda$) auch wellenlängenabhängig ist: im blauen Licht größer als im roten. Deshalb soll hier eine moderne Alternative zum Prisma als dispergierendes Element erläutert werden: das Gitter, insbesondere seine Weiterentwicklung, das *Blazegitter*.

Ein Gitter kann im Prinzip als ein Linienmuster auf transparenter Folie oder auch als Rillenmuster auf einem Spiegel realisiert werden. Dabei muß allerdings der Abstand d zwischen je 2 Linien genau gleich sein, und hohe Dispersionen erfordern auch ein sehr kleines d, wie man gleich sehen wird. Geht Licht einer Wellenlänge λ durch ein Gitter mit der Gitterkonstanten d, so entstehen durch Beugung und Interferenz verschiedene Lichtmaxima. Das Maximum der 0. Ordnung, das hellste bei einem gewöhnlichen Gitter, liegt genau in Richtung des ursprünglichen Strahls (bei Spiegelgittern in Richtung des reflektierten Strahls). Ohne Ablenkung gibt es aber auch keine Dispersion: Dieses Licht ist für unsere Zwecke also verloren, der große Haken am gewöhnlichen Gitter! Für die Maxima der anderen, n-ten Ordnungen ist dagegen der Ablenkwinkel α_n abhängig von der jeweiligen Wellenlänge λ. Es gilt bei einem zum Gitter senkrechtem Lichteinfall (Abb. 7.4)

$$\sin \alpha_n(\lambda) = n\lambda/d \tag{7.5}$$

und damit für die Position s (mit $s = 0$ im Maximum 0. Ordnung) in der Ebene im Abstand l vom Gitter

$$s_{\lambda n} = l \sin \alpha_n(\lambda) = ln\lambda/d. \tag{7.6}$$

Je größer also Wellenlänge und Ordnung sind, desto weiter ab befindet sich das 1. Beugungsmaximum der n-ten Ordnung. Abbildung 7.4 stellt aber zwecks übersichtlicherer Darstellung nur die Beugung einer Wellenlänge dar (monochromatisches Licht). Die Winkeldispersion δ_{FC} ist im Verhältnis zum mittleren Ablenkwinkel recht groß:

$$\delta_{FC} = \alpha_n(\lambda_F) - \alpha_n(\lambda_C) = \arcsin(n\lambda_F/d) - \arcsin(n\lambda_C/d). \tag{7.7}$$

Anders als beim Prisma wird das rote Licht stärker abgelenkt als das blaue, das Spektrum verläuft gleichmäßig (linear in s) mit der Wellenlänge, und die lokale Winkeldispersion $d\alpha_n/d\lambda$ ist fast konstant. Außerdem läßt sie sich theoretisch beliebig erhöhen, wenn nur d klein genug ist oder man in höhere Ordnungen n geht. Ein Beispiel mag einem das Gefühl für realistische Anforderungen geben: Sei $d = 3/1000\,\text{mm}$, dann ist α_1 (Ablenkwinkel in 1. Ordnung) 10° für $\lambda = 520\,\text{nm}$ ($\approx$ gelb) und die Winkeldispersion zwischen rotem und blauem Licht bereits $\delta_{FC} = 3{,}3^\circ$ (zum Vergleich: das 30°-Flintprisma bringt es nur auf $0{,}56^\circ$!). Das erhält man bei 330 Linien pro mm, was bei professionell hergestellten Gittern durchaus gängig ist. Derartige Gitter sind aber nur bei kleineren Abmessungen erschwinglich, so daß sie statt als Objektivvorsatz eher für die Verwendung kurz vor dem Fernrohrfokus in Frage kommen.

Die spektrale Auflösung ist hier zusätzlich vom Gitter begrenzt, hängt also nicht nur von der Spaltbreite etc. ab wie beim Prismenspektroskop! Wichtig ist nämlich, wie scharf die Beugungsmaxima der n-ten Ordnung sind, d.h. wie groß jeweils $\Delta\alpha$ in Abb. 7.4 ist. Es gilt somit für die Begrenzung von $\Delta\lambda$ nach unten durch das Gitter selbst

$$\Delta\lambda = \Delta\alpha \cdot \lambda = \lambda d/nB = \lambda/Nn. \tag{7.8}$$

B: *ausgeleuchtete* Gitterbreite
N: Zahl der Gitterlinien darin

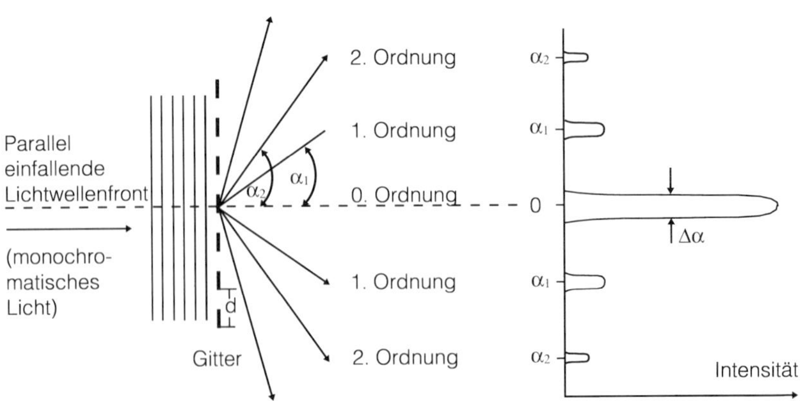

Abb. 7.4. Lichtbeugung am Gitter. Erläuterungen s. Text

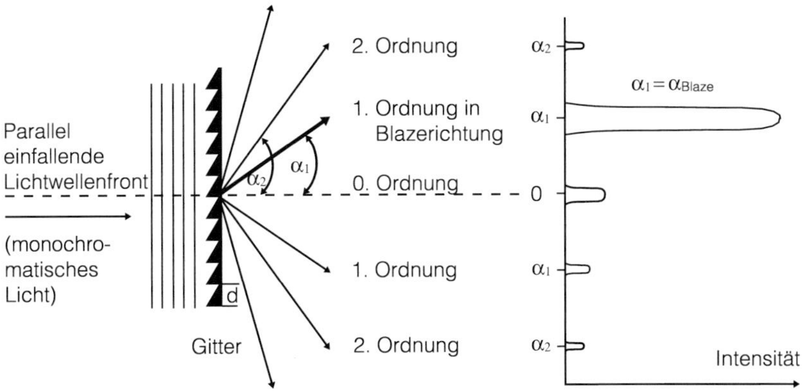

Abb. 7.5. Lichtbeugung an einem Blazegitter. Erläuterungen s. Text

Ein Beispiel zeigt, daß diese spektrale Auflösung vom Gitter her sehr gut sein kann (also eher durch die anderen Faktoren bestimmt wird): bei 520 nm erhält man in 1. Ordnung ($n = 1$) $\Delta\lambda = 0{,}1$ nm, wenn $N = 5200$ ist. Bei 330 Linien pro mm muß das Gitter dafür also nur ca. mindestens 16 mm breit sein. Es ist darauf zu achten, daß diese Breite in der optischen Anordnung auch voll vom Lichtbündel des Sterns ausgeleuchtet wird - vor allem beim Einsatz vor dem Fokus!

Man sollte bereits bei der Konstruktion bestrebt sein, die schon vom Prismenspektrographen her bekannten anderen Einschränkungen der spektralen Auflösung diesen Gittereigenschaften anzupassen. In der Praxis betrifft dies die erzeugte Länge des Spektrums im Verhältnis zur Filmauflösung, die Spaltbreite im Verhältnis zu $f(L_1)$, und, beim spaltlosen Spektrographen, die Nachführgenauigkeit im Verhältnis zur Dispersion. Im allgemeinen aber wird die Begrenzung der Auflösung durch das Gitter selbst niedriger bleiben.

Um das Gitter für unsere Zwecke brauchbar zu machen, muß sein Hauptnachteil beseitigt werden: die verschenkte Intensität in der 0. Ordnung (s. Abb. 7.4)! Dafür gibt es einen Trick, dessen Prinzip Abb. 7.5 veranschaulicht. Gibt man den durchsichtigen Räumen zwischen den Gitterlinien den Querschnitt von Prismen, die das Licht in den sogenannten *Blazewinkel* brechen, so kann man mit dem Blazewinkel entscheiden, in welcher Ordnung man vorzugsweise das meiste Licht haben will. Es bietet sich an, den Blazewinkel so zu wählen, daß eine der beiden ersten Ordnungen aufgehellt wird. Im Prinzip kann man damit auch höhere Ordnungen nutzbar machen, in denen man ja die höhere Dispersion bekommt. Man muß dann aber Vorkehrungen treffen, daß sich nicht z.B. das blaue Licht der 3. Ordnung mit dem roten Licht aus der 2. Ordnung *überlappt* (gemäß Gl. (7.6) ist die Ablenkung in beiden Fällen gleich, da sich die Wellenlängen wie 400 zu 600, also gerade wie 2 zu 3 verhalten!), z.B. durch geeignete Filterung und damit Einschränkung des Spektralbereichs. Im Falle eines Spiegelgitters würden die Flächen zwischen den Linien einfach so angeschrägt, daß die Reflexion an ihnen in die gewünschte Blazerichtung geht. In beiden Fällen verbleiben die beugungsbedingten Lichtmaxima an ihrem Ort. Beugung „sieht" nicht den Raum zwischen den Linien, aber der Schwerpunkt der Lichtverteilung über die Beugungsmaxima wird, vereinfacht gesagt, mit Hilfe des Blazewinkels verlagert.

Die Firma Baader Planetarium [2.7] bietet ein Blazegitter für die 1. Ordnung an, das für den Einsatz vor dem Fokus eines Fernrohrs ausgelegt ist, ohne Spalt (analog zum vereinfachten fokalen Prismenspektrographen in Abschn. 7.3). Eine Zylinderlinse verbreitert das Spektrum für visuelle Beobachtungen, fotografisch bedient man sich am besten der Verbreiterung per Offsets beim Nachführen. Die Spektrenlänge wird von der Distanz s' zum Fokus bestimmt und kann bequem auf über 10 mm gebracht werden. Die ausgeleuchtete Breite B (wichtig für die gitterbedingte Auflösungsbeschränkung) ergibt sich aus $s'F/D$. Selbst bei $F/D = 10$ und einer Fokusdistanz von 10 cm wird also noch 1 cm ausgeleuchtet. Die damit erreichbare spektrale Auflösung ($\Delta\lambda$ ca. 0,2 nm) ist sehr hoch. Dieses Gitter kann auch vor kleineren Objektiven als Objektivgitter benutzt werden. Bei größeren Öffnungen beschränkt dann zwar sein Durchmesser stark die effektive lichtsammelnde Fläche, aber in Verbindung mit einer kürzeren Brennweite (wenig Nachführprobleme) und feinkörnigem Film kann die spektrale Auflösung des Gitters (welches ja jetzt in voller Öffnung benutzt wird) optimal ausgenutzt werden.

7.5 Anregungen zur Anwendung

In der professionellen Astronomie ist die Spektroskopie – z.T. noch per Fotoplatte, meist per CCD betrieben – die verbreitetste Beobachtungstechnik überhaupt. Bei den Amateuren wird sie dagegen sehr stiefmütterlich behandelt. Es liegt wohl daran, daß ihr die spektakulären und ästhetisch reizvollen Bildresultate fehlen. Der Reiz der Spektroskopie liegt auf einer weniger anschaulichen Ebene und eröffnet sich erst mit einigen Vorkenntnissen und ggf. Auswertearbeiten. Die im folgenden angeführten Beispiele sollen daher den Leser zum Experimentieren anregen und demonstrieren, daß einige durchaus reizvolle und lehrreiche Anwendungsmöglichkeiten zum Einstieg bestehen.

Abbildung 7.1 zeigt einen Spektrographen, der aus einem einfachen Spektroskop mit der Kamera (im Fokus von L_2, ohne deren Objektiv) besteht, und die Fotografie des Sonnenspektrums mit seinen Fraunhoferlinien erlaubt. Die Lichtfülle ermöglicht den Einsatz feinkörniger Diafilme, so daß das Resultat auch ästhetisch sehr befriedigend ist. Die Belichtung kann man mit Hilfe der Kameraautomatik ermitteln: Die Automatik bezieht die gemessene Helligkeit auf das gesamte Bildfeld (Ausnahme: Spotmessung). Daher muß man die angezeigte Zeit um den Faktor verkürzen, um den die vom Spektrum eingenommene Fläche kleiner ist als die des gesamten Bildfeldes (Schätzung genügt), sonst wird das Spektrum – wegen des dunklen Hintergrunds – überbelichtet. Ohne manuellen Modus kann man die Kamera üblicherweise überlisten, indem man die Filmempfindlichkeit entsprechend heraufsetzt.

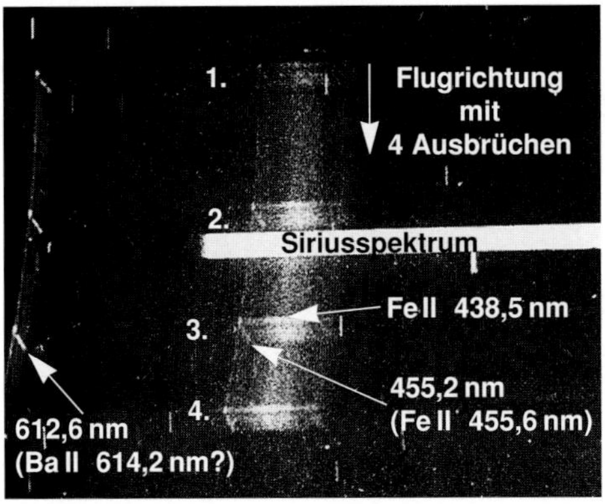

Abb. 7.6. Spektrum eines Meteors am 4.2.1973, aufgenommen durch ein Teleobjektiv 3,5/135 mm mit 60°-Objektivprisma aus Kronglas auf Ilford FP4-Film und 4 min belichtet. Foto: E. Pollmann

Die erste Entdeckung wird sein, daß die Helligkeitsverteilung im Spektrum stark schwankt, weil die spektrale Empfindlichkeitsverteilung der Emulsion nicht konstant ist. Bei Schwarzweißfilmen ist dies nicht ganz so schlimm, in jedem Fall aber kann man die unterschiedliche Reichweite ins Rote hinein studieren anhand der Wiedergabe der Hα-Linie. Im tiefen Blau sind die CaII-Linien ein prominenter Anhaltspunkt. Hier ist meist die Durchsichtigkeit von Himmel und Optik der limitierende Faktor. Im Vergleich zu einem identifizierten Sonnenspektrum aus der Fachliteratur kann man sich nun selbst an die Identifikation machen und einen Eindruck von der Dispersion bekommen. Bei Prismen zeigt sich die deutlich größere Spreizung im Blauen!

Hat man sich mit diesem Spektrographen vertraut gemacht, erfolgt ein interessantes Experiment bei Nacht: Man richtet das Gerät auf den Nachthimmel und belichtet so lange (Standaufnahme, hochempfindlicher Film), bis sich sein Spektrum abbildet. Wenn der Nachthimmel sehr dunkel ist, kann man den Spalt etwas größer wählen, um auf Kosten der Auflösung etwas Lichtstärke zu gewinnen. Das Resultat verrät einiges über die Lichtverschmutzung. Das natürliche Nachthimmelsleuchten zeigt u.a. eine prominente Emissionslinie bei 557,7 nm und ein bläuliches Kontinuum; gestreutes Licht von Glühbirnen dagegen ein orangenes Kontinuum ohne Linien. Leuchtstoffröhren erzeugen ein rötliches Kontinuum plus eine Zahl blauer und grüner (je nach Typ) intensiver Emissionslinien. Zu diesem Thema ist [7.2] sehr aufschlußreich.

Mit dem in Abschn. 7.2 beschriebenen und abgebildeten Sternspektrographen lassen sich bei weitem nicht nur Sterne erfassen, es sind auch andere interessante Anwendungen möglich. Bei kurzer, lichtstarker Kameraoptik und mit sehr viel Geduld kann man versuchen, das Spektrum eines Meteors zu fotografieren. Es wird ein mittelempfindlicher Film und ein dunkler Himmel benötigt, um längere Belichtungszeiten (größere Erfassungschance) zu erreichen. Die hellsten Meteore sind trotz der kurzen Aufleuchtzeit gerade noch im Bereich des belichtungstech-

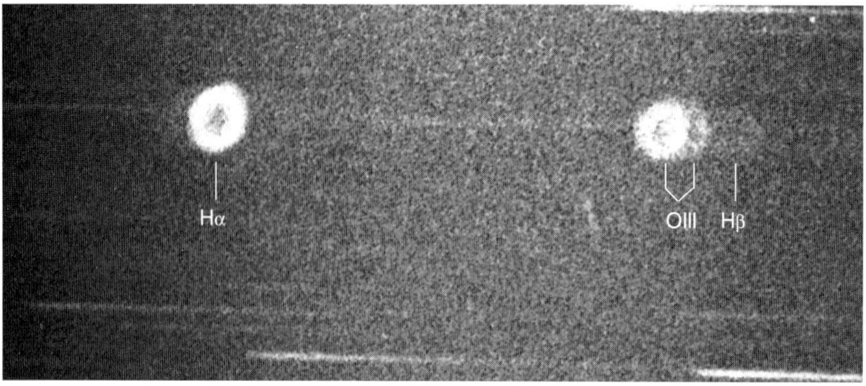

Abb. 7.7. Spaltloses Spektrum des Ringnebels M57. Am linken, langwelligen Ende erkennt man das Hα-Bild (656,3 nm), in der Bildmitte dominiert die [OIII]-Emission (500,7/495,9 nm). Im Kurzwelligen erkennt man gerade noch das Hβ-Bild (486,1 nm). Das konvergente Strahlenbündel eines C14-Teleskops wurde nach Durchgang durch einen Kollimator (Achromat, $f \approx 150$ mm) parallel durch ein dreiteiliges Amiciprisma geschickt und anschließend mit einem 50-mm- Normalobjektiv auf der Filmebene fokussiert. Belichtung 30 min auf 103a-F. Foto: B. Koch

nisch Möglichen, wie die Aufnahme von Ernst Pollmann (Abb. 7.6) beweist. Allerdings sind diese nicht nur selten, sondern es ist darüber hinaus auch noch Glückssache, ob sie senkrecht zur Dispersion ziehen. Der Reiz liegt in der Seltenheit so einer Erfassung. Sie könnte die Ionisation der Luft in der Meteorspur und deren Änderung mit fallender Höhe zeigen, wenn die Emissionslinien aufgelöst werden können.

Mit einer längerbrennweitigen Optik und ausreichender Dispersion, so wie bei der erwähnten Kombination Spiegelteleobjektiv/30°-Flintprisma oder anderen spaltlosen Spektrographen in Verbindung mit einem Spiegelteleskop, sollte man sich auch mal an die Fotografie von Planetarischen Nebeln heranwagen. Man führt hier ohne Verbreiterung nach und erhält ein *mehrfaches* Abbild – in jeder seiner Emissionslinien – wie eine Perlschnur unter den strichförmigen Sternspektren (Abb. 7.7).

Der gesamte Spektralbereich läßt sich gut mit dem hypersensibilisierten TP 2415 erfassen. Bei kleineren Nebeln bekommt man sogar einige Bilder nebeneinander ohne Überlappung, zumindest von Hα (mit kleinen Anteilen von NII-Linien) bei 656,3 nm, neben dem Überlapp von OIII (2 verbotene Linien bei 500,7 und 495,9 nm) mit Hβ bei 486,1 nm. Dazu kommt evtl. OII bei 372,6 nm, sofern so kurze Wellenlängen noch von Himmel und Optik transmittiert werden, und u.U. gedrängtere und schwächere Bilder in den blauen Balmerlinien Hγ, Hδ usw. Die Stärke von Hβ zu OIII ist übrigens ein guter Indikator für die Dichte des Nebels und variiert daher von Objekt zu Objekt. Die erreichbare Grenzgröße liegt viel tiefer als bei Sternspektren mit der gleichen Apparatur! Denn der Gasnebel verteilt sich ja lediglich auf eine begrenzte Anzahl von Bildern, nicht auf ein langes Spektrum. Objekte wie M27 und M57 sind daher gut erfaßbar.

8 Die fotografische Grenzgröße

8.1 Die Helligkeitssysteme

Zum Anschluß an bekannte Sterne muß nach Möglichkeit in einem Spektralbereich fotografiert werden (ähnlich oder besser identisch), in dem schon viele Helligkeitswerte vorliegen. Zur definierten Messung der Sternhelligkeiten hat man sich heutzutage in der professionellen Astronomie weitgehend auf das *UBV-System* (d.h. $U = m_u$ für UV, $B = m_b$ für blau, $V = m_v$ für visuell) nach Johnson geeinigt. Farbnullpunkt, sprich: weißes Licht, liefert per Definition ein Stern vom Typ A0: $U - B = B - V = 0{,}00$. In der Praxis bedeutet das, daß man das Produkt von spektraler Detektorempfindlichkeit und Filterdurchsichtigkeit eines jeden Photometers den in Abb. 8.1 wiedergegebenen) Original-Johnson-Verläufen in U, B, V bestmöglichst anpassen muß. Jede Abweichung in der spektralen Empfindlichkeitsverteilung führt zu abweichenden Messungen gegenüber dem UBV-System, abhängig von der Sternfarbe, weil diese auf den Meßwert durchschlägt [8.1].

Der Wunsch, die Vielzahl von historischen Durchmusterungsaufnahmen auf orthochromatischem Plattenmaterial auszuwerten, hat zur Definition einer *fotografischen Helligkeit* m_{pg} geführt, die einen breiten Bereich vom nahen UV bis Gelb, aber ohne Rot und Orange abdeckt. Heutige Filmmaterialien dagegen schließen für gewöhnlich (Ausnahme: spezielle Emulsionen wie IIIa-J) alle Farben in ihren Empfindlichkeitsbereich mit ein. Man darf daher nicht irrtümlicherweise m_{pg} mit dem gleichsetzen, was man auf heutigen Filmen messen würde! Dagegen liegt der Versuch nahe, mit einem panchromatischen Film plus Gelbfilter dem Bereich visueller Empfindlichkeit nahe zu kommen. In Abb. 8.1 ist der Verlauf solch einer spektralen Empfindlichkeitsverteilung, m_{pv} (photovisuell) – allerdings aus den 50er Jahren [8.2] – wiedergegeben. Zum Vergleich sind m_{pg} und die visuelle spektrale Empfindlichkeit des Auges gegeben.

In der Praxis sind heutzutage Angaben in B (m_b) und V (m_v) im Johnson-System am weitesten verbreitet. Ferner reichen heutige Schwarzweißemulsionen um 30–50 nm weiter in das Rote hinein als m_{pv} und kommen dort dem Verlauf des V-Bereichs viel näher. Man kann daher mit einem panchromatischen Schwarzweißfilm (z. B. T-MAX) und Gelbfilter (z. B. W9) an Vergleichsternhelligkeiten im Johnson-V-Bereich (bzw. m_v) anschließen.

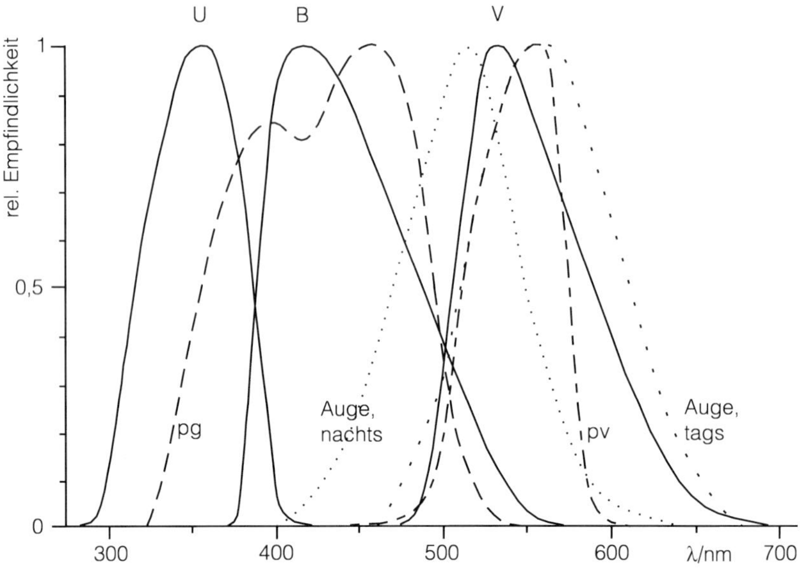

Abb. 8.1. Relative Empfindlichkeit fotografisch und visuell, sowie das UBV-System nach Johnson [8.2]

8.2 Erreichbare Grenzgröße m_{gr} punktförmiger Objekte

Alle folgenden Ausführungen setzen im Prinzip voraus, daß die Aufnahmen in den oben genannten definierten Farbbereichen durchgeführt wurden.

Die erreichbare Grenzgröße m_{gr} „punktförmiger" Objekte (deren Winkelgröße unter der Auflösung der Teleskop/Film-Kombination liegt, also Sterne, kleine Planetarische Nebel etc.) ist in erster Linie eine Funktion des Objektivdurchmessers D, des Streuscheibchendurchmessers b auf dem Film, der Belichtungszeit t (in s), des Schwarzschildexponenten p, der Filmempfindlichkeit E (ASA), eines möglichen Filterfaktors k und des Himmelhintergrunds m_H in mag pro Quadratgrad [8.3]

$$m_{gr} = 2{,}5p \lg t + 5 \lg \frac{D}{b} + 2{,}5 \lg E - 2{,}5 \lg k - 20{,}25^m + m_H . \tag{8.1}$$

Gleichung 8.1 ist gültig für Belichtungszeiten t kürzer als die Maximalbelichtungszeit t_{max}. Für dunklen Himmel gilt $m_H = 4^m/\square^\circ (= 13^m/\square' = 22^m/\square'')$. Bei aufgehelltem Himmel in Stadtnähe kann der Himmelshintergrund bis zu $2^m/\square^\circ$ und mehr betragen. D/b bezeichnet die Abbildungsgüte des Systems. Der Streuscheibchendurchmesser b hängt von vielen Faktoren ab und muß für jede Aufnahme nachträglich ermittelt werden. Dazu wird das Negativ mit Hilfe einer Meßlupe oder eines Koordinatenmeßtisches vermessen.

Beispiel: C14 mit $f = 4000\,\text{mm}$ Brennnweite. Bei gutem Seeing, präziser Nachführung und guter Fokussierung beträgt der Durchmesser der schwächsten abgebildeten Sterne etwa $1{,}5''$. Der Streuscheibchendurchmesser b ergibt sich somit zu $b = 4000\,\text{mm} \cdot \tan(1{,}5''/3600'') = 0{,}03\,\text{mm}$. Mit $E = 400\,\text{ASA}$, $p = 1$, $m_H = 4^m/\square^\circ$ und $D = 35{,}6\,\text{cm}$ ergibt sich bei einer Belichtungszeit von $t = 60\,\text{min} = 3600\,\text{s}$ eine Grenzgröße von $m_{gr}(3600\,\text{s}) = 19{,}5^m$. Dieser Wert stimmt recht gut überein mit Helligkeitswerten, die der Autor anhand von Helligkeitssequenzen im V-Bereich, aufgenommen mit TP 2415 (integral, ohne Filter) ermittelt hat. Der so ermittelte Wert für die Grenzgröße kann aber nur etwa auf eine Größenklasse genau sein, wenn die tatsächliche Filmempfindlichkeit und die Helligkeit des Himmelshintergrunds nicht genau bekannt sind. Zusätzlich ist zu beachten, daß eine Helligkeitssequenz mit der korrekten Film-Filterkombination aufgenommen werden müßte. An dieser Stelle steht aber nicht die absolute Genauigkeit im Vordergrund, sondern es sollen nur die Abhängigkeiten verdeutlicht werden.

8.3 Erreichbare Grenzgröße m_{ges} flächenhafter Objekte

Die in der Belichtungszeit t ($t \leq t_{max}$) erreichbare Nebelgesamthelligkeit von ausgedehnten Objekten, deren Flächenausdehnung über der Streuscheibchengröße eines gleichhellen Sterns ist, ermittelt man nach

$$\begin{aligned} m_{ges} = {} & 2{,}5p \lg t + 5 \lg N + 2{,}5 \lg E - 2{,}5 \lg k \\ & - 11{,}75^m - 2{,}5 \lg A + m_H. \end{aligned} \tag{8.2}$$

Dabei ist t die Belichtungszeit (in Sekunden), N das Öffnungsverhältnis, E die Filmempfindlichkeit (in ASA), p der Schwarzschildexponent, m_H der Himmelshintergrund (s. o.) und k der Filterfaktor. A ist die Fläche des abgebildeten Nebels in Quadratgrad ($\square^\circ$).

Beispiel 1: Mit $t = 3600\,\text{s}$, $N = 5$, $E = 400\,\text{ASA}$, $k = 1$, $p = 1$ und $m_H = 4$ folgt $m_{ges} = 11{,}1^m - 2{,}5 \lg A\square^\circ$. Beträgt die Nebelfläche beispielsweise $100\square'' = 100/3600\square^\circ = 0{,}028\square^\circ$, so folgt $m_{ges} = 15{,}0^m$. Das bedeutet, daß ein gleichmäßig heller Nebel (ohne erkennbare Feinstruktur) noch abgebildet ist, wenn seine Gesamthelligkeit 15 Größenklassen nicht unterschreitet. Für Nebel, die bei längerer Brennweite in Strukturen wie Knoten oder Filamente aufgelöst werden, gilt näherungsweise Gl. (8.1).

Beispiel 2: Nun wird klar, daß man bei der Beurteilung, ob ein bestimmter Nebel noch abgebildet ist, nicht nur seine Gesamthelligkeit, sondern auch seine Flächenausdehnung in Betracht ziehen muß. Nimmt man beispielsweise die Spiralgalaxie M33 im Sternbild Dreieck, so wird diese in den Katalogen mit einer Fläche von ca. $A \approx 1^\circ \times 1^\circ = 1\square^\circ$ angegeben. Legt man die in Beispiel 1 gewählten Parameter (sehr dunkler Himmel) zugrunde, so folgt $m_{ges} = 11{,}1^m$. Das bedeutet, daß M33 etwa $11{,}1^m$ schwach sein dürfte, um noch registriert zu werden. Mit ca. $5{,}7^{\mathrm{m}}$ Gesamthelligkeit liegt M33 ca. $5{,}4^{\mathrm{m}}$ über dieser Schwelle und wird somit deutlich abgebildet.

Legt man nun die Parameter in Großstadtnähe zugrunde, so kann mit einem Film vom $E = 400$ ASA bei einer Blende von $N = 1{,}8$ maximal rund 60 s belichtet werden. Die Himmelshelligkeit beträgt mindestens $m_{\mathrm{H}} = 2^{\mathrm{m}}$. Mit $p = 1$ und $k = 1$ folgt $m_{\mathrm{ges}} = 2{,}5^{\mathrm{m}} - 2{,}5 \lg 1 = 2{,}5^{\mathrm{m}}$. Da M33 aber nur $5{,}7^{\mathrm{m}}$ „schwach" ist, wird die Galaxie nicht auf dem Film registriert.

8.4 Maximale Grenzgröße m_{gr} punktförmiger Objekte

Dies ist die Grenzgröße, die angibt, welche schwächsten Sterne noch auf der Aufnahme enthalten sind, wenn alle Aufnahmeparameter optimal gewählt worden sind. Die Belichtungszeit entspricht dabei der Maximalbelichtungszeitzeit $t = t_{\max}$. Man spricht auch von *Ausbelichtung* der Aufnahme.

Nicht nur die instrumentellen Faktoren, wie Öffnung D und Brennweite f bestimmen die Parameter der Aufnahme. Die Angabe, auf welchen Streuscheibchendurchmesser b die Sterne auf dem Film abgebildet werden, spielt eine entscheidende Rolle. Jeder Stern wird auf dem Film zu einem Scheibchen mit dem Durchmesser b vergrößert abgebildet. Die Ursachen sind:

- Beugung des Lichts an der Öffnung des Fernrohrs (b_0)
- Das nur endliche Auflösungsvermögen des Films (Filmkörnung) (b_1)
- Bei langer Brennweite Einfluß des Seeings (b_2)
- Nachführgenauigkeit (b_3)
- Verzeichnung des Objektivs (b_4)

Für den auf dem Film registrierten Streuscheibchendurchmesser b gilt näherungsweise

$$b = \sqrt{\Sigma b_{\mathrm{i}}^2}. \tag{8.3}$$

Die beitragenden Faktoren sind:

- Nach Airy ist der Durchmesser des Beugungsscheibchens b_0 nur abhängig von der Lichtwellenlänge und dem Öffnungsverhältnis f/D: $b_0 = 2{,}44\lambda f/D$
- Das endliche Auflösungsvermögen A des Films mit Werten zwischen 50 und 320 Linien/mm ergibt für den Streukreisdurchmesser $b_1 \approx 1/A$ mit Werten im Bereich 3 μm - 20 μm
- Bei längerer Brennweite wird der Einfluß der Luftunruhe sichtbar. Bei ruhiger Luft liegt das Seeing unter $1''$, bei unruhiger Luft oder in Horizontnähe $5''$ – $10''$. Der Durchmesser des Seeingsternscheibchens beträgt $b_2 = k\alpha f$ (mit $k = 5 \cdot 10^{-6}$, wenn α in Bogensekunden gemessen wird)
- Für das nachführungsbegrenzte Sternscheibchen gilt: $b_3 = k\beta f$, wobei β die Nachführgenauigkeit in Bogensekunden angibt
- Sphärische Aberration und Koma bei Reflektoren sowie sphärische und chromatische Aberration bei Refraktoren bewirken nicht-ideal abgebildete Sterne, besonders in den Bildecken

- Ein schlechter Fokus, der auf Unzulänglichkeiten bei der Scharfeinstellung zurückzuführen ist, sowie mangelnde Planlage des Films und Temperaturgang des Tubus sind häufig anzutreffen: $b_5 = k\gamma f$

Das Kriterium dafür, daß ein Stern nicht mehr abgebildet wird, ist, daß die Helligkeit des verschmierten Sternscheibchens kleiner oder gleich der Helligkeit des Grundschleiers ist, der sich wiederum aus natürlichem Nachthimmelsleuchten, städtischem Streulicht etc. zusammensetzt. Dieses Kriterium wird den weiteren Beziehungen zugrunde gelegt.

Nach Knapp [8.3] findet man für die Grenzgröße:

$$m_{gr} = 5 \lg f/b - 8{,}5^m + m_H. \tag{8.4}$$

b: Streuscheibchendurchmesser des Sterns auf dem Film
f: Brennweite der Aufnahmeoptik
m_H: Helligkeit des Himmelshintergrunds in mag/□°
m_{gr}: Grenzgröße in Größenklassen

Alle Faktoren, die unter den Begriff Transparenz fallen, sind in m_H zu berücksichtigen. Dieser Wert muß daher für einen gegebenen Aufnahmeort anhand einer Helligkeitssequenz experimentell ermittelt werden. Die maximal erreichbare Grenzgröße m_{gr} hängt bei gegebenem Aufnahmeort primär von f/b, dem Auflösungsvermögen der Aufnahmeoptik ab. Man erkennt, daß die Grenzgröße weder von der Filmempfindlichkeit noch vom Objektivdurchmesser direkt abhängig ist, da sie bei der jeweiligen maximal möglichen Belichtungszeit erreicht wird. Es folgen einige interessante Grenzfälle.

Kurzbrennweitiges Objektiv (Weitwinkel- oder Normalobjektiv), grobkörniger Film mit geringer Auflösung, ideale Nachführung sowie ein verzeichnungsfreies Objektiv: $b_1 >> b_0, b_2, b_3, b_4$, d.h. $b = b_1$. Damit folgt

$$m_{gr} = 5 \lg(f/b_1) - 8{,}5^m + m_H. \tag{8.5}$$

Bei vorgegebenem Film ($b_1 = const.$) hängt die Grenzgröße logarithmisch von der Brennweite ab.

Beispiel: $f = 50$ mm, $f/D = 1{,}8$, $A = 50$ L/mm (Diafilm oder T-MAX 3200), $\lambda = 500$ nm, Seeing $\alpha \leq 5''$, ideale Nachführung ($b_3 = 0$), verzeichnungsfreies Objektiv ($b_4 = 0$). Man erhält: $b_0 = 2\,\mu$m, $b_1 = 20\,\mu$m, $b_2 = 1\,\mu$m. Bei ideal dunklem Nachthimmel ($m_H = 4^m$) folgt für die Grenzgröße: $m_{gr} = 12{,}5^m$. Ein Grenzwert, der in der Praxis durchaus erreichbar ist.

Langbrennweitiges Instrument. $f = 2000$ mm, $f/D = 10$, feinkörniger Film mit hoher Auflösung ($A = 300$ L/mm), verzeichnungsfreies Objektiv ($b_4 = 0$), ideales Seeing ($\alpha = 0{,}5''$), Nachführtoleranz $\pm 1''$($\beta = 2''$), scharfer Fokus. Daraus folgt: $b_0 = 12\,\mu$m, $b_1 = 3\,\mu$m, $b_2 = 5\,\mu$m, $b_3 \approx 20\,\mu$m. Es gilt somit $b_3 >> b_0, b_1, b_2, b_4, b_5$. Man erkennt, daß der Durchmesser des Streuscheibchens im wesentlichen von der Nachführgenauigkeit β (b_3) abhängt und bei hoher Nachführgenauigkeit auch fast beugungsbegrenzt fotografiert werden kann, sofern Überstrahlungseffekte in der Emulsion durch einen Lichthofschutz verhindert werden. Bei einer Nachthimmelshelligkeit von 4^{m} ergibt sich somit für die Grenzgröße $m_{\mathrm{gr}} = 20{,}5^{\mathrm{m}}$. Führt man z.B. wesentlich schlechter nach ($\pm 5''$, $b = 10''$), so ist $b_3 = 100\,\mu\mathrm{m}$ und die Grenzgröße geht auf $17{,}0^{\mathrm{m}}$ zurück.

Abhängigkeit vom Seeing, wenn $b_2 >> b_0, b_1, b_3, b_4$:

$$m_{\mathrm{gr}} - m_{\mathrm{H}} = 18{,}1^{\mathrm{m}} - 5 \lg \alpha''. \tag{8.6}$$

Tabelle 8.1 zeigt die Abhängigkeit der Grenzgröße vom Seeing mit $m_{\mathrm{H}} = 4^{\mathrm{m}}$ und α in Bogensekunden. Analog kann für das Seeing hier die Nachführgenauigkeit oder die Defokussierung eingesetzt werden.

Tabelle 8.1 Grenzgröße als Funktion des Seeings bei $m_{\mathrm{H}} = 4^{\mathrm{m}}$

α''	1	5	10	20
$m_{\mathrm{gr}}/\mathrm{mag}$	18,1	14,6	13,1	11,6

8.5 Grenzgröße bei Strichspuraufnahmen mit ruhender Kamera

Die heutigen hochempfindlichen und zugleich feinkörnigen Schwarzweißfilme erreichen schwächste Sterne in überraschend kurzer Belichtungszeit. Dies ermöglicht gerade dem angehenden Astrofotografen, der noch über keine Montierung oder Nachführung verfügt, sich leicht einen Sternbilderatlas anzulegen.

In Abschn. 3.1.1, Gl. (3.3) wurde hergeleitet, wie lange ein Sternfeld in Abhängigkeit von der mittleren Deklination des Aufnahmefeldes belichtet werden kann, ohne daß die Sterne strichförmig erscheinen.

Ein Stern bildet sich als Strichspur ab, wenn er auf dem Film seinen eigenen Streukreisdurchmesser zurückgelegt hat. Das ist im folgenden das Grenzkriterium. Es werden bis zu dieser Belichtungszeitgrenze immer schwächere Sterne abgebildet, danach erscheint der Stern länglich und die Grenzgröße bleibt die gleiche.

Setzt man beispielsweise die zulässige Belichtungszeit, bis zu der die Sterne am Himmelsäquator noch punktförmig abgebildet werden, in Gl. (8.1) ein, so erhält man

$$m_{\mathrm{gr}} = 2{,}5 p \lg \frac{b}{f} + 10{,}34^{\mathrm{m}} p + 5 \lg \frac{D}{b} + 2{,}5 \lg E - 20{,}25^{\mathrm{m}} + m_{\mathrm{H}}. \tag{8.7}$$

Mit $p = 1$ vereinfacht sich Gl. (8.7) zu:

$$m_{\mathrm{gr}} = 2{,}5 \lg \frac{fE}{N^2 b} - 9{,}9^{\mathrm{m}} + m_{\mathrm{H}} \tag{8.8}.$$

Beispiel: $f = 50\,\mathrm{mm}$, $A = 50\,\mathrm{L/mm}$, $E = 400\,\mathrm{ASA}$, $b = 0{,}02\,\mathrm{mm}$, $p = 1$, $N = 1{,}8$, $m_{\mathrm{H}} = 4^{\mathrm{m}}$. Man erhält gemäß Gl. (3.3) $t_{\max} = 5{,}5\,\mathrm{s}$ und gemäß Gl. (8.8)

$m_{gr} = 7{,}8^m$. Zusammengefaßt bedeutet das: Belichtet man mit einem 50-mm-Objektiv bei Blende 1,8 ein Sternfeld am Himmelsäquator (mittlere Deklination $\delta = 0°$), so bleiben die Sterne bis zu einer Grenzbelichtungszeit von 5,5 s punktförmig und die erreichte Sterngrenzgröße beträgt $7{,}8^m$.

8.6 Die maximal mögliche Belichtungszeit t_{max}

Darunter versteht man die Zeit $t = t_{max}$, bei der ein Film ausbelichtet ist. Die absolut schwächste Sterngrenzgröße wird dann erreicht, wenn alle Aufnahmeparameter optimal gewählt worden sind. Die Maximalbelichtungszeit ist dann erreicht, wenn die Schwärzung aufgrund des Himmelshintergrundes bereits etwas über dem Filmschleier liegt. Nun kann man nicht grundsätzlich für Filme gleicher Empfindlichkeit und gleichen Schwarzschildverhaltens auch eine gleiche Maximalbelichtungszeit erwarten. Sicher ist einzig und allein, daß unter Ausschluß des Schwarzschildeffektes die Maximalbelichtungszeit t_{max} proportional zum Quadrat des Öffnungsverhältnisses ist: $t_{max} \approx N^2 (N = f/D)$. Unter Berücksichtigung des Schwarzschildeffektes gilt

$$t_{max} = CN^{2/p}. \tag{8.9}$$

Der Proportionalitätsfaktor C hängt von der Nachthimmelshelligkeit und von filmspezifischen Daten, wie etwa der Empfindlichkeit ab.

8.7 Helligkeitssequenz zur Bestimmung der Grenzgröße

Zur eigenen Bestimmung der Sterngrenzgröße zeigt Abb. 8.2 ein Sternfeld mit Angaben zur visuellen Helligkeit.

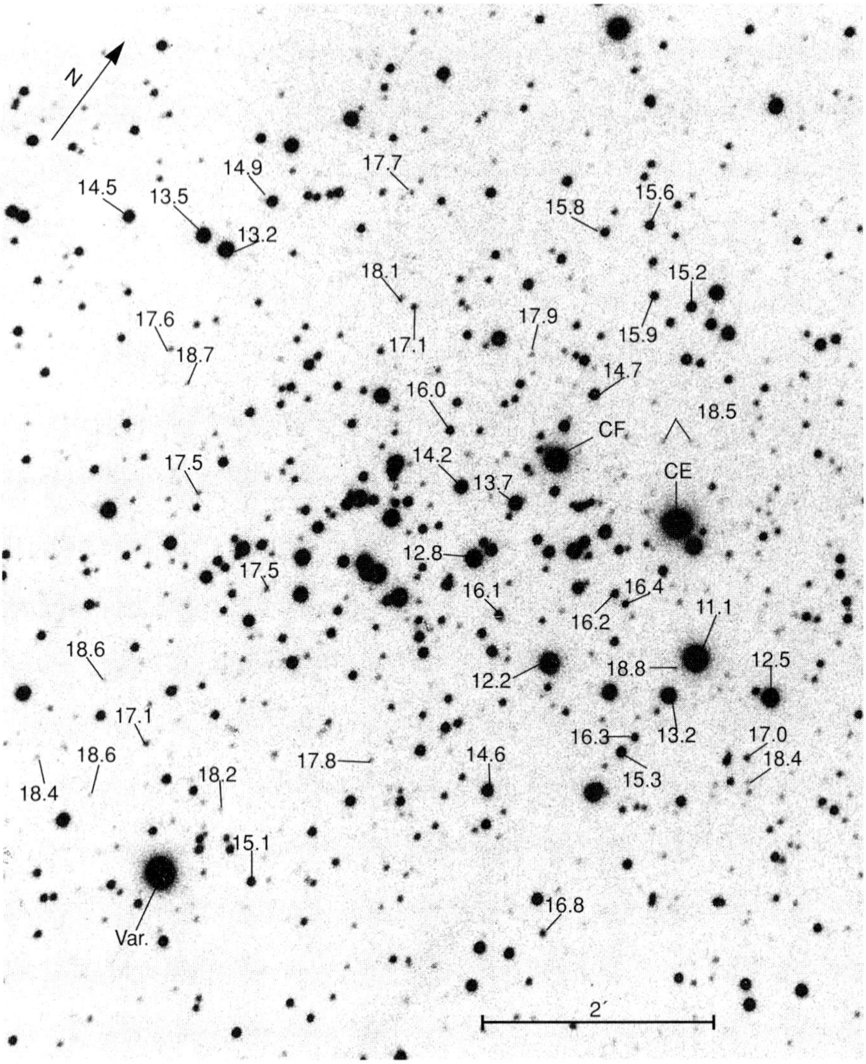

Abb. 8.2. Sternhaufen NGC 7790. $23^h\ 58{,}4^m$ / $+61°13'$ (2000,0), $\phi = 17'$, Gesamthelligkeit: $8{,}5^m$. Aufnahme mit C14, $f = 4060$ mm, TP 2415 hyp. (ohne Filter). Grenzgröße der Aufnahme $m_v \approx 19{,}3^m$ [8.4]. Foto: B. Koch

9 Astrofotografische Emulsionen

9.1 Filme und Filmverarbeitung in der Astrofotografie

Eine hochwertige Optik, eine stabile, wackelfreie Montierung sowie eine tadellos funktionierende elektrische Nachführung sind wichtige Glieder in einer Kette wesentlicher Voraussetzungen, die zum Erreichen qualitativ hochwertiger Astrofotos erfüllt sein müssen. Aber gerade am Ende dieser Kette steht mit der Bildaufzeichnung ein Prozeß, der in seiner Bedeutung manchmal unterschätzt wird. Viele Astrofotografen aus dem handwerklichen Lager halten technische Verbesserungen an Optik und Mechanik für das A und O astrofotografischer Erfolge. Dem muß man unbedingt zustimmen. Eines sollte aber klar sein: Die Objektabbildung und die anschließende Bildverarbeitung sind ebenso wichtige Prozesse! Sie zu beherrschen will gelernt sein, und das ist für die Qualität astrofotografischer Resultate von entscheidender Bedeutung.

Wir leben in einer Zeit des Umbruchs. Elektronische Methoden der Bildaufzeichnung (Videotechnik, CCD-Kameras) entwickeln sich schnell und schicken sich an, die traditionelle Fotografie und die chemischen Verarbeitungsgänge zu verdrängen. Es mag sein, daß in einigen Jahren preiswerte CCD-Chips für den Amateur auf dem Markt sind, die das optische Leistungsvermögen einer Schmidtkamera ausschöpfen. Welche mikrotechnischen Anforderungen muß ein CCD-Chip aber erfüllen, wenn großflächige Himmelsfelder mit 10 μm linearer Auflösung abgebildet werden sollen? Chips mit der Fläche und dem Auflösungsvermögen eines TP 4415 gibt es noch nicht, die Kosten hierfür wären sowieso dermaßen hoch, daß der Durchschnittsamateur passen müßte. Und die Anforderungen an die Speicherkapazität des Rechners wären auch gewaltig. Es sieht so aus, jedenfalls zur Zeit, als ob der fotografische Film, zumindest in der Stellarfotografie, als Bildspeicher noch etliche Jahre seinen Dienst versehen wird. Wenden wir uns daher in aller Ausführlichkeit den fotografischen Filmen zu.

9.1.1 Filmformate

Am populärsten ist zweifellos der 35-mm-Kleinbildfilm. Er besitzt das Format 24×36 mm und wird als Kleinbildpatrone angeboten. Die Konfektionierungsangabe, etwa 135–36, gibt Auskunft über die Filmlänge in cm und die Zahl der machbaren Aufnahmen. Sehr empfehlenswert ist die Meterware, Filmrollen mit Längen zwischen 10 und 45 m. Vorteil der Meterware: Man kann zu Hause passende Stücke der benötigten Länge abschneiden und in Wechselpatronen einfüllen. Zudem ist Meterware preislich günstiger als Einzelpatronen.

Bei Kleinbildfilmen ist das Angebot am größten. Im Fachgeschäft sind Schwarzweiß-, Colornegativ- und Farbdiafilme der verschiedensten Empfindlichkeiten erhältlich. Die hohen Marktanteile ermöglichen einen günstigen Preis. Im Vergleich dazu sind Rollfilme mit einem Bildformat $4{,}5 \times 6$ cm bis 6×9 cm schon deutlich teurer, zumal sie nur 8 bis 12 Aufnahmen hergeben (Typ 120, der Typ 220 ist doppelt so lang). Auch in der Rollfilmkategorie steht ein genügend breites Spektrum an brauchbaren Marken zur Verfügung, allerdings wird das Sortiment an hochempfindlichen Farbdiafilmen für die Astrofotografie schon recht eng.

Planfilme sind eine echte Alternative zu den Rollfilmen. Sie sind in Schachteln zu je 25 oder 50 Blatt verpackt und eignen sich daher nur für Einzelaufnahmen in Planfilmkameras mit entsprechenden Kassetten oder Schmidtkameras. Planfilme sind dicker als Kleinbildfilme und deshalb maßhaltiger. Dies ist besonders wichtig im Bereich der Langzeitfotografie, bei der sich dünne Filme aufgrund mechanischer Spannungen und auch Luftfeuchtigkeit leicht verziehen und verbiegen, so daß punktscharfe Sternabbildungen verhindert werden. Planfilme sind im Großformat von 9×12 cm bis 18×24 cm erhältlich. Hier ist die Auswahl an astrotauglichem Material aber schon sehr begrenzt, insbesondere bei Farbemulsionen.

Zu erwähnen sind auch die fotografischen Platten, die zum Teil noch größere Bildformate besitzen als Planfilme. Die Glasdicke beträgt je nach Plattenformat ca. 1 bis 2 mm. In der professionellen Astronomie werden immer dann Platten verwendet, wenn große Himmelsfelder mit astrometrischer Qualität abgebildet werden sollen und daher eine absolute Planlage erforderlich ist. Der Amateur arbeitet aber nur selten mit Glasplatten, zumal für ihn Optiken mit Ausleuchtung großer Formate kaum im Handel sind.

9.1.2 Der Aufbau eines Films

Ein fotografischer Film registriert einfallendes Licht. In einem fotochemischen Prozeß wird eine lichtempfindliche Schicht an den Stellen verändert, wo genügend Intensität auftrifft. Genaugenommen erzeugen Belichtung und anschließende Entwicklung dunkle Silberkörner: Mehr Licht bedeutet stärkere Schwärzung. Insofern funktioniert der Film als ein chemischer Speicher: Er konserviert ein Bild, das sich aus unterschiedlich belichteten und daher auch unterschiedlich stark geschwärzten Bildpartien zusammensetzt. Um den hier zugrundeliegenden fotochemischen Prozeß besser verstehen zu können, ist ein Einblick in den Aufbau eines Films nötig.

Ein gewöhnlicher Schwarzweißfilm eignet sich besonders gut als Anschauungsobjekt (Abb. 9.1). Farbfilme sind prinzipiell ähnlich strukturiert, es kommen aber noch ein paar Details hinzu, gerade im Hinblick auf die Farbempfindlichkeit und -wiedergabe.

Die lichtempfindliche Schicht eines Films, Emulsion genannt, ist eine Suspension von Silberhalogenidmischkristallen in Gelatine, aufgetragen in einer Schichtdicke von etwa 0,01 mm. Hierin finden sich hauptsächlich Silberbromidkristalle ($AgBr$), aber auch geringe Zusätze von Silberchlorid ($AgCl$) und Silber-

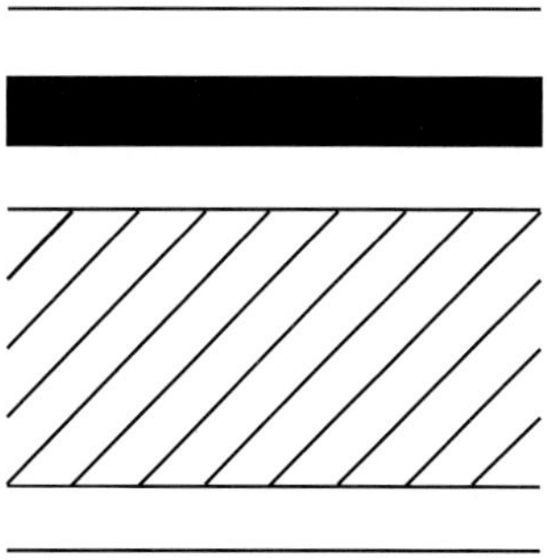

Abb. 9.1. Prinzipieller Aufbau der Schichten eines Schwarzweißfilms [9.5]. Erklärungen s. Text

jodid (AgJ). Pro Quadratmeter Film stecken etwa 5–10 g Silberbromid und etwa 0,01 g Silberjodid in der Emulsion [9.1]. Diese haftet mittels einer Präparationsschicht auf einem 0,1–0,15 mm dicken Schichtträger aus Triazetat, Polyester oder Polyvinylchlorid.

Besonders auf der Rückseite des Schichtträgers kommt es zu unliebsamen Reflexionen des eingedrungenen Lichtes. Dies führt dazu, daß helle Bildpunkte auf dunklem Grund, z. B. Sterne am nächtlichen Himmel, von Halokränzen (Lichthöfen) umgeben sind. Zur Vermeidung der Lichthöfe wird die Rückseite des Schichtträgers mit einer lichtabsorbierenden Schutzschicht versehen. Bei den alten spektroskopischen 103a-Filmen von Kodak handelte es sich um eine Kohleschicht, die nach dem Fixieren durch vorsichtiges Abreiben im Wasserbad vorsichtig entfernt werden mußte. Die heutigen Lichthofschutzschichten sind schwarze Lackschichten oder Einfärbungen auf der Schichtträgerrückseite, nicht selten bettet man den Lichthofschutz sogar zwischen Emulsion und Schichtträger ein.

Die Oberfläche der Emulsion wird durch eine besondere Schutzschicht abgedeckt. Sie verhindert Kratzer und schützt gegen statische Aufladung des Films, die beim Filmtransport oder Rückspulen geschieht. Und trotzdem passiert es bei trockener Luft immer wieder, daß Entladungsblitze entstehen, die markante Spuren auf den Aufnahmen hinterlassen und diese dadurch verderben (Abb. 9.6).

In der Emulsion spielt die Diffusion eine wichtige Rolle: Einfallendes Licht trifft die Halogenidkristalle, belichtet diese, wird aber auch zu den umliegenden Kristallen gestreut. Es werden also nicht nur die direkt getroffenen Kristalle geschwärzt, sondern auch die Nachbarn. Was man dann im belichteten Film als Körner sieht, sind Ansammlungen und Zusammenballungen von über- und nebeneinanderliegenden Kristallen in verschiedenen Tiefen der Emulsion.

Die Größe der unbelichteten Halogenidkristalle hängt eng mit der Allgemeinempfindlichkeit des Films zusammen. Je größer die Kristalle, desto empfindlicher der Film, denn größere Halogenidkristalle stellen einen größeren Wirkungsquerschnitt für den Photoneneinfang dar. Dies spiegelt sich in der Körnigkeit des fertig entwickelten Films wieder: Hochempfindliche Filme sind grobkörnig, mit einer wenig homogenen Verteilung der bis zu 2 μm messenden Körner. Geringempfindliche Filme sind feinkörnig mit einer gleichmäßigen Verteilung durchschnittlich kleiner Körner um 0,2 μm. Es leuchtet ein, daß die Körnigkeit ein Maß für das Auflösungsvermögen und die Vergrößerungsfähigkeit eines Films ist. Bei Filmen hoher Empfindlichkeit verbessert man die Kornstruktur dadurch, daß man die Emulsion aus zwei übereinanderliegenden Schichten unterschiedlicher Korngrößen fertigt.

9.1.3 Der fotochemische Prozeß

Das Silberbromid in der Emulsion setzt sich aus kleinen Kristallen abwechselnd angeordneter Ionen Ag^+ und Br^- zusammen. Fällt Licht auf diese Kristalle, so kommt es zur Absorption von Lichtquanten. Hierbei werden die Bromionen durch Abgabe eines Elektrons neutralisiert, gleichzeitig bilden sich aber auch freie Silberionen. Die Elektronen werden nach der physikalischen Interpretation des Vorgangs in das sog. Leitungsband gehoben. Belichtetes Silberbromid besitzt folglich eine erhöhte elektrische Leitfähigkeit. Die von den negativen Bromionen abgewanderten Elektronen lassen – bildlich ausgedrückt – positiv geladene „Löcher“ zurück. Das sind die neutralen Bromionen, die sich von den Nachbarn wieder ihr fehlendes Elektron einfangen. So wandern die Löcher – wieder bildlich ausgedrückt – aufgrund elektrostatischer Gitterkräfte allmählich in Richtung Kristalloberfläche. Hier können sie als neutrale Bromatome in die Gelatineschicht überwechseln, wobei sie für einen zurückbleibenden, leeren Gitterplatz sorgen.

Wäre die Silberhalogenidschicht rein und fehlerfrei, käme nach dem Photoneneinfang keine nennenswerte Elektronenabwanderung zustande. In kürzester Zeit würde wieder der Rekombinationsprozeß stattfinden, das Elektron würde den Weg zurück zum Bromatom finden. In Wirklichkeit aber ist die Emulsion mit Fehlstellen durchsetzt. Fehlende Bromionen werden besonders an der Kristalloberfläche durch Verunreinigungsatome aus der Gelatineschicht ersetzt. Die oben genannte Abwanderung der Bromatome in die Gelatineschicht verstärkt diesen Prozeß. Unter den Verunreinigungen spielen Gold-, Schwefel- oder Selenionen, die gezielt als Störkeime der Gelatine beigefügt wurden, eine wichtige Rolle. Sie fangen die freien Elektronen ein, werden negativ geladen und sind dann in der Lage, die beweglichen Silberionen Ag^+ zu binden. Hierbei erhalten die Silberionen das Elektron und werden zu neutralen Silberatomen. Daraufhin können die Störatome von neuem Elektronen einfangen und so weiterhin neutrales Silber produzieren.

Diese durch Lichteinwirkung hervorgerufene Emulsionsveränderung ist nicht sichtbar. Man spricht von einem *latenten* Bild. Die Kristalle mit den wenigen an der Oberfläche gebildeten neutralen Silberatomen stellen *Entwicklungskeime* dar. Sie müssen im folgenden chemischen Entwicklungsprozeß vollständig zu Silberkörnern reduziert werden. Der Reduktionsvorgang erfolgt über bestimmte im Entwickler enthaltene Substanzen wie Hydrochinon oder Phenidon, während die Bromionen in einer alkalischen Reaktion getrennt werden.

Ganz entscheidend ist, daß der Entwickler nur die bereits als Keime vorbelichteten Bromsilberkristalle zu Silber reduziert und die nicht belichteten unverändert läßt. Erst im folgenden Fixiervorgang werden diese, im wesentlichen durch Natriumthiosulfat, zu wasserlöslichen Komplexsalzen umgewandelt, die bei der Schlußwässerung herausgespült werden.

9.1.4 Die Schwärzungskurve

Der Kontrastumfang eines Motivs mit unterschiedlichen Helligkeitsabstufungen läßt sich dadurch in Zahlen ausdrücken, daß man das Intensitätsverhältnis von der dunkelsten zur hellsten Bildpartie angibt. Übliche Fotomotive wie sonnenbeschienene Landschaften ohne gleißende Lichter und deutliche Schlagschatten weisen einen Kontrastumfang von ca. 1 : 30 auf. In der Astrofotografie gibt es aber auch kontrastarme Motive, wie die Oberfläche des Planeten Mars, oder kontrastreichere, wie die Kraterlandschaften am Mondterminator.

Die Helligkeitsabstufungen eines fotografierten Motivs werden vom entwickelten Negativ als unterschiedliche Schwärzungen wiedergegeben. Dabei sollen die Schwärzungsabstufungen (Grauwerte) den Helligkeitsabstufungen des Objekts entsprechen. Hellere Objektpartien erzeugen stärkere Schwärzungen auf dem Negativ, dunklere Objektpartien ergeben weniger Schwärzung. Gelangt von einem Objekt gar kein Licht auf den Film, so bleibt das Negativ an der betreffenden Stelle klar. Beim Diafilm ist der Sachverhalt umgekehrt (Umkehrfilm). Die Lichter im Motiv sind aufgehellt, während die Schatten geschwärzt bleiben, was ja auch der Sinn eines Diafilms sein soll. Prinzipiell jedoch verhält sich ein Umkehrfilm in bezug auf sein Schwärzungs- bzw. Dichteverhalten ähnlich wie ein Schwarzweißfilm. Daher soll im folgenden der Schwarzweißnegativfilm im Vordergrund stehen.

Das Maß der Schwärzung ist die *Dichte*. Sie wird densitometrisch bestimmt. Zu dem Zweck durchleuchtet man eine Stelle auf dem Negativ, die nicht allzu stark geschwärzt ist, mit Licht der Intensität I_0. Ein Teil dieses Lichts wird vom geschwärzten Film absorbiert, der Rest passiert die Filmschicht. Hat die Intensität des austretenden Lichtes den geringeren Wert I, so ist die *Transmission* (Durchlässigkeit) als Quotient $T = I/I_0$ definiert, als das Verhältnis von austretendem zu einfallendem Licht. Angenommen, 75% des Lichts würden absorbiert. Das wäre gleichbedeutend mit einer Transmission $T = 0{,}25$ (bzw. 25%). Der Kehrwert der Transmission, *Opazität* genannt, ergäbe dann $O = 1/T = 1/0{,}25 = 4$. Schließlich wird die Dichte D festgelegt als dekadischer Logarithmus der Opazität, in diesem Beispiel ist das $D = \lg 4 = 0{,}6$.

Klare, unbelichtete Negativpartien lassen einfallendes Licht nahezu vollständig passieren und weisen daher Transmissionen um 1 (100%) auf. So beträgt die Opazität dort $O = 1$ und die Dichte $D = 0$. Stellen starker Schwärzung weisen geringe Transmission auf, hohe Opazität und damit hohe Dichten. Zum Beispiel entspricht eine Transmission von $T = 0{,}01$ (1%) einer Opazität von 100 bzw. einer Dichte von 2 (Tabelle 9.1). Warum es sinnvoll ist, die Dichte logarithmisch zu definieren, ist in [9.1] ausführlich beschrieben.

Tabelle 9.1. Schematische Darstellung des Zusammenhangs zwischen Transmission T, Opazität O und optischer Dichte D. Sinkt die Transmission um einen Faktor 10, so steigt die Opazität um das 10fache. Die optische Dichte nimmt als Logarithmus der Opazität bei solchen Zehnersprüngen jeweils um 1 zu

Transmission T	%	Opazität $O = 1/T$	Dichte $D = \lg O$
1,00	100	1,00	0,00
0,80	80	1,25	0,10
0,50	50	2,00	0,30
0,40	40	2,50	0,40
0,20	20	5,00	0,70
0,10	10	10,00	1,00
0,05	5	20,00	1,30
0,02	2	50,00	1,70
0,01	1	100,00	2,00

Schwärzung wird durch Belichtung erzeugt. Unter *Belichtung* versteht man das Produkt aus Beleuchtungsstärke E und Zeitdauer t. Prinzipiell wird mit zunehmender Belichtung das Negativ stärker geschwärzt. Dieser Zusammenhang ist aber leider nicht linear. Stellt man die *Schwärzung* (Dichte) eines Negativs als Funktion der Belichtung dar, beides im logarithmischen Maßstab, so ergibt sich eine für den Film charakteristische Kurve, die *Schwärzungskurve* (Abb. 9.2). Ihre

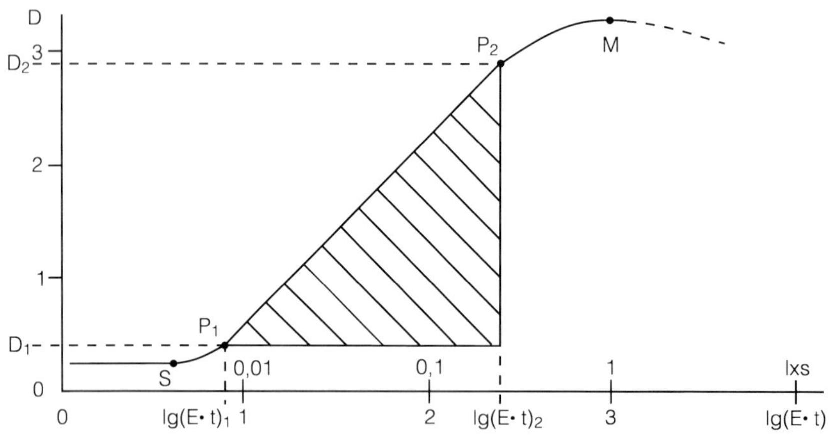

Abb. 9.2. Schematische Schwärzungskurve eines Schwarzweißnegativfilms. Im doppeltlogarithmischen Maßstab ist die Dichte als Schwärzungsmaß aufgetragen gegen die Belichtung in Luxsekunden. Belichtungsänderungen um einen Faktor 2 (1 Blendenstufe) entsprechen 0,3010 Einheiten auf der Abszisse, ein Faktor 10 entspricht einer ganzen Einheit. Ein Schwärzungsunterschied von 1 Einheit auf der Ordinate entspricht einem 10fachen Unterschied in der Opazität des Filmmaterials

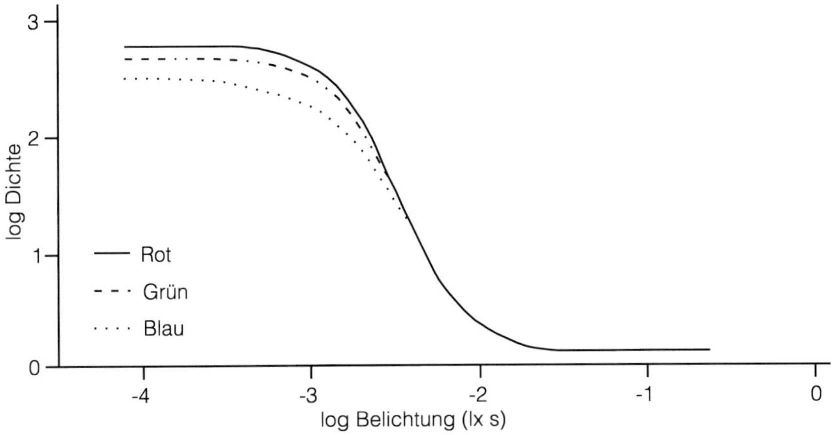

Abb. 9.3. Dichtekurven für die Schichten des Farbdiafilms Fujichrome P1600D [9.34]. Jede der drei einzelnen Farbschichten zeigt einen eigenen Verlauf für die belichtungsabhängige Dichte. Bei schwacher Belichtung wie in der Astrofotografie sind die erreichten Dichten unterschiedlich hoch, Farbstiche sind dann die Folge (s. Abschn. 9.1.8.2)

Form ist vom benutzten Entwickler, von der Entwicklungszeit und -temperatur, aber auch von der Art und Intensität der Filmbewegung während des Entwicklungsvorgangs abhängig. Schwärzungskurven helfen, Eigenschaften von Filmen zu verstehen und zu vergleichen.

Bei Betrachten der Schwärzungskurve fallen mehrere typische Bereiche auf. Bei geringster Belichtung reagiert der Film nicht, es wird keine Schwärzung erzeugt. Trotzdem besteht eine minimale Grunddichte, auch *Schleier* genannt. Dieser Schleier ist unabhängig von der Belichtung und rührt von der Entwicklung her [9.5], denn auch da, wo kein Licht auf den Film trifft, wird ein winziger Anteil des Silberhalogenids in dunkles Silber umgewandelt. Hypersensibilisierte Filme zeigen einen stärkeren Schleier. Vom Schwellenpunkt S an bewirkt die zunehmende Belichtung einen leichten Schwärzungsanstieg. Die Dichten, die zwischen S und P_1 liegen, sind jedoch zu gering für eine ordentliche Bildwiedergabe. Dieser Kurvenabschnitt, *Schwelle* genannt, ist durch Unterbelichtung charakterisiert. Zwischen P_1 und P_2 ist die Dichte proportional zum Logarithmus der Belichtung. Man spricht deshalb vom „linearen Teil der Schwärzungskurve", wo mit gleichmäßig zunehmender Belichtung auch eine gleichmäßig zunehmende Schwärzung entsteht.

Grundsätzlich zeigen, wie anfangs schon angedeutet, Farbemulsionen ein ähnliches „Schwärzungsverhalten" wie Schwarzweißfilme. Nimmt man als Beispiel einen Farbdiafilm, so hat jede der drei Farbschichten (Rot, Blau, Grün) ihre eigene Schwärzungskurve, jedoch mit zunehmender Belichtung genau anders herum als beim Schwarzweißfilm verlaufend. In der Farbfotografie sollte man aber besser von der *charakteristischen Kurve* bzw. von der *Dichtekurve* reden. Abbildung 9.3 zeigt die Dichtekurve für den Farbdiafilm Fujichrome P1600D.

Welchen Umfang im Motivkontrast kann ein Film verarbeiten? Wegen der Linearität der Schwärzungskurve stellt der Abszissenbereich zwischen den Punkten P_1 und P_2 ein Intervall dar, innerhalb dessen alle Belichtungen $(E \cdot t)_i$ optimale Schwärzungen erzeugen. Dieses Intervall richtiger Belichtung erstreckt sich in Abb. 9.2 von 0,9 bis 2,4 und umfaßt damit 1,5 logarithmische Einheiten, was einem Kontrastumfang von ca. 1 : 30 gleichkommt. Hat das Motiv einen solchen Kontrastumfang, dann paßt dieser genau in das Intervall richtiger Belichtung. Der Film gibt dann die Helligkeiten aller Objektpartien in optimal differenzierten Schwärzungsstufen wieder. Selbst in den Schatten und Lichtern ist noch Hintergrundzeichnung erkennbar. Allerdings muß dann auch ganz exakt belichtet werden: Weniger Belichtung schiebt den unteren Teil des Kontrastumfangs in die Unterbelichtung, bei stärkerer Belichtung gerät der obere Teil des Kontrastumfangs in die Überbelichtungszone. Hat das Motiv aber einen geringeren Kontrastumfang, beispielsweise 1 : 15, so könnte dieser gut zweimal zwischen den Punkten P_1 und P_2 untergebracht werden. Damit ist der nutzbare Belichtungsspielraum doppelt so groß.

Zurück zur Schwärzungskurve. Vom Punkt P_2 an wird die Schwärzung mit zunehmender Belichtung immer flacher und erreicht in M ein Maximum. Dieser Bereich zwischen P_2 und M wird auch *Schulter* genannt, hier herrscht Überbelichtung. Von M an kann die Schwärzung sogar wieder rückläufig werden: Bei Zunahme der Belichtung nimmt die Negativdichte z.T. wieder ab. Ein solches umgekehrtes Verhalten nennt man *Solarisation*.

In den Datenblättern der Filmindustrie ist die Schwärzungskurve der betreffenden Emulsion für das Arbeiten mit verschiedenen Entwicklern, Entwicklungstemperaturen und -zeiten dargestellt. So ergibt sich bei der Entwicklung des Kodak Technical Pan Films 2415 in HC-110 eine merklich größere Steilheit des linearen Teils der Schwärzungskurve, als wenn Technidol-Entwickler eingesetzt wird [6.18]. Abbildung 9.2 zeigt, wie diese Steilheit aus dem eingezeichneten Steigungsdreieck ermittelt werden kann, nämlich als Quotient aus dem Dichteunterschied $D_2 - D_1$ und dem Belichtungsunterschied $\lg(E \cdot t)_2 - \lg(E \cdot t)_1$. Die Steigung wird in der Regel als *Gradation* oder Gradient mit dem griechischen Buchstaben γ bezeichnet und berechnet sich zu

$$\gamma = \frac{D_2 - D_1}{\lg(E \cdot t)_2 - \lg(E \cdot t)_1}. \tag{9.1}$$

Für die Schwärzungskurve in Abb. 9.2 folgt für die Gradation somit $\gamma = (2{,}9 - 0{,}4)/(2{,}4 - 0{,}9) = 1{,}7$. Je steiler die Kurve für ein bestimmtes Belichtungsintervall, desto größer der Schwärzungsunterschied. Ein größeres γ bedeutet als stärkere Steigung der Schwärzungskurve einen höheren Filmkontrast und umgekehrt. Wenn aber hart arbeitende Filme (im Gegensatz zu weichen) den Kontrastumfang des Motivs mit einem größeren Schwärzungsumfang erfassen, dann haben sie einen kleineren Belichtungsspielraum als weiche Filme. Folglich muß kontrastreiches Filmmaterial exakter belichtet werden als weiches. Ähnliches wurde ja weiter oben schon festgestellt für einen hohen Kontrastumfang des Aufnahmeobjekts.

In der bildmäßigen Fotografie verwendet man überwiegend solche Filme, die mit $\gamma = 0{,}6-0{,}8$ weder zu weich noch zu hart zeichnen. Der Grund dafür ist, daß auf diese Weise hohe Objektkontraste verarbeitet werden können. Lichtschwache Astroobjekte wie Nebel und Galaxien liegen mit ihrer Helligkeit aber nur knapp über der des Himmelshintergrunds, oft weisen sie in sich selbst auch nur geringe Helligkeitsabstufungen auf. Solche Objekte sollten daher mit hart arbeitenden Filmen fotografiert werden, um sich mit möglichst großer Schwärzung vom Himmelshintergrund abzuheben. Dies wird durch eine passende Belichtung erreicht, so daß der Himmelshintergrund so eben in den linearen Teil der Schwärzungskurve gelangt. Ähnliche Überlegungen gelten auch in der Planetenfotografie, wo es um die Aufzeichnung zarter Atmosphärenstrukturen oder relativ kontrastarmer Oberflächendetails geht. Inzwischen ist der Kodak Technical Pan Film zum Standardfilm in der Astrofotografie geworden. Er kann mit Technidol LC [6.18] recht weich entwickelt werden ($\gamma \approx 0{,}6$) und eignet sich dann besonders für die Mondfotografie. Bei Verwendung von HC-110 werden steilere Gradationen um 1,2 erreicht. Noch kontrastreicher arbeitet der Entwickler D19, er bringt den TP 2415 bei vierminütiger Normalentwicklung auf $\gamma \approx 2{,}4$.

Forcierte Entwicklung mit längeren Entwicklungszeiten steigert die Gradation weiter [2.28, 9.10], unabhängig vom verwendeten Film. Dabei verschiebt sich der lineare Teil der Schwärzungskurve nach links in Richtung geringerer Belichtung, leider nimmt gleichzeitig aber auch der Schleier zu. Forciertes Entwickeln in D19 bringt sogar gehyperten TP 2415 auf $\gamma \approx 2{,}9$. Ältere Filme wie der Agfapan 400 kommen selbst bei forcierter Entwicklung nicht über $\gamma = 1{,}9$ hinaus. Moderne T-Kristall-Filme lassen sich auf Gradationen von maximal 1,3 bringen [9.4].

9.1.5 Die Filmempfindlichkeit

Filme reagieren unterschiedlich stark auf einfallendes Licht. Diese unterschiedlichen Reaktionsweisen sind die Folge einer unterschiedlichen absoluten Empfindlichkeit der Filme.

9.1.5.1 Die absolute Filmempfindlichkeit

Die Angabe der (absoluten) Filmempfindlichkeit erfolgt nach einer von der *International Standard Organisation* (ISO) geschaffenen Norm, nach der die Filmempfindlichkeit in ASA/DIN° angegeben wird. So wird ein mittelempfindlicher Film, der früher die Aufschrift 21 DIN (oder 100 ASA) trug, nun mit ISO 100/21° gekennzeichnet. Wie früher gilt auch weiterhin, daß mit Verdoppelung (Halbierung) der ASA-Zahl eine Verdoppelung (Halbierung) der absoluten Filmempfindlichkeit einhergeht. Das ist auch der Fall, wenn die DIN-Zahl um 3 zu- bzw. abnimmt. Eine Umrechnung von ASA auf DIN ist somit sehr leicht [9.9] gemäß

$$\mathrm{ASA} = 25 \cdot 2^{(\mathrm{DIN}-15)/3} \tag{9.2}$$

$$\mathrm{DIN} = 15 + \frac{3\lg(\mathrm{ASA}/25)}{\lg 2} \approx 1 + 10\lg(\mathrm{ASA}). \tag{9.3}$$

Die Filmempfindlichkeiten sind auf ganz bestimmte Kombinationen aus Entwickler, Entwicklungsdauer und -temperatur bezogen. Eine Änderung einer dieser Parameter ändert die effektive Empfindlichkeit. So ist Ilford Microphen als empfindlichkeitssteigernder, Tetenal Ultrafin als empfindlichkeitsschwächender Entwickler bekannt. Wird die Entwicklung forciert, d.h. verlängert, so ergibt sich trotz konstant bleibender Belichtung eine höhere Durchschnittsschwärzung des Films: die effektive Empfindlichkeit ist gestiegen. Wird die übliche Entwicklungstemperatur von 20 °C um wenige Grade erhöht, so läßt sich aufgrund der intensiver ablaufenden chemischen Reaktionen ebenfalls ein Empfindlichkeitsgewinn erzielen.

Die absolute Filmempfindlichkeit, die in der Tageslichtfotografie eine ganz wesentliche Rolle spielt, ist in der Astrofotografie kein entscheidendes Verwendungskriterium. Wie man noch sehen wird, setzt der *Schwarzschildeffekt* die effektive Empfindlichkeit langbelichteter Emulsionen deutlich herab. Hier haben sich empfindlichkeitssteigernde Behandlungen durchgesetzt, mit denen mittel- und sogar unempfindliche Filme astrotauglich gemacht werden können. Das Hypersensibilisieren durch Formiergasbehandlung unter Wärmeeinwirkung ist die bekannteste Methode (s. Abschn. 9.2.3).

9.1.5.2 Die spektrale Filmempfindlichkeit

Für neu auf den Markt gekommene Emulsionen publiziert der Hersteller in den Datenblättern eine ganz wichtige Kurve, die *spektrale Empfindlichkeit*. Hierunter versteht man die Eigenschaft eines Films, auf Lichter unterschiedlicher Wellenlänge, aber konstanter Intensität, in Form von unterschiedlich starker Schwärzung zu reagieren.

Jede fotografische Emulsion ist ursprünglich nur für Licht der Wellenlänge $\lambda < 500\,\mathrm{nm}$ empfindlich. Das liegt daran, daß die Silberhalogenide auf Photonen energieärmeren Lichts mit Wellenlängen über 500 nm nicht mehr fotochemisch reagieren können. Grünes, gelbes, orangefarbenes und rotes Licht wird nicht zur Kenntnis genommen. Ein solcher *unsensibilisiert* genannter Film ist ausschließlich violett- und blauempfindlich und daher nur für spezielle Objekte geeignet.

Die Filmhersteller haben im Laufe der Zeit chemische Methoden entwickelt, durch die unsensibilisierte Filme auch für längerwelliges Licht empfänglich werden. Die Beimischung bestimmter Farbstoffe bewirkt, daß Filme auch von grünem Licht bis etwa 580 nm geschwärzt werden: Man spricht von *orthochromatischen* Materialien. *Panchromatische* Filme sind sogar bis in den roten Spektralbereich empfindlich. Manche wie die T-MAX-Filme oder Ilford HP 5 reichen nur bis etwa 640 nm Wellenlänge, andere wie der Kodak TP 2415 nehmen sogar noch Licht bis 700 nm wahr, verfügen also über eine erweiterte Rotempfindlichkeit. Selbstverständlich produziert die Filmindustrie auch infrarotempfindliche

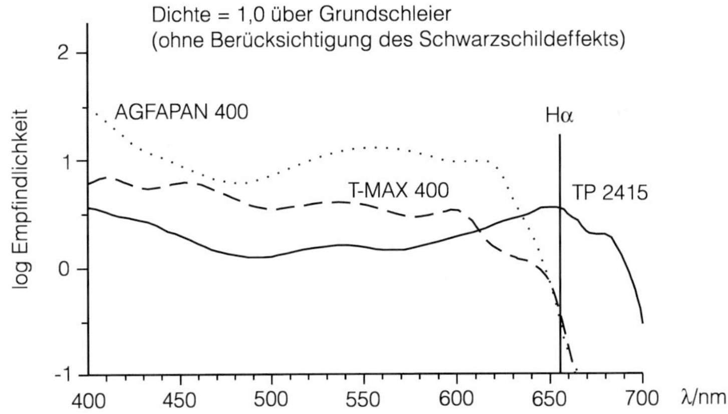

Abb. 9.4. Spektrale Empfindlichkeit dreier Schwarzweißfilme im logarithmischen Maßstab, gültig für den Kurzzeitbereich ohne Schwarzschildeffekt. Der Agfapan 400 [9.11] hat die höchste Blauvioletempfindlichkeit und eine überdurchschnittlich hohe Grünempfindlichkeit. Für die Fotografie roter Gasnebel im Hα-Licht (656 nm) ist er ungeeignet. Die Kurve des T-MAX 400 [2.28] nimmt von Rot nach Violett zu: Der Film ist überwiegend blauempfindlich. Der TP 2415 [6.18] hat zwar im blaugrünen bis gelben Spektralbereich eine merkliche Empfindlichkeitslücke, dafür aber ein relatives Maximum bei Hα. Für Deep-Sky-Aufnahmen muß der Film hypersensibilisiert werden

Emulsionen, wie etwa den bis 920 nm reichenden Kodak High Speed Infrared Film.

Abbildung 9.4 zeigt den Verlauf der Spektralempfindlichkeit für drei gängige Schwarzweißfilme, die in der Amateurastrofotografie verwendet werden (s.a. Abschn. 6.4.5). In [9.10] sind die spektralen Empfindlichkeiten der spektroskopischen Filme der 103a-Serie zu finden, von denen aber nur noch der 103a-O erhältlich ist.

Farbemulsionen (Abb. 9.5) sind prinzipiell aus drei verschiedenen Farbschichten zusammengesetzt. Jede dieser drei Farbschichten hat ihre eigene spektrale Empfindlichkeitskurve, die sich mit den jeweils anderen teilweise beträchtlich überschneidet.

9.1.6 Der Schwarzschildeffekt

Nach dem *Reziprozitätsgesetz* von Bunsen und Roscoe sollte eine fotografische Emulsion immer gleich stark geschwärzt werden, wenn das Produkt aus Beleuchtungsstärke E und Belichtungszeit t konstant ist:

$$E_1 \cdot t_1 = E_2 \cdot t_2, \quad \text{bzw.} \quad E_1/E_2 = t_2/t_1. \tag{9.4}$$

Beispiel: Ein Film wird mit $E_1 = 100\,\text{lx}$ und $t_1 = 1/250\,\text{s}$ belichtet. Nach der Entwicklung ist das erhaltene Negativ a gut geschwärzt. Vom selben Filmmaterial soll nun ein zweites Negativ b angefertigt werden, gleich entwickelt und geschwärzt wie Negativ *a*, allerdings bei einem Zehntel der Beleuchtungsstärke ($E_2 = 10\,\text{lx}$). Nach dem Reziprozitätsgesetz muß genau zehnmal länger belichtet werden, nämlich mit $t_2 = 1/25\,\text{s}$.

Es soll aber noch ein drittes Negativ *c* angefertigt werden, wieder wie *a* geschwärzt, allerdings bei ganz schwacher Beleuchtung ($E_3 = 0{,}1\,\text{lx}$). Belichtet man gemäß Gl. (9.4) mit $t_3 = 4\,\text{s}$, so wäre das erhaltene Negativ *c* überraschenderweise deutlich zu wenig geschwärzt, also unterbelichtet.

Offenbar hat das Reziprozitätsgesetz für lange Belichtungszeiten keine Gültigkeit. Strenggenommen gilt es auch nur für Belichtungszeiten zwischen ca. 1/1000 s und 1/8 s. Wenn schwächere Lichter auf den Film einwirken, so daß gemäß Gl. (9.4) Belichtungszeiten von mehreren Sekunden oder gar Minuten erforderlich sind, dann müssen diese Zeiten in der Praxis überproportional verlängert werden. Es scheint, als habe der Film im Langzeitbereich eine geringere Empfindlichkeit als bei den normalen Kurzzeitbelichtungen. Dieser Sachverhalt wird nach seinem Entdecker, dem Astronomen K. Schwarzschild, als *Schwarzschildeffekt* bezeichnet.

Für lange Belichtungszeiten, bei denen das Reziprozitätsgesetz nicht mehr gilt, hat Schwarzschild an Gl. (9.4) eine Korrektur angebracht, indem er den *Schwarzschildexponenten p* einführte:

$$\frac{E_1}{E_2} = \left(\frac{t_2}{t_1}\right)^p . \tag{9.5}$$

Bei einem Film ohne Schwarzschildverhalten, z. B. dem gehyperten Kodak TP 2415 oder der alten Kodakserie 103a, liegt p bei 1 oder knapp darunter. In dem Fall behält das Reziprozitätsgesetz auch bei langen Belichtungen Gültigkeit. Gewöhnliche Filme hingegen zeigen in der Langzeitfotografie einen Schwarzschildexponenten zwischen 0,6 und 0,8 [9.4], der zusätzlich noch eine Abhängigkeit von der Belichtungszeit aufweist.

Für die Astropraxis ist die Ermittlung der Belichtungszeiten wichtig. Auflösung von Gl. (9.5) nach t_2 ergibt

$$t_2 = t_1 \left(\frac{E_1}{E_2}\right)^{1/p} . \tag{9.6}$$

Und da die Beleuchtungstärke des Lichtes, das auf den Film fällt, umgekehrt proportional zum Quadrat der fotografischen Blende B ist, gilt

$$t_2 = t_1 \left(\frac{B_2}{B_1}\right)^{2/p} . \tag{9.7}$$

Gleichung (9.7) erlaubt die Berechnung effektiver Belichtungszeiten für Optiken verschiedener Blenden. Voraussetzung ist jedoch, daß bereits *eine* Blenden-Zeit-Kombination bekannt ist.

Beispiel: Tests am Aufnahmeort haben ergeben, daß eine Milchstraßenaufnahme im Zenit mit einem Objektiv 1,4/50 mm auf Farbdiafilm mit $p = 0{,}7$ nach 10 min optimal belichtet ist. Aus Gründen einer besseren Zeichnung und Ausleuchtung in den Bildecken soll die Aufnahme aber bei Blende 2,8 wiederholt werden. Welche Belichtung ist zu wählen, um die gleiche Deckung zu erhalten wie bei der gelungenen Testaufnahme?

Erste Schätzung ohne Berücksichtigung des Schwarzschildeffekts: Wenn bei Blende 1,4 eine 10minütige Belichtung nötig ist, dann sind es 40 min bei Blende 2,8. Die nachfolgende Rechnung berücksichtigt das Schwarzschildverhalten des Films nach Gl. (9.7):

$$t = 10 \left(\frac{2,8}{1,4} \right)^{2/0,7} \text{min} = 10 \cdot 2^{2,857} \,\text{min} = 72\,\text{min}$$

Die erste Schätzung ist also sehr ungenau. In Wirklichkeit erfordert der Schwarzschildeffekt eine um 80% längere Belichtungszeit. Solche enormen Auswirkungen machen deutlich, daß man den Schwarzschildexponenten der benutzten Emulsion kennen sollte. Die Datenblätter der Filmhersteller geben aber nur unbefriedigende Hinweise zum Thema Schwarzschildeffekt, in der Regel vermißt man eine Angabe darüber. Ein Ausweg ist daher die Bestimmung des Schwarzschildexponenten mittels eigener Tests. Es ist sehr einfach, den Sternenhimmel als Testfeld zu wählen und daraus die Maximalbelichtungszeiten für zwei verschiedene Blenden zu bestimmen.

Beispiel: Erste Aufnahmeserie bei Blende 2. Es werden Aufnahmen mit den Belichtungszeiten 4, 6, 8, 10, 12 Minuten angefertigt. Zweite Aufnahmeserie bei Blende 2,8 mit 8, 12, 16, 20 und 24 Minuten Belichtungszeit. Die Auswertung kann beispielsweise ergeben, daß bei Blende 2 eine Belichtungszeit von 8 min die richtige Schwärzung liefert, bei Blende 2,8 mögen es 20 min sein. Zur Bestimmung von p wird Gl. (9.7) umgeformt zu

$$p = 2\,\frac{\lg(B_2/B_1)}{\lg(t_2/t_1)}. \tag{9.8}$$

Damit ergibt sich der Schwarzschildexponent p in unserem Beispiel zu

$$p = 2\,\frac{\lg(2,8/2)}{\lg(20/8)} = 0,73.$$

Der Schwarzschildexponent läßt sich auch nach einer zweiten Methode ermitteln. Sie ist nicht an den Sternenhimmel gebunden, kann also daheim ausprobiert werden. Eine reflexfreie Farbbildvorlage, die in einer Belichtungsreihe abfotografiert werden soll, wird zunächst mit einer Lichtquelle konstanter Helligkeit und Tageslichttemperatur gleichmäßig ausgeleuchtet. Gut eignet sich eine 60 W-Glühlampe, deren Licht mit einem Filter KB 18 neutralisiert wird. Ihr Abstand von der Bildvorlage wird so eingestellt, daß ein Belichtungsmesser für die verwendete Filmempfindlichkeit eine Belichtungszeit von 1/15 s bei Blende 2,8 anzeigt. Wird die Vorlage mit diesen Daten abfotografiert, so erhält man eine korrekt belichtete „Normaufnahme", bei der der Schwarzschildeffekt wegen der Kürze der Belichtung noch nicht in Erscheinung tritt. Die Normaufnahme dient als Bezug, um einen direkten Vergleich mit längerbelichteten, vom Schwarzschildeffekt beeinflußten Aufnahmen anstellen zu können.

Wie sieht die Belichtungsreihe aus? Bei Abblendung des Fotoobjektivs von 2,8 auf beispielsweise 22 wird das zum Film gelangende Licht um 6 Stufen, d.h. $2^6 = 64\times$, abgeschwächt. Würde man die Bildvorlage nun $64\times$ länger belichten mit der theoretisch notwendigen Zeit $t_{\text{theo}} = 4{,}3\,\text{s}$, so wäre diese Aufnahme als Folge des Schwarzschildeffekts im Vergleich zur Normaufnahme merklich unterbelichtet. Außerdem zeigt fast jeder Film bei Langzeitbelichtungen einen typischen Farbstich. Den Farbstich muß man in Kauf nehmen, es sei denn, man filtert während der Aufnahme in geeigneter Weise. Die Unterbelichtung läßt sich jedoch dadurch ausgleichen, daß die effektive Belichtungszeit t_{eff} gegenüber der theoretisch notwendigen Belichtungszeit t_{theo} entsprechend verlängert wird: t_{eff} muß so bemessen sein, daß eine langbelichtete Aufnahme die gleiche Deckung besitzt wie die Normaufnahme. Den genauen Wert für t_{eff} erhält man aus einer Belichtungsreihe, die so aussehen könnte: 4, 5, 6, 7, 8 und 10 s. Angenommen, die 7sekündige Belichtung ergäbe die gleiche Deckung wie bei der Normaufnahme, so entspräche das einer $1{,}62\times$-Verlängerung der berechneten Belichtungszeit von 4,3 s.

Die Verlängerungsfaktoren sind film- und zeitabhängig und nehmen für längere Belichtungszeiten zu (Tabelle 9.2). Der Belichtungstest sollte daher auf noch schwächere Lichtverhältnisse ausgedehnt werden, um die effektiven Belichtungszeiten t_{eff} auch für die längeren theoretischen Belichtungszeiten von 16 s, 30 s und 1 min bestimmen zu können. Schwächeres Licht läßt sich etwa durch zusätzliche Neutralgraufilter erreichen, oder durch Vergrößerung des Abstands zwischen Lichtquelle und Bildvorlage. Und für jedes t_{theo} ist eine passende Serie systematisch verlängerter Belichtungszeiten anzufertigen, aus der die korrekte Effektivbelichtung t_{eff} abgeleitet wird. Höchste Praxisrelevanz hat der Belichtungstest übrigens erst dann, wenn die Effektivbelichtungen in der Astrofotografie gebräuchliche Zeiten erreichen.

Trägt man die effektiven Belichtungszeiten t_{eff} gegen die theoretischen Belichtungszeiten t_{theo} doppeltlogarithmisch auf, so erhält man für den Agfachrome 1000 RS als Funktionsbild eine Gerade. Der Schwarzschildexponent p ergibt sich als Steigung dieser Geraden. Mathematisch wird dies klar, wenn in Gl. (9.5) der Quotient der Beleuchtungsstärken E_1/E_2 durch den Quotienten der theoretischen Belichtungszeiten t_2/t_1 ersetzt wird und die Gleichung dann nach p aufgelöst

Tabelle 9.2. Schwarzschildverhalten des Farbdiafilms Agfachrome 1000 RS. Die theoretisch erforderlichen Belichtungszeiten t_{theo} müssen zur Vermeidung von Unterbelichtungen durch längere, effektive Belichtungszeiten t_{eff} ersetzt werden. Der entsprechende Verlängerungsfaktor V nimmt mit wachsender Belichtungszeit zu

t_{theo}/s	2	4	8	16	30	60
t_{eff}/s	2,5	6,5	16	42	100	250
V	1,25	1,625	2,06	2,625	3,33	4,17

wird:

$$p = \frac{\lg(t_2/t_1)}{\lg(t_{\text{eff},2}/t_{\text{eff},1})}. \tag{9.9}$$

Für den Agfachrome 1000 RS ergibt sich als Schwarzschildexponent zu $p = \lg(60\,\text{s}/16\,\text{s})/\lg(250\,\text{s}/42\,\text{s}) = 0{,}74$.

Hierbei muß man sich aber darüber klar sein, daß im allgemeinen jede einzelne Farbschicht ihren eigenen Schwarzschildexponenten hat. Diese drei p-Werte können sich beträchtlich voneinander unterscheiden. Das führt dann zu den bekannten *Farbstichen* bei der Langzeitfotografie, die man nur mit großer Mühe vermeiden kann, indem man ein passendes Filter während der Belichtung vor die Aufnahmeoptik setzt. Die häßlichsten Farbstiche liegen dann vor, wenn die grünempfindliche Schicht den größten Schwarzschildexponenten aufweist. Man achte auch darauf, daß jedesmal, wenn ein Film als neue Charge produziert wird, der Langzeitfarbstich anders ausfällt. Empfehlenswerte Farbdiafilme mit nur unwesentlich auseinanderdriftenden Schwarzschildexponenten der einzelnen Schichten sind der ScotchChrome 400 und der Kodak Panther P 1600X.

Der Schwarzschildexponent p ist nicht für alle Belichtungszeiten konstant. Das gilt im Prinzip erst für lange Zeiten. Bis dahin nimmt er mit zunehmender Belichtungszeit leicht ab. Das Funktionsbild $t_{\text{eff}}(t_{\text{theo}})$ ergibt dann in doppeltlogarithmischer Darstellung keine Gerade, es fällt mit wachsendem t_{theo} vielmehr leicht ab.

9.1.7 Das Auflösungsvermögen eines Films

Nach der Entwicklung bilden die Silberhalogenidkristalle Körner und Korngruppierungen. Die *Körnigkeit* eines Films bestimmt sein *Auflösungsvermögen.* Gute Optiken haben Winkelauflösungen im Bereich um eine Bogensekunde. Konsequenterweise darf dann auch kein Film verwendet werden, der diese Auflösung durch Grobkörnigkeit wieder zunichte macht. Eine Schmidtkamera von 225 mm Brennweite und mit einem Öffnungsverhältnis $f/1{,}65$ beispielsweise zeichnet Feinheiten von etwa $5\,\mu$m bis $8\,\mu$m auf. Es leuchtet ein, daß man daher nur feinkörnigstes Filmmaterial einsetzt, um die *lineare Auflösung* der Optik, d.h. die feinsten in Mikrometer messenden Details, auf den Film zu übertragen.

In der fotografischen Praxis kann die *Auflösung A* also in Form einer (minimalen) Länge ausgedrückt werden, etwa $A = 1/100$ mm. Es hat sich aber bewährt, die Auflösung praxisbezogener zu definieren, nämlich als *Linientrennvermögen n.* Das ist die Anzahl der Linienpaare pro mm, die der Film so eben noch getrennt wiedergibt, was wiederum eine Frage des Kontrastumfangs zwischen Linien und Hintergrund ist.

So ließe sich die Auflösung $A = 1/100$ mm auch durch $n = 100$ L/mm ausdrücken. Mit anderen Worten: Der Film trennt 100 Linienpaare pro Millimeter, daher ist der Abstand von Linie zu Linie 1/100 mm. Für den TP 2415 wird bei einem (in der Astrofotografie nicht vorkommenden) Kontrast von 1 : 1000 ein hervorragendes Auflösungsvermögen zwischen 320 L/mm und 400 L/mm (je nach Entwickler) gemessen. Bei einem geringen Kontrastumfang von 1,6 : 1, der den Verhältnissen bei Planetenaufnahmen beispielsweise viel näher kommt, lassen sich nur noch 125 L/mm nachweisen [9.9]. Grobkörnige Filme wie der frühere Kodak 103a-E hatten Auflösungen um 80 L/mm und waren daher nur sehr begrenzt vergrößerungsfähig.

Welches Linientrennvermögen muß ein Film haben, damit er die Auflösung des Teleskops voll ausschöpft? Das *Rayleighkriterium* geht vom beugungsbegrenzten Auflösungsvermögen einer Optik aus. Ein Doppelsternpaar gilt als getrennt, wenn der Komponentenabstand d größer ist als

$$d = 1{,}22\,\frac{\lambda f}{D}, \qquad (9.10)$$

wobei f die Brennweite der Optik, λ die Lichtwellenlänge und D der Durchmesser der Optik ist. Für $\lambda = 550\,\mathrm{nm}$ (grünes Licht) trennt z. B. ein farbreiner 90-mm-Refraktor mit 900 mm Brennweite feinste Strukturen im Abstand $d = 1{,}22 \cdot 0{,}00055 \cdot 900/90\,\mathrm{mm} = 0{,}00671\,\mathrm{mm}$. Folglich müßte der Film unter Berücksichtigung des Linienkontrasts ein Linientrennvermögen von mindestens $n = 1/A = 1/0{,}00671\,\mathrm{L/mm} = 149\,\mathrm{L/mm}$ haben, um die Instrumentauflösung zu konservieren.

Empfindlichkeitssteigernde Entwickler und forcierte Entwicklungen vergrößern nicht nur den Kontrast und die Körnigkeit, sie sorgen damit auch für ein geringeres Auflösungsvermögen des Films. Im Grunde ist es sehr nützlich, die Körnigkeit eines Films selbst mit Hilfe einer Testtafel zu ermitteln.

9.1.8 Empfohlene Filme

Die Ermittlung von Filmeigenschaften fällt in den Tätigkeitsbereich der Hersteller, die ihre Ergebnisse in den für jeden Film erhältlichen Datenblättern veröffentlichen. Allerdings fehlen meist Angaben über das Empfindlichkeitsverhalten in der Langzeitfotografie oder die Steilheit der Gradation in Verbindung mit Entwicklern, wie sie in der Astrofotografie üblich sind. Dies spielt in der allgemeinen Fotografie auch nur eine untergeordnete Rolle. Soweit wie möglich sollen aber in den folgenden Abschnitten gerade die für die Astrofotografie wichtigen Kriterien angegeben werden und in die Bewertung mit einfließen.

9.1.8.1 Schwarzweißfilme

Im folgenden werden gängige Astroemulsionen vorgestellt; in Abschn. 9.1.10 folgen die Verarbeitungshinweise. Leider ändern die Hersteller von Zeit zu Zeit bestimmte Filmmerkmale, so daß alle Angaben, insbesondere bezüglich spektraler Empfindlichkeit und Kontrastverhalten, genau genommen nur für den Zeitraum der Drucklegung gelten.

Kodak Technical Pan Film. Es handelt sich um einen panchromatischen Schwarzweißnegativfilm mit erweiterter Rotempfindlichkeit über 670 nm hinaus [6.18]. Der Technical Pan Film ist der heute meistbenutzte Schwarzweißfilm in der Amateurastrofotografie, ungeschlagen bei der Mond- und Planetenfotografie, ohne

Alternativen in der Hα-Sonnenfotografie und in hypersensibilisierter Form auch optimal auf allen Gebieten der Deep-Sky-Fotografie. Sein extrem feines Korn erlaubt eine Auflösung von 320 L/mm bei einem Kontrast von 1000 : 1 und noch von 125 L/mm bei einem Kontrast von 1,6:1. Gegenüber anderen Filmen zeigt er die höchste Steilheit (Gammawert) und bietet bei Verwendung unterschiedlicher Entwickler die Möglichkeit, den Kontrast in einem großen Umfang zu steuern. Ebenso läßt sich seine Empfindlichkeit zwischen ISO 25/15° und ISO 200/24° variieren. Während der unbehandelte Film einen Schwarzschildexponenten $p = 0{,}83$ aufweist, liegt dieser nach einer Hypersensibilisierung nahe bei 1,0 und prädestiniert den Film auch für Langzeitbelichtungen. Kodak Technical Pan wird mit der Nummer 2415 als Kleinbildfilm TP 135–36 und als Meterware (45,7 m, perforiert), mit der Nummer 4415 als Planfilm 10,2 × 12,7 cm (50 Blatt) und mit der Nummer 6415 als Rollfilm TP 120 angeboten. Der TP 2415 besitzt eine reißfeste ESTAR-AH-Unterlage von 0,10 mm Stärke. Ebenso stark ist auch die Azetatunterlage für den TP 6415. Die Ausführung TP 4415 besitzt eine 0,18 mm starke ESTAR-AH-Unterlage, die eine hervorragende Planlage garantiert. Quantitative Angaben über die spektrale Empfindlichkeit dieses Films enthält Abb. 9.4.

Kodak T-MAX 100 (TMX). Es handelt sich im folgenden um eine Reihe von drei verschiedenen panchromatischen Filmen auf T-Kristall-Basis, für die der spezielle Kodak T-MAX Entwickler erhältlich ist [2.28]. Der T-MAX 100 besitzt eine mittlere Empfindlichkeit und ein sehr gutes Auflösungsvermögen. Dieses liegt bei einem Objektkontrast von 1000 : 1 bei 200 L/mm und bei einem Kontrast von 1,6:1 bei 63 L/mm. Die spektrale Empfindlichkeit reicht nur bis 650 nm, somit ist der Film nicht mehr zur Fotografie von Hα-Objekten geeignet. Bei fehlender Hypersensibilisierfähigkeit und einem Schwarzschildexponenten von $p = 0{,}74$ eignet sich der T-MAX 100 nur in Verbindung mit lichtstarken Optiken zur Fotografie von Galaxien, Reflexionsnebeln, Kometen, der Milchstraße und vielen stellaren Objekten. Auch in der Mondfotografie findet er Anwendung. Er läßt sich bei weitem nicht so kontrastreich entwickeln wie der Technical Pan Film. Der Film wird als Kleinbildfilm, Rollfilm und Planfilm bis zu einer Größe von 20,3 × 25,4 cm angeboten.

Kodak T-MAX 400 (TMY). Dieser Film vereint hohe Empfindlichkeit mit verhältnismäßig hoher Schärfeleistung [2.28]. Der Schwarzschildexponent beträgt 0,73, das Auflösungsvermögen liegt zwischen 125 L/mm und 50 L/mm bei einem Objektkontrast von 1000 : 1 bis 1,6:1. Die spektrale Empfindlichkeit (Abb. 9.4) ähnelt der des T-MAX 100, entsprechend ergeben sich die gleichen Einsatzfelder. Zusätzlich läßt sich der T-MAX 400 ohne nennenswerte Schärfeeinbußen ausgezeichnet empfindlichkeitssteigernd entwickeln. Der Film gilt neben dem Neopan 400 von Fuji als beste Lösung für die Langzeitfotografie, wenn keinhypersensibilisiertes Filmmaterial vorliegt. Konfektionierung als Kleinbildfilm, Rollfilm und Planfilm bis 10,2 × 12,7 cm.

Kodak T-MAX 3200 (TMZ). Höchstempfindlicher Film bei noch vertretbarer Schärfeleistung [2.28]. Die spektrale Empfindlichkeit reicht nur bis 635 nm, das

Einsatzgebiet ist somit vor allem die Fotografie stellarer Objekte mit Optiken geringerer Lichtstärke. Eine forcierte Entwicklung bis zur doppelten Nennempfindlichkeit ist sinnvoll, das Kontrastverhalten erreicht allerdings nicht mehr das des T-MAX 400 Films. Alle T-MAX Filme lassen sich nicht hypersensibilisieren.

Fuji Neopan 400 Professional. Panchromatischer Film hoher Empfindlichkeit und Schärfeleistung [9.2]. Insgesamt dem Kodak T-MAX 400 Film sehr ähnlich, einschließlich der spektralen Empfindlichkeit und der Eignung zur forcierten Entwicklung. Nur als Kleinbildfilm erhältlich.

Fuji Neopan 1600 Professional. Der Film nimmt eine Stellung zwischen dem Kodak T-MAX 400 und T-MAX 3200 ein, hat allerdings bisher in der Astrofotografie wenig Anwendung gefunden [9.3]. Der Film läßt sich durch forcierte Entwicklung eine Blendenstufe pushen.

Agfa Ortho 25. Orthochromatischer Schwarzweißnegativfilm niedriger Empfindlichkeit und höchster Auflösung von 350 L/mm bei einem Objektkontrast von 1000 : 1 [9.11]. Mit einer spektralen Empfindlichkeit nur bis 590 nm eignet sich der Film zur Weißlichtsonnenfotografie und zur Mondfotografie. Für die Planetenfotografie ist seine Empfindlichkeit schon zu gering. Der Agfa Ortho 25 arbeitet sehr hart (Dokumentenfilm) und erfordert deshalb eine exakte Belichtungsabstimmung. Wegen seines orthochromatischen Verhaltens reduziert sich in Verbindung mit einem Gelbfilter sehr gut die chromatische Aberration eines Fraunhoferachromaten.

Agfa Pan 400. Panchromatischer Schwarzweißnegativfilm hoher Empfindlichkeit und Schärfeleistung ähnlich dem Kodak T-MAX 400 Film [9.11]. Die spektrale Empfindlichkeit reicht bis 660 nm (Abb. 9.4), außerdem ist eine Hypersensibilisierung möglich, wonach der Schwarzschildexponent auf 0,82 steigt. Prinzipiell läßt sich der Film dann auch für die Fotografie von Hα-Objekten einsetzen, nur erreicht der Kontrast nicht den Bereich, wie er zur Fotografie schwächster Emissionsnebel nötig ist.

Ilford 400 Delta. Panchromatischer, hochempfindlicher Film hoher Schärfeleistung durch eine weiterentwickelte Kristalltechnologie [9.6]. Die Verarbeitung ist in den gängigen Schwarzweißentwicklern einschließlich des Kodak T-MAX Entwicklers möglich. Dabei kann die doppelte Nennempfindlichkeit von ISO 400/27° herausgearbeitet werden. Die spektrale Empfindlichkeit reicht bis 635 nm, so daß das Aufgabenfeld für diesen Film vergleichbar dem der Kodak T-MAX- und Fuji Neopan-Filme ist.

9.1.8.2 Farbdiafilme

Kein anderer Abschnitt wird so wie dieser und der über die Farbnegativfilme mit Erscheinen dieses Buches an Aktualität verloren haben. Zu oft bringen die Hersteller neue Emulsionen auf den Markt oder wechseln bei einem Filmtyp die Rezeptur, so daß hier empfohlenes Material längst einen Farbstich zeigen kann und somit nicht mehr für die Langzeitastrofotografie geeignet ist. Hilfreich sind

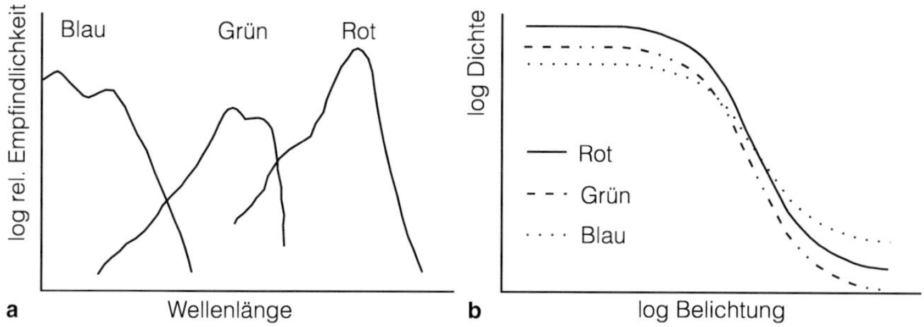

Abb. 9.5. Relative spektrale Empfindlichkeit **a** und Farbdichtekurven **b** der Schichten eines fiktiven Farbdiafilms mit erhöhter Rotempfindlichkeit

da die gängigen Astronomiezeitschriften. Dort finden sich aktuelle Aufnahmen, wobei die Angaben über die benutzten Filme Orientierung für eigene Versuche geben. Immer wieder erscheinen auch Artikel, die sich detailliert mit dem einen oder anderen Film befassen, die Dichtekurven für die einzelnen Farbschichten, Aussagen zum Schwarzschildverhalten, zur Körnigkeit und zur Verarbeitung enthalten. Besonders aus den Angaben über die spektrale Empfindlichkeit und Farbdichte der einzelnen Filmschichten lassen sich wichtige Rückschlüsse bezüglich der Tauglichkeit eines Films ziehen.

Bei dem in Abb. 9.5 (links) vorgestellten fiktiven Beispiel ist zunächst die hohe Rotempfindlichkeit auffällig. Von daher würde sich der Film zur Fotografie von roten Hα-Objekten anbieten. Es offenbaren sich aber auch deutliche Schwächen der Emulsion. Zunächst einmal das Nebeneinanderliegen der Rot- und Gründichtekurven (Abb. 9.5, rechts). Die für Rotlicht sensibilisierte Emulsionsschicht bleibt mit zunehmender Belichtung dichter als die für Grün sensibilisierte Schicht: Der Film wird grünstichig ausfallen. Dies könnte man bis zu einem gewissen Grad bei der Belichtung durch Vorsetzen eines Magentafilters wieder ausgleichen. Zusätzliche Probleme bereitet aber noch die für blaues Licht empfindliche Schicht. Diese zeigt während der Belichtung keine gleichmäßige Farbabweichung, sondern eine mit der Dichte im Verhältnis zu den anderen Schichten sich ändernde Farbverschiebung. Dunkle Bildstellen erscheinen zu blau, helle Areale gelbstichig. Hier sind durch Filtervorsatz keine Korrekturmöglichkeiten mehr gegeben. Ein solcher Film wäre für die Langzeitastrofotografie ungeeignet. Auch die im folgenden genannten Filme weisen im Langzeitbelichtungsbereich Mängel auf, die sich aber bei dem ScotchChrome 400 und einigen Chargen des Agfachrome 1000 RS Farbdiafilms in Grenzen halten.

Farbdiafilme arbeiten allgemein kontrastreicher als Farbnegativfilme gleicher Empfindlichkeit. Leider besitzen sie dafür auch ein etwas gröberes Korn. Da aber die Farbnegativfilme in allen Bereichen der Fotografie die Diafilme verdrängen, werden zukünftige Innovationen insbesondere nur noch bei den Negativfilmen zu erwarten sein.

Kodachrome Filme. Diese Colorumkehrfilme zeichnen sich durch eine besonders haltbare Emulsion und überdurchschnittlich feines Korn aus. Sie sind hypersensibilisierbar [9.30, 9.31] und zeigen dann im Langzeitbelichtungsbereich bei einer nur mäßigen Rotwiedergabe einen kräftigen Blaustich. Empfehlenswert ist aber der Kodachrome 25 in der Mondfotografie mit kurzen Belichtungszeiten. Insbesondere im Sekundenbruchteilbereich überzeugt seine neutrale Farbwiedergabe bei steilem Kontrastverhalten, was aber auch einen nur engen Belichtungsspielraum bedeutet. Wie viele Filme gibt es auch die Kodachrome Filme in einer „Professional"-Form mit engeren Fertigungstoleranzen und einer konstanteren Farbbalance.

Kodak Ektachrome 200. Mittelempfindlicher Film bei relativ ungünstigem Schwarzschildverhalten und mit der Belichtungszeit zunehmendem Blaugrünstich. Anwendungsgebiet ist eingentlich nur noch die bei Amateuren selten anzutreffende Tiefkühlfotografie [9.17].

Kodak Ektachrome 400HC und 400X. Die alte Emulsion war wegen des neutralen Himmelshintergrunds und der ausgezeichneten Rotempfindlichkeit bis 1985 *der* Film in der Deep-Sky-Fotografie [9.32]. Die zur Zeit auf dem Markt befindlichen Chargen werden aber blaugrünstichig. Zusätzlich fällt der Ektachrome 400X durch eine schlechte Rotwiedergabe auf, bei allerdings etwas feinerem Korn als der Ektachrome 400HC, der dafür wieder einen günstigeren Schwarzschildexponenten aufweisen kann. Empfehlenswert sind beide Filme bei kurzen Belichtungszeiten, beispielsweise für Mond-Planeten-Konstellationsaufnahmen oder Strichspuraufnahmen während Mondlicht.

Kodak Ektachrome Panther P 1600X. Ein exzellenter Diafilm auf T-Kristall-Basis mit guter Rotwiedergabe und neutralem Hintergrund. Der Film kann in drei Stufen von ISO 400/27° bis ISO 1600/33° gepusht werden.

Agfachrome CT 200. Mittelempfindlicher, ausreichend feinkörniger Film, der sich bis zu einigen Sekunden Belichtungszeit besonders beim Mond durch eine neutrale Farbwiedergabe auszeichnet [3.28].

Agfachrome 1000 RS. Hochempfindlicher, je nach Charge meist rötlichbraunstichiger, seltener blaustichiger oder in der Langzeitbelichtung auch neutral reagierender Film. Relativ gute Rotwiedergabe, aber auch gute Blauempfindlichkeit bei kontrastreicher Darstellung auch schwacher Strukturen. Trotz seines relativ groben Korns hat der Film weite Verbreitung in der Deep-Sky-Fotografie gefunden und Mitte der 80er Jahre den Ektachrome 400 abgelöst. Der Film ist auch als Rollfilm erhältlich und wird wahrscheinlich hier seine Stellung noch einige Zeit behaupten können. Der Schwarzschildexponent liegt bei 0,73 [3.32, 9.33].

ScotchChrome 400. Nun scheint sich wiederum ein Generationswechsel durch den ScotchChrome 400 anzudeuten, einem mittelempfindlichen Film, der bei einem Schwarzschildexponenten von 0,83 bereits nach wenigen Minuten höherempfindliches Material „überholt" und so oft auch bei ungünstigen Öffnungsverhältnissen ausbelichtet werden kann. Das Filmkorn liegt im Rahmen dessen, was bei Diafilmen dieser Nennempfindlichkeit erwartet werden kann. Die Rotwiedergabe erreicht fast die des alten Ektachrome 400 und ist somit besser als beim Agfachrome 1000 RS. Auch schwache blaue Objekte ergeben eine ausreichende Deckung. Zur Zeit sind Emulsionen auf dem Markt, die nach einer Langzeitbelichtung neutral wie auch lachsfarben auf den Himmelshintergrund reagieren. Einziges Manko: Der Kontrast ist bei nicht optimal dunklem Himmel geringer als beim Agfachrome 1000 RS [3.28].

Fujichrome Velvia. Sehr feinkörniger Film bei kräftiger Farbwiedergabe und gutem Kontrastverhalten im Belichtungszeitraum bis zu einigen Sekunden Dauer, sonst Tendenz zu grünstichigen Aufnahmen. Anwendungsgebiet dürfte die Mond- und Planetenfotografie mit lichtstarken Teleskopen sein.

Fujichrome RD 100 und Reala. Feinkörnige Filme, bei gutem Schwarzschildexponenten zu grünlichem Hintergrund in der Deep-Sky-Fotografie tendierend. Relativ schlechte Rotempfindlichkeit, insbesondere des Fujichrome RD 100, trotzdem wegen der insgesamt doch kräftigen Farbwiedergabe für die Planetenfotografie bei Öffnungsverhältnissen schlechter als $f/50$ zu empfehlen.

Fujichrome 400 D. Vergleichbar mit dem Ektachrome 400X [3.30, 9.8].

Fujichrome P 1600D. Hochempfindlicher Diafilm, dessen erste Lieferungen 1986 eine neutrale, die warmen Farben betonende, kontrastreiche Wiedergabe beispielsweise der Milchstraße versprachen. Spätere Emulsionen wurden im Langzeitbelichtungsbereich bei nur geringer Rotempfindlichkeit allesamt blaustichig [9.34].

9.1.8.3 Farbnegativfilme

Was zu den Kriterien der Filmbeurteilung bei den Farbdiafilmen in Abschn. 9.1.8.2 bemerkt wurde, gilt prinzipiell auch für die Farbnegativfilme. Allerdings können hier bei den nachfolgenden Dunkelkammerarbeiten Farbstichkorrekturen in größerem Umfang als bei den Diafilmen durchgeführt werden. Wunder darf man allerdings nicht erwarten. So sind aus einem Negativfilm ohne ausreichende Rotempfindlichkeit auch mit den raffiniertesten Labortechniken keine schwachen HII-Regionen herauszuarbeiten.

Kodak Ektar 25. Der Film stellt, was die Feinkörnigkeit betrifft, ein hohes Leistungsniveau bei den modernen Farbnegativfilmen dar. Er ist gut zu hypersensibilisieren, bleibt aber in seiner Empfindlichkeit dem hypersensibilisierten Technical Pan Film immer noch unterlegen. Wegen seiner Rotempfindlichkeit besitzt er ein weites Einsatzfeld, insbesondere bei der Gasnebelfotografie mit lichtstarken Aufnahmeoptiken. Anzumerken bei insgesamt gutem Kontrastverhalten ist die nur geringe Blauempfindlichkeit [9.29].

Kodak Ektar 100. Feinkörniger, sehr weich arbeitender Film, der bestens für die Mondfotografie geeignet ist, in hypersensibilisierter Form allerdings auch in der Deep-Sky-Fotografie Verwendung findet. Die nuancierte Wiedergabe von Pastelltönen macht diese Emulsion ideal zur Fotografie der hellsten Gasnebel.

Auffallend ist allerdings eine unterdurchschnittliche Rotwiedergabe bei ausreichender Grün- und Blauempfindlichkeit in der Langzeitfotografie [9.29].

Kodak Ektar 1000. Für die Nennempfindlichkeit von ISO 1000/31° bietet der Film ein überdurchschnittlich feines Korn. Bei relativ gutem Kontrastverhalten und noch ausreichender Rotempfindlichkeit brilliert die Emulsion durch eine außergewöhnliche Blauempfindlichkeit, die sie zur Fotografie von Sternhaufen und Galaxien prädestiniert. Die Hypersensibilisierung bringt keinen deutlichen Empfindlichkeitsgewinn mehr, der Film ist auch so schnell genug, um ihn an Systemen mit einem Öffnungsverhältnis von $f/8$ innerhalb einer Stunde auszubelichten [9.29, 3.33, 3.34].

Kodak Ektapress 400 und 1600. Zwei Filme, die sich bei insgesamt gutem Kontrastverhalten und relativ ausgeglichener Empfindlichkeit vom roten bis zum blauen Spektralbereich in der Deep-Sky-Fotografie mit unterschiedlich lichtstarken Aufnahmeoptiken einsetzen lassen.

Fujicolor Super G 400. Der Film ist ebenso wie einige Kodak Ektar-Filme nicht nur im Kleinbild-, sondern auch im Mittelformat erhältlich. Im Vergleich zum Vorgänger SHG 400 besitzt der Film eine überraschend gute Grünwiedergabe, die ihn für die langbrennweitige Fotografie Planetarischer Nebel prädestiniert.

Konica SR-G 3200. Der zur Zeit schnellste Farbnegativfilm findet auch in Deutschland wie zuvor in den USA eine weite Verbreitung. Bei guter Blau- wie Rotwiedergabe und für die Empfindlichkeit erstaunlich feinem Korn eignet sich der Film zur Fokalfotografie an lichtschwachen Systemen, aber auch für den Anfänger in der Astrofotografie, wenn noch allzu lange Belichtungszeiten vermieden werden sollen [3.35].

9.1.9 Haltbarkeit und Lagerung

Das auf jeder Filmpackung aufgedruckte Garantiedatum gibt zwar Auskunft über das Alter eines Films, nicht aber über das Verfallsdatum. Dieses hängt wesentlich von verschiedenen Einflüssen ab, denen der Film während der Lagerung ausgesetzt wurde. Als erstes ist eine zu hohe Luftfeuchtigkeit zu nennen. Sie führt zu Störungen des Farbgleichgewichts, die sich später als Farbstich bemerkbar machen. Die meist in Plastikdöschen originalverpackten Filme sind gegen Feuchtigkeit hinreichend geschützt. Gute Dienste leisten auch verschlossene Polyethylen-Kunststoffbeutel. Auf jeden Fall empfehlenswert ist aber eine Lagerung bei einer relativen Luftfeuchtigkeitvon unter 60%. Auch hohe Temperaturen beschleunigen den Alterungsprozess der Filme, und dagegen helfen auch die Plastikdöschen nicht mehr. Etwa alle 8 °C Temperaturerhöhung halbiert sich die Haltbarkeit einer Emulsion, die Filmempfindlichkeit läßt nach, der Grundschleier steigt und dadurch verflacht die Gradation. Günstigerweise werden Filme deshalb in der Kühltruhe gelagert. Zur Anpassung an die Raumtemperatur benötigt der Film mehrere Stunden. Da sich auf einen sofort in ein Kameragehäuse eingelegten Film Feuchtigkeit niederschlagen kann, empfiehlt es sich, gekühlte Filme zum „Auftauen“ in der Filmdose zu belassen.

Zusätzlich können ausgasende imprägnierte Hölzer, Lacke, Desinfektionsmittel, Reinigungsmittel aber auch Formaldehyd aus Preßspanplatten ungeschützt lagernde Filme schädigen. Während originalverpackte Filme relativ gut geschützt sind, gilt dies nicht mehr für den Film in der Kamera. Immer ist deshalb eine rasche Belichtung und Entwicklung anzustreben, sonst verändert sich das latente Bild: Gradationsverflachungen, Farbstiche und angegangene Silberkeime können die Folge sein. Relativ ungeschützt ist der entwickelte Film auch bei der Aufbewahrung. Auch hier schaden wieder Feuchtigkeit, Hitze und ausdünstende Gase. Farbfilme und Farbabzüge verblassen nach 15 bis 20 Jahren wegen der Instabilität ihrer organischen Farbpigmente zunehmend. Haltbarer - wahrscheinlich 50 und mehr Jahre - sind dagegen Kodachrome-Diapositive.

Lange haltbar sind die Schwarzweißemulsionen, die Silberbestandteile enthalten. Trocken und kühl sollte man aber auch diese Filme aufbewahren, um die Gelatineschicht vor Bakterienbefall zu schützen. Desweiteren sollten Dias und Abzüge dunkel gelagert werden, da besonders der UV-Anteil des Lichts ein Verblassen und Vergilben bewirkt. Gegen den Hauptfeind aber, die hohe Luftfeuchtigkeit, helfen gut schließende Metall- oder Kunststoffbehälter zusammen mit einem feuchtigkeitsentziehenden Mittel (z.B. Silikagel). Hypersensibilisierte Filme sind trotz aller Vorsichtsmaßnehmen bis zu ihrer Entwicklung nur sehr beschränkt lagerfähig. Bei Farbemulsionen sind erste Verfallserscheinungen bereits nach 3 Monaten trotz ununterbrochener Kühlkette zu bemerken. Der Schwarzweißfilm Technical Pan ist aber mindestens 1 Jahr in der Tiefkühltruhe haltbar. Häufiges Auftauen hypersensibilisierter Filme, beispielsweise um dann ein Stückchen zur Belichtung abzuschneiden, sollte auf jeden Fall vermieden werden. Besser ist es, vorher für eine passende Konfektionierung zu sorgen.

9.1.10 Filmentwicklung

9.1.10.1 Schwarzweißfilmentwicklung

Nur wenn Filme selbst entwickelt werden, kann ein optimales Ergebnis erwartet werden. Dabei ist besonders Schwarzweißmaterial leicht zu verarbeiten [9.35]. Über die Entwicklung lassen sich verschiedene Parameter beinflussen. Besonders wichtig sind der Kontrast, die Körnigkeit, die Empfindlichkeitsausnutzung und die Konturenschärfe. Je nachdem, um welchen Entwicklertyp es sich handelt, wird einmal der eine, dann wieder der andere Parameter günstig beeinflußt. Es wird an dieser Stelle allerdings nicht auf die einzelnen Entwicklertypen näher eingegangen [9.4].

Doch nicht nur der Entwickler selbst, sondern auch seine Konzentration, die Einwirkdauer (Kipprhythmus) und die Temperatur beeinflussen das Ergebnis. So läßt sich leicht abschätzen, daß bei der Menge der Variablen eine Vielzahl von Kombinationen denkbar ist, die nicht alle ausgetestet werden können.

Tabelle 9.3 enthält eine Anzahl sinnvoller Kombinationen, zugeschnitten auf die Anwendungsbereiche des TP 2415. Dabei ist berücksichtigt, daß es bei der

Tabelle 9.3. Entwicklungsdaten für den Kodak TP 2415. Die Spalte „Hyp." gibt an, ob hypersensibilisierter Film verwendet wird

Aufnahmeobjekt	Hyp.	Entwickler	Konzentration	Zeit/min bei 20 °C	Kipprhythmus/min
Deep-Sky	ja	D19	unverd.	6	1
		Microphen	unverd.	20	1
		Dokumol	1 + 9	8	2
		Dokulith	1 + 3	40	1
Mond	nein	Rodinal	1 + 50	8	1
Sonne	nein				
- Protuberanzen		Rodinal	1 + 100	20	1
- Flecken		D19	unverd.	8	1
Planeten	nein				
- Venus		Rodinal	1 + 50	8	1
- Mars		Rodinal	1 + 50	15	1
- Jupiter		Dokumol	1 + 9	30	1

Deep-Sky-Fotografie auf die Darstellung kontrastarmer Objekte ankommt, der Film also sehr hart entwickelt werden sollte. Das gelingt dem Ilford Dokulith-Entwickler am besten, allerdings bei nicht befriedigender Empfindlichkeitsausnutzung. Kodak D19 und Ilford Dokumol sind zu bevorzugen. Ähnliches gilt für die Planetenfotografie, wo Oberflächenstrukturen nuanciert herausgearbeitet werden sollen. Dies ist besonders mit Rodinal in entsprechender Verdünnung möglich.

Für die Kodak T-MAX-Filme empfiehlt sich die Entwicklung in den T-MAX-Entwicklern jeweils bis zur doppelten Nennempfindlichkeit, entsprechend den auf der Entwicklerpackung angegebenen Daten. Gute Ergebnisse in der Deep-Sky-Fotografie auf den T-MAX-Emulsionen sind aber auch mit dem Entwickler Microphen zu erzielen: 20 min Entwicklungsdauer bei 18 °C, Dose einmal pro Minute kippen.

9.1.10.2 Farbfilmentwicklung

Im Vergleich zur Entwickelung von Schwarzweißfilmen ist die Verarbeitung von Farbmaterial tatsächlich ein bißchen komplizierter. Insbesondere sind die Temperaturen genau einzuhalten [9.36]. Insgesamt scheinen aber bei exaktem Einhalten der Zeiten und Temperaturen Farbfilme weniger anfällig für Verarbeitungsfehler als Schwarzweißfilme zu sein. So treten Ablösungen der Filmschicht vom Träger oder das Festsetzen von Luftblasen nicht so häufig auf. Farbfilme können genau wie die Schwarzweißfilme in der Dose verarbeitet werden. Der Kipprhythmus wird von den Herstellern der Entwicklungschemikalien angegeben. Auch finden sich in den Ansatz- und Verarbeitungshinweisen jeweils Empfehlungen für die Rotationsentwicklung. Wird mit temperierten Bädern ab 24 °C aufwärts gearbeitet, muß die Entwicklerdose vor der Entwicklung 5 min vorgewärmt werden. Dies gilt auch für die einzelnen Chemikalien. Dabei ist die Temperatur des

Wasserbads um so leichter konstant zu halten, je größer die Warmwassermenge und je schneller der Prozeß ist. Auch achte man darauf, die Abdeckkappe fest auf die Entwicklerdose zu drücken. Insbesondere beim Bleichvorgang entwickelt sich Gas, das den Deckel absprengen kann. Das Selbstentwickeln von Farbfilmen gibt die Möglichkeit, Einfluß auf die resultierende Filmempfindlichkeit zu nehmen. Auch läßt sich bei einigen Farbnegativfilmen durch Überentwickeln (Faktor 1,5) der Kontrast steigern. Allerdings geht das zu Lasten des Filmkorns. Bei den Farbdiafilmen besteht die Möglichkeit einer Farbstichkorrektur durch Zusätze von Chemikalien. Bei Gelbstich: 1–3 ml verdünnte Schwefelsäure pro Liter Farbentwickler. Bei Blaustich: 1–3 ml verdünnte Natriumhydroxidlösung pro Liter Farbentwickler. Wird während einer Exkursion an einem Platz fotografiert, für den noch keine Belichtungszeitempfehlungen bestehen, und soll vielleicht auch noch neues, bisher nicht getestetes Filmmaterial zum Einsatz kommen, dann ist die Farbentwicklung „vor Ort“ dringend anzuraten. Mit zwei Personen (der eine ist für die Zeitnahme und für den Nachschub an warmem Wasser, der andere für die Temperaturkontrolle, das Kippen der Dose und Umfüllen der Chemikalien zuständig) läßt sich auch auf dem Campingplatz eine Farbentwicklung durchführen. Den Autoren hat es immer sehr viel Spaß gemacht, die fertigen Astrodias und zusätzlich auch noch Urlaubsfilme nach einer Stunde den verblüfften Mitreisenden zeigen zu können, gerade dann, wenn das nächste Fotolabor 100 km entfernt lag.

Farbdiafilmentwicklung. Für die meisten in der Astrofotografie gebräuchlichen Farbdiafilme (Colorumkehrfilme) gibt es typengerecht arbeitende Bäder, hergestellt von den Filmherstellern oder Spezialfirmen für Fotochemikalien. Zu nennen sind Tetenal UK 6 (für 0,25 l und 0,5 l Gebrauchslösung), Kodak E6, Agfachrome Process 44/AP44, Labaphot E6/05. Nicht verarbeitet werden können Kodachrome und Orwo-Diafilme.

Farbnegativfilmentwicklung. Auch für die Farbnegativentwicklung (C41-Prozeß) stehen typengerecht arbeitendeBäder zur Verfügung.Zu nennen sind die Tetenalprozesse NK 2, Neofin, und Universal, der Kodakprozeß C41, der Agfacolorprozeß 70/AP70 und Labphots C 41/05. Nicht verarbeitet werden können Orwo-Colornegativfilme.

Bei den Anfängern besonders beliebt ist die zwar langwierige, dafür aber bei Raumtemperatur durchzuführende Verarbeitung in Neofin Color. Stellt das exakte Temperieren der Bäder kein Problem dar, empfiehlt sich aber die schnelle und unkomplizierte Entwicklung im Tetenalprozeß NK 2.

Fardiafilmentwicklung im Negativprozeß. Farbnegativfilme sind allgemein kontrastärmer als entsprechende Diafilme. Nun können aber auch die Diafilme im Kodakprozeß C 41 und den übrigen kompatiblen Prozessen bei gleichen Verarbeitungszeiten enwickelt werden. Somit läßt sich der Gradationsvorsprung dieser Filme auf ein Negativ übertragen. Dieses kann dann Vorlage für kontrastreiche Abzüge sein, aber auch zur Herstellung korrekt gefilterter Farbdias dienen (s. Abschn. 10.5.4). Zur weiteren Kontraststeigerung lassen sich auch Negativsandwiches herstellen, die dann ebenso zum Papierabzug oder Farbdia weiterverarbeitet werden können. Die Zeitersparnis bei der Belichtung bei gleichzeitig deutlichem Kontrastgewinn ist evident. Ein Beispiel: Zur Herstellung eines Farbdiasandwiches werden zwei zu je 80% überbelichtete Dias benötigt, abhängig insbesondere vom Kontrast- und Schwarzschildverhalten der Emulsion. Genau anders herum ist es, wenn der Weg über das Negativ läuft. Hier reichen als Vorlage zwei Negative von nur je 60% der eigentlich nötigen Belichtungszeitaus, die dann zu einem Sandwich montiert werden können (s. Abschn. 10.4.3).

9.2 Steigerung der Filmempfindlichkeit

9.2.1 Die Verfahren im Überblick

Die Empfindlichkeitssteigerung bei der Herstellung von Filmmaterial bezeichnet man allgemein als Sensibilisierung, wobei die chemische von der optischen Sensibilisierung unterschieden wird. Die chemische Sensibilisierung wird durch den Reifungsprozeß (Kornvergrößerung, Bildung von Reifekeimen) erzielt. Die optische, auch Farbsensibilisierung genannt, erhöht die Empfindlichkeit der fotografischen Schicht für langwellige Strahlung. Man erhält auf diese Weise orthochromatische (gelb-grünempfindliche) und panchromatische (zusätzlich rotempfindliche) Schichten.

Von diesen emulsionstechnischen Sensibilisierungsverfahren sind die verarbeitungstechnischen Verfahren zur Steigerung der Empfindlichkeit zu unterscheiden. Werden derartige Verfahren vor der Aufnahme angewendet, so spricht man von *Hypersensibilisierung*. Bei diesen Verfahren wird außer einer Erhöhung der Grundempfindlichkeit für kürzere Belichtungszeiten vielmehr die Geschwindigkeit der Abnahme der Empfindlichkeit mit fortschreitender Belichtung verlangsamt. Der wesentliche Erfolg liegt in der Verringerung des Schwarzschildeffekts [9.12, 9.13].

F. Dersch und H.H. Dürr entwickelten 1937 eine Methode, die Empfindlichkeitssteigerung *nach* der Belichtung durchzuführen, und man bezeichnete ab dem Jahre 1946 diesen Effekt, dessen Anwendung heutzutage in den Hintergrund getreten ist, als Latensifikation (abgeleitet von latent image intensification). Ein weiteres Verfahren, die Empfindlichkeit während der Aufnahme zu steigern, ist die Tiefkühlfotografie, die heute zu den Hypersensibilisierungsverfahren zu rechnen ist. Insgesamt entwickelten sich die folgenden Verfahren zur Empfindlichkeitssteigerung heraus:

- Badeverfahren ($AgNO_3$) vor bzw. nach der Aufnahme [9.14–9.16]
- Trockenverfahren (Gashypersensibilisierung, Hg-Dämpfe vor Aufnahme)
- Diffuse Vorbelichtung
- Tiefkühlung während der Aufnahme

9.2.2 Tiefkühlfotografie

Die Wirkung der Kühlung hängt mit Veränderungen im intermolekularen Gefüge der lichtempfindlichen Schicht zusammen. Bei geringen Lichtintensitäten, wie sie bei astronomischen Objekten üblich sind, bilden sich überwiegend sog. Subkeime, die nur eine geringe Lebensdauer haben und im Entwicklungsprozeß nicht festgehalten werden können. Mit fallender Temperatur nimmt die Ionenleitfähigkeit des Silberbromids ab, und die instabilen Subkeime werden beständiger. Je nach Emulsionsart liegt der optimale Wert der Kühlung zwischen $-40\,^\circ$C und $-70\,^\circ$C. Eine Verringerung der Temperatur von 293K auf 194K ($-78{,}5\,^\circ$C, Trockeneistemperatur) bewirkt schon eine Verlängerung der Lebensdauer um den Faktor 1000, was die Bildung eines Ag-Konglomerats aus 2 Ag-Atomen begünstigt und zu einer höheren effektiven Empfindlichkeit bei niedriger Intensität führt [9.17, 9.18].

Die Tiefkühltechnik, in der Praxis nur noch bei Farbaufnahmen von Bedeutung, ist von der einfacher auszuführenden Gashypersensibilisierung *vor* der Aufnahme abgelöst worden. Nur wenige Amateure betätigen sich auf diesem Arbeitsgebiet, so daß die Tiefkühltechnik an dieser Stelle nur kurz abgehandelt wird. Weitere Hinweise, auch zum Bau einer Tiefkühlkamera (TK), findet man in [9.9].

Nur erfahrene Astrofotografen sollten sich auf dieses technisch aufwendige Gebiet vorwagen. Außer der Anhebung des Schwarzschildexponenten bringt die Tiefkühlung auch eine Verbesserung der Farbbalance mit sich. Als TK können keine normalen Kleinbild- oder Mittelformatkameras verwendet werden, da ohne entsprechende Vorsichtsmaßnahmen jeder von der Rückseite her gekühlte Film sofort beschlagen würde. Zudem bricht der gekühlte Film leicht, und der Transport in einer Kleinbildkamera ist unmöglich. Die TK besteht deshalb aus einem Kameravorraum mit Fenster und einem Ansatz zur Kühlung, die die Aufgabe haben, Kondensation von Wasser auf der Filmoberfläche zu verhindern. In letzterem besteht die ganze Kunst der Tiefkühlfotografie. Man unterscheidet daher zwei grundsätzliche Konstruktionen. Einmal die TK mit evakuiertem bzw. gasgefülltem Vorraum, und zum anderen die Konstruktion, bei der der Film mit der Schichtseite auf einen dicken Glaszylinder gepreßt und somit die Luft vor der Emulsion verdrängt wird. Die erforderliche Temperatur (unter $-40\,^\circ$C) wird durch elektrische Kühlung (Peltiereffekt) oder durch Kühlmittel erzeugt. Der einfachste Weg ist die Kühlung mit Trockeneis (gefrorenes Kohlendioxid), das leicht zu beschaffen und recht einfach einzusetzen ist. Kameras, bei denen das Vakuum durch eine trockene Gasfüllung ersetzt wird, haben sich nicht bewährt. Auch bei guter Isolation muß eine schwache Heizung das Beschlagen des vorderen Endes des Glaszylinders verhindern. Die Vor- und Nachteile beider Konstruktionen sind gegeneinander abzuwägen. Verunreinigungen zwischen Glas und Film können bei der Glaszylinderkonstruktion die Schicht beschädigen; andererseits liegt der Film optimal plan und er muß nicht in einzelne Stückchen zerschnitten werden [9.17, 9.19].

9.2.3 Gashypersensibilisierung

Wer sich in dieses Gebiet einarbeiten möchte, dem seien die Literaturstellen [9.20–9.24] empfohlen. Fortgeschrittene finden wichtige Anregungen in [9.20, 9.24, 9.25].

Die Behandlung von Filmen in reinen Gasen bzw. fertig gelieferten Gasmischungen gehört heutzutage zum Standardrepertoire eines jeden fortgeschrittenen Astrofotografen; versierte Bastler können einen druck- und vakuumsicheren Tank selbst bauen. Wer nicht die technischen Möglichkeiten hat, kann eine betriebsfertige Anlage erwerben.

Die Gasgemische können verhältnismäßig preiswert bei deutschen Herstellern bezogen werden. Es handelt sich um sog. Prüfgase von Messer Griesheim und Linde. Verwendet werden reiner Wasserstoff (H_2) oder das weniger gefährliche *Formiergas* (engl. *forming gas*), das 92% N_2 und 8% H_2 enthält (Linde: 90% N_2 und 10% H_2). Da bereits ein H_2-Anteil von 4% in Luft brennbar ist, sollte auf jeden Fall offenes Feuer in der Nähe des Gasaustritts vermieden werden. Der Vorteil reinen Wasserstoffs ist, daß bei einer sehr viel geringeren Behandlungstemperatur von ca. 30 °C behandelt werden kann, die jedoch auch konstant gehalten werden muß. Die Behandlung mit Formiergas findet bei 55–60 °C zwischen 2 und 26 Stunden Einwirkdauer statt, je nach Film und Fülldruck, wobei letzterer 3 bar selten überschreitet. Die Höhe des Restdrucks Luft ist in der Praxis unkritisch [9.20]. Bei 24 mbar Restdruck Luft behandelte Filme sind nur wenige Prozent unempfindlicher als solche bei ca. 0,03 mbar Restdruck.

Wie geht man in der Praxis vor? Der Film wird im Dunkeln (Wechselsack, Dunkelkammer, lichtdichtes Zimmer) auf eine Entwicklungsspirale gespult und letztere in den Gastank eingelegt. Mit einer Hand- oder Wasserstrahlpumpe wird die Kammer bis auf wenige mbar Restdruck evakuiert und anschließend mit dem Gas geflutet (ggf. einmal mit dem Gas spülen). Nun wird der Tank eine definierte Zeit lang beheizt (interne Heizung mit Regelung oder Backofen). Man berücksichtige eine Aufheizphase von 30–60 min bei der Zeitnahme. Danach läßt man den Tank auf Zimmertemperatur abkühlen und spult ihn anschließend wieder auf den Kern der Kleinbildfilmspule auf. Wird der Film nicht binnen weniger Stunden belichtet, sollte er in seinem Filmdöschen im Kühlschrank oder Eisfach lagern. Ein Tip zum Hypersensibilisieren von Rollfilmen: Im Gegensatz zu KB-Filmen ist der Rollfilm zusammen mit einem lichtundurchlässigen Papier auf einer Spule aufgewickelt. Anstatt nun das am Filmanfang angeklebte Papier zu entfernen, den Rollfilm auf die Spule zu wickeln und nach dem Hypersensibilisieren wieder anzukleben, hat sich folgende Vorgehensweise bewährt: Im Dunkeln wird zuerst der Papiervorlauf abgeschnitten, und zwar kurz vor der Stelle, an der der Rollfim mit einem Klebestreifen angeklebt ist. Nun wird der Rollfilm mitsamt Papier auf die Spule restlos aufgewickelt. Nach Hypersensibilisieren und Abkühlung auf Umgebungstemperatur wird der Papiervorlauf wieder angeklebt und der Film aufgespult. Dieses Verfahren garantiert die schonendste Behandlung hypersensibilisierten Films.

Tabelle 9.4. Daten zur Gashypersensibilisierung ausgewählter Filme. Behandlung in Formiergas mit Wasserstoffanteil. P: Gesamtdruck, ϑ: Temperatur

Film	Hyperzeit	P/bar	$\vartheta/^\circ C$
Schwarzweißfilme			
TP 2415[1]	3^d	0,7	30
TP 2415[2]	$7–10^d$	1,0	30
TP 2415[3]	26^h	1,4	60
TP 2415[3]	$2–3^d$	1,2	50
TP 2415	23^h	2,0	60
Agfapan 400[3]	7^h	1,2	60
Diafilme			
Ektachrome 200[3]	6^h	1,2	60
Ektachrome 400[3]	$2–3^d$	1,0	30
Fujichrome RD100[4]	2^h	1,3	60
Farbnegativfilme			
Ektar 25[3]	24^h	2,0	60
Ektar 100[3]	$2–3^h$	1,4	60
Ektar 100[3]	10^h	1,4	50
Ektar 1000[4]	2^h	1,4	60
Fujicolor SG-400[3]	2^h	1,4	60

[1] 100% H_2 [9.28], [2] 8% H_2 [9.23], [3], 10% H_2, [4] 8% H_2 [9.29]

Jeder Film spricht unterschiedlich auf die Einstellung der Parameter Wasserstoffanteil, Temperatur und Druck an, so daß die in Tabelle 9.4 vorgestellten Behandlungsdaten nur Richtwerte darstellen können und es eigener Versuche bedarf, die optimalen Werte zu finden. Die Technical Pan Filme [9.23, 9.26–9.28] lassen sich optimal hypersensibilisieren, die Erhöhung des Schwarzschildexponenten nach der Hypersensibilisierung auf fast 1 lassen sie zu den idealen Filmen in der Deep-Sky-Fotografie werden. Einzig nachteilig wirkt sich aus, daß der TP nach der Gasbehandlung spröde und knickempfindlich ist, was sich in Form von Druckbelichtungen bzw. elektrostatischen Entladungen (Abb. 9.6) auf dem entwickelten Negativ zeigen kann.

Weiterhin neigt der Film aufgrund seines dünnen Trägermaterials zur Wölbung im Kameragehäuse. Auch manche Farbfilme zeigen dieses Verhalten nach der Hypersensibilisierung [9.24]. Erst nach längerer Lagerung verbessert sich die Planlage. Abhilfe schafft nur eine Ansaugung des Films mittels einer Vakuumpumpe (s. Abschn. 6.2.4).

Gashypersensibilisierter TP 2415 verliert bei einer Lagerzeit von 3 Monaten im Kühlschrank bei 8 °C ca. 10% seiner Empfindlichkeit unter Zunahme des Grundschleiers. In der Tiefkühltruhe bei −20 °C ist praktisch kein Empfindlichkeitsverlust nach einem Jahr Lagerung festzustellen. Farbdiafilme sind lagerungsempfindlicher. Der Ektachrome 200 hält bei 8 °C seine Empfindlichkeit einen Monat konstant ohne Farbveränderungen [9.24].

Abb. 9.6 Abbildung einer elektrostatische Entladung auf gehypertem, unbelichtetem TP 2415. Da der Entladungsbaum von der Filmperforation ausgeht, scheint der Filmtransportmechanismus der Verursacher zu sein. Foto: B. Koch

Zunehmend lösen die Farbnegativfilme die Farbdiafilme ab. Ähnlich wie die modernen Schwarzweißfilme in T-Kristall-Technologie aufgebaut, weisen moderne Farbnegativfilme ein deutlich feineres Korn gegenüber gleichempfindlichen Diafilmen auf. Farbnegativfilme reagieren hervorragend auf die Gashypersensibilisierung und lassen sich erheblich einfacher entwickeln als Diafilme im E6-Prozeß; fast so einfach wie ein Schwarzweißfilm! Nur die Beurteilung des Negativs bzgl. Hintergrunddichte und Objektkontrast ist wegen der rötlichen Maskierung schwierig. Zur endgültigen Beurteilung muß ein Farbnegativfilm zudem umkopiert werden, was kein noch so gutes Fachlabor wegen der Filterung hinbekommt: Selbstverarbeitung ist also angesagt.

Bei der Konstruktion eines Tanks [9.9] sollte man sich Gedanken über dessen Stabilität machen, da sehr hohe Drücke auf dem Deckel lasten können. Aus Stabilitätsgründen und auch wegen einer höheren Wärmekapazität sollte die Wandstärke bei 5–10 mm liegen. Auch sollte man die Vorschriften beachten, die es für den Umgang mit reinem Wasserstoff oder Gasgemischen mit Wasserstoffanteil gibt. Wasserstoff ist ein brennbares, leicht entzündliches und explosives Gas. Bei Arbeiten in reinem Wasserstoff ist wegen der Explosionsgefahr höchste Vorsicht geboten.

10 Fotolabortechniken

10.1 Schwarzweißvergrößerungen

Auch in einer Zeit, in der sehr viel in Farbe aufgenommen und vergrößert wird, hat die Schwarzweißfototechnik in der Astronomie noch lange nicht ausgedient. Es gibt weitaus mehr astronomische Objekte, die mit Amateurmitteln nur in schwarzweiß aufnehmbar sind, als Objekte, die befriedigend in Farbe wiedergegeben werden können. Dazu kommt die Möglichkeit an lichtverseuchten Standorten mit Hilfe geeigneter Film-Filterkombinationen (s. Abschn. 6.4) noch eindrucksvolle Schwarzweißaufnahmen zu machen, die mehr Details zeigen als Farbaufnahmen der gleichen Objekte an günstigen Standorten. Außerdem wird bei einigen Spezialtechniken auch bei Farbaufnahmen auf die Schwarzweißtechnik zurückgegriffen (s. Abschn. 10.4.6).

10.1.1 Schwarzweißfotolaborausstattung

Wichtig für die Vergrößerungen von Astroaufnahmen, bei denen man schon bei der Aufnahme bemüht war, punktförmige Sternabbildungen möglichst bis in die Bildecken zu erreichen, ist eine gute Planlage der Negative, eine gleichmäßige Ausleuchtung der Bildebene und ein wirklich gutes Vergrößerungsobjektiv. Am Objektiv sollte man auf keinen Fall sparen! Wegen des genormten Einschraubgewindes kann man auch ältere Geräte nachträglich mit einer besseren Optik ausstatten. Für Schwarzweißvergrößerungen genügen auch einfache Objektive, wenn man diese genügend stark abblendet. Soll die Möglichkeit offengehalten werden, auch Farbvergrößerungen anzufertigen, so ist ein Objektiv, das schon bei geringer Abblendung randscharf und vignettierungsfrei zeichnet, unbedingt notwendig. Nicht zuletzt eignen sich diese Objektive hervorragend für alle Arten der Diakopie und des Umkopierens (s. Abschn. 10.5). Besonders empfehlenswert sind die apochromatisch korrigierten Vergrößerungsobjektive, z.B. die Apo Rodagone von Rodenstock 2,8/50 mm für KB und 4/80 mm für Mittelformat.

Bei den Negativbühnen sollte darauf geachtet werden, daß das Negativ nicht zwischen zwei einfache Glasscheiben gepreßt wird, da hierbei oft störende *Newtonringe* auftreten [10.1].

10.1.2 Schwarzweißfotopapier

In den letzten Jahren haben sich *Gradationswandelpapiere* immer mehr durchgesetzt. Diese Fotopapiere ändern ihren Kontrast mit der Farbe der Beleuchtung. Ihre Anwendung setzt also voraus, daß ganz bestimmte Farbfilter in den

Tabelle 10.1. Papiergradationen und Gradationssteuerung bei Gradationswandelpapieren (mit Zwischenstufen)

Filter	weich (1)		spezial (2)		normal (3)		hart (4)		extrahart (5)	
Ilford Nr.	$^1/_2$	1	$1^1/_2$	2	$2^1/_2$	3	$3^1/_2$	4	$4^1/_2$	5
Kodak CC	55Y	30Y	15Y	—	25M	40M	65M	100M	150M	200M
Durst	90Y	70Y	30Y	—	30M	45M	55M	95M	130M	—
Kodak-	110Y	85Y	70Y	55Y	42Y	30Y	10Y	6Y	—	—
Mischkopf	33M	42M	55M	70M	80M	90M	112M	135M	195M	—
Durst-	74Y	56Y	46Y	36Y	28Y	20Y	12Y	4Y	—	—
Mischkopf	22M	28M	37M	46M	53M	60M	75M	90M	130M	—

Strahlengang eingebracht werden. Über die erreichbaren Gradationen gibt Tabelle 10.1 Auskunft. Um Farbfilter in den Strahlengang einzubringen, gibt es verschiedene Möglichkeiten. Die eleganteste ist die Verwendung eines speziellen Beleuchtungskopfes für Gradationswandelpapiere. Die unterschiedlichen Gradationen lassen sich dann an einem mit Nummern versehenen Rändelrad einstellen. Ein Weißlichthebel schwenkt die Filter aus dem Strahlengang, so daß ein helles Projektionsbild das Scharfstellen erleichtert. Die nächste Möglichkeit ist die Verwendung eines Farbmischkopfes, wie er für Colorarbeiten ideal ist. Hier werden die passenden Farbwerte laut Tabelle eingestellt – entweder nur mit einem Filter, dann sind allerdings geringe Belichtungskorrekturen wegen der unterschiedlichen Dichte der Filter notwendig (Tabelle 10.1, Zeilen 2 und 3) oder mit einer Kombination von zwei Filtern, wobei Belichtungskorrekturen entfallen (Tabelle 10.1, Zeilen 4 und 5 bzw. 6 und 7). Eine dritte Möglichkeit besteht im Einlegen geeigneter Filter in eine Filterschublade und eine ähnliche vierte Möglichkeit in der Verwendung eines speziellen Filtersets. Dieses von Agfa, Ilford und Kodak vertriebene Filterkit enthält gerahmte, beschriftete Gelatinefilter sowie einen Halter, der unten am Vergrößerungsobjektiv zu befestigen ist. Die Belichtungszeit ist für Filter 0 bis 3,5 gleich, bei Filter 4 bis 5 wird sie verdoppelt.

Aufgrund der Farbempfindlichkeit der Gradationswandelpapiere muß auf die richtige Dunkelkammerbeleuchtung besonders geachtet werden. Bei einem Mindestarbeitsabstand von 1,5 m und einer 15 Watt-Glühlampe sind folgende Schutzfilter am Lampengehäuse möglich: Agfa G7, Kodak OC oder Ilford 902. Eine andere Möglichkeit ist die Verwendung der Dunkelkammerlampen Osram Duka 50 oder Kindermann Dukalux Electronic. In allen Fällen sollte das unbelichtete Papier dem Licht nicht länger als etwa zwei Minuten ausgesetzt werden.

10.2 Farbdiavergrößerungen

Die meisten Farbaufnahmen in der Astrofotografie entstehen auf Diafilm oder sie werden auf Negativfilm aufgenommen und dann auf Diafilm umkopiert (s. Abschn. 10.5.4). Die Farbdiavergrößerungen sind insbesondere durch die neuen *Raumtemperaturprozesse* einfacher geworden. Auch Farbvergrößerungen in der Schale sind nun möglich. In weniger als einer Viertelstunde liegen fertige Ergebnisse vor. Der größte Vorteil der Farbdiavergrößerung liegt in der guten Beurteilbarkeit der Vorlage und der relativ einfachen Filterung. Soll der Abzug beispielweise röter werden, so filtert man „rot“ dazu. Ein Denken in Komplementärfarben ist nicht notwendig [10.2, 10.3].

10.2.1 Ergänzende Ausstattung für das Farbfotolabor

Für Farbvergrößerungen wird ein Farbmischkopf für das Vergrößerungsgerät benötigt. Falls das Vergrößerungsgerät eine Filterschublade aufweist, kann auch mit einem Farbfiltersatz gearbeitet werden. Es ist anzuraten, für den Naßprozeß drei zusätzliche Schalen anzuschaffen, damit keine Reste der Schwarzweißchemie den Farbprozeß beeinträchtigen. Eine andere Möglichkeit ist die Verarbeitung in einer Trommel, wie sie besonders für das Ilfochromematerial empfohlen wird. In diesem Fall kommt man um einen Farbprozessor, der die Trommel dreht und temperiert, kaum herum. Als Dunkelkammerbeleuchtung kommen die Schutzfilter Agfa 08 oder Kodak W13 sowie die Osramlampe Duka 50 in Frage.

10.2.2 Fotochemie für den Farbpositivprozeß

Für die Fotopapiere aller Hersteller (außer Ilford) läßt sich die neue Fotochemie *Raumtemperaturprozeß Mono UK 3* von Tetenal verwenden. Für Vergrößerungen mit höheren Arbeitstemperaturen werden auch von anderen Herstellern Chemikalien angeboten, die aber nach dem jetzigen Stand keine Vorteile im Ergebnis oder in der Verarbeitung ergeben, sieht man von der geringen Zeitersparnis pro Durchgang ab.

Beim Farbentwickler ist folgendes unbedingt zu beachten: In seiner Zusammensetzung ist er für die Schalenentwicklung gedacht, bei der nach der ersten Zwischenwässerung das Raumlicht eingeschaltet wird. Dadurch ergibt sich die Umkehrung, die eine Zwischenbelichtung erfordert, von allein. Verarbeitet man dagegen in einer Trommel, so muß die Zwischenbelichtung durch einen chemischen Vorgang ersetzt werden. Aus diesem Grund wird bei der Trommelverarbeitung dem Farbentwickler ein Umkehradditiv zugesetzt. Dieses liegt dem Prozeß Mono UK 3 beim Kauf bei. Für das ausschließlich von Ilford angebotene Ilfochromeverfahren (früher Cibachrome-A-Verfahren) kann nur die spezielle Ilfordchemie verwendet werden, da dieses Verfahren prinzipiell anders arbeitet.

10.2.3 Farbpositivvergrößerungspapiere

Für die Farbpositivvergrößerung gibt es geeignete Fotopapiere von verschiedenen Herstellern. Diese werden in unterschiedlichen Formaten mit matten oder glänzenden Oberflächen angeboten. Je nach Hersteller sind nicht nur die Oberflächen selbst, sondern auch deren Bezeichnungen unterschiedlich. Gemeinsam ist allen Papiersorten ein mittlerer Kontrast. Ilford bietet sein Papier nun wieder nur in einer Gradation an, unter dem neuen Namen Ilfochrome statt

Cibachrome. Die Vorteile des Ilfochromeverfahrens liegen in der hohen Brillianz und der sehr guten Rotwiedergabe. Die Abzüge sind ungewöhnlich lagerungsstabil. Dies gilt auch für das im gleichen Prozeß zu verarbeitende Ilfordmaterial AII display film CTD.F7, mit dem sich Großdias in hervorragender Qualität herstellen lassen [10.2].

10.3 Farbnegativvergrößerung

In letzter Zeit werden vermehrt auch Farbnegativfilme für die Astrofotografie eingesetzt. Wenn auch aus einem größeren Teil der Negative Dias hergestellt werden (s. Abschn. 10.5.4), so gibt es doch auch Astrofotografen, die ihre Negative selbst vergrößern wollen. Diese Vergrößerungen sind durch neue Prozesse sehr einfach geworden. Allerdings ist ist die Beurteilung der Negative aus drei Gründen schwierig: Die Helligkeiten sind wie bei Schwarzweißnegativen „verkehrt", die Farben sind komplementär, d.h. ein roter Gasnebel erscheint grün und der Bildträger ist nicht farblos, sondern orangerot maskiert.

10.3.1 Fotochemie für den Farbnegativprozeß

Zur Zeit sind zwei Prozesse auf dem Markt: Der EP-2-Prozeß und der neue RA-4-Prozeß. Letzterer ist besonders einfach zu verarbeiten. Auch er zählt zu den Raumtemperaturprozessen und ermöglicht damit die Schalenentwicklung in nur vier bis sechs Minuten. Es werden jeweils eine Flasche Entwickler und Bleichfixierbad gebraucht. Es sind Monokonzentrate, die sich auch in kleinen Mengen mit Wasser verdünnt ansetzen lassen [9.36, 10.17].

10.3.2 Fotopapiere für die Farbnegativvergrößerung

Fotopapiere für die Farbnegativvergrößerung werden von verschiedenen Firmen angeboten. Bei der Wahl des Papiers muß darauf geachtet werden, für welche Prozeßart es geeignet ist. Man kann ohne weiteres das Papier der einen Firma in der Chemie der anderen verarbeiten. In der Gradation sind sie alle sehr ähnlich. Die Verarbeitungsdauer in den einzelnen Bädern hängt sehr von der Temperatur ab und muß gut eingehalten werden.

10.4 Bildsteuerung bei der Vergrößerung

In diesem Abschnitt sollen verschiedene Verfahren beschrieben werden, die insbesondere bei Motiven, die sehr lichtschwach, sehr kontrastarm, sehr unterschiedlich hell oder in einer anderen Weise extrem sind, bessere Ergebnisse bringen, als die Routineverfahren.

10.4.1 Abwedeln und Nachbelichten

Diese Techniken werden immer dann zum Einsatz kommen, wenn verschiedene Bereiche der selben Aufnahme bei der Vergrößerung unterschiedlich lang

a b

Abb. 10.1. Vergrößerung ohne partielles Nachbelichten **a** und mit partiellem Nachbelichten **b** des Zentralbereichs des Orionnebels. Fotos: L. Laepple

belichtet werden müssen, um ein befriedigendes Ergebnis zu bekommen. Am Beispiel von Vergrößerungen einer Aufnahme des Orionnebels und einer Halbmondaufnahme soll dies verdeutlicht werden. Eine Schwarzweißvergrößerung des Orionnebels zeigt bei einer langen Belichtungszeit einen differenziert durchgezeichneten Zentralteil, dafür ist der äußere Bereich kaum erkennbar. Bei einer deutlich kürzeren Belichtungszeit wird der äußere Bereich befriedigend dargestellt, aber man bekommt einen strukturlosen, fast weißen Zentralbereich. Entsprechendes gilt für die Vergrößerung einer Aufnahme des Monds im ersten Viertel: Eine gut durchgezeichnete Terminatorregion ist verbunden mit einem zu hellen Mondrand. Ist der Rand richtig belichtet, so wird die Terminatorregion nicht befriedigend wiedergegeben. In einem gewissen Rahmen kann man diese Probleme durch Abwedeln bzw. durch partielles Nachbelichten lösen. Die sehr effektive, aber auch wesentlich aufwendigere Technik der unscharfen Maske (s. Abschn. 10.4.5) ermöglicht reproduzierbarere Ergebnisse als das Abwedeln und Nachbelichten.

Nachbelichten. Bei der Schwarzweißvergrößerung und auch der Farbnegativvergrößerung wird ein Bildteil umso dunkler, je mehr Licht auf ihn fällt. Soll nun der Randbereich des Orionnebels nicht zu dunkel werden, so darf man ihn nur kurz belichten. Es sei angenommen, daß eine Belichtungszeit von 5 s für den Rand richtig wäre, während der Zentralteil 20 s belichtet werden müßte, damit er nicht zu hell wird und noch Zeichnung aufweist. Man schneidet aus der Mitte eines schwarzen Kartons ein Loch, dessen Form etwa dem Zentralteil des Orionnebels entspricht, das aber etwas kleiner ist als der Zentralteil auf dem Abzug. Nun legt man das Fotopapier ein und belichtet das ganze Bild 5 s lang. Während der weiteren 15 s wird der Karton so in den Strahlengang zwischen Objektiv und Fotopapier gehalten, daß nur noch der Zentralteil Licht bekommt. Die Größe des Bereichs, der durch das Loch belichtet wird, läßt sich dadurch etwas variieren, daß man den Abstand zwischen Objektiv und Karton ändert. Damit die Trennlinie zwischen dem nachbelichteten und dem kurzbelichteten Bereich etwas verfließt, läßt man den Lochrand über die Grenzzone in alle Richtungen leicht hin und her zittern. Der Übergang wird besonders weich, wenn der Lochrand aus schmalen Zacken besteht. Man kann auch improvisieren, indem man seine zwei Hände zu einer „Fläche mit Loch" formt.

Bei Verwendung von Gradationswandelpapieren wird man die Belichtung des gesamten Bildfelds mit extrem harter und die partielle Nachbelichtung mit sehr weicher Gradation durchführen. Aber Vorsicht: Beim Filterwechsel darf sich die Lage des Vergrößerungskopfs keinesfalls relativ zur Vergrößerungskassette mit dem eingelegten Fotopapier ändern!

Abwedeln. Soll ein kleiner Bereich auf der Vergrößerung weniger Licht bekommen als das Umfeld (beispielsweise eine Galaxie bei der Schwarzweißvergrößerung oder der Zentralbereich des Orionnebels auf einer Dia-Direkt-Vergrößerung), so wird er während eines Teils der Belichtungszeit abgedeckt (Abb. 10.2). Als Hilfsmittel dient dazu ein Stück Karton in passender Größe, möglichst wieder mit einem Zackenrand, das an einem Drahtstiel gehalten wird. Damit dieser nicht auf der Vergrößerung sichtbar wird, muß man während der Belichtung von verschiedenen Seiten aus mit dem Karton an die gewünschte Stelle fahren. Wer den Drahtstiel mit schwarzer Wolle umwickelt, muß keine

a b

Abb. 10.2. Vergrößerung ohne Abwedeln **a** und mit Abwedeln **b** der Terminatorregion. Fotos: L. Laepple störenden Reflexe am Metall befürchten. Soll diese Technik öfter angewendet werden, so lohnt es sich, mehrere solche gezackten Blenden in unterschiedlicher Größe herzustellen.

Im oben erwähnten Beispiel der Vergrößerung einer Mondaufnahme wird man zu Beginn der Belichtung das Licht der Vergrößerungslampe z.B. mit den Händen ganz abdecken und es dann langsam immer weiter freigeben. Dabei ist darauf zu achten, daß zuerst nur der Mondrand und am Ende der Belichtung auch der Terminator Licht bekommt.

Bei beiden Techniken sollte die Blende am Vergrößerungsobjektiv so weit geschlossen werden, daß bei langen Belichtungszeiten in Ruhe gearbeitet werden kann.

10.4.2 Kompositverfahren

Als Kompositverfahren bezeichnet man das exakte Übereinanderbelichten mehrerer Negative, die vom gleichen Himmelsgebiet unter gleichen Aufnahmebedingungen aufgenommen wurden. Durch diese Technik wird das Korn des verwendeten Films stark unterdrückt. Es werden Objekte sichtbar, die sich auf einer Vergrößerung von nur einem Negativ nicht oder fast nicht von der Kornstruktur unterscheiden. Auch das Auflösungsvermögen wird verbessert. Je mehr Negative übereinanderkopiert werden, desto deutlicher wird der Effekt. Dieses Verfahren lohnt sich besonders, wenn man mit recht grobkörnigen Emulsionen arbeitet, es bringt aber auch bei feinkörnigen Emulsionen wie dem TP 2415 noch Verbesserungen, wenn schwächste Sterne dargestellt werden sollen.

Ermittlung der Belichtungszeit: Ein Negativ wird in üblicher Weise so lange belichtet, bis der Abzug die gewünschte Schwärzung zeigt. Angenommen, die Belichtungszeit dieser Testvergrößerung ist 60 s. Werden z.B. fünf Negative der gleichen Dichte nacheinander auf das selbe Vergrößerungspapier belichtet, muß die Belichtungszeit für jedes Negativ $60\,\mathrm{s}/5 = 12\,\mathrm{s}$ betragen. Möchte man ganz genau arbeiten, so muß man die Belichtungzeit für das erste Negativ um ca 20% verlängern, um dem Fotopapier die nötige Vorbelichtungszeit zu geben und die Gesamtbelichtungszeit der vier übrigen Negative um 20% kürzen.

Das Schwierigste ist das paßgenaue Übereinanderkopieren der Negative. Am besten ist die Verwendung eines (selbstgefertigten) Vergrößerungsrahmens, der das Fotopapier unverrückbar festhält, über das sich dann ein mit Scharnieren am Rahmenrand befestigter, dünner, lichtundurchlässiger „Deckel“ herunterklappen läßt. Dieser Deckel muß auf seiner Oberseite weiß und beschriftbar sein. Es sollte durch kleine Anschläge oder Stifte sichergestellt sein, daß der Deckel jedesmal exakt an der gleichen Stelle (in bezug auf das darunterliegende Fotopapier) zu liegen kommt.

Nun verfährt man so: Negativ Nr. 1 einlegen. Deckel am Vergrößerungsrahmen öffnen. Vergrößerungsmaßstab und Scharfstellung festlegen. Diese Einstellung darf nun nicht mehr verändert werden! Deckel herunterklappen und einige helle Sterne auf der Deckeloberfläche mit einem geeigneten Stift einkreisen. Dies dient später zur Grobausrichtung des Rahmens bei einem Negativwechsel. Nun einige möglichst weit auseinanderliegende, ganz schwache Sternpunkte fein markieren. Deckel öffnen und Vergrößerungslampe abschalten. Fotopapier einlegen und evtl. fixieren. Belichten. Deckel schließen, Vergrößerungslampe einschalten und Negativ Nr. 2 einlegen. Vergrößerungsrahmen solange verschieben bis zuerst die Grobmarkierungen (helle Sterne), dann auch noch die Feinmarkierungen stimmen. Vergrößerungslampe ausschalten, Deckel öffnen und belichten usw. Nach der Belichtung des letzten Negativs Fotopapier entnehmen und wie üblich entwickeln.

10.4.3 Sandwichmethode

Der Fotografie von lichtschwachen Objekten, die sich nur wenig vom Himmelshintergrund unterscheiden, sind rasch Grenzen gesetzt: Eine lange Belichtungszeit, die das Objekt deutlicher auf dem Film sichtbar werden lassen soll, bewirkt, daß auch der Himmelshintergrund deutlicher auf dem Film abgebildet wird, was oft sogar zu einem „Ertrinken" des Objekts im Hintergrund führt. In solchen Fällen bietet es sich an, das gleiche Objekt zweimal (oder mehrmals) hintereinander mit einer Belichtungszeit aufzunehmen, bei der der Himmelshintergrund noch nicht auf dem Film abgebildet wird (Abb. 10.3). Die fertig entwickelten Negative werden exakt aufeinandergelegt, am Bildrand fixiert und so in die Negativbühne des Vergrößerungsgeräts eingelegt [10.4]. Um die Negative

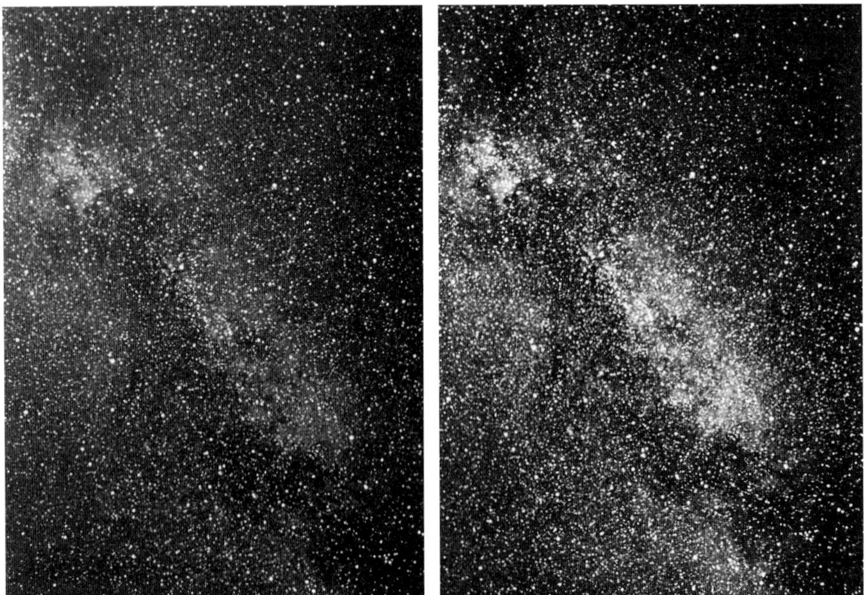

a b

Abb. 10.3. Die Sandwichmethode mit zwei oder mehr Negativen **b** führt zu einer kontrastreichen Darstellung im Vergleich zum Abzug von nur einem der beiden Negative **a**. Fotos: L. Laepple beim Ausrichten und Fixieren besser anfassen zu können, sollte jeweils davor und dahinter eine Leeraufnahme sein. Die Vergrößerung erfolgt genau gleich wie bei einem einfachen Negativ. Arbeitet man mit Farbnegativen, so muß man neue Filterwerte verwenden, die deutlich von den Werten abweichen, wie sie für einfache Farbnegative richtig sind. Dies liegt an der orangeroten Maskierung von Farbnegativfilmen, die bei einem Sandwich doppelt zur Wirkung kommt. Mit Hilfe dieser Sandwichmethode gelingen nicht nur Aufnahmen von Objekten, die sehr lichtschwach sind. Es wird gleichzeitig auch noch die Körnigkeit des Abzugs geringer [10.6]. Eine Durchsicht mehrerer Hefte von Sky & Telescope, Rubrik *Gallery*, zeigt, daß dieses Verfahren in den USA sehr verbreitet ist, oft mit hypersensibilisiertem Negativfilm.

Tony und Daphne Hallas zeigen, wie man durch eine Kombination von Sandwichtechnik und Umkopieren den Kontrast enorm steigern kann [10.6]. Man fertigt aus zwei Aufnahmen ein Sandwich und erzeugt daraus durch Umkopieren (s. Abschn. 10.5.4) ein Dia. Zwei auf diese Weise gewonnene Dias werden wiederum zu einem Sandwich zusammengefügt. Daraus wird durch Kopieren auf die Kodakemulsion 4117 ein Negativ hergestellt. Von diesem läßt sich nun ein Abzug machen, der sehr viel kontrastreicher ist als der von einem nicht zweimal umkopierten Sandwich. In extremen Fällen kann auch noch mit zwei Negativen auf der 4117-Emulsion die Sandwichmethode angewandt werden.

10.4.4 Kontrastverstärkung

Bei der Fotografie von sehr schwachen Objekten sind diese auf dem Negativ oft kaum vor dem Grundschleier erkennbar. Eine befriedigende Vergrößerung dieser Objekte ist nur dann möglich, wenn es gelingt, den Kontrastumfang des Negativs deutlich zu steigern. Das Verfahren beruht auf der Tatsache, daß das wenige Licht, das von den schwachen Objekten auf den Film gelangt, nur die oberste Schicht der Emulsion schwärzt, während der Grundschleier durch zufällig verteilte, geschwärzte Filmkörner in der gesamten Tiefe der Filmschicht entsteht. Es muß deshalb versucht werden, die in der obersten Filmschicht befindliche Bildinformation von dem zu einem großen Teil tiefer liegenden Grundschleier abzutrennen. Dieser Vorgang erfolgt durch Umkopieren des Originalnegativs auf einen extrahart arbeitenden Film im Kontaktverfahren (Abb. 10.4). Die Emulsionsseite des Originals liegt dabei auf der Emulsionsseite des Kopierfilms. Mit einer Opalglasscheibe werden beide aufeinandergedrückt und dann von oben belichtet. Es empfiehlt sich, mehrere Kopien mit unterschiedlicher Belichtungszeit zu machen, da der Belichtungsspielraum sehr eng ist. Das entstehende Positiv kann dann entweder vergrößert werden (was ein Negativ auf dem Papier ergibt) oder nach dem gleichen Verfahren wieder in ein Negativ mit einer weiteren Kontraststeigerung umkopiert werden. Eine dritte Kopie ist wegen des stark hervortretenden Korns nicht mehr sinnvoll. Leider wird auch eine Vignettierung der Aufnahmeoptik mitverstärkt.

Als Kopierfilme kommen z.B. der Agfaplanfilm HDU1P (DIN A4-Format, 100 Blatt) oder der preiswerte 0811P (9 x 12 cm, 100 Blatt) in Frage. Die Entwicklung a 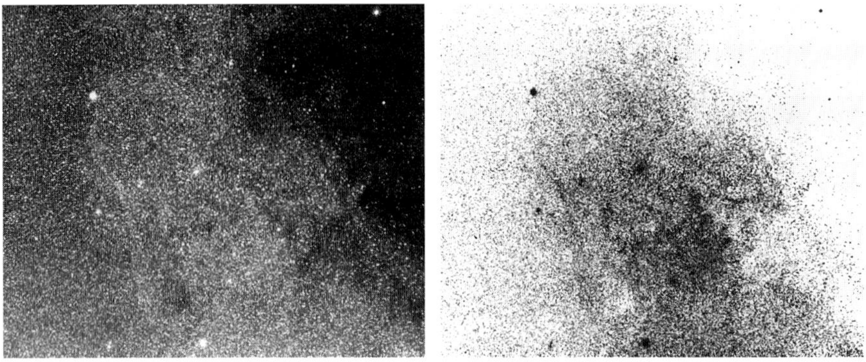 b

Abb. 10.4. Während im ersten Kopierschritt **a** der Ara-Supernovarest nur schwach zu erkennen ist, zeigt eine weitere Umkopie **b** die volle Ausdehnung des Nebels ($17^h 27^m / -45°$). Gesichtsfeld ca. 7°. Fotos: B. Koch

erfolgt bei 20 °C 1 bis 2 Minuten im Agfaentwickler G7C. Möglichkeiten zur Kontrastverstärkung, u.a. unter Anwendung der Solarisation, werden auch in [10.7, 10.8] beschrieben.

10.4.5 Technik der unscharfen Maske

Betrachtet man noch einmal das in Abschn. 10.4.1 angesprochene Problem am Beispiel der Vergrößerung des Orionnebels, so sieht man leicht, daß es sehr schwer ist, eine exakt passende Maske für die Abdeckung des nur kurz zu belichtenden Bildteils herzustellen. Nun kann man aus dem zu vergrößernden Negativ eine Kopiermaske erzeugen, indem man daraus auf einem Film ein in seiner Größe genau passendes Positiv herstellt. Legt man dieses auf das Negativ, so läßt es dort viel Licht durch, wo man „nachbelichten" wollte (z.B. im Zentralteil des Orionnebels) und wenig Licht durch, wo man auch nur kurz belichten wollte. Wie man sich aber leicht klarmacht, wird der Papierabzug ein weitgehend gleichmäßig graues Bild zeigen, wenn die Dynamik von Positiv und Negativ gleich ist. Dies ändert sich, wenn man das Positiv unterbelichtet: Das Bild wird nicht mehr ausgelöscht, es wird nur sein Kontrast reduziert, allerdings in allen Bildbereichen, auch dort, wo Kontrast erwünscht ist. Um den Kontrast in den Bilddetails zu erhalten, wird das Positiv, das als Maske dienen soll, leicht unscharf hergestellt [10.9]. Werden Negativ und Positiv nicht exakt aufeinandergelegt, ergibt sich auf dem Abzug eine Reliefwirkung, die feinste Einzelheiten sichtbar werden läßt.

Herstellen der unscharfen Maske: Hat das Originalnegativ ein größeres Bildformat, z.B. 6 × 6 cm, so kann man eine Kontaktkopie auf einem Planfilm des gleichen Formats anfertigen. Auf dem Vergrößerungsrahmen liegt ein Planfilm, auf den das Negativ gelegt wird. Eine darübergelegte Opalglasscheibe sorgt für eine gute Planlage und für die diffuse Belichtung, wenn die Beleuchtung des Vergrößerungsgeräts eingeschaltet ist. Die diffuse Belichtung reicht aus, um Details auf dem entstehenden Positiv zu unterdrücken. Es sollten mehrere Kontaktkopien mit unterschiedlichen Belichtungszeiten angefertigt werden, um dann daraus die optimale unscharfe Maske auswählen zu können. Prinzipiell ist das gleiche Verfahren auch bei Kleinbildnegativen möglich, wegen derer geringen Größe aber nicht sehr befriedigend. Für das Kleinbildformat gibt es zwei Möglichkeiten:

1) Man stellt sich ein großformatiges Negativ her und arbeitet dann wie oben beschrieben weiter. Das großformatige Negativ erhält man z.B. dadurch, daß man mit dem Vergrößerungsgerät das Originalnegativ auf ein Stück des Rollfilms Ilford XP1 oder XP2 „vergrößert" und dieses dann im Tetenal Positivprozeß entwickelt. Ilford gibt auch die Möglichkeit an, den XP2 im E6-Prozeß, der für die Farbdiaentwicklung konzipiert ist, zu entwickeln. Die andere Möglichkeit ist die Anfertigung eines scharfen Positivs auf einem Planfilm (in diesem Fall im Negativentwickler), von dem man im Kontaktverfahren ohne Opalglasscheibe das gewünschte großformatige Negativ erhält. Für die Weiterverarbeitung ist dann allerdings ein Vergrößerungsgerät notwendig, das Negative dieser Größe aufnehmen kann. Ein solches Gerät steht oft nicht zur Verfügung.
2) Nach einem Vorschlag von K.L. Bath wird das Originalnegativ leicht unscharf auf einen Planfilm vergrößert, der unter einer Glasscheibe auf dem Vergrößerungsrahmen liegt. Dabei ist die Blende am Objektiv weit zu öffnen, damit man schon bei einer geringen Defokussierung, also bei kaum verändertem Vergrößerungsmaßstab ein ausreichend unscharfes Positiv erhält. Es werden dabei wieder die Belichtungszeiten variiert. Die endgültige Vergrößerung kann nur genau die Größe haben, die die so gewonnene unscharfe Maske hat. Diese wird auf das Fotopapier gelegt und mit einer Glasplatte beschwert. Das Negativ wird nun durch die Maske hindurch auf das Fotopapier belichtet. Eine exakte Ausrichtung der Maske und die richtige Einstellung des Abbildungsmaßstabs am Vergrößerungsgerät wird durch Einschwenken des Rotfilters in den Strahlengang sehr erleichtert.

Ein Beispiel zur unscharfen Maske zeigt Farbtafel 12a–c. Dieses außerordentliche Ergebnis wurde von R. Sieger [10.10] mit Hilfe der Diakopiertechnik (s. Abschn. 10.5), wie im folgenden beschrieben, erzielt. Als Ausgang dient ein Farbnegativ des Orionnebels. Wird ohne Maske ein Diapositiv hergestellt, brennt das Zentrum des Nebels völlig aus (Farbtafel 12a). Zunächst werden in einer Belichtungsreihe (unscharfe) Masken auf Schwarzweißnegativfilm (hier TP 2415) hergestellt. Das Originalfarbnegativ wird mit dem Diakopiergerät unscharf abfotografiert, indem es 5–6 mm vor der Schärfeebene plaziert wird. Der Kopierfilm (hier TP 2415) wird nun in Neofin-Doku weich entwickelt. Jetzt sucht man sich dasjenige Schwarzweißpositiv aus, das visuell den besten Helligkeitsausgleich erzielt (Farbtafel 12b) und legt es über das Originalfarbnegativ. Dieses Sandwich wird nun zusammen auf den Film 5072 umkopiert, und man erhält ein sehr schön differenziertes Dia (Farbtafel 12c). Der Nachteil des Verfahrens liegt darin, daß das Sandwich aus Originalnegativ und Maske ca. 20–40× länger belichtet werden muß als das Originalnegativ alleine. Bei der sehr geringen Empfindlichkeit von ca. ISO 1/1° kann das zu einer Belichtung von bis zu 40 min führen! Noch ein Tip von R. Sieger: Bei der Maskenherstellung kann mit Filtern experimentiert werden, um bestimmte Farbbereiche des Originalnegativs abzuschwächen oder zu verstärken.

10.4.6 Dreifarbenkompositverfahren

Die Leistungsfähigkeit von Farbfilmen ist in den letzten Jahren sehr verbessert und ihre Körnigkeit deutlich reduziert worden. Es können daher nun viel mehr astronomische Objekte farbig aufgenommen werden, allerdings bei weitem nicht alle, die bisher der Schwarzweißtechnik vorbehalten waren. Verbesserte Farbnegativfilme, kombiniert mit Umkopier- und Sandwichtechnik (s. Abschn. 10.4.3), erweitern die Einsatzmöglichkeit der astronomischen Farbfotografie. Sollen aber die Farben der Aufnahmen „richtig" sein, also z.B. eine HII-Region nicht nur „irgendwie rot" erscheinen, so sind folgende Punkte zu beachten: Handelsübliche Farbfilme sind nicht für die Fotografie von Objekten entwickelt, die Licht nur in diskreten Wellenlängen ausstrahlen. Sie geben diese nur näherungsweise farblich richtig wieder. Eine farbliche Unterscheidung von eng beieinander liegenden Spektrallinien ist nicht möglich. Aus diesem Grund werden zwar Sterne, Galaxien oder Reflexionsnebel, die Licht mit einem kontinuierlichen Spektrum abstrahlen, recht befriedigend wiedergegeben, Emissionsnebel und Planetarische Nebel mit ihren zahlreichen diskreten Spektrallinien dagegen farblich unbefriedigend, wenn nicht sogar falsch, dargestellt. Das Problem wird dadurch verstärkt, daß die Empfindlichkeit eines normalen Farbfilms nicht für alle Wellenlängen gleich groß ist und wichtige Spektrallinien z.B. eines Planetarischen Nebels gerade in einen Bereich fallen, in dem der Farbfilm weniger empfindlich ist. Ein bekanntes Beispiel sind die farblich meist falschen Abbildungen des Hantelnebels, die den Grünanteil der OIII-Emissionen vermissen lassen. Schließlich wirkt sich der Schwarzschildeffekt auf die drei farbempfindlichen Schichten im Film oft unterschiedlich stark aus, was zu Farbverschiebungen führt (s. Abschn. 9.1.6).

Eine Möglichkeit, diese Schwächen des Farbfilms in der Astrofotografie zu reduzieren und den Einsatzbereich der Farbfotografie zu erweitern, ist das *Dreifarbenkompositverfahren.* Es beruht im Prinzip darauf, durch jeweils ein Rot-, Grün- und Blaufilter eine Schwarzweißaufnahme zu machen und diese im Labor durch entsprechende Farbfilter zu einem Farbbild zusammenzukopieren. Dieses aufwendige Verfahren erfordert große Sorgfalt, viel Erfahrung und Zeit, bis gute Ergebnisse vorliegen. Von den verschiedenen Möglichkeiten, das beschriebene Prinzip in die Praxis umzusetzen, soll hier nur eine näher betrachtet werden. Wer sich intensiver damit befassen will, sei auf die Literatur [10.10–10.16] verwiesen.

Für die drei Schwarzweißaufnahmen müssen nun geeignete Film-Filterkombinationen gefunden werden, die in ihren jeweiligen Transmissionsbereichen möglichst gleichmäßig empfindlich sind, die sich aber so ergänzen,

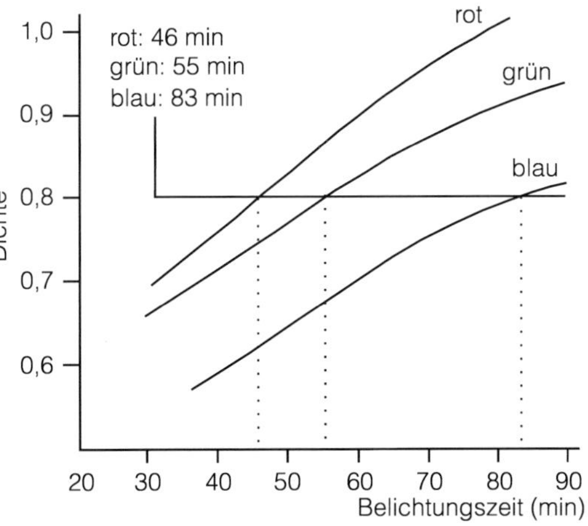

Abb. 10.5. Dichte in Abhängigkeit von der Belichtungszeit

daß der ganze interessierende Wellenlängenbereich von etwa 400 nm bis 700 nm ohne „Einbrüche" abgedeckt ist. Die Empfindlichkeitsbereiche der Film-Filterkombinationen sollen sich dabei etwas überlappen. Wichtig ist auch die Festlegung der Wellenlängenbereiche für die einzelnen Film-Filterkombinationen. Die erste sollte im blauen Bereich von knapp 400 bis ca. 485 nm empfindlich sein, dann liegen die grünleuchtenden OIII-Linien im sich daran anschließenden grünen Bereich, der bis etwa 580 oder 590 nm reichen sollte. Im roten Bereich liegt dann z.B. die Hα-Linie.

Es ist schwierig, diese Bedingungen alle gleichzeitig mit Hilfe handelsüblicher Filmemulsionen und Filter zu erfüllen. Von den verschiedenen Möglichkeiten sei hier eine angegeben, die Wallis und Provin [2.22] erprobt haben. Sie verwendet in allen drei Farbbereichen den feinkörnigen Kodak TP 2415, kombiniert mit den Kodak Wratten Filtern 47 (blau), 57A (grün) und 23A (rot).

Mit jeder Film-Filterkombination wird eine Grauskala mit unterschiedlichen Belichtungszeiten (30, 45, 60, 90 und 120 min) fotografiert. Als Beleuchtung eignet sich eine 15 W-Glühlampe, deren Farbtemperatur mit Hilfe des Color Konversionsfilters Nr. 78 auf 5500 K verändert wird. (Eine Bauanleitung für ein preiswertes Densitometer findet sich z.B. in [2.22]). Die Filme werden alle in gleicher Weise entwickelt, dann werden die Dichten für alle Aufnahmen bestimmt (s. Abschn. 9.1.4).

In einem Diagramm werden alle Ergebnisse der Dichtemessung in Abhängigkeit von der Belichtungszeit aufgetragen (Abb. 10.5). Dem Diagramm können dann die zu gleichen Dichten gehörenden Belichtungszeiten für die drei Film-Filterkombinationen entnommen werden. Stellt sich bei der Auswertung der Aufnahmen am Sternenhimmel heraus, daß die Belichtungszeiten länger oder kürzer sein müssen, so dürfen nicht einfach alle benutzten Belichtungszeiten mit einem bestimmten Faktor multipliziert werden, da sonst das Farbgleichgewicht gestört wird. Neue Belichtungswerte müssen dem Diagramm entnommen werden. Eventuell ist es dazu notwendig, neue Aufnahmen der Grauskala mit veränderter Helligkeit bzw. mit einer anderen Blende zu machen und neue Kurven zur Ermittlung der Belichtungszeit in ein Diagramm zu zeichnen.

Es gibt verschiedene Möglichkeiten zur Herstellung des Dreifarbenkomposits. Beschrieben wird hier ein Verfahren, das von Alt, Rihm, Brodkorb und Rusche für diese Technik eingeführt wurde. Dabei werden die gewonnenen drei Negative durch Filter mit den entsprechenden Farben auf ein Blatt Kodak Ektacolor Print Film 6109 belichtet. Die verwendeten Farbfilter sind allerdings etwas schmalbandiger als die bei der Aufnahme verwendeten. Es sind die Wrattenfilter W70 (rot), W99 (grün) und W98 (blau). Verwendet man dabei die Negative der Testaufnahmen (Graukartenaufnahme), so müßte das Ergebnis ein neutral graues Bild sein. Sicherlich gelingt dies nicht auf Anhieb. Man hat nun die Möglichkeit, durch Probieren die geeigneten Belichtungszeiten zu finden oder aber durch Messungen und Berechnungen. Dazu belichtet man die drei Negative durch die entsprechenden Filter jeweils auf ein anderes Blatt des Printfilms und mißt die Dichten der einzelnen Stufen der Grauskala, die abfotografiert worden war. Da die Helligkeitsabstufungen der Grauskala bekannt sind, kann man errechnen, welche Belichtungszeiten für die drei Negativ-Filterkombinationen benötigt werden, um Positive gleicher Dichte in den einzelnen Farben zu erhalten. Belichtet man nun die drei Testnegative durch die passenden Filter mit den so ermittelten Belichtungszeiten wieder auf ein einziges Blatt des Printfilms, so sollte das Ergebnis (fast) neutral grau sein. Zur Technik des Übereinanderkopierens von mehreren Negativen auf ein Fotopapier s. Abschn. 10.4.2.

Nachdem nun die Belichtungszeiten für die Aufnahme und für das Dreifarbenkomposit bekannt sind, kann mit den eigentlichen Himmelsaufnahmen begonnen werden.

10.5 Diakopiertechniken

10.5.1 Diakopierausrüstung

Von einigen Firmen für Fotozubehör (z.B. Hama, Soligor) werden preiswerte Diadupliziergeräte angeboten. Je nach Ausführung sind sie nur für Kopien im Maßstab 1:1 oder als Zoomdiaduplikator für variable Maßstäbe im Bereich 1:1 bis 2:1 oder 2,5:1 geeignet. Durch das T2-Adaptersystem können sie an fast allen Kleinbild-Spiegelreflexkameras verwendet werden. Das eingebaute Objektiv hat eine feste Blende (meistens Blende 11). Das Sucherbild ist daher sehr dunkel, was die Ausschnittswahl (Zoomduplikator) und die Scharfeinstellung, soweit diese überhaupt möglich ist, erschwert. Viel variabler ist die Verwendung eines Balgengeräts mit einem guten Makroobjektiv oder einem guten Vergrößerungsobjektiv. Über Adapterringe (Novoflex) lassen sich die Objektive an fast alle Balgengeräte anpassen. Soll das normale Kameraobjektiv eingesetzt werden, so muß dieses bei Abbildungsmaßstäben größer als 1:1 unbedingt in Retrostellung (also die Frontlinse in Richtung Kameragehäuse) verwendet werden. Die notwendigen Umkehrringe gibt es z.B. von Hama. Ergänzt wird diese Anordnung durch einen Diakopiervorsatz. Ein Balg (Kompendium) verbindet lichtdicht aber flexibel das Objektiv mit dem Bildhalter. Ist am Balgengerät kein Einstellschlitten angebaut, muß ein als Zubehör erhältlicher benutzt werden. Man kann dann mit der Standartenverschiebung des Balgengeräts durch Auszugsveränderung den Abbildungsmaßstab frei wählen und durch Verschiebung des Einstellschlittens, der mit dem Diahalter gekoppelt wird, die Schärfe einstellen.

Eine weitere Möglichkeit für Diakopien bieten einige Vergrößerungsgeräte, die als Baukastensystem konzipiert sind (z.B. Kaiser). Der Farbmischkopf wird umgekehrt aufgesetzt und kann ganz nach unten geschoben werden. Die Kamera wird an einem als Zubehör erhältlichen Arm befestigt, der von oben auf die Säule des Vergrößerungsgeräts aufgeschoben wird und in der Höhe stufenlos verschiebbar ist. Die Negativbühne dient als Bildhalter und das Vergrößerungsobjektiv, das zusammen mit dem Objektivhalter abgenommen wurde, kann als Aufnahmeoptik eingesetzt werden - entweder mit einem Balgengerät oder mit der Mini-Makroschnecke von Zörkendörfer [4.22].

Wichtig für Diakopien und für das Umkopieren sind Beleuchtungseinrichtungen mit reproduzierbarem Licht, die die ganze Fläche der vor dem Dia oder Negativ befindlichen Streuscheibe gleichmäßig ausleuchten. Tageslicht oder ein von der Sonne beschienener weißer Karton eignen sich weniger, da sich die Helligkeit und die Farbtemperatur ändern. Günstig sind Elektronenblitzgeräte oder Diaprojektoren. Auch der Beleuchtungskopf des Vergrößerungsgeräts mit eingebauten Farbfiltern leistet gute Dienste, wenn er sich so schwenken läßt, daß die Negativbühne senkrecht steht oder wenn er sich wie oben beschrieben umgekehrt aufsetzen läßt. Am besten arbeitet man sich auf eine Beleuchtungsart ein. Für die unumgängliche Filterung eignen sich Folien- oder Gelatinefilter, wie sie als Sätze z.B von Kodak, Ilford oder Hama angeboten werden. Leider sind die Dichtewerte der Filter von Firma zu Firma verschieden. Arbeitet man mit dem Farbmischkopf, so entfallen zwar zusätzliche Filter, aber auch hier sind die Dichtewerte nicht genormt.

10.5.2 Filmmaterial

Die Wahl des Filmmaterials hängt vom gewünschten Ergebnis und von der gewählten Beleuchtungsart ab. Ist man nur an einer Kontrastverstärkung interessiert, so können normale Diafilme als Kopierfilme verwendet werden. Aufnahmen mit differenzierten Zwischentönen, wie sie z.B. bei Gasnebeln oder in Milchstraßenregionen auftreten, werden durch Kopien auf normalen geringempfindlichen Diafilmen nur sehr unbefriedigend wiedergegeben, da diese zu hart arbeiten. Wenn man auf Spezialfilme verzichten will, sollten, trotz des stärkeren Korns, höherempfindliche Diafilme eingesetzt werden, da diese eine flachere Gradation haben. Wirklich befriedigende Kopien erhält man nur mit speziellen

Kopierfilmen, einer auf sie abgestimmten Beleuchtung, einer sorgfältigen Filterung und viel Geduld.

Kopierfilme, die sich durch eine sehr flache Gradation auszeichnen und außerdem besonders feinkörnig sind, werden nur von wenigen Herstellern angeboten und sind, von Ausnahmen abgesehen, nur als Rollenware ab 30 m Länge erhältlich. Dies ist für diejenigen, die viel kopieren wollen, nicht unbedingt ein Nachteil, da sich die notwendige Filterung von Emulsion zu Emulsion ändert und es deshalb günstig ist, viel Filmmaterial mit der gleichen Emulsion zur Verfügung zu haben. Zu bedenken ist allerdings, daß Meterware meistens keine Numerierung am Rand der Filmstreifen aufweist und daß ein Filmladegerät benötigt wird. Wer den Umgang mit Rollenware scheut oder wer nur wenig kopiert, ist mit der Konfektionierung in Filmpatronen besser beraten. Es empfiehlt sich dann, mehrere Filme mit gleicher Emulsionsnummer zu kaufen.

In der Kleinbildpatrone gibt es den Kodak Ektachrome SE Duplicating Film SO-366. Die gleiche Emulsion (laut Kodak Datenblatt P-D13) gibt es auch in verschiedenen Formaten als Meterware unter der Bezeichnung Kodak Ektachrome Slide Duplicating Film 5071. Vorgesehen ist er für die Belichtung mit Elektronenblitz (Farbtemperatur 5600 K, Belichtungszeit 1/1000 s) oder mit Kunstlicht (3200 K, Belichtungszeit zwischen 0,5 und 5 s). Wird mit Kunstlicht belichtet, so muß zusätzlich zu der für Blitzbelichtung gültigen Filterung (s. Abschn. 10.5.3) noch das Wratten Filter 80A oder das Kodakfilter CC 30B verwendet werden. Die Filme werden im normalen E6-Prozeß entwickelt. Die Filmempfindlichkeit liegt bei etwa ISO 16/31°. Sie ist neben der Emulsionsnummer auf der Packung aufgedruckt (Exposure Index EI 16 = 16 ASA). Vergleichbare Filme gibt es von Agfa (Agfachrome CU-COP), von Fuji (Fuji CDU) jeweils als Meterware und als Planfilm von Kodak (Duplicating Film 6121).

10.5.3 Diaduplizieren

Für originalgetreue Diakopien eignen sich nach den Überlegungen in Abschn. 10.5.2 nur spezielle Kopierfilme. Das folgende Beispiel gilt für den Duplicating Film SO-366 bzw. 5071 in einer Kleinbild-Spiegelreflexkamera, einem Balgengerät mit Vergrößerungs- oder Makroobjektiv und einem Diakopiervorsatz. Es läßt sich leicht auf die Verwendung eines Zoomdiaduplikators oder einer anderen Diakopiereinrichtung übertragen.

Vorbereitung. Dia in den Diahalter einlegen, Blende am Objektiv ganz öffnen, durch Ändern der Auszugsverlängerung am Balgengerät den Abbildungsmaßstab einstellen und mit Hilfe des Triebknopfs am Einstellschlitten die Schärfe nachregeln. Im Sucher der Kamera lassen sich die Einstellungen kontrollieren. Ist das Sucherbild zu dunkel, richtet man die Einrichtung auf eine helle Lichtquelle. Bei dem Abbildungsmaßstab 1:1 muß das Dia im Diahalter besonders sorgfältig so lange verschoben werden, bis der Rand des Diarahmens nicht mehr im Bildfeld liegt. Das Sucherbild zeigt, abhängig von der Kamera, nur rund 95% des Aufnahmefelds an. Stimmen Vergrößerung, Bildausschnitt und Schärfeeinstellung, so wird die Blende am Objektiv auf den Wert 8 oder 11 geschlossen. Die Auszugsverlängerung und der Blendenwert müssen notiert werden.

Beleuchtung mit dem Elektronenblitz. Diese Technik setzt voraus, daß der Blitz getrennt vom Kameragehäuse eingesetzt werden kann. Die Synchronisation mit dem Kameraverschluß erfolgt über ein Spezialkabel des Blitzgeräteherstellers. Für Elektronenblitze, die sich nur im Blitzschuh auslösen lassen, gibt es Kabel, die am einen Ende in den Kamerablitzschuh eingeschoben werden und am anderen Ende einen Blitzschuh zum Aufstecken des Blitzgeräts haben. Der Kameraverschluß muß auf die vom Kamerahersteller für Elektronenblitzbetrieb angegebene Belichtungszeit eingestellt werden. Bei vielen modernen Kameramodellen geschieht dies automatisch. Wer reproduzierbar arbeiten möchte, dem sei empfohlen, vor der Verwendung einer TTL-Blitzsteuerung die im folgenden beschriebene Ermittlung des Blitzabstands im Manualbetrieb durchzuführen. Andernfalls ist es möglich, daß die von der Elektronik gesteuerte Blitzzeit unkontrollierbar bis auf eine 1/40 000 s reduziert wird, was durch den Ultrakurzzeiteffekt zu Farbverschiebungen führen kann.

Ermittlung der richtigen Kombination von Blende und Blitzabstand. In der Regel wird man mit Blendenwerten um Blende 8 oder 11 arbeiten. In diesem Blendenbereich bildet die Optik optimal ab, die Vignettierung ist völlig zu vernachlässigen und die Tiefenschärfe reicht aus, um auch ein leicht gewölbtes Dia randscharf zu reproduzieren. Bei wesentlich stärkerer Abblendung läßt die Abbildungsqualität der Optik (abhängig vom gewählten Abbildungsmaßstab) wieder etwas nach. Da die Blende also nur in sehr geringem Rahmen variiert werden kann, beschränkt sich die Belichtungsänderung im wesentlichen auf die Abstandsänderung. Für eine Belichtungsreihe wird der Abstand Blitzreflektor – Dia von Aufnahme zu Aufnahme um den Faktor $\sqrt{2} = 1{,}4$ verringert (sorgfältig Buch führen!). Die am Objektiv eingestellte Blende bleibt dabei unverändert (z.B. Eichblende 11). Ein Vergleich der Aufnahmen auf dem entwickelten Film mit den notierten Werten zeigt den optimalen Abstand des Blitzreflektors vom Dia. Dieser Abstand soll im folgenden *Eichabstand* heißen.

Um den ermittelten Eichabstand auch auf andere Dias übertragen zu können, sollte man die Dias, die kopiert werden sollen, in ihrer Helligkeit mit dem Eichdia vergleichen. Dies kann einfach mit dem Auge geschehen. Genauer ist folgende Methode: Eichdia in den Bildhalter des Diakopiergeräts stecken, Blende am Objektiv ganz öffnen, Kopiereinrichtung gegen eine helle Fläche richten und die vom Kamerabelichtungsmesser angezeigte Zeit notieren. Eichdia gegen anderes Dia austauschen und unter genau gleichen Bedingungen die Belichtungszeit ermitteln. Zeigt beispielsweise der Belichtungsmesser für das Eichdia die Belichtungszeit 1/60 s und für das andere Dia die Belichtungszeit 1/30 s an, muß dieses Dia doppelt so viel Licht bekommen wie das Eichdia. Dies erreicht man durch Öffnen der Blende von 11 (Eichwert) auf 8 oder durch Verringern des Eichabstands um den Faktor $\sqrt{2} = 1{,}4$ bei unveränderter Blende. Durch eine Verdopplung des Blitzabstands erhält der Film bei sonst unveränderten Verhältnissen ein Viertel der Lichtmenge. Umgekehrt wird durch eine Halbierung des Blitzabstands die auftreffende Lichtmenge vervierfacht. Mit dem gleichen Verfahren lassen sich auch die Helligkeitsunterschiede messen, die sich durch eine Änderung des Abbildungsmaßstabs oder der Filterung ergeben. Diese Messung wird nicht immer ganz exakt sein, z.B. wegen einer unterschiedlichen Helligkeitsverteilung bei verschiedenen Aufnahmen oder weil sich die Belichtungszeit bei manchen Kameras nur in ganzen Stufen ablesen läßt. Es ist deshalb sinnvoll, bei der endgültigen Belichtung zusätzlich zur Aufnahme mit dem korrigierten Blitzabstand noch Aufnahmen mit Blendenwerten zu machen, die einen halben oder einen ganzen Wert über bzw. unter dem Eichwert liegen. Bei Kameras, die über eine TTL-Blitzsteuerung verfügen, wird man den Blitz nun auf Automatikbetrieb umschalten und ihn im Eichabstand aufstellen. Da die Blitzautomatik die Helligkeit nur durch Verkürzen der Leuchtdauer regeln kann, eine Verlängerung über eine 1/1000 s bzw. 1/700 s jedoch nicht möglich ist, sollte man die Blende gegenüber dem Eichwert um einen Wert öffnen oder den Blitz in der Entfernung (Eichabstand: 1,4) vor dem Dia aufstellen. Auch zusätzliche Aufnahmen mit veränderter Einstellung der $\pm$-Korrektur sind sinnvoll. Wird beim Kopieren weiterer Dias der Abbildungsmaßstab nicht wesentlich verändert, so kann beim TTL-Blitzbetrieb der oben beschriebene Helligkeitsvergleich entfallen. Die automatisch gewählte Blitzdauer wird bei dieser Methode nicht so stark von der 1/1000 s abweichen, daß Farbverschiebungen durch den Ultrakurzzeiteffekt zu befürchten sind. Natürlich darf nicht vergessen werden, die Filmempfindlichkeit an der Kamera einzustellen. Leider ist die Einstellung der geringen Empfindlichkeiten, wie sie Kopierfilme haben, nicht bei allen Kameras mit TTL-Blitzsteuerung möglich.

Beleuchtung mit Kunstlicht. Hierfür eignen sich Diaprojektoren mit Halogenlampen 24 V/150 W oder 24 V/250 W oder die Beleuchtungsköpfe von Vergrößerungsgeräten mit Halogenlampen – ganz besonders die um 90° schwenkbaren oder die umgekehrt aufsetzbaren Farbmischköpfe. Im letzteren Fall wird die Kamera mit der Aufnahmeoptik vertikal verschoben, in allen anderen Fällen horizontal. Mißt die verwendete Kamera die Belichtung durch das Objektiv, so wird ihr Abstand zur Lichtquelle so lange verändert, bis der Belichtungsmesser bei eingestellter Arbeitsblende die richtige Belichtung anzeigt. Bei Diakopierfilmen soll die Belichtungszeit zwischen 0,5 s und 5 s liegen. Die Auslösung der Kamera erfolgt mit dem Drahtauslöser oder mit dem Selbstauslöser. Liegt die geringe Empfindlichkeit der Kopierfilme nicht mehr im Einstellbereich des Belichtungsmessers, so stellt man den doppelten Wert ein, z.B. ISO 32/16° statt ISO 16/13°. Nun wird der Abstand zur Lichtquelle so lange verändert, bis der Belichtungsmesser z.B. die Belichtungszeit 0,5 s anzeigt. Bei diesem Abstand stellt man die Kamera auf Manualbetrieb um und stellt den Verschluß auf das Doppelte des vom Belichtungsmesser angezeigten Werts, im Beispiel also auf 1 s, ein. Hat die verwendete Kamera keinen TTL-Belichtungsmesser, so muß eine Reihe von Probebelichtungen vorgenommen werden, wie es für die Beleuchtung mit Elektronenblitz beschrieben wurde.

Filterung. Bei der Verwendung von Kopierfilmen kommt man um eine Filterung nicht herum. Die Filter werden dabei zwischen der Opalscheibe des Diakopiergeräts und der Lichtquelle angebracht. Je größer dabei der Abstand der Filter von der Opalscheibe ist, desto geringer ist die Gefahr, daß kleine Verunreinigungen auf den Filtern zu einer ungleichmäßigen Ausleuchtung der Dias führen. Bei der Verwendung des Elektronenblitzgeräts bringt man die Filter direkt vor dem Blitzreflektor an. Dient ein Diaprojektor als Lichtquelle, so setzt man die Filter vor das Objektiv. Verwendet man den Farbmischkopf des Vergrößerungsgeräts, entfällt die Anbringung zusätzlicher Filter mit Ausnahme des für alle Techniken unerläßlichen UV-Sperrfilters (z.B. Kodakfilter W2B) und des für alle Kunstlichtbeleuchtungen erforderlichen Korrekturfilters (z.B. W80A oder Kodak CC 30B).

Die Filtertechnik wird nun am Beispiel des Duplicating Films SO-366 bzw. 5071 und der Belichtung mit Elektronenblitz besprochen. Bei der Verwendung von Kunstlicht muß nur das eben erwähnte Korrekturfilter 80A oder CC 30B zur Anpassung an die andere Farbtemperatur der Lichtquelle hinzugefügt werden. Auf den Filmpackungen sind außer der Emulsionsnummer und der Filmempfindlichkeit auch noch Filterangaben aufgedruckt. Dabei handelt es sich um relative Werte, die nicht als Startfilterung verwendet werden dürfen. Sie dienen zur Umrechnung der Filterwerte von einer Emulsion zur anderen. Die Packungsangaben haben sich in den vergangenen Jahren prinzipiell verändert, so wird statt des Belichtungsfaktors nun die Empfindlichkeit angegeben. Das aktuelle Datenblatt P-D13 enthält keine Vorschläge für die Grundfilterung mehr. Als grober Anhaltswert können folgende Werte gelten: 40Y (Yellow) + 10C (Cyan) + UV-Sperrfilter. Mit diesen Filterwerten und mit der oben besprochenen Belichtung wird ein farbneutrales Dia kopiert. Anschließend ändert man die Filterwerte in 10er-Schritten z.B. 40Y + 20C; 40Y + 0C; 40Y + 30 C; 30Y + 10C; 20Y + 10C; 50Y + 10C; 30Y + 20C usw. und variiert bei jeder Filterung noch die Belichtung um ± 1 Stufe. Diese ersten Versuche kosten einen halben bis ganzen Film. Ist der Film im allgemein üblichen E6-Prozeß entwickelt, so vergleicht man die Aufnahmen mit den sorgfältig notierten Aufnahmedaten, die auch die Packungsangaben enthalten sollten. Selbst wenn noch nicht die ideale Kopie dabei sein sollte, sieht man sehr schnell, wie eine weitere Korrektur aussehen muß. Hat man erst einmal die richtigen Filter- und Belichtungswerte gefunden, kann man ohne große Änderungen alle ähnlichen Dias kopieren. Gelegentlich wird noch etwas Feinarbeit notwendig sein. Die Werte, die zu optimalen Ergebnissen geführt haben, werden zusammen mit den Emulsionsdaten notiert.

Viele Entwicklungslabors sind inzwischen auch bereit, halbe Diafilme zu entwickeln, jedoch leider zu den Kosten eines ganzen Films. Da gerade in der Versuchsphase des Diakopierens oft schon nach einem halben Film eine Entwicklung wichtig ist, um nicht unnötig zu probieren, sollte man von dieser Möglichkeit Gebrauch machen. Der teilbelichtete Film wird dazu in der Dunkelkammer kurz vor dem Patronenmaul abgeschnitten und in eine leere Filmpatrone gespult. Diese muß dann mit einem Etikett versehen werden, das die Beschriftung „E6-Prozeß, Teilfilm“ trägt. Den unbelichteten Restfilm in der Originalpatrone zieht man wenige Zentimeter heraus und schneidet ihn mit einer Schere so zurecht, daß er wieder eingelegt werden kann. Auch an eine Selbstentwicklung kann gedacht werden, wenn man damit schon Erfahrung hat.

Emulsionswechsel. Die erprobten Filterwerte sind nicht unmittelbar von einer Emulsion auf eine andere übertragbar, aber sie lassen sich auf folgende Weise umrechnen:

Beispiel 1:

Bisherige Filterung mit alter Emulsion	40Y + 50C
Filterangaben auf der alten Packung	25Y + 30C
Differenz	15Y + 20C
Filterangaben auf der neuen Packung	30Y + 35C
Summe = neue Korrekturwerte	45Y + 55C

Bei dieser Umrechnung kann es auch vorkommen, daß Filter von allen drei Farben kombiniert werden. In diesem Fall wird im Ergebnis das Filter mit der geringsten Dichte entfernt und der gleiche Dichtewert wird von den beiden anderen Filterfarben abgezogen.

Beispiel 2:

Bisherige Filterung mit alter Emulsion	45Y + 15M + 00C
Filterangaben auf der alten Packung	25Y + 30C
Differenz	20Y + 15M − 30C
Filterangaben auf der neuen Packung	30Y + 35C
Summe = neue Korrekturwerte	50Y + 15M + 05C
abzüglich des kleinsten Dichtewerts	05Y + 05M + 05C
Differenz = endgültige Filterwerte	45Y + 10M

Die in den Beispielen durchgeführten Rechnungen setzen voraus, daß Filter verwendet werden, die die gleichen Dichten wie die Kodak Color Compensating (CC)-Filter haben. Diese sind sehr teuer. Die preisgünstigen, von Hama vertriebenen CC-Gelatinefilter haben keine direkt vergleichbaren Dichtewerte. In grober Näherung gilt: Hama-Filterwert multipliziert mit 0,7 = Kodak-Filterwert.

Eine Änderung der Filterung hat in vielen Fällen eine geringfügige Änderung der Belichtung zur Folge, da unterschiedlich dichte Filter unterschiedlich viel Licht zum Dia durchlassen. Wie diese Änderung gemessen und ausgeglichen werden kann, wurde oben besprochen.

10.5.4 Herstellung von Farbdias aus Farbnegativen

Warum soll man den Umweg über den Negativfilm gehen, um ein Farbdia zu erhalten? Die Frage ist berechtigt, aber es gibt gute Gründe für dieses Verfahren. Da wäre zum einen die Körnigkeit zu nennen. Nach der gleichen Methode gemessen hat ein ISO 400/27°-Diafilm eine Körnigkeit (RMS-Wert) von 17, während sein ISO 400/27°-Pendant bei den Negativfilmen den Wert 7 aufweist. Je kleiner die Zahl, desto feiner das Korn. Die Ausgewogenheit der Farben und die Farbbrillianz ist den gleichen Eigenschaften der Diafilme ebenbürtig und das Schwarzschildverhalten ist bei den Farbnegativfilmen für Astroaufnahmen spürbar günstiger. Diese Filme haben unsensibilisiert einen Schwarzschildexponenten $p > 0{,}8$ (Diafilme um 0,7). Ein weiterer Vorteil zeigt sich schon bei Kopien im Maßstab 1:1, wird aber bei Kopien in vergrößertem Maßstab noch deutlicher: Während die Sternscheibchen auf einer Diakopie deutlich größer als auf dem Original sind (die Sterne werden gewissermaßen aufgebläht), bleiben die Sterndurchmeser bei der Herstellung von Dias aus Negativen fast unverändert. Schließlich sei die Möglichkeit erwähnt, von einem Farbnegativ binnen einer Stunde einen Abzug in einem Schnell-Labor zu bekommen – natürlich nicht in der Qualität, wie sie bei der Eigenverarbeitung erreicht werden kann.

Für die Herstellung von Dias aus Farbnegativen kann die gleiche Ausrüstung verwendet werden wie für die Diakopie. Es können nur Filme verwendet werden, die speziell für diese Anwendung hergestellt werden. Normale Farbnegativfilme sind ungeeignet. In der Kleinbildpatrone gibt es nur den Kodak Vericolor Slide Film SO-279. Die entsprechende Emulsion als Meterware und für größere Formate gibt es als Vericolor Slide Film 5072. Schließlich gibt es noch eine andere Emulsion, insbesondere als Planfilm, unter der Bezeichnung Vericolor Print Film 4111 (alle Filme nach Kodak-Datenblatt P-D16). Die Slide-Filme SO-279 bzw. 5072 können wieder mit Elektronenblitz oder mit Kunstlicht (1/4 bis 8 s) belichtet werden. Die Entwicklung erfolgt im für Negativfilme üblichen C41-Prozeß.

Es können die Beleuchtungstechniken für das Diaduplizieren sinngemäß übertragen werden. Bei diesem Negativ-Positiv-Prozeß ergibt eine längere Belichtung dunklere Kopien, eine kürzere Belichtung hellere. Die Filmempfindlichkeit ist so gering, daß eine TTL-Blitzsteuerung nicht in Frage kommt. Deshalb ist die Beleuchtung mit Kunstlicht einfacher: Empfindlichkeit des Kamerabelichtungsmessers auf ISO 100/21° einstellen (obwohl die Empfindlichkeit bei ca. ISO 1,5/3° liegt), am Objektiv Blende 8 oder 11 wählen, notwendigen Filterpack vor die Lichtquelle setzen, bzw. Filterwerte am Farbmischkopf einstellen und den Abstand der Kamera (mit dem Diakopiergerät) zur Lichtquelle so lange verändern, bis der Belichtungsmesser z.B. 1/15 s anzeigt. Diesen Wert wegen der bewußt falschen Einstellung des Belichtungsmessers mit dem Faktor 60 multiplizieren. Im Beispiel erhält man $1/15\,\text{s} \times 60 = 4\,\text{s}$. In B-Einstellung 4 s und zusätzlich 2 s und 8 s belichten.

Bei der Filterung muß man wieder bedenken, daß hier ein Negativ-Positiv-Verfahren vorliegt. Soll das Dia z.B. röter werden, so muß der Rotanteil verringert werden. Grobe Startwerte für die Filterung: Beleuchtung mit einer 20 W-Halogenlampe: 50Y, 25M, 00C + UV-Filter (Kodakwerte). Beleuchtung mit einem 24V/150W-Diaprojektor: 80Y, 65M, 00C + UV-Filter (Hamawerte). Die notwendige Filterung hängt nicht unerheblich vom Aufnahmematerial des Originals ab.

Literaturverzeichnis

1.1 Greenler, R.: Rainbows, Halos, and Glories. Cambridge University Press, Cambridge, New York 1980

1.2 Leinert, Ch.: Meteorologische Optik, Halos und andere Lichtbögen am Himmel, Teil 1. Sterne und Weltraum 25, Nr. 1, 18 (1986)

1.3 Tränkle, E.: Influence of the Distribution of Water Droplets and Fogs on the Glory, Contributions to Atmospheric Physics, 52, No. 4, 251 (Nov. 1979)

1.4 Schlosser, W.: Praxis der Naturwissenschaften Physik, Heft 5/39, 15. Juli 1990, 39. Jahrgang

1.5 Lang, K. R.: Astrophysical Formulae, Springer-Verlag, Heidelberg 1980

1.6 Leinert, C.: Leuchtende Nachtwolken. Sterne und Weltraum 27, Nr. 2, 86 (1987). Der gleiche Artikel ist auch erschienen im Handbuch für Sternfreunde, Hrsg. G.D. Roth, Springer-Verlag Heidelberg, Berlin 1989

1.7 News Notes, More on Noctilucent Clouds. Sky & Telescope 74, No. 1, 7 (1987)

1.8 Filzinger, O., Purwin, R.: Polarlichter – Leuchtende Feuer am Himmel. Sterne und Weltraum 27, Nr. 1, 45 (1988)

1.9 Leinert, C.: Kapitel „Polarlichter“ im Handbuch für Sternfreunde, Hrsg. G.D. Roth, Springer-Verlag, Heidelberg, Berlin 1989

1.10 Roach, F.E., Gordon, J.L.: The Light of the Night Sky. D. Reidel Publishing Company, Dordrecht, Niederlande 1973

1.11 Walker, G.: Astronomical Observations. Cambridge University Press, Cambridge 1987

1.12 Simpson, J.W.: Dust-Clouds Moons of the Earth. Physics Today 20, 39, Febr. 1967

1.13 King-Hele, D.: Observing Earth Satellites. Van Nostrand Reinhold Company, New York 1983

1.14 Kracht, P.: Beobachtung geostationärer Satelliten. Nachrichten vom 27. und 31.1.1991 in der Mailbox AstroMail.

1.15 Koch, B.: Geosynchrone Satelliten. Sternführer 1987, Vehrenberg KG, Düsseldorf 1986

1.16 Taylor, G.E.: Geostationary Satellites. Sky & Telescope 71, No. 6, 557 (1986)

1.17 Maley, P.D.: Photographing Earth Satellites. Sky & Telescope 71, No. 6, 563 (1986)

1.18 Nolle, M.: Meteore beobachten und auswerten. Sterne und Weltraum 27, Nr. 4, 243 (1988)

1.19 Sinnott, R.W.: Predicting Shower Dates. Sky & Telescope 78, No. 2, 195 (1989)

1.20 Edberg, S.J., Levy, D.H.: Observe Meteors. Publication of the Astronomical League, Washington D.C. 20036, USA

1.21 ESOC, Log of Objects Near the Geostationary Ring, Issue 7 (April 1992)

2.1 Remmert, E.: Die Sonnenphotographie und ihre Probleme, Teil 1. Sterne und Weltraum 24, Nr. 3, 158 (1985)

2.2 Hornung, H., Hückel, P.: Sonnen-, Mond- und Planetenphotographie mit Amateurteleskopen. Sterne und Weltraum 23, Nr. 7, 393 (1984)

2.3 Riepe, P.: Sterne und Weltraum-Besuch bei Wolfgang Lille. Sterne und Weltraum 29, Nr. 9, 544 (1990)

2.4 Reichmann, B.: Ein Schiefspiegler für die Sonnenbeobachtung. Sterne und Weltraum 25, Nr. 7-8, 416 (1986)

2.5 Gericke, V.: Lichtdämpfung. Handbuch für Sonnenbeobachter, p. 67ff. Herausgegeben von der Fachgruppe Sonne der VDS, Berlin, Bonn 1989

2.6 Lenhardt, H.: Sonnenphotographie mit einem Spiegelteleskop. Sterne und Weltraum 25, Nr. 1, 47 (1986)

2.7 Bezugsquelle für Mylarfolien (Meterware): Baader Planetarium GmbH, Mammendorf

2.8 Bezugsquelle für gefaßte Mylarfolien: Vehrenberg KG, Düsseldorf

2.9 Bezugsquelle für Objektivglassonnenfilter: Lichtenknecker Optics AG, Hasselt, Belgien

2.10 Jahn, C.H.: Kapitel „Die Sonne“ in Handbuch für Sternfreunde, G.D. Roth (Hrsg.), Springer-Verlag Heidelberg, Berlin 1989

2.11 Schröder, K.-P.: Einführung in die Astrofotografie. Veröffentlichung der Gesellschaft für Volkstümliche Astronomie e.V. Hamburg, Sektion Astrofotografie 1994

2.12 Nemec, G.: Das Protuberanzenfernrohr als Hochleistungsinstrument. Teil I: Sterne und Weltraum 10, 171 (1971). Teil II: Sterne und Weltraum 10, 197 (1971). Teil III: Sterne und Weltraum 10, 234 (1971). Teil IV: Sterne und Weltraum 10, 276 (1971). Teil V: Sterne und Weltraum 10, 305 (1971). Teil VI: Sterne und Weltraum 10, 330 (1971).

2.13 Hückel, P.: Das konventionelle Newtonteleskop als Protuberanzenfernrohr. Sterne und Weltraum 24, Nr. 7, 402 (1985)

2.14 Lille, W.: Der Protuberanzenansatz – Mein Weg zur Hα- Sonnenbeobachtung. Sterne und Weltraum 30, 126 (1991)

2.15 DayStar Filter Corporation, vertreten durch S. Thiele, Wiesbaden

2.16 Alean, J.: Hochauflösende Sonnenfotografie und Zeitrafferaufnahmen im Hα-Licht. Sterne und Weltraum 29, Nr. 2, 112 (1990)

2.17 Paech, W.: Astronomie am Tage. Der Protuberanzenansatz von Baader mit dem Refraktor Vixen 80/910 mm. Sterne und Weltraum 28 Nr. 4, 246, 1989

2.18 Betriebsanleitung zum 1nm-Protuberanzenansatz von Baader Planetarium GmbH, Mammendorf 1989

2.19 Reichmann, B.: Erfahrungen mit dem Hα-Interferenzfilter „DayStar“. Sterne und Weltraum 26, Nr. 6, 342 (1987)

2.20 Lille, W.: Kapitel „Sonnenphotographie im violetten Licht“ im Handbuch für Sonnenbeobachter, S. 150. Herausgegeben von der Fachgruppe Sonne der VDS, Berlin, Bonn 1989

2.21 Petri, W.: Kapitel „Beobachtung totaler Sonnenfinsternisse“ im Handbuch für Sternfreunde, Band 2, G.D. Roth (Hrsg.), Springer-Verlag, Heidelberg, Berlin 1989

2.22 Wallis, B.D., Provin, R.W.: A Manual of Advanced Celestial Photography, Cambridge University Press, New York 1988.

2.23 Durrant, C.J.: in Landolt-Börnstein, Gr. VI, Vol. 2a, S. 90 (1981)

2.24 Meeus, J.: Astronomical Tables of the Sun, Moon, and Planets. Willmann-Bell Corporation, Richmond, Virginia 1983.

2.25 Hückel, P.: Nützliche Tips für die Okularprojektion. Sterne und Weltraum 24, Nr. 1, 42 (1985)

2.26 Dobbins, T.A., Parker, D.C., Capen, C.F.: Observing and Photographing the Solar System, Willmann-Bell, Inc., Richmond, Virginia, USA 1988

2.27 Schiefer, K. und U.: Ermittlung der Belichtungszeit für Aufnahmen von Sonne, Mond und Planeten. Teil I: Sterne und Weltraum 20, Nr. 10, 353 (1981). Teil II: Sterne und Weltraum 20, Nr. 11, 427 (1981). Teil III: Sterne und Weltraum 20, Nr. 12, 474 (1981).

2.28 Kodak-Datenblatt P-A5 (T-MAX-Filme), Kodak AG, Stuttgart

2.29 Datenblätter über CCD-Systeme der Firmen SpectraSource Instruments, P.O. Box 1045, Agoura Hills, CA 91376-1045, USA sowie Santa Barbara Instrument Group, 1482 East Valley Road, Suite 601, Santa Barbara, CA 93108, USA und Astrolink, P.O. Box 1976, Spring Valley, CA 92077 USA

2.30 Privatmitteilung T. Platt

2.31 Koch, B., Jurriens, T., Meeus, J.: Sternführer 1988, S. 72. Dr. Vehrenberg KG, Düsseldorf 1987

2.32 The Librations of the Moon, Sky & Telescope 74, No. 1, 60 (1987)

2.33 Dogett, L.E., Seidelmann, P.K.: Moonwatch-July 14, 1988. Sky & Telescope 76, No. 1, 34 (1988)

2.34 Dogett, L.E., Schaefer, B.: Results of the July Moonwatch. Sky & Telescope 77, No. 4, 373 (1989)

2.35 Di Cicco, D.: Breaking the New Moon Record. Sky & Telescope 78, No. 3, 322 (1989)

2.36 Kerner, H.: Die Sichtbarkeit von schmalen Mondsicheln. Sterne und Weltraum 28, Nr. 7-8, 493 (1989)

2.37 Paetzold, H.K.: Die optischen Erscheinungen bei einer Mondfinsternis. Zeitschrift für Astrophysik 30, 282 (1952)

2.38 Haupt, H.: Kapitel „Mondfinsternisse“ im Handbuch für Sternfreunde, G.D. Roth (Hrsg.), S. 150. Springer-Verlag Heidelberg, Berlin 1989
2.39 Freydank, H. u. E.: Merkur. Sterne und Weltraum 25, Nr. 1, 38 (1986)
2.40 Freydank, H. u. E.: Merkur (Nachtrag). Sterne und Weltraum 25, Nr. 3, 154 (1986)
2.41 Atlas of Comet Halley 1910 II, NASA SP-488, Eds. B. Donn, J. Rahe, J.C. Brandt 1986
2.42 Niechoy, D.: Interessantes von der Venus-Morgensichtbarkeit 1986/87. Sterne und Weltraum 27, Nr. 4, 248 (1988)
2.43 SuW-Taschenbuch Planetenbeobachter. Verlag Sterne und Weltraum, München 1987
2.44 Elgaß, E.: Venus 1984/85. Sterne und Weltraum 24, Nr. 7, (1985)
2.45 Venus in Daylight, Sky & Telescope 69, No. 4, 340, (1985)
2.46 Flach-Wilken, B.: Schöne Seiten- und Rückansichten. Sterne und Weltraum 28, Nr. 1, 52, (1989)
2.47 Schambeck, C.: Mars. Abschnitt im SuW-Taschenbuch Planetenbeobachter, Verlag Sterne und Weltraum, München 1987
2.48 Riepe, P.: Der Rote Planet im Visier. Ergebnisse des VdS-Photowettbewerbs Mars ’88. Sterne und Weltraum 28, Nr. 3, 176 (1989)
2.49 M., A.: Hunting the Moons of Mars, Sky & Telescope 80, No. 6, 642 (1990)
2.50 Di Cicco, D.: Jupiter’s Global Upheavel. Sky & Telescope 79, No. 6, 673 (1990)
2.51 O’Meara, S.J.: Jupiter’s South Equatorial Belt Returns. Sky & Telescope 80, No. 6, 663 (1990)
2.52 Sinnott, R.W.: Jupiter ”Without a Visible Satellite“. Sky & Telescope 64, No. 3, 214 (1982)
2.53 Kapitel Jupiter, H. Haug, Ch. Kowalec. SuW-Taschenbuch Planetenbeobachter. Verlag Sterne und Weltraum, München 1987
2.54 Astronomical Almanac 1991. HMSO, London 1990
2.55 All the Outer Satellites of Jupiter, Sky & Telescope 51, No. 4, 242 (1976)
2.56 Wheatcraft, S.: Finding Faint Planetary Satellites. Observer’s Page. Sky & Telescope 54, No. 3, 243 (1977)
2.57 Great White Spot, IAUC 5105, 28. Sept. 1990
2.58 The White Eye of Saturn, ESO Press Release 10/90, 9 Nov. 1990, ESO Information Service, München
2.59 Schatzmann, B., Haar, F.: Photographische Aufnahme von zwei Uranusmonden, Sterne und Weltraum 16, No. 7-8, 271 (1977)
2.60 Cunningham, C.J.: Introduction to Asteroids. Willmann-Bell, Inc. Richmond, Virginia, USA 1988
2.61 St. Petersburger Kleinplanetenephemeriden. Institut für Theoretische Astronomie, St. Petersburg. Bezug über Vehrenberg KG, Düsseldorf
2.62 Erfahrungswerte von K.-P. Schröder
2.63 Binnewies, S.: All-Sky-Kamera. Sterne und Weltraum 29, Nr. 3, 186 (1990)
2.64 Schur, C.: The Zodiacal Light in Color. Sky & Telescope 64, No. 2, 199 (1982)
2.65 Schur, C.: Experiments with All-Sky Potography. Sky & Telescope 63, No. 6, 621 (1982)
2.66 Winkler, C. et al.: Die Symmetrieebene des Zodiakallichtes und die Struktur des Gegenscheins. Astron. Astropys. 143, 194 (1985)
2.67 Earth Crosser 1989PB. KPM 12, 40 (1989)
2.68 Astronomische Mailbox AstroMail (ABBS). Sysop: Peter Bluhm, Ginsterweg 7, 21368 Dahlenburg, 05851/7896 (Mailbox)
2.69 Uranometria 2000, Willmann-Bell, Inc. Richmond, Virginia, USA 1988
2.70 Falkauer Atlas und Atlas Stellarum. Vehrenberg KG, Düsseldorf
2.71 Computersteuerung der ALT-Montierung. Baader Planetarium GmbH, Mammendorf
2.72 ST-4 Star Tracker. Baader Planetarium GmbH, Mammendorf
2.73 Binnewies, S.: Splitting the Zodiacal Light. The Messenger 64, 25 (1991)
2.74 Central Bureau for Astronomical Telegrams, Smithsonian Astrophysical Observatory, Cambridge, MA 02138, USA
2.75 Dunlop, S.:, Gerbaldi, M.: Stargazers. Beitrag von Brian G. Marsden: Amateur Astronomers and the IAU Central Bureau for Astronomical Telegrams and Minor Planet Center. Springer-Verlag Heidelberg, Berlin 1988

2.76 Manning, B.: Discovery of Minor Planets 1989TE and 1989TF. The Astronomer 26, 307 (1989)

2.77 Schmidtobreick, L., Schlosser, W.: Der Gegenschein, ein dynamisches Phänomen. Sterne und Weltraum 33, No. 5 (1994)

3.1 Cordis, L., Hünsch, M.: Den Sternen auf der Spur. Sterne und Weltraum 31, Nr. 8-9, 570 (1992)

3.2 Heinlein, D.: Das Photo-Archiv der Fachgruppe Meteore. Sternschnuppe 1, 5 (1989)

3.3 Acker, A. et al.: Strasbourg-ESO Catalogue of Galactic Planetary Nebulae, Part I, II. ESO, Garching 1993

3.4 Sarcander, M.: Seltsame Quasarhäufungen bei NGC 3842. Sterne und Weltraum 24, Nr. 2, 69 (1985)

3.5 Voigt, H.H.: Abriß der Astronomie. Bibliographisches Institut, Zürich 1975

3.6 Celnik, W.E., Weiland, H.: Hα-observations of the HII-region (S 27) around ζ Oph. Astron. Astrophys. 192, 316 (1988)

3.7 Sivan, J.P.: HII-Survey. Astron. Astrophys. Suppl. Ser. 16, 163 (1974)

3.8 Neckel, Th., Vehrenberg, H.: Atlas Galaktischer Nebel, Teile I, II und III, Dr. Vehrenberg KG, Düsseldorf 1987

3.9 Parker, R.A.R., Gull, T.R., Kirschner, R.P.: An Emission-Line Survey Of The Milky Way. NASA-Publikation SP-434, Washington 1979

3.10 Celnik, W.E., Riepe, P.: Photographie extrem schwacher HII-Regionen, Teil 1, Sterne und Weltraum 23, Nr. 8-9, 458 (1984)

3.11 Celnik, W.E., Riepe, P.: Photographie extrem schwacher HII-Regionen, Teil 2, Sterne und Weltraum 24, Nr. 2, 100 (1985)

3.12 Jacobs, G.: Fertigung eines preiswerten Rotfilters zur Photographie von HII-Regionen. Sterne und Weltraum 31, Nr. 10, 652 (1992)

3.13 Dreyhsig, J., Leder, N.: Astrophotographie in der Großstadt mit kurzbrennweitigen Objektiven. Sterne und Weltraum 22, Nr. 8-9, 438 (1983)

3.14 Riepe, P., Binnewies, S.: Airglow – was ist das eigentlich? Sterne und Weltraum 31, Nr. 6, 410 (1992)

3.15 Riepe, P.: Koma-Korrektor. Sterne und Weltraum 26, Nr. 11, 644 (1987)

3.16 Hirshfeld, A., Sinnot, R.W.: Sky Catalogue 2000, Vol. 2. Sky Publishing Corporation, Cambridge 1985

3.17 Scheffler, H.: Interstellare Materie, S. 105. Verlag Vieweg & Sohn, Braunschweig, Wiesbaden 1988

3.18 Laustsen, S., Madsen, C., West, R.M.: Entdeckungen am Südhimmel, S.170. Verlage Springer Berlin und Birkhäuser Basel 1987

3.19 Neckel, Th.: Kapitel „Die Milchstraße und ihre Objekte", in Handbuch für Sternfreunde, G.D. Roth (Hrsg.), Band 2, S. 497. Springer-Verlag Heidelberg, Berlin 1989

3.20 Soker, N.: Planetarische Nebel. Spektrum der Wissenschaft, S. 60, Juli 1992

3.21 Schaifers, K., Traving, G.: Meyers Handbuch Weltall, S. 407. Bibliographisches Institut Mannheim 1984

3.22 Psikowski, J.P.: Novae und Supernovae. Verlag Harri Deutsch, Thun 1979

3.23 Murdin, P. & L.: Supernovae. Cambridge University Press 1985

3.24 Riepe, P.: Kosmische Katastrophen. Sterne und Weltraum 31, Nr. 5, 386 (1992)

3.25 Barnard, E.E.: A Photographic Atlas of Selected Regions of the Milky Way. Carnegie Institution, Washington 1927

3.26 Brunier, S.: Astronomie du ciel profond. Verlag Dunod, Paris 1988

3.27 Eckstein, H., Mandel, H.: Einzelobjekte im Andromedanebel. Sterne und Weltraum 25, Nr. 6, 336 (1986)

3.28 Dyer, A: Selecting The Right Slide Film. Astronomy 20, No. 10, 68 (1992)

3.29 Anton, M.: Schwarzweiße T-Kristalle. Sterne und Weltraum 30, Nr. 6, 392 (1991)

3.30 Jacobs, G.: Erfahrungen mit Fuji-Farbfilmen in der Astrofotographie. Sterne und Weltraum 25, Nr. 2, 106 (1986)

3.31 Polakis, T.: Observing the Local Group. Deep Sky 36, 12 (Herbst 1991)

3.32 Celnik, W.E. et al.: Der Farbdiafilm Agfachrome 1000 RS in der Astrofotographie. Sterne und Weltraum 26, Nr. 5, 287 (1987)
3.33 Prevot, A.: Ektar 1000, un film couleur pour l'astronomie. Ciel et Espace 240, 58, (1989)
3.34 Alean, J.: Der Orionnebel durchleuchtet. Sterne und Weltraum 30, Nr. 3, 179 (1991)
3.35 Alean, J.: Farbnegativfilme von 400 bis 3200 ASA. Orion 40, Nr. 235, 207 (1989)
3.36 Bickel, W.: Galaxien im CCD. Sterne und Weltraum 29, Nr. 2, 110 (1990)
3.37 Bickel, W.: Die Entstehung eines CCD-Bildes. Sterne und Weltraum 30, Nr. 12, 760 (1991)
3.38 Karlewski, M., Kessler, Th.: Der Startracker ST-4 als Astrokamera. Sterne und Weltraum 31, Nr. 11, 714 (1992)
3.39 Schaefer, H.H.: Nachführen mit dem Startracker ST-4. Sterne und Weltraum 32, Nr. 3, 225 (1993)
3.40 MacRobert, A.M.: Double Stars to Test Your Limits. Sky & Telescope 83, No. 2, 188 (1992)
3.41 MacRobert, A.M.: Summer Double Stars to Test Your Limits. Sky & Telescope 84, No. 7, 65 (1992)
3.42 Hase, F. et al.: Ein Blick in die winterliche Milchstraße im Hα-Licht. Sterne und Weltraum 32, Nr. 3, 216 (1993)
3.43 Zergnovae im Ausbruch. Sterne und Weltraum 22, Nr. 1, 11 (1983)
3.44 Sinnott, R.W. (Editor): NGC 2000.0. Sky Publishing Corporation, Cambridge, Massachusetts (USA) 1988
3.45 Riepe, P. et al.: Galaxienphotographie, Teil 1. Sterne und Weltraum 26, Nr. 1, 34 (1987)
3.46 Riepe, P. et al.: Galaxienphotographie, Teil 2. Sterne und Weltraum 26, Nr. 3, 155 (1987)
3.47 Meisenheimer, K.: Das Rätsel der Jets. Sterne und Weltraum 21, Nr. 11, 462 (1982)
3.48 Arp, H.: Atlas of Peculiar Galaxies. ApJ. Suppl. Ser. 14, 1 (1966)
3.49 Fried, J.: Wechselwirkende Galaxien. Sterne und Weltraum 27, Nr. 7-8, 437 (1988)
3.50 Lesueur, D.: Le Ballet Des Galaxies. Ciel et Espace 239, 46 (1989)
3.51 Korth, S: Die Supernova 1989B in M66. Sterne und Weltraum 30, Nr. 2, 115 (1991)
3.52 Struble, M.F.: Diversity among Galaxy Clusters. Sky & Telescope 75, No. 1, 16 (1988)
3.53 Birkle, K.: Schneller Stern vor M51. Sterne und Weltraum 30, Nr. 4, 249 (1991)
3.54 Walsh, Carswell, Weymann. Nature 279, 381 (1979)
3.55 Riedinger, J.: Gravitationslinsen und Hubble-Konstante. Sterne und Weltraum 23, Nr. 12, 613 (1984)
3.56 O'Meara, S.J.: Seeing Gravity's Lens. Sky & Telescope 82, No. 10, 433 (1991)
3.57 Hoppe, M., Miethe, G.: Astrophotographie im Sauerland. Sterne und Weltraum 29, Nr. 1, 42 (1990)
3.58 Riepe, P.: Astrophotographie mit transportablen Geräten. Sterne und Weltraum 22, Nr. 2, 89 (1983)
3.59 Vornholz, D.: Astronomie auf Klassenfahrten. Westermann-Verlag, Braunschweig 1992
3.60 Laepple, L.: Astroexkursionen mit Schülern. Sterne und Weltraum 26, Nr. 11, 621 (1987)
3.61 Riepe, P., Bojarra, U.: Astronomisches Lager am Gaviapaß. Sterne und Weltraum 21, Nr. 5, 210 (1982)
3.62 Binnewies, S. et al.: Als Amateure unter Profis. Sterne und Weltraum 24, Nr. 12, 665 (1985)
3.63 Hünsch, M., Schröder, K.-P.: Astrourlaub in der Haute Provence. Sterne und Weltraum 25, Nr. 1, 44 (1986)
3.64 Paul, Th., Lindenmann, A.: Astrourlaub auf dem Pic du Midi. Sterne und Weltraum 30, Nr. 12, 770 (1991)
3.65 Binnewies, S.: Astrophotographische Exkursionen. Sterne und Weltraum 24, Nr. 8-9, 482 (1985)
3.66 Celnik, W.E. et al: Astrophotographie in der Sierra Nevada. Sterne und Weltraum 23, Nr. 1, 37 (1984)
3.67 Groß, H. et al: Astrophotographie und Planetenbeobachtung in Südspanien. Sterne und Weltraum 26, Nr. 11, 642 (1987)
3.68 Brunier, S.: Astronomie Extrême. Ciel et Espace 237, 48 (Juin 1989)
3.69 Haesloop, D.: Astronomische Reiseeindrücke aus Namibia. Sterne und Weltraum 31, Nr. 4, 262 (1992)

3.70 Gorißen, R., Wollgarten, M.: SuW-Besuch bei Walter Straube auf der Sternwarte Hohenheim. Sterne und Weltraum 28, Nr. 3, 182 (1989)
3.71 Alean, J.: Astrophotographie in Namibia. Orion 49, No. 246, 202 (Okt. 1991)
3.72 Brunier, S.: Mauna Kea: Les Astronomes Plus Près Du Ciel. Ciel et Espace 240, 46 (Oct. 1989)
3.73 Jahn, J.: Das Sternenzelt. Sterne und Weltraum 30, No. 3, 187 (1992)
4.1 Bergmann, Schäfer: Lehrbuch der Experimentalphysik, Band III Optik, Verlag Walter de Gruyter Berlin, New York 1974
4.2 Rutten, H. van Venrooj, M.: Telescope Optics - Evaluation and Design. Willmann-Bell Inc. Richmond, Virginia, USA 1988
4.3 Mackintosch, A.: Advanced Telescope Making Technique. Willmann-Bell Inc. Richmond, Virginia
4.4 Wenske, K.: Spiegeloptik. Sterne und Weltraum Taschenbuch 7. Dr. Vehrenberg GmbH, München
4.5 Cicco, D: S&T Test Report. Sky & Telescope 78, No. 6, 582 (1989)
4.6 Hanelt, W.: Selbstbau eines modifizierten Wright-Väisälä-Spiegelteleskops. Sternkieker
4.7 Brandt, R., Müller, B., Splittgerber, E.: Himmelsbeobachtungen mit dem Fernglas. Verlag Johann Ambrosius Barth, Leipzig 1983
4.8 Riepe, P.: Probleme der Filmplanlage, Sterne und Weltraum 25, Nr. 4, 21 (1986)
4.9 Bath, K.-L.: Bauanleitung für eine Filmansaugvorrichtung (Manuskript)
4.10 Binnewies, S., Bath, K.-L.: Filmansaugvorrichtungen in der Astrophotographie. Sterne und Weltraum 28, Nr. 10, 613 (1989)
4.11 CCD-Anlage des 2,2m-Teleskops auf dem Calar Alto. Sterne und Weltraum 24, Nr. 6, 318 (1985)
4.12 Lukas, R.: Über die Funktionsweise einer CCD-Kamera. Sterne und Weltraum 27, Nr. 1, 139 (1988)
4.13 Winter, P., Völkel, K.: CCD-Astronomie. Sterne und Weltraum 28, Nr. 2, 112 (1989)
4.14 Kutter, A.: Der Schiefspiegler. Vertrieb Fr. Weichardt, Biberach (Riß) 1953
4.15 Winter, P., Völkel, K.: CCD-Astronomie. Die digitale Bildverarbeitung. Sterne und Weltraum 29, Nr. 2, 111 (1990)
4.16 Testbericht zu ST-4 Star-Tracker & Imaging System in Sky and Telescope 80, No. 3, 250 (1990).
4.17 Feith, W.: Immer im Bilde. Einfache CCD-Kamera mit Rechner-Schnittstelle (Bauanleitung). ct Magazin für Computer Technik, Januar 1992
4.18 Riepe, P.: Kleinbildoptiken in der Astrophotographie. Sterne und Weltraum 24, Nr. 1, 280 (1985)
4.19 Beck, R.: Sternzeit 2/1982; Themenheft „Astrofotografie". S. 58
4.20 Kutter, A.: Aufsatz in „Astro-Amateur". Schriften der schweizerischen astronomischen Gesellschaft, Rascher Verlag Zürich und in Sterne und Weltraum 4, Nr. 1, 1 (1965)
4.21 Schön, W. E. in Color Foto Nr. 6, S.48 und Nr. 7 S. 44 (1980)
4.22 Film- und Fototechnik Zörkendörfer, Gollierstr. 70 88339 München
4.23 Test von lichtstarken Makro-Teleobjektiven. Color-Foto Nr. 1, 29 und Nr. 2, S. 23 (1988)
4.24 Test aller Shift-Objektive. foto-magazin Nr. 9 (1990)
4.25 Roth, G.D.: Vixen Superpolaris FL-102 S – ein Fluorit Apochromat. Sterne und Weltraum 29, Nr. 10, 612 (1990),
4.26 Roth, G.D.: Das APQ-Objektiv 100/1000 aus Jena. Sterne und Weltraum 28, Nr. 6, 385 (1989)
4.27 Roth, G.D.: Starfire-5"-Apochromat von Astro Physics. Sterne und Weltraum 28, Nr. 11, 676 (1989)
4.28 Roth, G.D.: Genesis 4"-Apochromat von Tele Vue. Sterne und Weltraum 28, Nr. 9, 532 (1989)
4.29 Laepple, L.: Ein Newtonrefraktor als leistungsfähiges Exkursionsinstrument. Sterne und Weltraum 27, Nr. 1, 44 (1988)
4.30 Oberndorfer, H.: Selbstbau-Fernrohr oder Industrie-Gerät. Sterne und Weltraum 26, Nr. 6, 352 (1987)
4.31 Sonnefeld, A.: Die Hohlspiegel. VEB Verlag Technik 1957
4.32 Lorentz, W.: Ein Newton-Feldkorretor im praktischen Einsatz. Sterne und Weltraum 27, Nr. 2, 120 (1988)

4.33 Klaus, G. Bildfeldkorrektoren. Sternkieker Nr. 3 (1990) und Nr. 3 (1991)

4.34 Busch, W.: Hyperbolspiegel für Bildfeldkorrekturen. Sternkieker Nr. 2 (1991)

4.35 Rohr, W.: Newton mit Korrektor: Eine neue Astrokamera. Sterne und Weltraum 24, Nr. 3, 162 (1985)

4.36 Bitzer, R.: Von der CCD-Kamera ST-4 zu ST-6. Sterne und Weltraum 32, Nr. 308, 306 (1993)

4.37 Roth, G.D.: Der Zeiss-Refraktor APQ 130/1000. Sterne und Weltraum 32, Nr. 2, 126 (1992)

5.1 Baldwin, G.C.: A Spreadsheet for Polar Alignment. Sky & Telescope 82, No. 3, 299 (1991)

5.2 Ballard, J.: Handbook for Startrackers. Sky Publishing Corporation 1988

5.3 Bischoff, T.: Verbesserung einer Superpolarismontierung. Sterne und Weltraum 27, Nr. 5, 317 (1988)

5.4 Bojarra, U.: Tips für die Astropraxis: Frequenzwandler. Sterne und Weltraum 19, Nr. 6, 217 (1980)

5.5 Emmert, J.: Sternfeldaufnahmen mit Uhrwerksnachführung. Sterne und Weltraum 25, Nr. 9, 484 (1986)

5.6 Güssow, K.: Antares (Mitteilungen der VStW Köln) 31, Nr. 4, 1 (1987)

5.7 Güssow, K.: Elektrische Fernrohrantriebe. Sterne und Weltraum 26, Nr. 7-8, 440 (1987)

5.8 Lofflin, F.W.: A Tangent-Arm For Wide-Angle Photography. Sky & Telescope 68, No. 4, 357 (1984)

5.9 Münker, W.: Das Super-Stellaris R-150S von Vixen mit Leitrohr und Polarismontierung. Sterne und Weltraum 27, Nr. 5, 320 (1988)

5.10 Roth, G.D. (Hrsg.), Handbuch für Sternfreunde. Springer-Verlag Heidelberg, Berlin 1989

5.11 Schröder, K.-P., Rössner, W.: Eine fehlerfreie Reise-Kameranachführung. Sterne und Weltraum 26, Nr. 7-8, 437 (1987)

5.12 Sinnott, R.W.: A Stepping Motor for Your Telescope. Sky & Telescope 72, No. 1, 80 (1986)

5.13 Telescope Making, vierteljährl. US-Magazin, Eigenverlag R. Berry, 1992 eingestellt

6.1 Stock, J., Keller, G.: Astronomical Seeing, in Telescopes, Vol I, Stars and Stellar Systems (Editor G.P. Kuiper), Chicago Press University 1968

6.2 Filterhandbuch *Optische Glasfilter*, Schott Glaswerke, Geschäftsbereich Optik, Hattenbergstr. 10, 55122 Mainz

6.3 Tombaugh, C.W., Smith, B.A.: A Seeing Scale for Visual Observers. Sky & Telescope 17, 449 (1958)

6.4 Lehwald, M., Leue, H.J.: Polarlichter in der Nacht vom 8./9. November 1991. Sterne und Weltraum 31, Nr. 4, 257 (1992)

6.5 Young, R.A.: The Airglow. Scientific American, p. 151 (March 1966)

6.6 Weiss, W.: Ein wellenoptisches Kriterium für Fokussierungstoleranzen. Die Sterne 45, Nr. 11-12, 226 (1969)

6.7 Heliopan-Lichtfilterfabrik Martin Summer, Postfach 1228, 82166 Gräfelfing

6.8 Walker, A.: Polarlichter als Folge des Sonnenfleckenmaximums. Sterne und Weltraum 30, Nr. 7, 461 (1991)

6.9 Nemec, G.: Über die Bildschärfe in der Astrofotografie. Sterne und Weltraum 7, Nr. 12, 308 (1968)

6.10 Chamberlain, J.W., Hunten, D.M.: Airglows, Auroras and Aeronomy. (Theory of Planetary Atmospheres). Int. Geophys. Ser. 36. Academic Press, New York 1987

6.11 Klein, R.: Kleine Ursache – große Wirkung. Sterne und Weltraum 31, Nr. 1, 54 (1991)

6.12 CCD-Kamera der LYNXX-Serie (Spectra Source Instruments). Firma ASTROCOM GmbH, München

6.13 Reibestein, V.: Scharfeinstellung bei langbrennweitiger Planeten- und Mondphotographie. Sterne und Weltraum 30, Nr. 5, 331 (1991)

6.14 Kodak Datenblatt T-MAX 100

6.15 Scherer, F.: Fokussierhilfe zum Selberbauen. Sterne und Weltraum 30, Nr. 6, 389 (1991)

6.16 Kodak Filter für den Berufsfotografen, Kodak Broschüre P-I1. Kodak AG Stuttgart, Geschäftsbereich professionelle Fotografie

6.17 Vaughn, C.: Astrophotography with Telephoto Lenses. Sky & Telescope 81, Nr. 2, 219 (1991)

6.18 Kodak Technical Pan Film 2415/6415 (Datenblatt P-A4)

6.19 Witt, V.: Richtiges Fokussieren – und kein Ende. Sterne und Weltraum 31, Nr. 6, 398 (1992)

6.20 Plates and Films for Science and Industry (Publikation P-9)

6.21 Witt, V.: Ein neues Fokussierverfahren für die Deep-Sky-Photographie. Sterne und Weltraum 32, Nr. 6, 472 (1993)

6.22 Valleli, P.: Collimating Your Telescope. Sky & Telescope 75, No. 3, 259 (1988). Sky & Telescope 75, No. 4, 363 (1988)

6.23 Wayne, R.P.: The Airglow. Chemistry Of Atmospheres, Clarendon Press, Oxford 1985

6.24 OES CCD-Kameras: Dr. F. Fleischmann, Dr.-Neumeyer-Str. 20, 91349 Egloffstein. Software ARGUSD PRO für ATARI ST: Thilo Bauer, Im Rosengarten 6, 53343 Wachtberg-Ließem

6.25 Meyer, E.: Additive Dreifarben-Photographie mit dem Kodak 2415. Der Sternenbote 30, Nr. 372, 158 (1987)

7.1 Pollmann, E.: Spektroskopische Veränderlichenbeobachtung. Sterne und Weltraum 24, Nr. 6, 340 (1985)

7.2 diCicco, D.: Filters to Pierce the Nighttime Veil. Sky & Telescope 57, No. 3, 231 (1979)

7.3 Gebhardt, W., Helms B.: Ein Selbstbau-Prismenspektrograph zum Gebrauch am Celestron 8. Sterne und Weltraum 15, Nr. 2, 58 (1976)

7.4 Wagner, B.: Astrospektrographie mit einfachen Mitteln. Sterne und Weltraum 25, Nr. 4, 218 (1986)

7.5 Häfner, R.: Kapitel „Grundlagen der Spektralanalyse" im Handbuch für Sternfreunde, Band 1, Springer-Verlag Heidelberg, Berlin 1989

7.6 Pollmann, E.: Angewandte Sternspektroskopie für Amateure. Sterne und Weltraum 30, Nr. 1, 60 (1991)

7.7 Kaler, J.B.: Stars and their Spectra. Cambridge University Press 1989

8.1 Bryani, J., Zussman, K.: Photometry with Kodak Tech Pan Film. I. The Effect of Colour upon Limiting Magnitude. The Astronomer 29, No. 324, 111 (Sept. 1992). II. A Correlation with Johnson V. The Astronomer 30, No. 351, 67 (July 1993)

8.2 Allen, Astrophysical Quantities (1955)

8.3 Knapp, H.: Über die Reichweite von Objektiven bei Astroaufnahmen mit kleinen Montierungen. Sterne und Weltraum 3, Nr. 11, 262 (1964)

8.4 Pedreros, M. et al.: Photographic Photometry of the Open Cluster NGC 7790. ApJ 286, 563, 1984 Nov. 15.

9.1 Solf, K.D.: Fotografie - Grundlagen, Technik, Praxis. Fischer-Taschenbuch, Frankfurt 1986

9.2 Fuji Neopan 400 (Datenblatt AF3-158E)

9.3 Fuiji Neopan 1600 (Datenblatt AF3-608E)

9.4 Höbel, P.: Tabellen, Diagramme und Rezepturen für die Astrofotografie (Skript 1990)

9.5 Tetenal: Richtig entwickeln – Praxis der Schwarzweißverarbeitung. 39. Auflage 1990

9.6 Technische Information 400 Delta (Ilford)

9.7 Fuji Film Datenblatt Nr. AF3-447G

9.8 Fuji Film Datenblatt Nr. AF3-504G

9.9 Koch, B., Sommer, N.: Kapitel „Astrophotographie" im Handbuch für Sternfreunde, Band 1, G.D. Roth (Hrsg.), Heidelberg, Berlin 1989

9.10 Plates and Films for Scientific Photography. Kodak Publikation P-315, 1973

9.11 Agfapan/Agfaortho Professional Schwarzweißnegativfilme. Agfa-Gevaert Datenblatt P-10

9.12 Mutter, E.: Die Technik der Negativ- und Positivverfahren. Die wissenschaftliche und angewandte Fotografie, Band. V, Wien 1955

9.13 Heudier, J.L.: Astronomical Photography: Its Present Status. AAS Photo-Bulletin Nr. 26, 3 (1981)

9.14 Walker, P.E.: Hypersensitization of Kodak Technical Pan Film 2415 by Bathing in Silver Nitrate Solution. AAS Photo-Bulletin 24, 7 (1980)

9.15 Jenkins J.R., Franell, G.C.: The Hypersensitization of Infrared Emulsions by Bathing Treatments. AAS Photo-Bulletin 17, 3 (1978)

9.16 Schoening, W.E.: Hypersensitizing Infrared Plates With Silver Nitrate Solution. AAS Photo-Bulletin 17, 12 (1978)
9.17 Stättmayer, P.: Tiefkühlfotografie. Sterne und Weltraum 22, Nr. 2, 144 (1983)
9.18 Leue, H.J., Tomoscheit, D.: Zur Praxis der Tiefkühlphotographie. Sterne und Weltraum 12, 473 (1973)
9.19 Newton, J.: A Cold Camera for Astrophotography. Astronomy 9, 39 (1981)
9.20 Höbel, P.: Theorie und Praxis der Hypersensibilisierung von Filmemulsionen. Sterne und Weltraum 22, Nr. 8-9, 430 (1983)
9.21 Vehrenberg, H.: Hypersensibilisierung. Sterne und Weltraum 20, Nr. 5, 193 (1981)
9.22 Marling, J. (übers. von H. Vehrenberg): Hypersensibilisierung von Schwarzweiß- und Farbfilmen. Sterne und Weltraum 20, Nr. 6-7, 246 (1981)
9.23 Becker,P., Bojarra, U.: Erste Erfahrungen mit hypersensibilisierten Filmen. Sterne und Weltraum 21, Nr. 1, 34 (1982)
9.24 Stättmayer, P.: Gashypersensibilisierung von Filmmaterial. Sterne und Weltraum 21, Nr. 12, 532 (1982)
9.25 Höbel, P.: Untersuchungen von Filmemulsionen. Sterne und Weltraum 13, Nr. 6, 205 (1974)
9.26 Everhart, E.: Hypersensitization and Astronomical Use of Kodak Technical Pan Film 2415. AAS Photo-Bulletin 24, 3 (1980)
9.27 Marling, J.B.: Gas Hypersensitization of 35mm B&W and Color Film - III. Deep Sky Monthly 3, (1981)
9.28 Marling, J.B.: Gas Hypersensitization of Kodak Technical Pan Film 2415. AAS Photo-Bulletin 24, 9 (1980)
9.29 Fieldtesting Kodak's Ektar Films. Astronomy 19, No. 9, 70 (1991)
9.30 Leifert, R., Mihatsch, T.: Der Kodachrome 64 als Astrofilm für die Langzeitphotographie. Sterne und Weltraum 27, Nr. 1, 42 (1988)
9.31 Thoeni, Smith: Gas Hypersensitization of Kodachrome 64 Film. AAS Photo Bulletin 39 (1986)
9.32 Kodak-Datenblatt P-B6
9.33 Agfa Professional Film, Technische Daten P 35
9.34 Leifert, R., Mette, V., Mihatsch, T.: Erste Erfahrungen mit dem Fujichrome P 1600 D (RSP II). Sterne und Weltraum 27, Nr. 9, 538 (1988)
9.35 Laepple, L.: Das Bild ist „im Kasten" - was nun? Sterne und Weltraum 31, Nr. 8–9, 576 (1992)
9.36 Riedel, C.: Die Verarbeitung farbiger Astroaufnahmen in der eigenen Dunkelkammer. Sterne und Weltraum 31, Nr. 10, 638 (1992)
10.1 Spitzing, G.: Vergrößern schwarzweiß + farbig. Verlag Laterna magica Verlag, München
10.2 Laepple, L.: Farbvergrößerungen im Schullabor. Sterne und Weltraum 29, Nr. 9, 535 (1990)
10.3 Anleitungsbuch für das Ilford Cibachrome-A-Verfahren. (Fotohandel)
10.4 Rhemann, G.: Zur Kontraststeigerung astronomischer Photographien. Sterne und Weltraum 30, Nr. 2, 77 (1991)
10.5 Keller, Ph., Schmidbauer, G.: Astrophotographie im Mittelformat. Sterne und Weltraum 31, Nr. 1, 43 (1992)
10.6 Hallas, T., Mount, D.: Enhanced-color Astrophotography, Sky & Telescope 78, No. 8, 216 (1989)
10.7 Koch, B.: Photographische Hochkontrastverstärkung astronomischer Negative. Sterne und Weltraum 24, Nr. 3, 156 (1985)
10.8 Mette, V.: Eine alternative Methode der Kontrastverstärkung. Sterne und Weltraum 25, Nr. 11, 598 (1986)
10.9 Malin, D., Murdin, P.: Farbige Welt der Sterne. VCH Verlagsgesellschaft mbH
10.10 Titelbild Orionnebel von Ralph Sieger in Sterne und Weltraum 32, Nr. 12 (1993)
10.11 Hunt, R.W.G.:The reproduction of colour, Fountain Press London 1975
10.12 Alt, E., Rusche, J.: Indirekte Astrofarbenfotografie nach dem modifizierten Dreifarbenverfahren. Orion 33, 65 (1975)
10.13 Neblette, C.B.: Photography: Its materials and processes, Van Nostrand, New York NY 1962

10.14 Gutermuth, D.: Dreifarben-Kompositverfahren. Sterne und Weltraum 29, Nr. 10, 602 (1990) und Erfahrungen mit dem Dreifarben-Kompositverfahren. Sterne und Weltraum 30, Nr. 11, 691 (1991)

10.15 Brodkorb, E.: Indirekte Astrofarbenphotographie durch subtraktive Farbmischung. Sterne und Weltraum 11, Nr. 12, 347 (1972)

10.16 Acker, A.: Praxis der Astronomie. Birkhäuser Verlag Basel und Springer Verlag Berlin 1991

10.17 Rhemann, G.: Der problemlose Farbprozeß RA-4. Sterne und Weltraum 32, Nr. 5, 393 (1993)

Sachverzeichnis

Abgebildete Himmelsobjekte

Bildnachweis

Albrecht, C. Abb. 2.7
Alt, E. Farbtafel 12e
ASTROCOM Abb. 5.2

Baumann, W. Abb. 2.21, 2.27
Bertelmann, A. Farbtafel 1i
Bickel, W. Abb. 2.25, 2.26, 2.28, 2.32, 3.14b
Binnewies, S. Abb. 2.16, 2.31, 2.45, 3.1, 3.5, 3.14a, 6.5, 6.6, Farbtafeln 1c, 5a, b, 6b, c, 7a, 9a, b, c, 11
Bleiziffer, B. Abb. 3.8a, Farbtafel 10b
Brinkmann, B. Abb. 2.16, Farbtafel 2b
Brodkorb, E. Farbtafel 12e

Celnik, W.E. Abb. 2.41, 3.3, 3.5 Farbtafeln 1e, 4a
Clef, E. Abb. 3.2

Dahlmark, L. Abb. 2.18
Deininger, H. Abb. 3.4, 3.12c

Flach-Wilken, B. Abb. 2.11, 2.12, 2.19, 2.20, 2.23, 2.39, 3.7, 3.9a, 3.10c, 3.11b, 3.11c, 3.13c, Farbtafeln 3c, 4c, 8b
Freitag, U. Farbtafeln 1a, g, h
Funk, S. Farbtafel 8c

Guthier, O. Abb. 2.39, Farbtafeln 4c, 8a

Haar, F. Farbtafel 7b
Hase, F. Abb. 3.4, 3.12c

IAB Abb. 3.1

Jäger, M. Abb. 2.40

Khedive-Observatorium Abb. 2.44
Keller, P. Abb. 1.6
Klaus, G. Abb. 2.6, Farbtafel 4b
Klauser, F. Abb. 3.8c
Klein, O. Farbtafel 6a
Koch, B. Abb. 2.34, 2.35, 2.36, 2.38, 3.11a, 3.13a, 3.13b, 4.14, 7.7, 8.2, 9.6, 10.4, Farbtafeln 1b, d, f, 2d, 10a
Koczet, P. Abb. 2.41
Kresken, R. Abb. 1.4
Kufer, F. Abb. 2.5, 2.27

Langmach, A. Abb. 2.17
Laepple, L. Abb. 4.5, 4.6, 4.11, 10.1, 10.2, 10.3
Lille, W. Abb. 2.4, 2.13, 2.22, 3.10a
Loserth, J. Abb. 3.10b
Lüthen, H. Abb. 2.8, 3.10d

Mattern, B. Abb. 3.6

Platt, T. Abb. 2.14, 2.21, 2.24, 2.29
Pollmann, E. Abb. 2.43, 7.3, 7.6

Rhemann, G. Abb. 3.2, Farbtafel 7c
Reddmann, T. Abb. 3.4, 3.12c
Reus, G. Abb. 2.30, 3.12a, b
Riepe, P. Abb. 3.4, 4.8, 4.9, 6.1, Farbtafeln 5b, 6c, 7a, 9b, 9c, 11
Rihm, K. Farbtafel 12e
Rössner, W. Abb. 5.3
Rusche, J. Farbtafel 12e

Schatzmann, B. Abb. 2.37, 3.9b, 3.14c, 6.16, Farbtafeln 3a, 12d
Schiefer, K. Abb. 2.2
Schlosser, W. Abb. 2.41, Farbtafel 5c
Schmidbauer, G. Abb. 1.6
Schröder, K.-P. Abb. 2.9, 2.10, 2.31, 2.33, 3.10d, 5.3, 5.4
Schulz, R. Abb. 2.41
Sieger, R. Abb. 2.3, 3.6, Farbtafeln 8d, 12a-c
Sommer, N. Abb. 3.8b, Farbtafeln 2a, c
Sommer, R. Farbtafel 3b
Sporenberg, D. Abb. 3.14a, Farbtafeln 5b, 6b, c, 9b, c, 11
Stölken, M. Abb. 2.9
Svejda, P. Abb. 2.41

ter Kuile, C. Abb. 1.7
Theis, D. Abb. 2.15
Theis, G. Abb. 2.15

Thurner, K. Farbtafel 8c
Tomsik, H. Abb. 3.1, 3.5, 3.14a, 6.1, Farbtafel 9a

Vehrenberg, H. Abb. 1.2
Vehrenberg KG Abb. 2.1, 5.1

Weber, H.G. Abb. 3.4
Weißbauer, K. Abb. 2.41
Wendel, V. Abb. 1.5

Springer-Verlag und Umwelt

Als internationaler wissenschaftlicher Verlag sind wir uns unserer besonderen Verpflichtung der Umwelt gegenüber bewußt und beziehen umweltorientierte Grundsätze in Unternehmensentscheidungen mit ein.

Von unseren Geschäftspartnern (Druckereien, Papierfabriken, Verpackungsherstellern usw.) verlangen wir, daß sie sowohl beim Herstellungsprozeß selbst als auch beim Einsatz der zur Verwendung kommenden Materialien ökologische Gesichtspunkte berücksichtigen.

Das für dieses Buch verwendete Papier ist aus chlorfrei bzw. chlorarm hergestelltem Zellstoff gefertigt und im pH-Wert neutral.

Druck: Saladruck, Berlin
Verarbeitung: Buchbinderei Lüderitz & Bauer, Berlin